Jahrbuch

der

Hafenbautechnischen Gesellschaft

Dreiunddreißigster Band

1972/73

Mit 2 Bildnissen

und 153, zum Teil farbigen Abbildungen

Springer-Verlag Berlin Heidelberg New York 1974

Schriftleitung

Erster Baudirektor a. D. Prof. Dr.-Ing. Arved Bolle, Elmshorn
Baudirektor Dipl.-Ing. Reinhart Kühn, Hamburg

ISBN 978-3-642-65662-0 ISBN 978-3-642-65661-3 (eBook)
DOI 10.1007/978-3-642-65661-3

Das Werk ist urheberrechtlich geschützt. Die dadurch begründeten Rechte, insbesondere die der Übersetzung, des Nachdrucks, der Entnahme von Abbildungen, der Funksendung, der Wiedergabe auf photomechanischem oder ähnlichem Wege und der Speicherung in Datenverarbeitungsanlagen bleiben, auch bei nur auszugsweiser Verwertung, vorbehalten. Bei Vervielfältigungen für gewerbliche Zwecke ist gemäß § 54 UrhG eine Vergütung an den Verlag zu zahlen, deren Höhe mit dem Verlag zu vereinbaren ist. Zur Förderung der wissenschaftlichen Arbeit sind photomechanische Vervielfältigungen aus diesem Jahrbuch dann gebührenfrei, wenn sie für den eigenen innerbetrieblichen Gebrauch des Beziehers des Jahrbuches bestimmt sind. © by Springer-Verlag. Berlin/Heidelberg 1974.Library of Congress Catalog Card Number: 67-37
Softcover reprint of the hardcover 1st edition 1974

Inhaltsverzeichnis

Register

Ehrenmitglied

Am 28. September 1972 wurde anläßlich der 35. Hauptversammlung in Braunschweig

Herr em. Prof. Dr.-Ing. Dr.-Ing. E. h.
Walter Hensen

in Anbetracht der Verdienste, die er sich um die Ziele der Gesellschaft in allen Fragen des Wasserbaues und der Förderung des Nachwuchses erworben hat,

in Anerkennung des überaus erfolgreichen Wirkens, das er für den Ausbau und die Leistungsfähigkeit der deutschen Seeschiffahrtsstraßen sowie zahlreicher Seehäfen des In- und Auslandes entfaltet hat,

in Würdigung der umfangreichen, weltweiten wissenschaftlichen Arbeiten, die er auf den Gebieten des Binnen- und Tidewasserbaues, des wasserbaulichen Versuchswesens und in der Küstenforschung der Fachwelt geschenkt hat,

zum Ehrenmitglied ernannt.

Ehrenmitglied

Am 28. September 1972 wurde anläßlich der 35. Hauptversammlung in Braunschweig

Herr Ministerialdirigent a. D. Dipl.-Ing.
Hartwig Wegner

in Ansehung seiner Verdienste um die Gesellschaft als langjähriges Mitglied ihres Vorstandes, in dem er insbesondere die Verbundenheit der Gesellschaft mit der Wasser- und Schiffahrtsverwaltung des Bundes pflegte und förderte,

in Anerkennung seines erfolgreichen Wirkens für den Ausbau und die Leistungsfähigkeit der deutschen Seeschiffahrtsstraßen und der Binnenschiffahrtsstraßen,

in Würdigung seiner wissenschaftlichen Arbeiten über technische, wirtschaftliche und betriebliche Fragen der Wasserstraßen im Küstengebiet,

zum Ehrenmitglied ernannt.

Reedereidirektor i. R. Kurt Hartwig †

Am 16. Oktober 1972 verstarb unser Ehrenmitglied und langjähriges Vorstandsmitglied Reedereidirektor i. R. Kurt Hartwig im Alter von 85 Jahren in Weinheim.

Geboren 1887 in Hanau stand Kurt Hartwig als junger Marineoffizier die schwere Zeit des ersten Weltkrieges durch, nahm an der Seeschlacht bei den Falklandinseln teil, schlug sich danach auf abenteuerliche Weise nach Deutschland durch und war ab 1916 U-Boot-Kommandant im Mittelmeer. Seine militärischen Leistungen wurden mit dem Pour le mérite ausgezeichnet.

Von 1920 bis 1955 war Herr Hartwig für die Fendel Schiffahrts-AG, Mannheim tätig, deren Vorstand er seit 1942 angehörte. Dort leitete er nach dem zweiten Weltkrieg die gesamte Schiffahrtsabteilung und die Technische Abteilung und hat vor allem den schnellen und systemvollen Wiederaufbau der zerstörten Binnenschiffahrtsflotte mit großer Tatkraft betrieben. Aufgrund seiner Leistungen wurde ihm das Bundesverdienstkreuz Erster Klasse verliehen.

Die Hafenbautechnische Gesellschaft verlieh Herrn Hartwig in Anerkennung seiner Verdienste um die Gesellschaft und um Entwicklung und Betrieb von Binnenschiffahrt und Binnenhäfen 1961 die Ehrenmitgliedschaft. Vorstand und Mitglieder der HTG trauern um eine von großem Fachwissen und unbestechlicher Urteilskraft geprägte Persönlichkeit, die in langen Jahren treuer Mitgliedschaft — darunter fünfzehn Jahre als Vorstandsmitglied seit Wiedereröffnung der HTG 1949 — ihren erfahrenen Rat in selbstloser Weise zur Verfügung gestellt hat.

Professor Dr.-Ing. Dr.-Ing. E. h. Walter Hensen †

Nicht einmal ein volles Jahr nach seiner Ernennung zum Ehrenmitglied der Hafenbautechnischen Gesellschaft ist Professor Dr.-Ing. Dr.-Ing. E. h. Walter Hensen, Ordinarius emeritus für Grund- und Wasserbau der Technischen Universität Hannover, kurz nach Vollendung seines 72. Lebensjahres in Wedel (Holstein), seinem Altersrefugium, verstorben. Mit der gesamten Fachwelt des Wasserbaues, besonders des Küstenwasserbaues und der Küstenforschung, trauern wir um einen Fachkollegen von ungewöhnlichem Format, dessen Leistungen und Erfolge als Wissenschaftler, als Hochschullehrer und als gestaltender Ingenieur weit über die Grenzen der Bundesrepublik Deutschland hinaus höchste Anerkennung gefunden haben.

Hier ist nicht der Ort, Walter Hensen's Lebensweg im einzelnen nachzuzeichnen; das ist in zahlreichen Nachrufen an vielen Stellen geschehen. Der Hafenbautechnischen Gesellschaft obliegt aber die Verpflichtung, diesen großen Mann des deutschen Wasserbaues und sein Werk zu würdigen, weil es in starkem Maße auch die Arbeitsgebiete unserer Gesellschaft befruchtet hat.

Obwohl Hensen, der sich ganz besonders den Problemen der Küste und ihres Tidebereiches gewidmet hat, kein Sammelwerk hinterläßt, zeugen seine zahlreichen Schriften sowie die von ihm angeregten wissenschaftlichen Arbeiten von der Vielseitigkeit, der Kraft und dem Scharfsinn dieses Geistes, der unermüdlich noch ungelöste Fragen sowohl theoretisch-wissenschaftlich als auch praktisch-technisch zu beantworten suchte. Diese seltene Synthese, die in seiner Person verwirklicht war, machte Hensen zu dem weltweit gesuchten und anerkannten Ratgeber bei vielen wasserbaulichen Aufgaben und befähigte ihn, dem von ihm geleiteten Franzius-Institut der Technischen Universität Hannover Weltgeltung zu verschaffen.

Fast noch mehr kamen ihm diese Fähigkeiten, vermehrt um menschliches Einfühlungsvermögen, im Lehrbetrieb der Technischen Universität Hannover zustatten. Hier meisterte er — nicht zuletzt während mehrerer Rektoratsjahre — vielerlei Schwierigkeiten und erwarb sich die Achtung seiner Kollegen und die Verehrung seiner Mitarbeiter und Schüler nicht zuletzt auch deshalb, weil er kein Mann großer Worte und unnützer Reden, sondern verständnisvoller und zielbewußter Handlungen war.

Viele Fachkollegen in Deutschland und in zahlreichen ausländischen auch überseeischen Bereichen verdanken Hensen wertvollen Rat und Anregung bei ihren Arbeiten — oft die Klärung nur schwer lösbarer, die jeweilige Aufgabe entscheidender Fragen. Somit hinterläßt der Verstorbene eine Lücke, die nicht so bald zu schließen sein wird. Mit der gesamten Fachwelt wird die Hafenbautechnische Gesellschaft ihrem Ehrenmitglied Walter Hensen ein dankbares Andenken bewahren.

Die Hafenbautechnische Gesellschaft 1972/1973

Nachstehender Bericht schildert die Tätigkeit der HTG seit Anfang 1972 bis Mitte Mai 1973. In diesen Zeitraum fiel auch die 35. Hauptversammlung in Braunschweig Ende September 1972, deren wichtigstes Ergebnis war, die Bereiche ,,Küstenforschung" und ,,Küsteningenieurwesen" in das Arbeitsgebiet der HTG einzubeziehen.

Fachausschüsse:

Auf Beschluß des Vorstandes ist der **Schriftleitungsausschuß** im Sommer dieses Jahres aufgelöst worden. Es hat sich als unzweckmäßig und auch als nicht erforderlich erwiesen, wenn mehrere Mitglieder Veröffentlichungen der HTG beurteilen und festlegen sollen, insbesondere, wenn die Ausschußmitglieder noch räumlich getrennt voneinander wohnen. Die Aufgaben des Schriftleitungsausschusses nimmt nunmehr der **Schriftleiter** wahr. Prof. Dr.-Ing. Arved Bolle als Vorsitzender des ehemaligen Schriftleitungsausschusses übernahm das Amt des Schriftleiters. Baudirektor Dipl.-Ing. Kühn wurde zu seinem Stellvertreter bestimmt.

Der Schriftleiter hat wiederum das vorliegende Jahrbuch zusammengestellt und vorbereitet sowie in enger Zusammenarbeit den Schiffahrtsverlag ,,Hansa" bei der Zusammenstellung von Aufsätzen über Hafen- und Wasserstraßenbau und über Küstenforschung und Küsteningenieurwesen für die Zeitschrift ,,Hansa", dem Organ der Gesellschaft, beraten. Eine Auswahl dieser Aufsätze und die Arbeitsergebnisse der Fachausschüsse sind in Band XVII des ,,Handbuches für Hafenbau und Umschlagtechnik" erschienen, das den Mitgliedern unentgeltlich überlassen wurde.

Der **Ausschuß für Ufereinfassungen** hat im Technischen Jahresbericht 1972 zehn weitere vorläufige Empfehlungen veröffentlicht. Sonderdrucke wurden fachlich interessierten Mitgliedern übersandt. Eine Übersetzung aller bisher veröffentlichten Empfehlungen des Ausschusses ins Spanische, der nach Englisch zweiten Fremdsprache, ist in Vorbereitung.

Der **Ausschuß für Hafenumschlaggeräte (Hebezeuge)** hat auf Vorschlag des Vorstandes das Institut für Maschinenelemente und Fördertechnik der TU Braunschweig beauftragt, das ,,horizontale Kräftesystem an Schienenfahrwerken von Portalkranen" einer eingehenden Untersuchung zu unterziehen. Die Deutsche Forschungsgemeinschaft, Kranbaufirmen und die HTG haben Gelder für das Forschungsvorhaben bereitgestellt. Erste Ergebnisse bestätigen die Wichtigkeit der Untersuchungen.

Zu der ,,Energieversorgung in See- und Binnenhäfen" hat der Ausschuß eine etwa 100 Druckseiten starke Empfehlung mit 60 Abbildungen erarbeitet, um Grundlagen für die Gestaltung von Hafennetzen zu schaffen, die den besonderen Belastungen aus Erhöhung der Umschlagleistung und zunehmendem Übergang auf elektronische Steuerungen gerecht werden.

Der Vorsitzende des Ausschusses, Baudirektor Dipl.-Ing. H.-J. Klein, hat nach sechsjähriger Tätigkeit gebeten, von der Leitung des Ausschusses entbunden zu werden. Der Vorstand berief auf Vorschlag des Ausschusses Herrn Dipl.-Ing. R. Franke, Leitender Mitarbeiter im Ingenieurbüro Hans Tax, München, zum neuen Vorsitzenden.

Nachfolger des ehemaligen Vorsitzenden des **Ausschusses für Hafenhochbauten,** Baudirektor W. Lüninghöner, wurde Dipl.-Ing. B. Sellhorn, Inhaber des gleichnamigen Ingenieurbüros in Hamburg.

Der **Ausschuß für Hafenverkehrswege** konnte die erste Serie von Empfehlungen aus dem Bereich des Straßen- und Schienenverkehrs in Häfen vorlegen. Sie werden als Heft 15 der Veröffentlichungen des Verkehrswissenschaftlichen Instituts der TH Aachen in Ringheftform herausgebracht und laufend ergänzt.

Aufgrund einer Vereinbarung mit der Deutschen Gesellschaft für Erd- und Grundbau ist deren Arbeitskreis 15, der sich mit der Erarbeitung von Grundlagen und Empfehlungen für **Küstenschutzbauwerke** befaßt, als **Gemeinsamer Ausschuß der DGEG und der HTG** tätig geworden. Damit wird ein Teil des auf der 35. Hauptversammlung beschlossenen neuen Arbeitsgebietes bereits auf Ausschußebene behandelt.

Auch die anderen, hier nicht genannten Ausschüsse haben interessante Ergebnisse erzielt und ihre Empfehlungen erweitern können. Das ,,Typenblatt für Portalstapler" ist vom VDI als Richtlinie 3569 übernommen worden. Fragen des Umweltschutzes wurden verstärkt in die Ausschußarbeiten einbezogen.

Hauptversammlungen und Exkursionen:

Auf Beschluß der Mitgliederversammlung am 27. Mai 1971 in Kiel fand die **35. Hauptversammlung** vom 27. bis 30. September 1972 in **Braunschweig** statt und war verbunden mit einer Studienfahrt entlang des im Bau befindlichen Elbe-Seiten-Kanals.

Nach Arbeitssitzungen einiger Fachausschüsse und des Vorstandes am 27. September wurde die Tagung mit der Festveranstaltung im Kleinen Saal der Stadthalle am 28. September vom Vorsitzenden der Gesellschaft, Hafenbaudirektor Dr.-Ing. K.-E. Naumann, eröffnet. Oberbürgermeister der Stadt Braunschweig, Bernhard Ließ, hieß die Teilnehmer der Tagung herzlich willkommen. In kurzen Ansprachen führte der Präsident des niedersächsischen Verwaltungsbezirks Braunschweig, Prof. Dr. Thiele, der Gesellschaft die Aktivität Niedersachsens auf dem Sektor Häfen und Wasserstraßen vor Augen, richtete Prof. Dr.-Ing. Kersten als Vertreter des Deutschen Verbandes technisch-wissenschaftlicher Vereine und Ministerialdirektor Rümelin als Vertreter des Bundesverkehrsministers Grußworte an die Tagungsteilnehmer.

Die Festvorträge wurden gehalten von Stadtbaurat Dr.-Ing. Wiese über **„Historische und städtebauliche Entwicklung Braunschweigs“** und von Ministerialdirektor Rümelin mit dem Thema **„Wasserstraßenbau, eine Forderung unserer Zeit“.**

Neben den Arbeitsberichten der Fachausschüsse behandelte der erste Teil der Fachvorträge Fragen der Küstenforschung und des Küsteningenieurwesens, um den Zuhörern für die während der Mitgliederversammlung anstehende Satzungsänderung die notwendigen Einblicke zu vermitteln. Dipl.-Ing. H. Ramacher, Präsident der Wasser- und Schiffahrtsdirektion Bremen, sprach zu dem Thema **„Küstenforschung und Küsteningenieurwesen in der BRD“.** Erster Baudirektor Dr.-Ing. H. Laucht und Oberbaurat Dr.-Ing. H. Göhren, beide Angehörige der hamburgischen Verwaltung — Strom- und Hafenbau —, befaßten sich mit dem **„Erarbeiten von Planungsvoraussetzungen“** und den **„Hydraulischen und küstenmorphologischen Problemen“** beim Bau des **Tiefwasserhafens Neuwerk.**

Im zweiten Teil der Fachvorträge wurden Fragen der Binnenschiffahrt mit Schwerpunkt Elbe-Seiten-Kanal abgehandelt.

Die Mitgliederversammlung am 28. September 1972 beschloß, die langjährigen Mitglieder der HTG, Ministerialdirigent a.D. Dipl.-Ing. Hartwig Wegner und Prof. em. Dr.-Ing. Dr.-Ing. E. h. Walter Hensen in Anerkennung ihrer hervorragenden Verdienste um die Gesellschaft und ihrer Aufgaben (siehe vorhergehende Seiten) zu ihren Ehrenmitgliedern zu ernennen. Die Mitgliederversammlung beschloß weiterhin, daß die Hafenbautechnische Gesellschaft ihr Arbeitsgebiet auf **Küstenforschung und Küsteningenieurwesen** ausdehnt. Dieser Beschluß erforderte eine Änderung der Satzung, die gleichzeitig sinnfälliger und folgerichtiger gegliedert, in Einzelheiten der tatsächlichen Praxis angepaßt und nach vereinsrechtlichen Gesichtspunkten ergänzt wurde.

Eine Stadtrundfahrt bot Gelegenheit, die historischen und modernen Bauten Braunschweigs zu besichtigen und den Hafen kennenzulernen. Gesellschaftliche Höhepunkte bildeten das zwanglose Beisammensein im historischen Gewandhauskeller am Altstadtmarkt und der Gesellschaftsabend in der Braunschweiger Stadthalle.

Während der die Tagung beschließenden ganztägigen Bereisung von im Bau befindlichen und bereits fertiggestellten Teilen des **Elbe-Seiten-Kanals** konnten sich die über 200 Teilnehmer — nachdem ihnen die konstruktiven und ausführungstechnischen Besonderheiten in den vorangegangenen Referaten erläutert worden waren — praxisnah von den Baumethoden und dem Stand der Arbeiten einen abgerundeten Überblick verschaffen.

Vom 14. bis 20. Mai 1972 wurde mit dem Motorgastschiff „Theodor Körner“ mit etwa 80 Mitgliedern eine **Bereisung der Donau** durchgeführt. Zweck dieser Reise war die Besichtigung von Hafenanlagen an der Donau und von Ausbauarbeiten im Bereich der befahrenen Stromstrecken zwischen Passau und Budapest. Die Teilnehmer wurden durch Vorträge über die gegenwärtigen Arbeiten und weiteren Planungen über den Ausbau der Donau unterrichtet. Ein breites Angebot an Besichtigungen vermittelte Einblicke in Kultur und Geschichte der durchfahrenen Städte und Länder sowie in die Lebensgewohnheiten der dort lebenden Menschen.

Zu dem Gesamtthema **„Küstenforschung und Küsteningenieurwesen“** fand am 29. März 1973 in Hamburg eine eintägige Vortragsveranstaltung statt, auf der den Mitgliedern der gegenwärtige Stand des Wissens und der Aktivitäten dieses neuen Arbeitsgebietes dargestellt wurde. Die vor über 300 Teilnehmern gehaltenen Vorträge sind mit Inhalt dieses Bandes. Insgesamt kann festgestellt werden, daß die gesamte Thematik noch nie in so gedrängter und zusammengefaßter Form dargestellt worden ist. Daher war auch das große Interesse aus Wissendrang zu verstehen.

Le Havre, Caen und St. Malo waren für knapp 70 Mitglieder die Ziele der vom 13. bis 18. Mai 1973 durchgeführten **Studienfahrt 1973.** Während der durch Normandie und Bretagne führenden Rundfahrt konnten die Teilnehmer einen breiten Überblick über Hafengeschehen, Industrieansiedlung, Energieversorgung und Landeskultur gewinnen. Dabei kamen die Gegensätzlichkeiten zwischen Le Havre als zweitgrößter, autonomer Hafen einerseits und dem nur 50 km Luftlinie entfernten und rein regional bedeutsamen Hafen Caen andererseits gut zum Ausdruck. Hochinteressant waren auch die Anlagen des auf der Welt einmaligen Gezeitenkraftwerkes an der Rance zwischen Dinard und St. Malo.

Das Ehren- und langjährige Vorstandsmitglied, Dipl.-Ing. Gerhard Goedhart, hat der Gesellschaft erneut eine Stiftung gemacht. Die Spende soll es jüngeren Mitgliedern der HTG ermöglichen, interessante Probleme, Planungen und Bauvorhaben aus dem Arbeitsgebiet der HTG im Ausland zu studieren. Über das Ergebnis der Studienreisen sollen Berichte angefertigt werden, die auch für das Jahrbuch verwendet werden können. Über eingereichte Anträge wird ein Vorstandsausschuß befinden.

Vorstands- und Mitgliederbewegung:

Innerhalb des Vorstandes haben sich folgende Änderungen ergeben:

Als Nachfolger für Direktor Dr.-Ing. Hans Huchzermeier, Bremen, wählte die Mitgliederversammlung am 28. September 1972 Herrn Dipl.-Ing. Hansen-Wester, Mitglied des Vorstandes der Aktiengesellschaft Weser, Bremen.

Das Mitglied des Vorstandes, Direktor i.R. Hans Hermann Fölsch, hat aus persönlichen Gründen gebeten, von der Vorstandstätigkeit entbunden zu werden. Als Nachfolger wurde Herr Direktor Dr. jur. Hendrik Apetz, Leiter der Niederlassung der WTAG in Emden, gewählt.

Die beiden noch freien Vorstandssitze sollen aus dem Bereich des Küsteningenieurwesens und der Küstenforschung besetzt werden. Eine Berufung des langjährigen Vorsitzenden des Küstenausschusses Nord- und Ostsee, Präsidenten a.D. E.h. J.M. Lorenzen, Kiel, als für die Vertretung dieses Sachgebietes im HTG-Vorstand prädestinierter Persönlichkeit hatte mit ihm wegen einer schweren Erkrankung nicht rechtzeitig erörtert werden können. Daher wurde ein Beschluß der Mitgliederversammlung hierzu ausgesetzt. Nachdem dieser verdienstvolle Mann zum größten Bedauern gerade auch der Fachwelt am 16. Oktober 1972 verstorben ist, hat der Vorstand beschlossen, der nächsten Mitgliederversammlung den neuen Vorsitzenden des Küstenausschusses Nord- und Ostsee, Ersten Baudirektor Dr.-Ing. Hans Laucht, zur Wahl zum Vorstandsmitglied vorzuschlagen. Bis dahin wird Dr. Laucht als Gast an den Vorstandssitzungen teilnehmen.

Seit Anfang 1972 verstarben folgende, zum Teil langjährige Mitglieder der HTG:

Babic, Leo, Dipl.-Ing., Rijeka, Jugoslawien
Bock, Franz, Reg.-Baumeister a.D., Oberbaurat a.D., Köln
Frentz, Hans, Dipl.-Ing., Duisburg
Habicht, Franz, Dipl.-Ing., Hamburg
Hartwig, Kurt, Reedereidirektor, Weinheim
Hecker, Heinrich, Bauingenieur, Hamburg
Hoffmann, Rudolf, Prof., Dresden
Körner, Malte, Oberingenieur, Hamburg
Kosack, Hans-Joachim, Dipl.-Ing., Erlangen
Lorenzen, Johann, Dr.-Ing. E. h., Kiel
Meisel, Konrad, Dipl.-Ing., Hamburg
Schmidt, Helmut, Dipl.-Ing., Cuxhaven
Schroedter, Gustav, Verleger, Hamburg
Schürmann, Willi, Direktor, Dortmund
Seeland, Rudolf, Dr.-Ing., Hamburg
Ståhle, Niels, Dipl.-Ing., Gävle, Schweden
Zimmermann, Friedrich, Prof. Dr.-Ing. Dr.-Ing. Ir. hc., Braunschweig

Die Mitgliederzahl erhöhte sich in der Berichtszeit von 825 auf 874. Sie setzte sich am 30. Juni 1973 (Stichtag) wie folgt zusammen:

Ehrenmitglieder	9
Förderer	180
ordentliche Mitglieder	646
Jungmitglieder	9
gegenseitige Mitgliedschaften	17
Schriftaustausch	13

Hierin sind 77 ausländische Mitglieder enthalten.

Ein neues Mitgliederverzeichnis wurde Mitte 1972 erstellt.

Kontakte zu anderen Verbänden und Institutionen:

Der **Deutsche Verband technisch-wissenschaftlicher Vereine,** dem die HTG angehört, unterrichtete Vorstand und Geschäftsführung laufend über seine Tätigkeit und Mitwirkung in deutschen und internationalen Organisationen der Wissenschaft und Forschung.

Bestrebungen mehrerer Institutionen, auf den Gebieten Meeresforschung und Meerestechnik tätig zu werden, führten nunmehr zu dem Ergebnis, ein **Deutsches Komitee für Meeresforschung und Meerestechnik** zu gründen. Träger des Komitees können alle mit Meeresforschung und Meerestechnik befaßten oder daran interessierten wissenschaftlichen und technischen Vereinigungen sowie einschlägige Wirtschaftsverbände werden. Auch die HTG wird sich auf Beschluß des Vorstandes dem Komitee anschließen, da es Fachgebiete vertreten will, an deren tieferer Durchdringung auch die HTG interessiert ist.

Die seit längerem angestrebte **Zusammenarbeit von Hafenbauern und Schiffbauern** führte zu ersten konkreten Ergebnissen. Am 7. November 1972 wurde beschlossen, eine gemeinsame Arbeitsgruppe aus Mitgliedern der Schiffbautechnischen Gesellschaft und unserer Gesellschaft zu gründen, die Empfehlungen für diejenigen Gesichtspunkte des Baues und Entwurfes von Schiffen und Hafenanlagen ausarbeiten soll, die wesentliche Auswirkungen auf das jeweils andere Fachgebiet haben. Die Arbeitsgruppe wählte den Vorsitzenden unserer Gesellschaft zu ihrem Obmann; der Vorsitzende der STG, Prof. Dr.-Ing. Illies, wurde zum Koordinator der Schiffbauseite bestimmt.

Dipl.-Ing. H. Haacke

Wasserstraßenbau, eine Forderung unserer Zeit?

Von Ministerialdirektor Dipl.-Ing. **Burkart Rümelin**, Bonn

1. Einleitung

Hinter das von mir gewählte Thema setze ich zunächst ein Fragezeichen. Die Öffentlichkeit, besonders die junge Generation, ist kritischer geworden. Mit Werbesprüchen wie „Schiffahrt tut not" ist es heute im Ringen um die Finanzierungsmittel zwischen den einzelnen Ressorts und im Wettbewerb der Verkehrszweige untereinander nicht mehr getan.

Die Bundeswasserstraßen im Binnenbereich und im Küstenbereich hat der Bund nach Art. 89 GG durch eigene Behörden zu verwalten und nach § 7 des WaStrG zu unterhalten. Im Binnenbereich geht es um das Verkehrssystem Wasserstraße/Binnenschiff und seine Bedeutung für den binnenländischen Güterfernverkehr, der heute von Eisenbahn, Binnenschiff, Lastkraftwagen und Rohrfernleitung getragen wird. Im Mittelpunkt der Ausführungen über den Küstenbereich stehen die deutschen Seehäfen und deren Verbindungen zu dem tiefen Fahrwasser der offenen See.

2. Binnenbereich

2.1 Die Wegenetze der drei klassischen Verkehrsträger

Den Rahmen des Binnenwasserstraßennetzes bilden im Westen der Rhein, im Nordosten die Elbe, im Südosten die Donau; der Rahmen wird ausgefüllt in Norddeutschland durch die Weser und die Ems sowie die nord- und westdeutschen Kanäle, in Süddeutschland sind es die Donau, der Neckar und der Main mit seiner Fortsetzung durch den Main-Donau-Kanal bis Nürnberg und schließlich im Westen die Mosel als Bindeglied zum französischen Wasserstraßennetz. Die Streckenlänge dieses Netzes beträgt rd. 4200 km, davon 3500 km ausschließlich als Binnenschiffahrtstraßen.

Sehr beachtlich nimmt sich demgegenüber das rd. 30000 km lange Netz der Bundesbahn aus, und fast erdrückend erscheinen 415000 km Straßen, wovon 160000 km dem überörtlichen Verkehr dienen. Hält man diesen Eindruck fest und führt sich vor Augen, wie lang die Reisewege der Binnenschiffahrt gegenüber denen der Bahn und des LKWs sind, wenn beispielsweise die Relationen Braunschweig—Bamberg (etwa 10 Reisetage), Bremen—Duisburg (4—5 Reisetage) oder Basel—Stuttgart (etwa 5 Reisetage) für den Transport von Gütern zur Debatte stehen.

Rechnet man zu den Streckenkilometern der Schiffahrt noch für jede zu durchfahrende Schleuse 7 km hinzu — die Schleusungen dauern nämlich im Mittel so lange, wie die Schiffe zum Durchfahren einer 7 km langen Strecke benötigen — so kann man feststellen, daß sich für die Wasserwege ein außerordentlich ungünstiges Verhältnis von Fahrweg zu Luftlinie ergibt, nämlich für unsere Beispiele 5,2 : 1, 2,5 : 1 und 3,6 : 1.

2.2 Die Wettbewerbssituation und die Verkehrsleistung des Verkehrssystems Wasserstraße/Binnenschiff

Bedenkt man, daß LKW und Eisenbahn mittlere Reisegeschwindigkeiten fahren, die etwa 10 mal so groß sind wie die der Binnenschiffe — und daß die Binnenschiffahrt zudem auf den Flüssen in bezug auf die Auslastungsgrade der Schiffsgefäße von der Wasserführung abhängig ist und sicherlich mehr als Bahn und LKW den Einflüssen des Wetters, wie Nebel, Eisgang und Hochwasser unterliegt —, wenn man also all das bedenkt, dann überrascht doch zumindest den Laien die Tatsache, daß die Binnenschiffahrt seit Jahren den beachtlichen Anteil von 27% bis 28% des binnenländischen Güterfernverkehrs der Bundesrepublik Deutschland bewältigt (Abb. 1). Man sollte bei dieser Betrachtungsweise allerdings zwei Dinge nicht außer Acht lassen. Der sehr beachtliche, statistisch jedoch nicht erfaßte Güternahverkehr, der fast ausschließlich vom LKW bewältigt wird, ist hier nicht berücksichtigt. Der Personenverkehr, der heute mehr denn je von Bedeutung ist, wird praktisch nur auf Schiene und Straße abgewickelt; er hat — gemessen am finanziellen Aufwand — seinen Anteil am Gesamtverkehr von der Hälfte im Jahre 1955 auf zwei Drittel im Jahr 1971 erhöht.

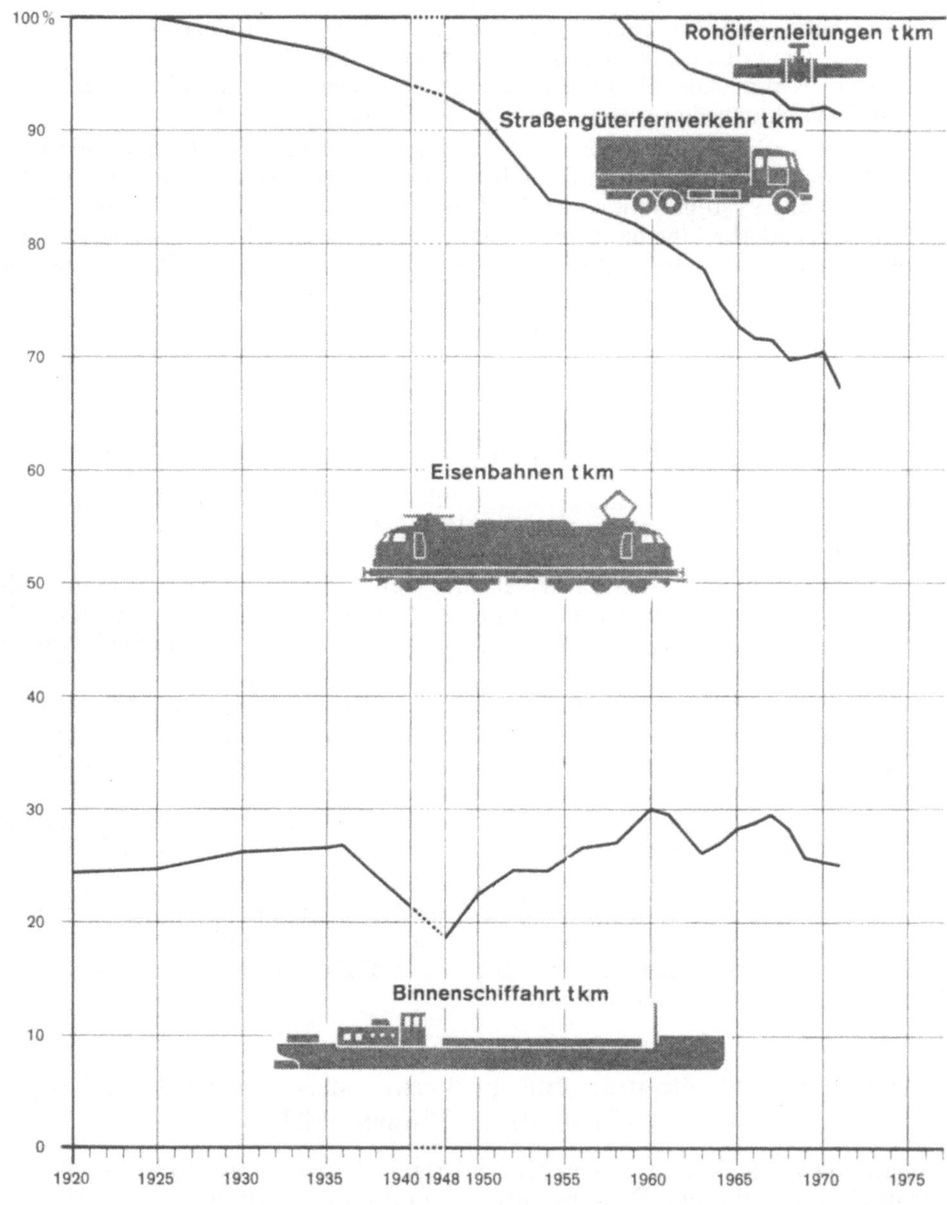

	1967		1968		1969		1970		1971 3)	
Verkehrsträger	Mrd tkm	%	Mrd tkm	%	Mrd tkm	%	Mrd tkm	%	Mrd tkm	%
Eisenbahn 1)	64,4	41,8	70,6	41,5	80,3	44,0	86,2	44,9	78,9	42,3
Binnenschiffahrt 1)	45,8	29,7	47,9	28,2	47,7	26,1	48,8	25,4	46,6	25,0
Str.-Güterfernverkehr 2)	33,9	22,0	37,8	22,3	39,9	21,8	41,9	21,8	44,7	24,0
Rohölfernleitungen 1)	10,0	6,5	13,7	8,0	14,8	8,1	15,1	7,9	16,3	8,7
	153,8	100%	170,0	100%	182,7	100%	192,0	100%	186,5	100%

1) Effektiv-tkm 2) Tarif-tkm 3) Vorläufige Zahlen

Abb. 1. Anteil der Hauptverkehrsträger am Binnenverkehr in der Bundesrepublik.

2.3 Warum sich die Binnenschiffahrt behauptet hat

Wie kommt es nun, daß sich das Verkehrssystem Wasserstraße/Binnenschiff in dem zunächst so aussichtslos erscheinenden Konkurrenzkampf mit Bahn und LKW behaupten konnte? An erster Stelle sind hier die auf physikalischen Gesetzen beruhenden Tatsachen zu nennen, nämlich das beim Schiff im Vergleich zu Bahn und LKW sehr günstige Verhältnis von installierter Antriebsleistung zu Ladung und das ebenso günstige Verhältnis von Nutzlast zu toter Last. Sie machen das Binnenschiff zu einem besonders geeigneten Transportmittel für den Massengutverkehr, der daher auch über 96% des Binnenschiffsverkehrs beträgt. Da es sich aber beim Binnenschiffstransport hauptsächlich um Massengüter handelt, spielt die Frage nach der Transportgeschwindigkeit, wenn überhaupt, nur eine untergeordnete Rolle. Viel wichtiger ist bei diesen Transporten, daß man sie in großen Partien und möglichst im ungebrochenen Verkehr durchführen kann. Der ungebrochene Verkehr ist in der Regel möglich. Als Beispiel seien die Transporte zwischen den Seehäfen und den großen Industriewerken im Binnenland genannt, die nicht nur des Verkehrs wegen an Wasserstraßen liegen, sondern noch mehr vielleicht wegen der nur dort möglichen Entnahme und Einleitung großer Gebrauchs- und Verbrauchs-Wassermengen. Auch außerordentlich große Partien können transportiert werden. Beispielsweise transportiert das heute im Rheinstromgebiet stark vertretene Europaschiff mit 1350 t Tragfähigkeit etwa die Ladung eines Güterzuges. Die modernen Schubverbände mit vier Europaleichtern II können 6640 t bei einer Abladetiefe von 2,5 m und 8360 t bei einer Abladetiefe von 3,0 m aufnehmen. Das sind Mengen, die sich bei den gegebenen Möglichkeiten der Umschlagtechnik auf die hier entstehenden Kosten recht günstig auswirken (Tabelle 1).

Tabelle 1. *Europaschiff und Schubverbände bei 2,5 m Tiefgang*[1]

Schiffsart	Bautyp	Abmessungen m	Tragfähigkeit t
Gütermotorschiff	Kahn	80 × 9,5 × 2,5	1280
Gütermotorschiff	Ponton	80 × 9,5 × 2,7	1350
Gütermotorschiff	Kahn	80 × 9,5 × 2,7	1350
Gütermotorschiff	Ponton	80 × 9,5 × 3,0	1430
Schubleichter	I	70 × 9,5 × 3,5	1240
Schubleichter	II	76,5 × 11,4 × 3,5	1660
Schubleichter	IIa	76,5 × 11,4 × 4,0	1520
Schubverband	2 × IIa		3040
Schubverband	4 × IIa		6080
Schubverband	6 × IIa		9120

[1] Schubverband mit 6 × IIa bei 3,0 m Tiefgang: 11 640 t
Schubverband mit 6 × IIa bei 4,0 m Tiefgang: 17 640 t

Sieht man die Binnenschiffahrt im Wettbewerb mit den anderen Verkehrsträgern, so darf man die großen Anstrengungen dieses Gewerbes auf dem Gebiet der Rationalisierung nicht vergessen. Ich beschränke mich darauf, auf vier Faktoren hinzuweisen, die gleichzeitig einen nicht unwesentlichen Einfluß auf den Wasserstraßenbau haben werden und bereits gehabt haben:

1. Die heute fast abgeschlossene Umstrukturierung der Flotte von geschleppten Lastkähnen zu freifahrenden Motorgüterschiffen mit hoher Antriebsleistung.
2. Das Abwracken unwirtschaftlichen Schiffsraumes kleiner Schiffseinheiten und der Neubau überwiegend großer Einheiten.
3. Die Einführung der Schubschiffahrt.
4. Die Einführung der Continue-Schubschiffahrt, der Fahrt „rund um die Uhr".

Durch diese Bestrebungen wächst die Größe der Transportgefäße; daneben wird der Schiffsumlauf beschleunigt. Durch beide Effekte nimmt die pro Kopf der Schiffsbesatzungen beförderte Gütermenge erheblich zu, und die Binnenschiffahrt kann ihre Kostenvorteile gegenüber den konkurrierenden Landverkehrsmitteln im Hinblick auf geringe Personalintensität beim Transport und beim Umschlag weiter ausbauen. Die teuren Schubbote, die ja ständig mit zwei Besatzungen besetzt sind und ausschließlich dem Antrieb der Schubverbände dienen, können ohne Wartezeiten in Häfen durchgehend im Einsatz sein.

Versuchsfahrten von Schubverbänden mit 4 Leichtern in Zwillingsformation haben unlängst in der Gebirgsstrecke des Rheins neue Perspektiven für den Ausbau dieser Strecke und für eine etwa ab 1975 mögliche Intensivierung der Schubschiffahrt im Verkehr zum Oberrhein ergeben. Versuchsfahrten mit 6 Leichtern in Zwillings- oder Drillingsformation, die bei 3,5 m Abladung mehr als 15 000 t transportieren können, haben zwischen Emmerich und Koblenz stattgefunden. An den Versuchsfahrten waren die Schifffahrt und die WSV gleichermaßen stark interessiert. Die Fahrten sind ein Beispiel für die gute Zusammenarbeit zwischen Binnenschiffahrt und öffentlicher Hand, wenn es darum geht, in den Flüssen neue Daten für den Wasserstraßenbau zu sammeln und damit die Leistungsfähigkeit der Wasserstraßen zu steigern.

2.4 Maßnahmen der WSV in den letzten 10 Jahren

Vorhandensein und Ausbauzustand der Wasserstraße sind die Voraussetzung für die Möglichkeiten der Schiffahrt. Es seien hier nur beispielhaft einige Maßnahmen der Wasser- und Schiffahrtsverwaltung des Bundes in den letzten 10 Jahren genannt, die mit Sicherheit einen entscheidenden Einfluß auf die Wettbewerbsfähigkeit der Binnenschiffahrt gehabt haben.

Aus dem langfristigen Ausbauprogramm für das nordwestdeutsche Kanalnetz, dem ja die Regierungsabkommen aus dem Jahre 1965 zugrunde liegen, ist der Bau zweiter Schleusen an den Stufen des Wesel-Datteln-Kanals hervorzuheben. Im Jahre 1971 hat daher dieser Kanal den parallel verlaufenden Rhein-Herne-Kanal nach der Zahl der Schiffspassagen erstmals überflügelt. — Der Ausbau des Küstenkanals zwischen Ems und Weser ist soweit fortgeschritten, daß er durchgehend von Schiffen mit 2,50 m Abladetiefe befahren werden kann. — Zu Beginn des Jahres 1971 konnte der Wasserspiegel in der Mittellandkanal-Strecke Bergeshövede—Anderten, die mit einem Teil des Dortmund-Ems-Kanals niveaugleich ist, um 10 cm angespannt werden, so daß seitdem auf dem gesamten Mittellandkanal eine Abladetiefe von 2,10 m möglich ist. Die im Mittel 6% höhere Auslastungsmöglichkeit der Schiffe bewirkt (nach Angaben der Nordwest-Kanal-GmbH) einen volkswirtschaftlichen Nutzen von rd. 3,5 Mio DM/Jahr.

Im Süden und Westen, im Einzugsgebiet des Rheins, waren einige beachtliche Netzerweiterungen mit Wasserstraßenabschnitten der Klasse IV zu verzeichnen:

1964 Eröffnung der Großschiffahrt auf der Mosel,
1968 Eröffnung der letzten Teilstrecke des Neckars von Stuttgart bis Plochingen und
Eröffnung der Ersten Teilstrecke des Main-Donau-Kanals von Bamberg bis Forchheim.
1970 Eröffnung der Teilstrecke Forchheim—Erlangen und
1972 Eröffnung der Teilstrecke Erlangen—Nürnberg des Main-Donau-Kanals.

Am Rhein wurde 1971 und in diesem Jahr das veraltete Wahrschausystem in der Gebirgsstrecke auf ein modernes und differenziertes System von Lichttagessignalen umgestellt, das in bemerkenswerter Weise zur Sicherheit und Leichtigkeit des Schiffsverkehrs auf dieser verkehrsreichsten Wasserstraße Europas beizutragen in der Lage ist.

2.5 Subventionen und Wegekosten

Ein Problemkreis wird von den konkurrierenden Verkehrsträgern sowie von Tagespresse und Fachzeitung immer wieder teils mit ernst zu nehmenden Argumenten, teils mit sachlichem Unverstand ins Feld geführt. Es geht um die Tatsache, daß sich eine Eigenwirtschaftlichkeit des Verkehrssystems Wasserstraße/Binnenschiff durch eine betriebswirtschaftliche Vollkostenrechnung heute noch nicht nachweisen läßt. Da die öffentliche Hand für die Kosten der Wasserstraßen, die Wegekosten, aufkommt, erscheint das ganze System staatlich subventioniert. Ähnliches gilt allerdings auch für die Deutsche Bundesbahn, die im Jahr 1972 etwa 6 Mrd. DM Ausgleichszahlungen aus dem Bundeshaushalt erhält.

Die Bundesregierung hat daher im Verkehrspolitischen Programm eine Angleichung der Wettbewerbsbedingungen der binnenländischen Verkehrsträger sowie eine gleichmäßige Heranziehung der Verkehrsträger zur Deckung der ihnen zuzurechnenden Wegekosten als vordringliche Aufgabe herausgestellt. Wegen der engen Beziehung zwischen binnenländischem und grenzüberschreitendem Verkehr sowie wegen gleichgelagerter Probleme in den Mitgliedstaaten der EWG hat sich die Diskussion hierüber nach Veröffentlichung des umstrittenen Wegekostenberichtes einer Arbeitsgruppe des BMV im Jahr 1969 auf die Ebene der Europäischen Gemeinschaften ausgedehnt. Eine allen

Verkehrsträgern sowie der Volkswirtschaft gerecht werdende Lösung zeichnet sich z. Z. noch nicht ab. Besonders vielschichtig ist diese Problematik beim Verkehrssystem Wasserstraße/Binnenschiff in der Bundesrepublik Deutschland aus zwei Gründen: Erstens können bisher auf den Schiffahrtsstraßen Rhein, Elbe und Donau keine Schiffahrtabgaben erhoben werden, zweitens ist das Schiffahrtgewerbe nicht alleiniger Nutznießer der Wasserstraßen. Eine Erhebung von Schiffahrtabgaben oder Betriebskostenbeiträgen auf den genannten Flüssen wäre im Sinne der politischen Zielsetzungen. Sie stößt jedoch wegen der heute noch völlig auseinanderlaufenden Interessenlage der beteiligten Staaten auf erhebliche Schwierigkeiten. Besonders deutlich wird das am Rhein, der heute eine sehr preisgünstige Hinterlandverbindung für die belgischen und niederländischen Seehäfen ist und sowohl der Schweiz als auch Frankreich billige Massenguttransporte von und zu diesen Häfen garantiert. Der Zentralverband der Deutschen Seehafenbetriebe sowie die Industrie- und Handelskammern der Küstenländer sehen daher in der Abgabenfreiheit des Rheins eine „gravierende Wettbewerbsverzerrung" zu Ungunsten der deutschen Seehäfen. Daß die Industrie- und Handelskammern am Rhein anderer Auffassung sind, braucht kaum erwähnt zu werden. Mit dem Näherrücken der Eröffnung der Rhein-Main-Donau-Verbindung spitzt sich auch an der Donau die Abgabenfrage zu.

2.6 Vielfältige Funktionen der Wasserstraße

Der Wasserstraßenbau kommt nicht allein der Schiffahrt zugute, sondern er hat über die verkehrliche Zweckbestimmung hinaus unter anderem Aufgaben der Wasserwirtschaft, der Energiewirtschaft und der Freizeitgestaltung zu erfüllen. Durch diese, von maßgebender Seite unbestrittenen außerverkehrlichen Funktionen der Wasserstraße wird der Wasserstraßenbau zu einem geeigneten Instrument der regionalen Strukturförderung. Schon hieraus wird deutlich, daß eine volkswirtschaftliche Betrachtungsweise angebrachter ist als eine rein betriebswirtschaftliche. Hierbei ist die monetäre Bewertung der einzelnen Funktionen eine außerordentlich schwierige Aufgabe, deren Lösung leider noch aussteht. Ein erster Schritt ist Ende 1971 in Form einer „Voruntersuchung über die wirtschaftlichen Auswirkungen von Investitionen in Binnenschiffahrtsstraßen auf die Wassernutzung" eingeleitet worden. Es sollen am Beispiel eines staugeregelten Flusses und eines Kanals die Veränderungen der wasserwirtschaftlichen Nutzungsmöglichkeiten infolge von primär verkehrsbezogenen Wasserbaumaßnahmen dargestellt werden. Auch wie hoch der volkswirtschaftliche Nutzen der Kanäle und staugeregelten Flüsse ist, den sie als Energiemagistralen mit ihren Laufkraftwerken, Pumpspeicherwerken sowie Wärmekraftwerken aller Art abwerfen, ist noch nicht exakt ermittelt.

Ich möchte das Thema außerverkehrliche Funktionen nicht verlassen, ohne zuvor auf einen sehr einleuchtenden wasserwirtschaftlichen Nutzeffekt, die Vorflut, eingegegangen zu sein:

Man stelle sich die für die Schiffahrt und die Wasserkraftnutzung heute regulierten bzw. staugeregelten Flußläufe einmal in ihrem Urzustand vor. Dann kann man ermessen, daß durch die wasserbaulichen Maßnahmen erst eine intensive Nutzung der früher bei jedem Hochwasser überfluteten Flußlandschaften durch Wohnhäuser, Industrieansiedlungen und Landwirtschaft möglich geworden ist; aber auch die dort erforderliche Wegeinfrastruktur, nämlich die uferparallelen Straßen und Eisenbahnlinien. Als Beispiel sei auf Regulierungen des Rheins, der Donau und der Elbe sowie auf die Staueregelungen von Neckar, Main, Mosel und Weser hingewiesen. Indem der Bund diese natürlichen Bundeswasserstraßen in einem für die Schiffahrt erforderlichen Zustand erhält, erfüllt er gleichzeitig die sonst den Ländern obliegende Pflicht einer schadlosen Abführung von Hochwässern.

2.7 Bestandssicherung der Wasserstraße und Leistungssteigerung auf den Hochleistungsstrecken

Das Verkehrssystem Wasserstraße/Binnenschiff ist und bleibt ein wichtiger Faktor im gesamten Verkehrsverbund, auch wenn die Frage der Wegekostenabgeltung noch nicht beantwortet ist. Damit kann man im Regelfall das zunächst gesetzte Fragezeichen hinter dem Thema streichen. Dies gilt für den Wasserstraßenbau, der sich mit der Bestandssicherung auf allen Strecken des Wasserstraßennetzes befaßt, ebenso für den Wasserstraßenausbau, der die Leistungssteigerung auf den Hochleistungsstrecken dieses Wasserstraßennetzes wegen der gestiegenen Anforderungen durch den Verkehr zum Ziel hat.

Denn von welchem Nutzen wären die oben aufgezeigten, auf internationaler Ebene abgestimmten und anerkannten Rationalisierungsbemühungen des Gewerbes, wenn diese durch Unzulänglichkeiten der Wasserstraßen wieder aufgezehrt würden?

So bietet ein schnelles Schiff in der Kanalfahrt keine Vorteile, wenn wir zum Schutze eines unzureichend gesicherten bzw. unzureichend ausgebauten Kanalquerschnittes Geschwindigkeitsbegrenzungen, Überholverbote oder Abladebeschränkungen einführen müssen, wie es am Mittellandkanal erforderlich ist — oder wenn an den zum Teil völlig veralteten Schleusenanlagen Betriebsstörungen eintreten, die dann zu langen Wartezeiten an den Schleusenstufen führen, wie z. B. am Rhein-Herne-Kanal und bei der Eingangsschleuse am Neckar.

Das Fragezeichen hinter dem Thema muß allerdings in solchen Fällen stehen bleiben, in denen es sich um eine Leistungssteigerung in verkehrsarmen Strecken handelt, wofür der immer noch nicht genehmigte Ausbau der Unteren Fulda ein mahnendes Beispiel ist.

2.8 Ausbaustrecken

Aus dieser Sicht kann der Wasserstraßenausbau als echte Forderung unserer Zeit in folgenden fünf Strecken anerkannt werden. Ich darf die anstehenden Wasserstraßenvorhaben in großen Zügen ansprechen:

Beim Rheinausbau ist zur Stärkung der Leistungsfähigkeit und Sicherheit dieser Haupt-Verkehrsmagistrale und ohne Zweifel bedeutendsten Wasserstraße Europas seit 1964 ein großes Bauprogramm im Gange. Es umfaßt die Vertiefung der Fahrrinne von 1,70 m auf 2,10 m unter GLW zwischen Neuburgweier/Lauterburg und St. Goar, sodann die Anpassung des Strombettes zwischen St. Goar und deutsch-niederländischer Grenze an den GLW 62 infolge der Sohlenerosion sowie die Anpassung der Uferdeckwerke an die gestiegenen Beanspruchungen durch die Schiffahrt.

Die Vertiefung des Mittelrheins um 40 cm stromaufwärts von St. Goar bringt der Schiffahrt, die hier heute schon über 50 Mio Gütertonnen/Jahr transportiert, in der Fahrt mit dem Europaschiff 3 Monate im Jahr längere Vollschiffigkeit. Eine Steigerung der Abladetiefe um 40 cm macht beim Europaschiff 300 Ladetonnen aus, und beim Schubverband mit 4 Europaleichtern II rd. 1360 t. Die für diese wasserbauliche Maßnahme erforderlichen Investitionsmittel sind gering, wenn man sie in Relation setzt zu der damit erzielten Leistungssteigerung der Wasserstraße. Ebenso sieht es mit dem Ausbau des Niederrheins von 2,50 m auf 2,80 unter GLW und dem Ausbau des Mittelrheins zwischen Koblenz und Köln von 2,10 m auf 2,50 m unter GLW aus. Diese Maßnahmen sind seit einiger Zeit stark im Gespräch. Die zuletzt genannte Maßnahme wurde im Rahmen der integrierten Bundesverkehrswegeplanung in der sogenannten Korridoruntersuchung behandelt. Es geht hierbei um eine Planung, bei der auf einer bestimmten Relation Projekte für Schiene, Straße und Wasserstraße zur Auswahl stehen. Das Ziel ist, das Projekt zu ermitteln, das bei geringstem Mitteleinsatz den größten volkswirtschaftlichen Nutzen erbringt. Die Vertiefung dieses Rheinabschnittes liegt bei der Korridoruntersuchung nicht schlecht im Rennen, zumal der gesamte bei Koblenz abzweigende Moselverkehr Nutzen daraus ziehen kann, da die Mosel ganzjährig eine Abladetiefe von 2,50 m zuläßt. Die Schubschiffahrtsversuche haben ergeben, daß die bisher im Binger Riff vorgesehenen drei engen Fahrrinnen eine sichere Fahrt mit 4-Leichter-Schubverbänden nicht erlauben würden. Daraufhin hat das BMV durch die BAW in Karlsruhe die Möglichkeiten eines einzigen mindestens 120 m breiten Fahrwassers im wasserbaulichen Modellversuch ermitteln lassen. Wasserbauer und Schiffahrtsgewerbe sind sich nunmehr einig, daß es im Binger Riff künftig nur noch ein breites Fahrwasser geben darf, im Interesse der Verkehrssicherheit und zur Erhöhung der Leistungsfähigkeit dieser bisher gefährlichen Engpaßstrecke. Die bisher für Ende 1974 geplante Beendigung der Sanierung dieser Strecke kann dennoch termingerecht und ohne wesentliche Mehrkosten eingehalten werden.

Auch der Frage der Sohlenerosion geht die WSV, insbesondere die BAW, durch Versuche in der Natur und im Modell sehr intensiv nach. So legt die durch den Bau des Rheinseitenkanals unterbrochene Geschiebeführung den Gedanken einer künstlichen Geschiebezugabe unterhalb der jeweils letzten Staustufe, das ist z. Z. Straßburg, nahe. Aber auch eine Sohlenpanzerung ist denkbar, wobei besondere Probleme durch die Wirkung des Schraubenstrahles ständigmachender, d. h. stoppender Schiffe aufgeworfen werden. Da die bisherigen Untersuchungen über die beiden genannten Maßnahmen noch keine zufriedenstellenden Ergebnisse erbracht hatten, muß unterhalb der 1970 begonnenen Staustufe Gambsheim und der 1973 zu beginnenden Staustufe Iffezheim der Bau einer weiteren Staustufe bei Neuburgweier, südlich von Karlsruhe, folgen. Deutsch-französische Verhandlungen werden auf der Grundlage des Vertrages von 1969 in Kürze anlaufen.

Der Rhein ist ein Musterbeispiel für zwei Dinge. Zum einen wirken sich Wasserstraßeninvestitionen wegen der hohen Verkehrsdichte außerordentlich positiv auf die Schiffahrt und damit der verladenden Wirtschaft aus. Zum anderen zeigt sich hier besonders anschaulich, daß wir es bei den Wasserstraßen mit dem lebendigen Element Wasser zu tun haben. Es fordert die vereinten Anstrengungen von Wissenschaft und Technik immer wieder heraus, wobei ich an die Probleme der Sohlenerosion, der Hochwasservorhersage und der Gewässerreinhaltung denke, die auf internationaler Ebene gelöst werden müssen. Wasserstraßenbau am Rhein wird auf lange Sicht eine unabdingbare Forderung bleiben.

Zum Ausbau des Mittellandkanals, der Südstrecke des Dortmund-Ems-Kanals sowie des Wesel-Datteln-Kanals und des Rhein-Herne-Kanals für das Europaschiff gehören vor allem die Erweiterung und Sicherung der Kanalquerschnitte sowie der Ersatzbau von Schleusen.

Sorgenkinder in dieser Ost-West-Verkehrsmagistrale, in der eines Tages zweigliedrige Schubverbände verkehren sollen, sind der Mittellandkanal, dessen Ausbau wegen ungenügender Bereitstellung von Mitteln zu langsam vorankommt, und die Schleusen des Rhein-Herne-Kanals, weshalb das 1965 geschlossene Regierungsabkommen im Frühjahr 1972 zuungunsten der Nordstrecke des Dortmund-Ems-Kanals geändert werden mußte.

Am staugeregelten Neckar sind seit einigen Jahren Maßnahmen für die Bestandssicherung und Leistungssteigerung im Gange. Ferner wird zwischen der Mündung und Heilbronn das Fahrwasser im Rahmen eines Ausbauprogramms von 2,50 m auf 3,00 m vertieft. Neben der veralteten Eingangsschleuse Feudenheim wird eine Ersatzschleuse von 12 m Breite und 190 m Länge errichtet.

Im Main sind ebenfalls Maßnahmen für die Bestandssicherung und Leistungssteigerung im Gange, ferner die Vorarbeiten für den Umbau der vor über 50 Jahren staugeregelten Strecke Offenbach—Großkrotzenburg, nachdem die Staustufe Kleinostheim drei veraltete Stufe ersetzt hat. Außerdem ist es erforderlich, den Main zwischen Aschaffenburg und Würzburg auf 3 m zu vertiefen, einige Kurven abzuflachen und wenigstens drei Schleuseneinfahrten zu verbessern, damit der Verkehr am Rhein über Main und Main-Donau-Kanal zur Donau mit 2,5 m Abladung möglich wird und auf dieser Südost-Verkehrsmagistrale zweigliedrige Schubverbände mit 3320 t Tragfähigkeit verkehren können.

Die Donau wird zwischen Kelheim und Regensburg mit zwei Staustufen im Zuge der Südstrecke des Main-Donau-Kanals ausgebaut. Gleichzeitig soll die Strecke Regensburg—Straubing, die sehr schwierige Fahrwasserverhältnisse aufweist, durch Errichtung von zwei Staustufen verbessert, d. h. vollschiffig gemacht werden. Danach soll mit der Stauregelung der Donau zwischen Straubing und Vilshofen begonnen werden.

2.9 Wasserstraßenneubau

Der Wasserstraßenausbau ist wie folgt zu umschreiben; der über die Bestandssicherung hinausgehende Ausbau einer Wasserstraße hat eine Kapazitätserweiterung zur Folge, beseitigt Engpässe oder gibt der Schiffahrt neue Möglichkeiten zur Rationalisierung und Steigerung des Gütertransports. Nicht Ausbau sondern Neubau einer Wasserstraße ist dagegen die Stauregelung eines Flusses, der vorher von der gewerblichen Schiffahrt nicht regelmäßig und nur mit kleinen Einheiten befahren werden konnte. Dazu gehört auch der Bau neuer Kanäle. Der Wasserstraßenneubau war und ist umstritten, weil die hohen Investitionen überwiegend der durch die neue Wasserstraße erschlossenen Region zugute kommen, die sich ihrerseits aber höchstens zu einem Drittel, dem sog. Länderanteil, an der Finanzierung beteiligt. Wasserstraßenneubau ist ein vielseitiges Instrument der Strukturförderung des Bundes von wirtschaftlich unterentwickelten und von der Natur weniger begünstigten Räumen. Es gehen ihm daher stets politische Entscheidungsprozesse voraus, bei denen der Wasserbauer neben vielen anderen Fachleuten mitwirkt. Die Meinungen darüber, ob die Investitionssummen nicht in anderen strukturfördernden Maßnahmen besser angelegt werden können, gehen oft weit auseinander. Auf die noch nicht beendete Diskussion über den Wasserstraßenanschluß des Saarlandes sei hingewiesen.

Auch andere als regionalpolitische Gründe können für einen Wasserstraßenneubau entscheidend oder mitentscheidend sein. So waren für den Bau des Elbe-Seiten-

Kanals die nach 1945 veränderte politische Situation im Elbegebiet sowie die Zielsetzungen der deutschen Seehafenpolitik von Bedeutung. Für den Weiterbau des Main-Donau-Kanals über Nürnberg hinaus haben internationale Aspekte und wasserwirtschaftliche Gründe sowie das im Bundesrat vertretene bayerische Junktim zum Elbe-Seitenkanal den Ausschlag gegeben. Schließlich aber wird sich der Verkehrsexperte daran orientieren, welches Verkehrsaufkommen für eine neue Wasserstraßenverbindung prognostiziert wurde. Er wird es mit Vorsicht tun, da die Verkehrsprognose mit Unsicherheitsfaktoren behaftet ist, wie z. B. Wachstum des Sozialproduktes im Inland, in den betroffenen Regionen und in den Ländern der Handelspartner. Die Entscheidung zum Bau einer neuen Wasserstraße enthält daher spekulative Momente, wie auch von der ECE-Expertengruppe in der Studie von 1969 über die wirtschaftliche Bedeutung der Rhein-Main-Donau-Verbindung festgestellt wurde. Es sei hier betont, daß der Bund eindeutig hinter dem Weiterbau der begonnenen Wasserstraßenneubauten Elbe-Seitenkanal und Main-Donau-Kanal steht. Damit werden eine Nordostmagistrale und eine Südostmagistrale des Hochleistungsnetzes der Bundeswasserstraßen, dessen Hauptmagistrale der Rhein ist, geschaffen bzw. vollendet (Abb. 2). Abschließend ist

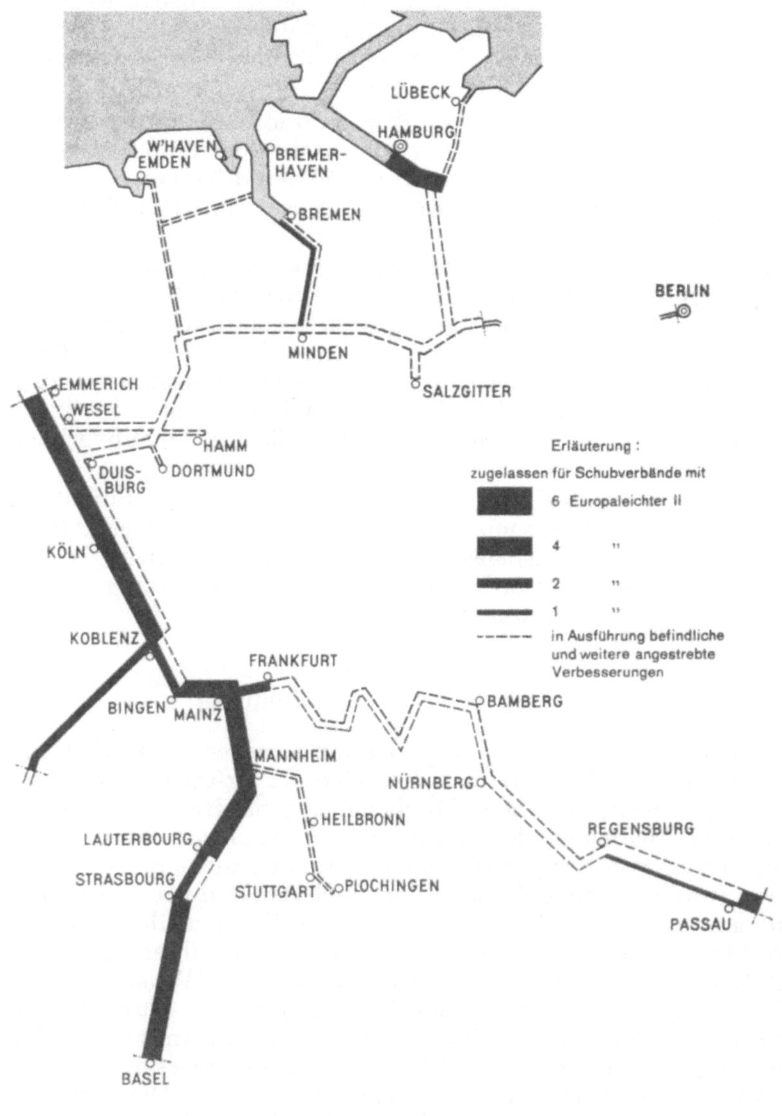

Abb. 2. Hochleistungsnetz der Bundeswasserstraßen.

festzustellen, daß man nicht allgemein sagen kann, Wasserstraßenneubau sei eine Forderung unserer Zeit. Man wird dies von Fall zu Fall unter besonderer Berücksichtigung der Möglichkeiten anderer Verkehrszweige sehr eingehend zu untersuchen haben.

3. Küstenbereich

Die Wasser- und Schiffahrtsverwaltung verwaltet im Küstenbereich die im Eigentum des Bundes stehenden Seewasserstraßen mit ihrer flächenhaften Ausdehnung zwischen der Küstenlinie und der seewärtigen Hoheitsgrenze sowie diejenigen rd. 700 km Binnenwasserstraßen des Bundes, die überwiegend der Seeschiffahrt als Fahrwege zu den deutschen Seehäfen dienen (Abb. 3).

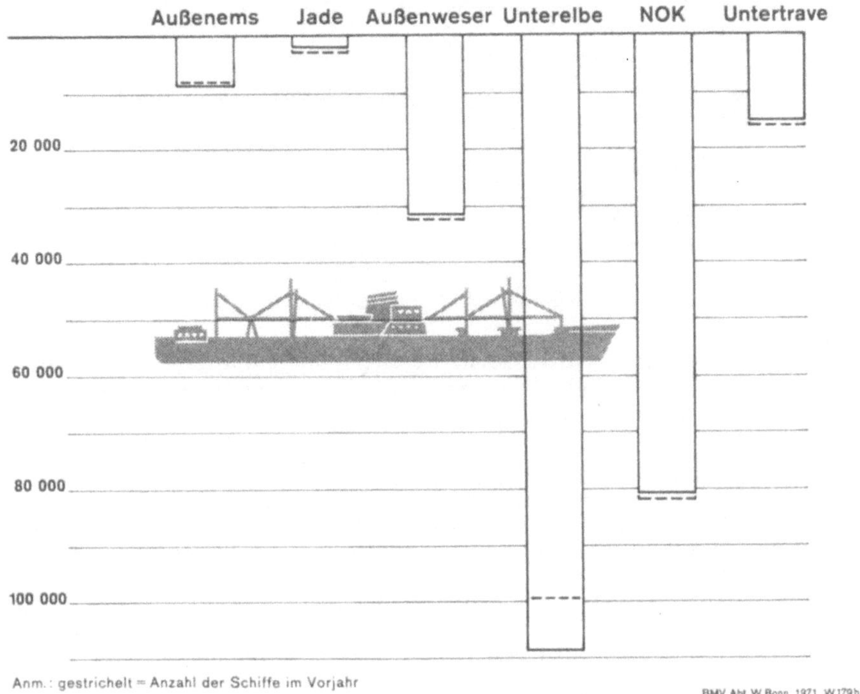

Abb. 3. Schiffsverkehr auf den Seeschiffahrtsstraßen der Bundesrepublik.

Die Situation ist hier gegenüber dem Binnenbereich eine völlig andere. Es fehlt der harte Konkurrenzkampf zwischen verschiedenen Verkehrsträgern, wenn man einmal von den Rohölfernleitungen von Triest, Marseille und Rotterdam in die Bundesrepublik mit einem sehr beachtlichen Durchsatz von rd. 53 Mio t im Jahr 1969 absieht.

3.1 Bedeutung der Seehäfen

Es geht hier um Sein oder Nichtsein der deutschen Seehäfen und damit gleichzeitig um die Wirtschaftskraft der sie umgebenden Regionen (Abb. 4). Was wäre Ostfriesland ohne die Häfen Emden und Wilhelmshaven, was die Weserregion ohne die Häfen Bremerhaven, Nordenham, Brake und Bremen, was Hamburg ohne seinen Welthafen und was schließlich Schleswig-Holstein ohne den Nord-Ostsee-Kanal und ohne die Häfen Kiel, Lübeck, Brunsbüttel?

Ohne die Seehäfen hätten wir hier wirtschaftlich unterentwickelte Räume.

Der Wasserstraßenbau im Küstenbereich und die Seehafenpolitik bilden ein unteilbares Ganzes. Nach 1945 setzte auch hier im Bestreben um mehr Wirtschaftlichkeit ein verstärkter Trend zum größeren Schiffsgefäß ein, der bis heute noch nicht beendet ist. Hätte man in der Bundesrepublik Deutschland diesem Trend durch entsprechenden Ausbau der seewärtigen Zufahrten zu den See-

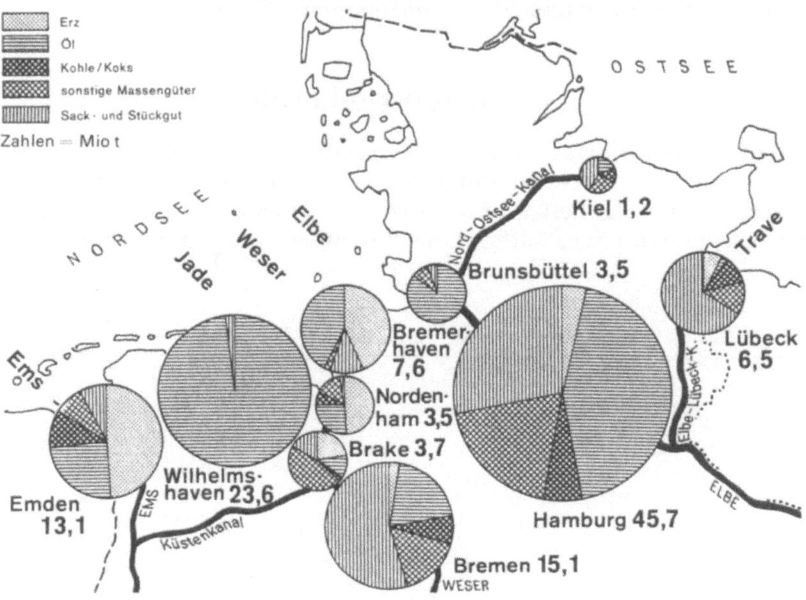

Abb. 4. Güterumschlag und Schiffsverkehr der Seeschiffahrt 1971.

häfen nicht Rechnung getragen, so würde der deutsche Überseehandel, der heute rd. 32% des gesamten grenzüberschreitenden Verkehrs einschl. der Rohrfernleitungen ausmacht, noch mehr über den Rhein und die Rheinmündungshäfen abgewickelt (Tabelle 2).

Tabelle 2. *Fahrwasservertiefung der Zufahrten zu den Seehäfen in der Bundesrepublik*
(Fahrwassertiefe in Metern unter Seekartennull, Schiffsgrößen in Tonnen Tragfähigkeit)

Strecke	Zustand 1966		Zustand 1972		Ausbau im Gange		Planungen	
	vorh. Tiefe	für Schiffe bis	vorh. Tiefe	für Schiffe bis	auf Tiefe	für Schiffe bis	auf Tiefe	für Schiffe bis
Außenems*)	10,5	60 000	11,5	70 000	12,5	85 000	—	—
Untere Ems	8,0	30 000	8,5	40 000	—	—	—	—
Jade	13,0	100 000	17,0	200 000	18,5	250 000	—	—
Außenweser	11,0	65 000	12,0	85 000	—	—	—	—
Unterweser	8,0	25 000	8,0	25 000	—	—	9,0	35 000
Außen- und Unterelbe	11,0	60 000	12,0	75 000	—	—	13,5	100 000
Untere Trave	8,5**)	9 000	9,5**)	14 000***)	9,5	14 000	—	—

*) bis Leichterplatz bei Borkum **) unter NN ***) bis Kraftwerk Siems

3.2 Vertiefung der seewärtigen Zufahrten

Es sei in diesem Zusammenhang an die erheblichen Anstrengungen des Bundes für das von der Natur wenig begünstigte Fahrwasser der Außenems und der Unteren Ems erinnert. Zur Zeit ist die Vertiefung der Außenems von 11,50 m auf 12,50 m unter Seekartennull für Massengutschiffe mit etwa 80000 t Ladefähigkeit im Gange.

Ein Musterbeispiel für die Forderung der Küstenregion nach Wasserstraßenbau in unserer Zeit ist die im Jahre 1956 mit dem 12 m-Ausbau der Jade für 65000 tdw-Tanker begonnene Wandlung Wilhelmshavens zum größten deutschen Ölimporthafen. Die Jade, die z. Z. auf 18,50 m vertieft wird, soll möglichst bald den 250000 tdw-Tankern mit einem Tiefgang von 20 m und somit auch anderen großen Massengutfrachtern das Anlaufen der Löschbrücken unter Ausnutzung der Flut erlauben. Damit ist eine Entwicklung von Wilhelmshaven zum einzigen Tiefwasserhafen in der Bundesrepublik eingeleitet, die vor 10 Jahren noch für völlig unrealisierbar gehalten worden ist.

Auf Unterelbe und Außenweser spielt heute die Containerschiffahrt eine besondere Rolle. Sie ist beim Einsatz ihrer sehr teuren Spezialschiffe um einen schnellen Schiffsumlauf bemüht und strebt daher eine tideunabhängige Fahrplanfahrt an. Die Schiffahrt möchte sich also nicht mehr auf das sonst bei tiefgeladenen Schiffen übliche Reiten auf der Flutwelle einlassen. Dies ist ein wesentlicher Grund für den 12 m-Ausbau der Außenweser, den die Schiffahrt seit 1971 bereits nutzen kann, für den 9 m-Ausbau der Unterweser, der beschlossen ist, und für den 13,5 m-Ausbau der Unterelbe, um dessen Finanzierung z. Z. gerungen wird. Hierbei bewertet der Bund einen Faktor durchaus positiv, nämlich die Schaffung gleicher Voraussetzungen für den gesunden Wettbewerb der Container-Überseezentren in Hamburg und Bremerhaven.

Wenn über Wasserstraßenbau im Küstenbereich gesprochen wird, darf der Nord-Ostsee-Kanal nicht fehlen. Von der letzten Tagung der HTG in Kiel sind allen die seit etwa 10 Jahren laufenden umfangreichen wasserbaulichen Maßnahmen zur Erhaltung des Verkehrswertes dieses meistbefahrenen Seeschiffahrtskanals der Welt bekannt. Der BMV beabsichtigt, für zukünftige Investitionsplanungen am Nord-Ostsee-Kanal, die über z. Z. laufende bzw. geplante Investitionen zur Bestandsicherung hinausgehen, eine umfassende Untersuchung der wirtschaftlichen Bedeutung dieser Wasserstraße durchführen zu lassen. Schwerpunkt der Untersuchung wird die Analyse und Prognose des gesamten Schiffsverkehrs von und zur Ostsee und des von diesem Verkehr auf den Nord-Ostsee-Kanal entfallenden Anteils sein.

Ein schwieriges Problem bei der Verkehrsprognose wird die Abschätzung des Einflusses darstellen, den die sich wandelnden Beziehungen zwischen den Wirtschaftsgemeinschaften EWG, EFTA und COMECON auf Richtung und Umfang des Seeverkehrs nehmen werden. Die positive Entwicklung des Ostseeverkehrs wird durch den Anschluß Dänemarks an die EWG sowie durch das Abkommen zwischen der EWG und den Rest-EFTA-Ländern, zu denen auch Norwegen, Schweden und Finnland gehören, neue Impulse erhalten. Die beiden Ostseehäfen Kiel und Lübeck sind davon betroffen, besonders im Hinblick auf die Erweiterung der hafenbautechnischen Anlagen für den Fährverkehr.

Um die Forderung, den Elbe-Lübeck-Kanal zur Wasserstraße der Klasse IV auszubauen und damit die binnenschiffseitige Hinterlandverbindung Lübecks zu verbessern, ist es ruhiger geworden. Es steht nämlich fest, daß sich ein volkswirtschaftlicher Nutzen unter Berücksichtigung der Ausbaukosten nicht vorhersagen läßt. Jedoch will die WSV alles tun, um den heutigen Verkehrswert des Kanals zu erhalten, der ja von Schiffen bis zu 1000 t Ladung befahren werden kann und deshalb besser ist als sein Ruf. Wie an vielen anderen See- und Binnenschiffahrtsstraßen des Bundes heißt hier die Forderung unserer Zeit, Wasserstraßenbau zur Bestandserhaltung. Das ist die Wasserstraßenunterhaltung, die zugleich eine Anpassung an die größeren Beanspruchungen des Gewässerbettes durch die moderne Schiffahrt umfaßt. Das bedeutet z. B. am Elbe-Lübeck-Kanal, daß man die auf großer Länge nur durch den ursprünglichen Schilfgürtel geschützten und daher stark zerstörten Ufer durch einen soliden Verbau wird sichern müssen. Solche Maßnahmen erfordern relativ hohe Investitionssummen und verursachen dem entwerfenden Wasserbauingenieur erhebliches Kopfzerbrechen.

3.3 Küstenforschung

Man darf Wasserstraßenbau im Küstenbereich nicht fordern, ohne gleichzeitig auch einen Blick auf den Stand der Küstenforschung zu werfen. Man kennt heute im Tidegebiet die Möglichkeiten und Grenzen des Wasserstraßenbaues, die auch durch den Bericht der Tiefwasserhäfenkommission in diesem Jahr aufgezeigt worden sind, weitgehend. Wir verdanken diese Tatsachen der Küstenforschung, um deren Koordinierung sich seit mehr als 20 Jahren der Küstenausschuß Nord- und Ostsee bemüht. Sie wird seit 1967 schwerpunktmäßig durch das sehr praxisnahe Forschungsprogramm „Sandbewegung im deutschen Küstenraum“ von der deutschen Forschungsgemeinschaft gefördert.

Küstenforschung ist Gemeinschaftsarbeit, an der sich verschiedene Ressorts des Bundes und der Küstenländer sowie einige Hochschulinstitute, Bundesanstalten und Wissenschaftler und nun auch die HTG beteiligen. In der WSV sind es die Bundesanstalt für Wasserbau in Karlsruhe mit ihrer Außenstelle Küste in Hamburg, die Bundesanstalt für Gewässerkunde in Koblenz und das Deutsche Hydrographische Institut in Hamburg, ferner die Zentralstelle für Schiffs- und Maschinentechnik (ZSM) bei der WSD Hamburg, die beim Entwurf von Forschungs- und Meßschiffen mitwirkt. Eine große Rolle spielt bei der Küstenforschung neben der hydrologischen, meteorologischen, geologischen und morphologischen Datenerfassung der hydraulische Modellversuch. Von Bedeutung waren hier in den letzten Jahren die Versuche im Franziusinstitut in Hannover, wo sich z. Z. ein 400 m langes Modell von Unterweser und Außenweser befindet. Die Außenstelle Hamburg der Bundesanstalt für Wasserbau hat Außen- und Unterelbe eingehend untersucht und bereitet z. Z. ein 60 m langes und 60 m breites Modell von Außenweser und Jade vor. Auch die umfangreichen Modellversuche für das Ems- und das Eiderästuar seien genannt.

Die Wasser- und Schiffahrtsverwaltung und die beiden Bundesanstalten haben somit einen nicht unerheblichen Beitrag zur Küstenforschung geleistet und sind bereit, ihn auch künftig zu leisten. Es muß Stein für Stein zusammengetragen werden, bis eines Tages das große Mosaik fertig ist, nämlich die Kenntnis und Beherrschung der Naturvorgänge an der Küste und im Küstenvorfeld.

4. Wasserstraßenverkehrstechnik

Es handelt sich dabei um folgende Aufgaben, die durch Engineering, d. h. durch das Tätigwerden mit den Methoden und Mitteln des Ingenieurs, zu lösen sind: Lenkung des Verkehrsflusses, Verkehrsmodelle, Auswertung der Unfallstatistik, Maßnahmen zur Kollisionsvermeidung, Untersuchungen über Abmessungen, Form und Leistungsfähigkeit des Fahrwassers, Maßnahmen zur Verkehrstrennung, Entwicklung von Systemen und Geräten für Information und Überwachung im Verkehrsablauf sowie Wirtschaftlichkeitsuntersuchungen und ergonometrische Überlegungen. Diese Aufgaben spielen im Küstenbereich eine weit größere Rolle als im Binnenbereich. Das wird klar, wenn man an die Weite des Wattenmeeres und an die breiten Wasserflächen der Flußmündungstrichter der Nordsee sowie an die Förden und fördenartigen Gewässer der Ostsee denkt, wo der Schiffahrt oft nur schmale und gewundene Fahrrinnen zur Verfügung stehen. Die Fahrwasserherstellung und -unterhaltung wird hier durch das gleichzeitige Aufstellen und Auslegen der Seezeichen als Orientierungshilfe ergänzt. Ohne die vielfältigen Signalanlagen zur Verkehrslenkung, z. B. am Nord-Ostsee-Kanal, und ohne die Landradaranlagen, die eine Beobachtung des Verkehrs und damit eine Beratung der Schiffsführung von Land aus ermöglichen, wäre bei der heutigen Verkehrsdichte ein sicherer und leichter Schiffsverkehr gar nicht mehr denkbar.

Erwähnt seien auch die Leuchttürme, die von der WSV nach 1945 als Ersatz für abgängige Leuchttürme und Feuerschiffe in großer Zahl erbaut wurden und zum Teil Meisterwerke des Seebaues darstellen. Ihre komplizierte Ausrüstung ist das Ergebnis einer intensiven Forschung und eines lebhaften, vielfach internationalen Erfahrungsaustausches auf Fachgebieten wie Lichttechnik, Schalltechnik und Elektrotechnik. Die Seezeichenfachleute der WSV einschließlich des Seezeichenversuchsfeldes in Koblenz sowie die Wissenschaftler und Ingenieure in einigen Hochschulinstituten und Industrieunternehmen der Bundesrepublik haben hier durch gute Zusammenarbeit ausgezeichnete Leistungen erzielt.

Sowohl die seezeichentechnischen Anlagen als auch die Anlagen der Landradarketten auf den Zufahrten nach Hamburg, Bremerhaven und Emden gehören zu den modernsten und besten in der Welt. Die Forderung unserer Zeit ist hier, die bestehenden Anlagen ständig auf dem neuesten Stand der Technik zu halten und die Methoden der Wasserstraßenverkehrstechnik zu entwickeln und anzuwenden.

5. Forderung unserer Zeit

Das Schiff ist neben Eisenbahn, LKW, Flugzeug und Rohrfernleitung heute und in absehbarer Zukunft ein unentbehrliches Glied im Güterverkehr, wobei eine sinnvolle Arbeitsteilung und eine ausgewogene Abgabenregelung erwünscht wären. Kein anderer Lastenträger vollbringt die Transportleistung mit einem so geringen Aufwand an Energie, Fläche, Personal und Umweltverschmutzung. Kein anderer Lastenträger weist im Massengutverkehr so geringe Transportkosten je tkm aus wie die Binnenschiffahrt. Bei keinem anderen Verkehrszweig können mit verhältnismäßig geringen Investitionsausgaben so große Reserven an Transportkapazität erschlossen werden.

Die häufig als Vorfluter notwendige Wasserstraße im Binnenbereich wie im Küstenbereich bietet über die Verkehrsfunktion hinaus vielseitige und heute noch nicht quantifizierbare Möglichkeiten zur gezielten Wirtschaftsförderung einer Region. Somit müssen im Interesse der Volkswirtschaft der die Bestandssicherung umfassende Wasserstraßenbau auf allen Strecken des Wasserstraßennetzes, der Wasserstraßenausbau mit der Leistungssteigerung auf den Hochleistungsstrecken des Wasserstraßennetzes, der gesamtwirtschaftlich vertretbare Wasserstraßenneubau, die Fahrwasservertiefung der Zufahrten zu den Seehäfen und die Wasserstraßenverkehrstechnik als eine unabdingbare Forderung unserer Zeit bezeichnet werden. Möge es den an den Wasserstraßen interessierten Kreisen in der Bundesrepublik Deutschland gelingen, daß sich diese Erkenntnisse allgemein durchsetzen und ein Wandel in der Beurteilung durch die breite Öffentlichkeit erreicht wird.

Schrifttum

1. Statistisches Jahrbuch für das Deutsche Reich 1921 und 1939.
2. Statistisches Jahrbuch für die Bundesrepublik Deutschland 1952.
3. Poppe, G.: Wasserstraßenbau in der Bundesrepublik. — Zeitschrift für Binnenschiffahrt 1969, Heft 7.
4. Wegner, H.: Ausbau der Zufahrten zu den deutschen Nordseehäfen, B. Ausbauarbeiten und Planungen. — HANSA 1971, Heft 15.
5. Bericht der Tiefwasserhäfen-Kommission im Auftrag des Bundesministers für Verkehr und der einschlägigen Senatoren bzw. Minister der Freien Hansestadt Bremen, und der Freien Hansestadt Hamburg, des Landes Niedersachsen und des Landes Schleswig-Holstein. Januar 1972.
6. Rümelin, B.: Neue Perspektiven der Wasserstraßenpolitik in der Bundesrepublik Deutschland. — Zeitschrift für Binnenschiffahrt und Wasserstraßen 1972, Heft 1.
7. David, R.: L'évolution de la flotte poussée de CNFR. — Zeitschrift Revue de la Navigation 1971, Heft 17. Nachdruck für Binnenschiffahrt und Wasserstraßen 1972, Heft 2 und 3.
8. Seiler, E.: Die Schubschiffahrt als Integrationsfaktor zwischen Rhein und Donau. — Zeitschrift für Binnenschiffahrt und Wasserstraßen 1972, Heft 8.

Der Ausbau des Mittellandkanals

Von Ltd. Regierungsbaudirektor Dipl.-Ing. **Heinrich Meyer,** Hannover

1. Die Bedeutung des Mittellandkanals als Verkehrsweg

Das westdeutsche und das ostdeutsche und damit das westeuropäische und das osteuropäische Wasserstraßennetz sind z.Z. nur durch eine Binnenwasserstraße, den Mittellandkanal, miteinander verbunden. Diese Tatsache unterstreicht die hervorragende Bedeutung, die der Mittellandkanal unter den deutschen Wasserstraßen einnimmt.

Abb. 1. Nordwestdeutsches Wasserstraßennetz.

Der Wert einer vom Westen nach Osten führenden künstlichen Wasserstraße als Verbindung des Rheines und des Ruhrgebietes mit der Weser und der Elbe und darüber hinaus mit den mittel- und ostdeutschen Wasserstraßen wurde bereits Mitte des vorigen Jahrhunderts erkannt. Aber erst Anfang dieses Jahrhunderts — im Jahre 1904 — konnte das Gesetz für den Bau des Mittellandkanals zunächst bis Hannover verabschiedet werden; diese Kanalstrecke wurde 1916 fertiggestellt. Die Fortsetzung des Kanalbaues bis zur Elbe war erst später — nach Beendigung des ersten Weltkrieges und nach Überwindung der wirtschaftlich schwierigen Folgejahre — möglich. Als im Jahre 1938 der Anschluß an die Elbe hergestellt war, entwickelte sich ein alle Erwartungen übertreffender Schiffsverkehr (siehe Abb. 2). Das der Planung zugrunde gelegte Verkehrsaufkommen von 4,5 Millionen Gütertonnen wurde bereits im gleichen Jahr erreicht. Drei Jahre später war der Verkehr schon auf das $2^1/_2$-fache angestiegen. Dieses Verkehrsvolumen wurde dann nach dem mit dem zweiten Weltkrieg in Zusammenhang stehenden völligen Rückgang des Verkehrs im Jahre 1960 wieder erreicht, obwohl die neu geschaffene Grenze zur DDR mit allen Folgeerscheinungen ein erhebliches Hindernis für den Verkehr in Richtung Elbe und Berlin bildete.

Seit 1960 hat sich das jährliche Verkehrsaufkommen auf dem Mittellandkanal zwischen 10 und 12 Millionen Gütertonnen bewegt. Neue Verkehrsimpulse sind in den nächsten Jahren nach Fertigstellung des Elbe-Seitenkanals, der einige Kilometer westlich der Schleuse Sülfeld in den Mittellandkanal einmündet, zu erwarten. Weiter ist zu erhoffen, daß der Mittellandkanal durch Belebung der Handelsbeziehungen mit der DDR und weiteren Ostblockstaaten in naher Zukunft weitgehend wieder seine Funktion als Verbindungsweg zwischen den Wasserstraßennetzen in West und Ost einnehmen wird.

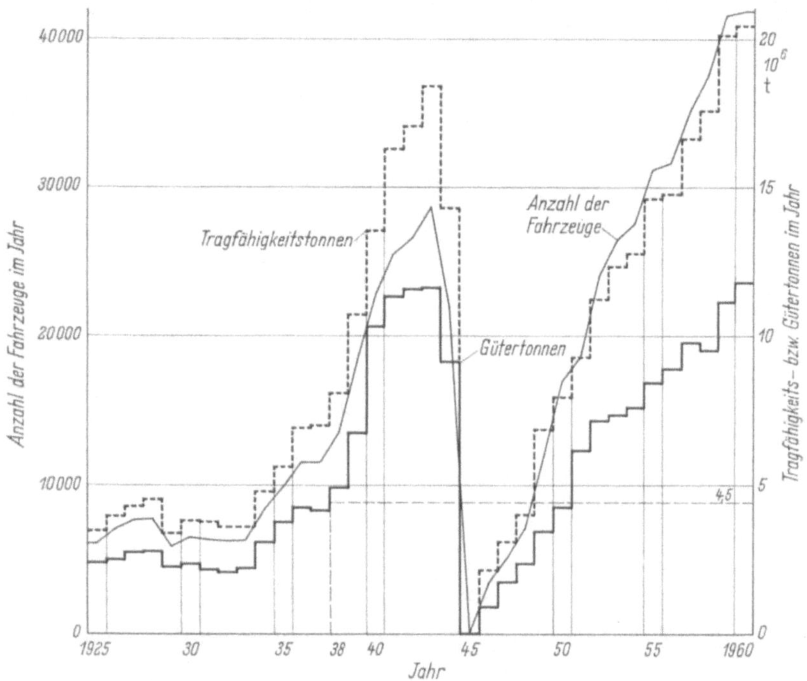

Abb. 2. Der Schiffsverkehr auf dem Mittellandkanal im Zeitraum 1925—1960.

2. Veranlassung zum jetzigen Ausbau des Mittellandkanals

In den vergangenen zwei Jahrzehnten war die Binnenschiffahrt einem grundlegenden Wandel unterworfen. Noch im Jahre 1950 wurden auf dem Mittellandkanal weit über die Hälfte der Gütertransporte mit langsam fahrenden Schleppzügen durchgeführt. Heute hingegen macht der Anteil der auf diese Weise fortbewegten Güter weniger als 5% aus. Mehr als 95% der Güter werden mit selbstfahrenden Motorgüterschiffen und neuerdings auch mit Schubverbänden transportiert. Diese wirtschaftlicheren Transporteinheiten sind schneller und haben einen größeren Eintauchquerschnitt. Den sich daraus ergebenden erhöhten Beanspruchungen hält das sehr enge Bett des Mittellandkanals nicht mehr stand. Seit Anfang der 60er Jahre wachsen die Erosionsschäden an den Böschungen unaufhaltsam. Ähnliche Erscheinungen werden an fast allen künstlichen Wasserstraßen in der Bundesrepublik festgestellt.

Abb. 3. Motorgüterschiffe auf dem zu schmalen Mittellandkanal.

Diese Entwicklung in der Binnenschiffahrt mit der Leistungsfähigkeit der Wasserstraßen in Einklang zu bringen, erwies sich als notwendige Aufgabe. Die Planungsgrundlagen wurden in langjährigen Verhandlungen auf europäischer Ebene geschaffen. Im November 1961 stimmte der

Ministerrat der Europäischen Verkehrsministerkonferenz dem Vorschlag einer Sachverständigengruppe zu, als Standardschiff für ein einheitliches europäisches Binnenwasserstraßennetz das sogenannte Europaschiff mit 1350 t Tragfähigkeit bei 80 m Länge, 9,50 m Breite und 2,50 m Abladetiefe zugrunde zu legen. Zugleich wurde eine Klassifizierung der Binnenwasserstraßen

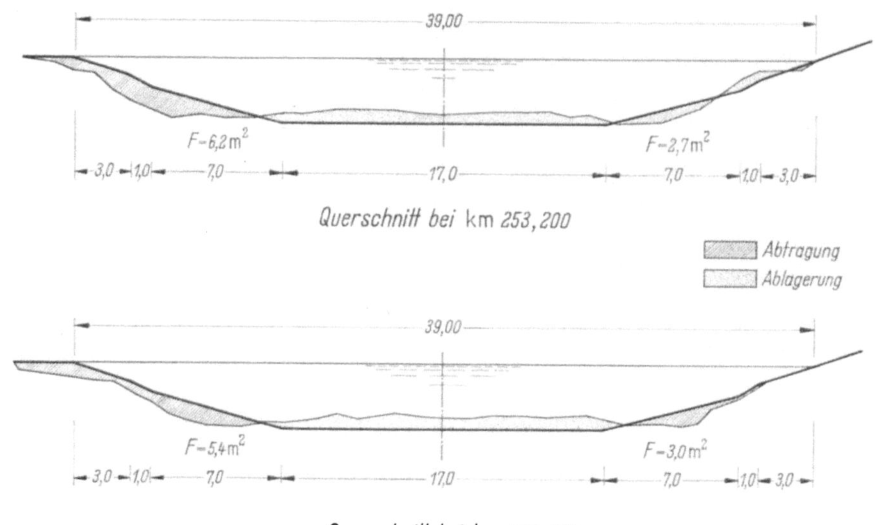

Abb. 4. Kanalquerschnitte in einer stark beschädigten Strecke.

vorgenommen, nach der die dem Verkehr mit dem Europaschiff zugeordneten Wasserstraßen die Wasserstraßenklasse IV bilden. Damit war der Grundstein für die Entwicklung eines einheitlichen europäischen Wasserstraßennetzes gelegt.

Daß die unumgänglich gewordene Grundinstandsetzung des Mittellandkanals als wichtiger West-Ost-Verbindung in Form eines Ausbaues nach den von der europäischen Verkehrsministerkonferenz gefaßten Grundsätzen vorgenommen wird, ist eine zwangsläufige Folge dieser Bestrebungen. Die Schiffahrt muß in die Lage versetzt werden, nicht nur das im Ausbau befindliche westdeutsche Wasserstraßennetz mit voller Abladung passieren zu können, sondern mit gleicher Abladetiefe auch die Häfen am Mittellandkanal und am im Bau befindlichen Elbe-Seitenkanal und nicht zuletzt Hamburg anzulaufen.

3. Die Ausbauplanungen

3.1 Das Kanalbett

Das im Bereich der Kanalsohle 3,00 m bis 3,50 m tiefe Kanalbett erlaubte ursprünglich nur einen Verkehr mit 2,0 m tief abgeladenen Schiffen. Für die Zulassung von Schiffen mit 2,50 m Abladetiefe ist also eine Vertiefung des Kanalprofils erforderlich. Weiter wird eine wesentliche Verbreiterung des z.Z. im Wasserspiegelbereich 33 m breiten Kanalbettes notwendig, um einen reibungslosen Schiffsverkehr mit Europaschiffen gewährleisten zu können.

Daß dabei eine ausreichende Flächengröße des benetzten Kanalquerschnittes gegenüber dem Eintauchquerschnitt der Schiffe angestrebt werden muß, beweisen die starken Erosionsschäden an den zu eng gewordenen künstlichen Wasserstraßen. Noch in den 50er Jahren wurde das Verhältnis $n = 5$ — Verhältnis des benetzten Kanalquerschnittes zum Eintauchquerschnitt des Schiffes — für genügend angesehen. Das Anwachsen der Schiffsgeschwindigkeiten erfordert aber unbedingt günstigere Gegebenheiten. Naturversuche am Nord-Ostsee-Kanal und am Main-Donau-Kanal bei Bamberg sowie Modellversuche bei verschiedenen Versuchsanstalten haben ergeben, daß bei Schiffsgeschwindigkeiten von etwa 12 km/h das Verhältnis $n \geqq 7$ betragen sollte. Die Zahl $n = 7$ wird nunmehr dem Ausbau des Mittellandkanals ebenso wie beim Bau des Elbe-Seitenkanals zugrunde gelegt.

Auf Grund technischer und wirtschaftlicher Überlegungen sind drei Regelquerschnitte, wie sie in Abb. 5 dargestellt sind, entwickelt worden. Überall dort, wo die Erweiterung des Kanalbettes weder in technischer Hinsicht noch nach besiedlungs-strukturellen Gesichtspunkten Schwierigkeiten macht, wird dem Regelquerschnitt A, dem beidseitig geböschten Querschnitt, der Vorzug

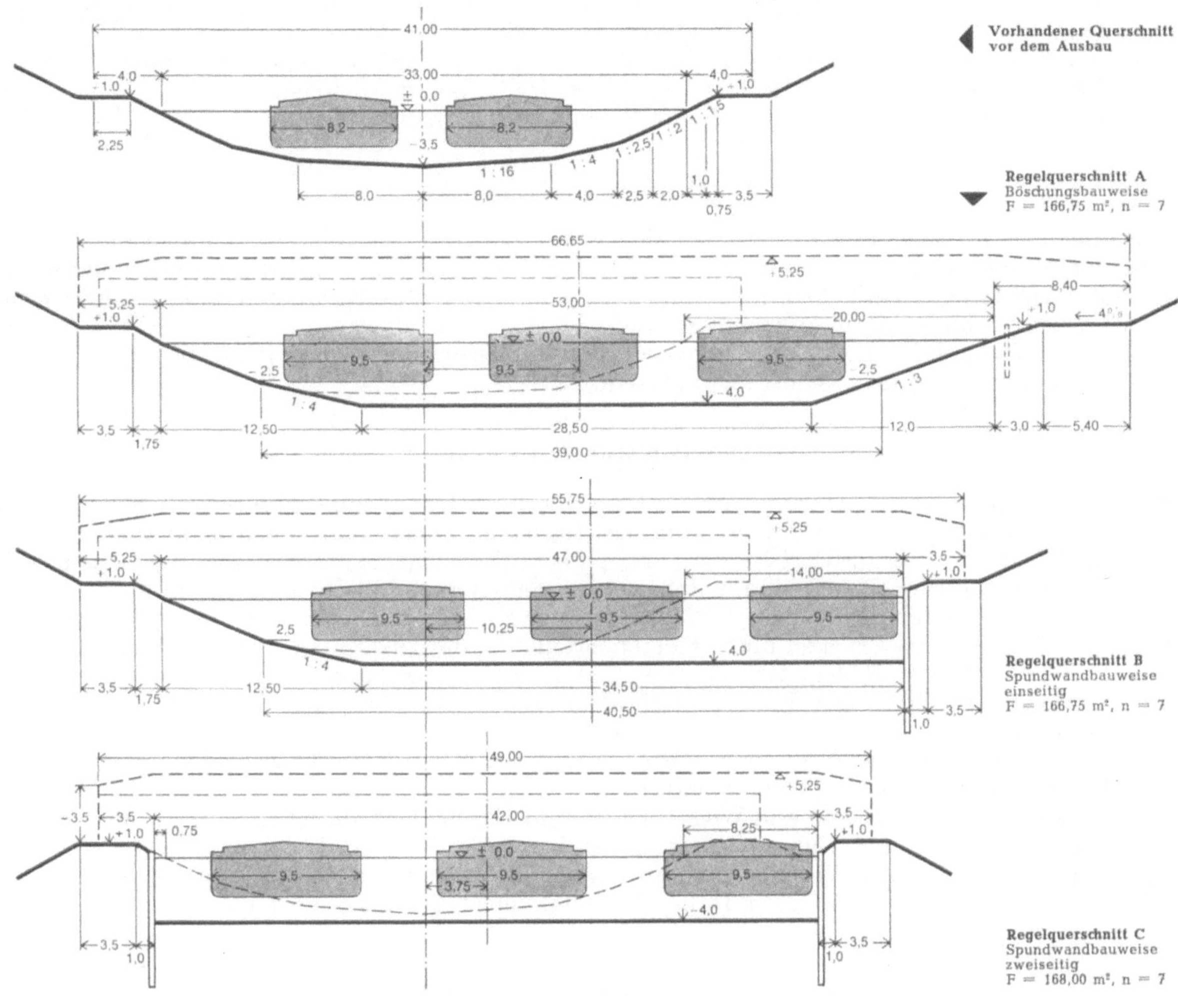

Abb. 5. Alter Kanalquerschnitt mit den drei Ausbauquerschnitten.

gegeben. Er fügt sich am natürlichsten in die Landschaft ein und läßt eine Begrünung der Böschungen oberhalb der Wasserlinie zu. Gerade diese Möglichkeit wird in wachsendem Maße im Interesse des an den Gewässern Erholung suchenden Menschen gefordert. Auf solchen Strecken jedoch, wo technische Gesichtspunkte dem beidseitig geböschten Ausbau entgegenstehen, erfolgt der Ausbau nach Regelquerschnitt B oder C. Hierunter fallen Dammstrecken, tiefe Einschnitte und solche Bereiche, in welchen Siedlungen und Industriebetriebe bis an das Kanalbett heranreichen. Auf die besonderen technischen Schwierigkeiten, die sich beim Ausbau von Dammstrecken ergeben, wird im folgenden Abschnitt „Die Bauausführung“ noch näher eingegangen werden.

Allen Regelquerschnitten gemeinsam ist der etwa gleichgroße benetzte Kanalquerschnitt mit 167 m² bis 168 m² bei einer Wassertiefe von 4,00 m. Nach diesen Regelquerschnitten wird das Bett des Hauptkanals zwischen der Abzweigung des Mittellandkanals aus dem Dortmund-Ems-Kanal und der Grenze der DDR auf einer Länge von annähernd 260 km ausgebaut.

Abweichend von den vorgenannten Regelquerschnitten erhalten die Zweigkanäle zum Mittellandkanal bei einem $n = 6$ eine um 6 m geringere Breite bei gleicher Wassertiefe und einer Querschnittsgröße von 143 m² bis 144 m². Etwa 50 km Zweigkanalstrecken sind auszubauen.

3.2 Die Kanalüberführungsbauwerke

Der Mittellandkanal, dessen westlicher Abschnitt bis Hannover-Anderten durchgehend auf einer 175 km langen Strecke eine unveränderte Höhenlage hat, kreuzt in Minden auf einem etwa 330 m langen Überführungsbauwerk die Weser und bei Seelze auf zwei hintereinanderliegenden Überführungsbauwerken von 77 m und 55 m Länge die Leine. Diese Überführungsbauwerke, die weder hinsichtlich Trogbreite noch Trogtiefe den zukünftigen Erfordernissen gerecht werden, sind durch neue zu ersetzen.

Besondere Schwierigkeiten bereitet die Planung des Überführungsbauwerkes über die Leine. Hier wird z. Zt. untersucht, wie es ermöglicht werden kann, das höchste Leinehochwasser ohne Behinderung durch die neue, tieferreichende Kanalbrücke abzuführen.

3.3 Die Abstiegbauwerke

Im Zuge des Mittellandkanals befinden sich zwei große Doppelschleusen, nämlich die Schleuse Hannover-Anderten mit einer Hubhöhe von 15 m und die Schleuse Sülfeld mit einer solchen von 9 m. Mit geringfügigen baulichen Änderungen an den Unterhäuptern können diese Schleusen den neuen Verkehrserfordernissen angepaßt werden.

Ebenso wird durch bauliche Änderungen an den Schleusen der Zweigkanäle die Anpassung an den Verkehr mit dem Europaschiff möglich sein.

3.4 Die Querbauwerke

Den veränderten Kanalquerschnitten sind die über den Kanal hinwegführenden Straßen- und Eisenbahnbrücken und die unter dem Kanalbett liegenden Düker, mit denen kleinere, den Kanal kreuzende Wasserläufe unterführt werden, anzupassen. Die Brücken erhalten im allgemeinen nicht nur eine größere Spannweite, sie sind in den meisten Fällen auch höher zu legen, um für die Schifffahrt eine Mindestdurchfahrtshöhe von 5,25 m zu gewährleisten. Darüber hinaus werden in zahlreichen Fällen die neuen Brücken unter Kostenbeteiligung der zuständigen Straßenbauverwaltungen breiter gebaut, um sie dem gewachsenen Landverkehr anzupassen. Nur in einzelnen Fällen kann in Ausbaustrecken nach Regelquerschnitt C der vorhandene Brückenüberbau weiterhin verwandt werden.

Für die Düker genügt nur in wenigen Fällen eine Verlängerung. Meist wird infolge der erforderlichen Tieferlegung ein Neubau unumgänglich.

An Brücken sind 268 Straßen- und Wegebrücken und 40 Eisenbahnbrücken neu bzw. in einzelnen Fällen umzubauen, für 192 Düker werden Ersatzbauwerke erforderlich bzw. wird in einzelnen Fällen eine Anpassung durch Verlängerung notwendig. Beim Neubau der Düker ist verschiedentlich die Zusammenfassung mehrerer alter Düker in einem neuen Bauwerk möglich.

4. Die Bauausführung

4.1 Allgemeines zur Bauausführung

Der Ausbau vorhandener Wasserstraßen unterscheidet sich vom Bau neuer künstlicher Wasserstraßen im wesentlichen dadurch, daß der Ausbau in der Regel am Kanal- oder Flußbett weitgehend unter Wasser und bei laufendem Schiffsverkehr zu erfolgen hat, während neue künstliche Wasserstraßen vorwiegend im Trockenen und ohne gegenseitige Behinderung des Baubetriebes und des Verkehrs hergestellt werden können. Besonders schwierig sind die Verbreiterung und Vertiefung solcher Strecken, in denen der Kanalwasserspiegel höher als das angrenzende Gelände liegt (Dammstrecken). Hier wird vorübergehend die Kanaldichtung entfernt; für die Dauer eines kurzen Zeitraumes kann Wasser durch die Kanaldämme sickern und die Standsicherheit der Dämme beeinträchtigen. Die unterschiedlichen Bauverfahren beim Ausbau einer vorhandenen Wasserstraße gegenüber dem Neubau von künstlichen Wasserstraßen bestimmen daher auch einen sehr verschiedenartigen Geräteeinsatz.

4.2 Der Ausbau des Kanalbettes

Das Kanalbett wird sowohl verbreitert als auch vertieft. Ohne wesentliche Komplikationen vollzieht sich die Baggerung. Je nach Bodenart gelangen Cutterbagger oder Eimerkettenbagger zum Einsatz. In einigen Strecken, wo Geschiebemergel und Fels ansteht, ist der Einsatz von

Spezialgeräten notwendig. Der anfallende Boden wird in Spülfeldern und Kippen, weiter in sogenannten Verwallungen seitlich des Kanals als Verstärkung der vorhandenen Kanaldämme und schließlich in Brückenrampen untergebracht. Oft sind erhebliche Längstransporte notwendig, wenn für bestimmte Verwendungszwecke spezifische Bodeneigenschaften verlangt werden müssen.

Abb. 6. Ausbau des Kanalbettes unter Verkehr.

Erheblich schwieriger als die Baggerung gestaltet sich die Auskleidung des neuen Kanalbettes. Die Art der Auskleidung wird durch mehrere Fakten, in erster Linie durch die Höhenlage des Kanalwasserspiegels gegenüber dem angrenzenden Gelände und damit gegenüber dem natürlichen Grundwasserspiegel und durch die Struktur des Untergrundes bestimmt. Im allgemeinen werden Kanalstrecken mit einem gegenüber dem Grundwasserspiegel tiefer liegenden Wasserspiegel mit durchlässigen, bis zur Kanalsohle herabreichenden Böschungsbefestigungen versehen, wobei die Kanalsohle nicht besonders befestigt wird. Hingegen werden überall dort, wo der Wasserspiegel des Kanals höher liegt als das angrenzende Gelände bzw. der natürliche Grundwasserspiegel, neben einer Abdichtung der Kanalsohle undurchlässige Böschungsbefestigungen eingebaut; das gesamte Kanalbett wird also abgedichtet. Bestandteile einer durchlässigen Böschungsbefestigung sind Filterschicht und Decklage, Bestandteile einer undurchlässigen Böschungsbefestigung sind Dichtungsschicht, Schutzschicht und Decklage. Diese Elemente sind unter Wasser einzubauen, sie müssen voll wirksam sein und sollen nach Möglichkeit nur einer geringen Unterhaltung bedürfen. Diese Forderung zu erfüllen, ist naturgemäß schwierig. Die herkömmlichen Bauweisen, wie sie insbesondere im Trockenbau angewandt werden, sind beim Bauen unter Wasser entweder technisch nicht oder nur bedingt durchführbar, oder aber ihre Anwendung scheitert an der hier gegebenen Unwirtschaftlichkeit. So überrascht es kaum, daß beim Ausbau des Mittellandkanals laufend versucht wird, mit neuen Baumethoden und Baustoffen technisch befriedigende Lösungen, die gleichzeitig wirtschaftlich sein sollen, zu entwickeln.

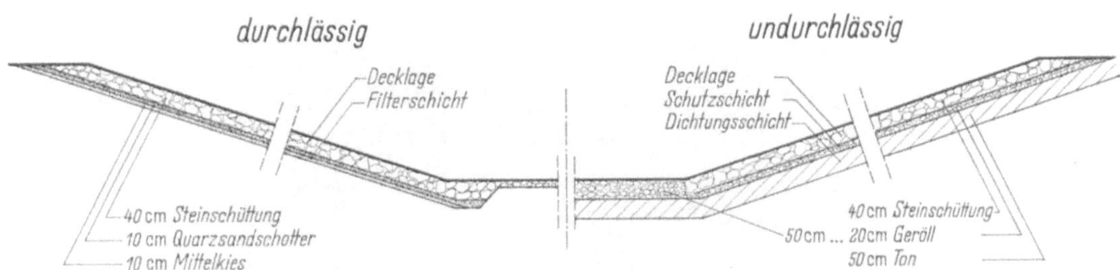

Abb. 7. Aufbau einer durchlässigen und einer undurchlässigen Böschungsbefestigung.

Das Problem des Einbaues wirksamer durchlässiger Böschungsbefestigungen kann als gelöst angesehen werden. Während die Filterschicht im Trockenen auch heute noch vorwiegend als gestufter Filter aus Sand, Kies und Splitt hergestellt wird, sind in enger Zusammenarbeit zwischen Kunststoffindustrie und Wasserbauingenieuren Gitterplanen und Filtervliesmatten entwickelt worden, die im Unterwasserbereich auf den Böschungen abgerollt werden können und voll die Funktion eines Filters übernehmen. Dabei ist allerdings darauf hinzuweisen, daß der Anwendungsbereich von Filtervliesmatten größer ist als der von Gitterplanen. Als Decklage kommen nach wie vor Schüttsteine, aber auch Betonformsteine infrage. In jedem Falle ist eine Verbundwirkung zwischen den einzelnen Steinen anzustreben. Dies ist bei Schüttsteinen mit einem Bitumenverguß möglich. Es sind inzwischen Betonformsteine entwickelt worden, deren Einbau ebenfalls unter Wasser durchführbar ist und deren Konstruktion einen gegenseitigen Verbund ermöglicht.

Abb. 8. Einbau einer Filtervliesmatte am Mittellandkanal.

Abb. 9. Durchlässige Böschungsbefestigung aus Betonverbundsteinen.

Auch undurchlässige Böschungsbefestigungen und Sohlendichtungen werden am Mittellandkanal mit Erfolg unter Wasser eingebaut. Hier haben bereits verschiedene Verfahren Anwendung gefunden. Um die Jahrhundertwende wurde bei den im Trockenen hergestellten Kanalstrecken fast ausschließlich Ton als Dichtungsschicht in 40 bis 50 cm Dicke eingebaut und mit einer etwa ebenso starken Schutzschicht und mit einer Steinabdeckung auf den Böschungen versehen. Die hervorragende Bewährung dieses Systems hat dazu geführt, Methoden zu erarbeiten, nach denen Ton auch unter Wasser eingebaut werden kann. Mehrere längere Dammstrecken im Mittellandkanal sind inzwischen im Zuge des Ausbaues mit einer neuen Tondichtung versehen worden. Der Toneinbau erfolgt von U-förmig angeordneten Spezialpontons aus, die mittels ausfahrbarer Stempel auf dem Untergrund abgestützt werden, wobei die beiden Schenkel eine fahrbare Arbeitsbühne mit dem Einbaugerät aufnehmen. Das Einbaugerät ist innerhalb der Arbeitsbühne beweglich. Auf diese

Abb. 10. Preßton — Einbaugerät.

Weise kann der ganze Bereich zwischen den Schenkeln des Spezialpontons systematisch bestrichen werden. Das Einbaugerät selbst besteht aus einem Fülltrichter, in den der einzubauende unverarbeitete Ton geschüttet wird. Dieser wird dann als Preßton mittels einer Förderschnecke durch ein bis zum Einbauort reichendes Rohr mit Verteilerschuh gepreßt. In zwei Lagen von je 10 cm bis 15 cm Dicke ergibt sich eine nahtlose wirksame Dichtungsschicht, auf die dann im Bereich der Sohle eine mehrere Dezimeter dicke Geröllschutzschicht bzw. im Bereich der Böschung zusätzlich noch Schüttsteine aufgebracht werden können.

Neben dem Naturprodukt Ton finden in wachsendem Maße Dichtungen aus Asphalt oder Beton Anwendung. Am Mittellandkanal sind erstmalig neue Verfahren erprobt worden, Dichtungen mit bituminösem und hydraulischem Binder unter Wasser einzubauen. Während noch vor Jahren das Einbringen von Heißasphalt unter Wasser unmöglich erschien, ist es am Mittellandkanal gelungen, eine Dichtungsschicht in heißem Zustand unter Wasser zu verlegen. Der Einbau ist mit dem in Abb. 11 dargestellten Einbaugerät erfolgt. Auch hier ist mit abstützbaren U-förmig angeordneten Spezialpontons gearbeitet worden. Das heiße Mischgut ist ebenfalls mit Förderschnecken durch Rohre, die hier beheizt waren, als Preßasphalt in die Einbaustelle gepreßt worden.

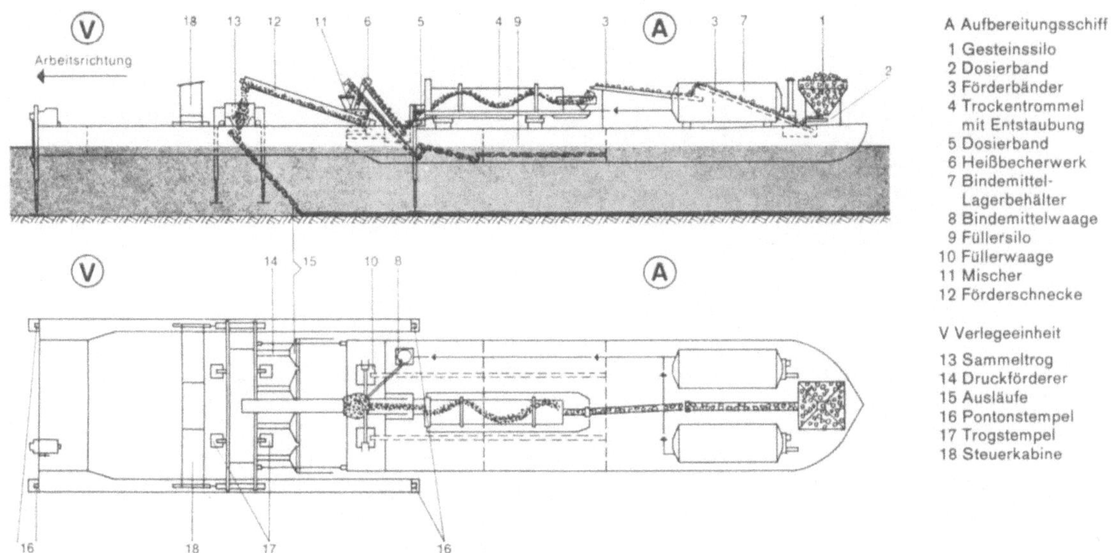

Abb. 11. Systemzeichnung des schwimmenden Preßasphalt-Aufbereitungs- und Einbaugerätes.

Der Vorteil dieses Verfahrens liegt darin, daß Asphaltbeton widerstandsfähig gegen mechanische Beanspruchungen und erosionsfest ist, so daß auf eine Schutzschicht und eine besondere Decklage verzichtet werden kann, sofern eine genügend starke Asphaltbetonschicht ($d \geqq 15$ cm) gewählt wird. Das Verfahren bedarf noch einiger technischer Verbesserungen insbesondere hinsichtlich des Einbaus im Böschungsbereich.

In ähnlicher Weise ist in einigen Baulosen am Mittellandkanal eine Dichtung mit hydraulischem Binder, Hoton, auf der Sohle eingebaut worden. Das in plastischem Zustand eingebrachte Mischgut erhärtet in relativ kurzer Zeit. Die erreichten Festigkeiten sind ausreichend, um auch hier auf eine besondere Schutzschicht verzichten zu können.

Schließlich sei noch ein ebenfalls bereits mehrfach praktiziertes Bauverfahren erwähnt, nach welchem ein auf Sohle und Böschungen aufgebrachtes Schüttsteingerüst mit kollodialem Mörtel verfüllt wird. Auch hier erfüllt das System gleichzeitig die Bedingungen einer Dichtungs- und Schutzschicht und einer Decklage.

4.3 Neubau der Brücken

Die Konstruktionsmerkmale der neuen Brücken werden durch folgende Bedingungen bestimmt:

1. Stützenfreiheit im gesamten Lichtraumprofil,
2. Beschränkte Bauhöhe bei allen Brückenüberbauten, soweit deren Anschluß an die Verkehrswege Brückenrampen erforderlich macht, und
3. Montage ohne wesentliche Behinderung der Schiffahrt.

Diese Bedingungen haben dazu geführt, daß bisher nur Überbauten aus Stahl verwendet worden sind, und zwar als Fachwerkbrücken, als Stabbogenbrücken und — in Einschnittstrecken — als Vollwandträgerbrücken.

Für den Ausbau der alten und den Einbau der neuen Brücken bietet sich das gleiche Montageverfahren an. Mittels eines von der Wasser- und Schiffahrtsdirektion Hannover als Auftraggeber vorgehaltenen Montageschiffes werden die alten von ihren Auflagern zuvor abgehobenen Brücken über eine zu diesem Zwecke angelegte Verschubbahn auf eine Brückenrampe gefahren und dort zur Demontage abgesetzt. Nach dem gleichen Verfahren werden die neuen Überbauten von ihrer Montagerampe, einer der späteren Brückenrampen, aus eingeschwommen.

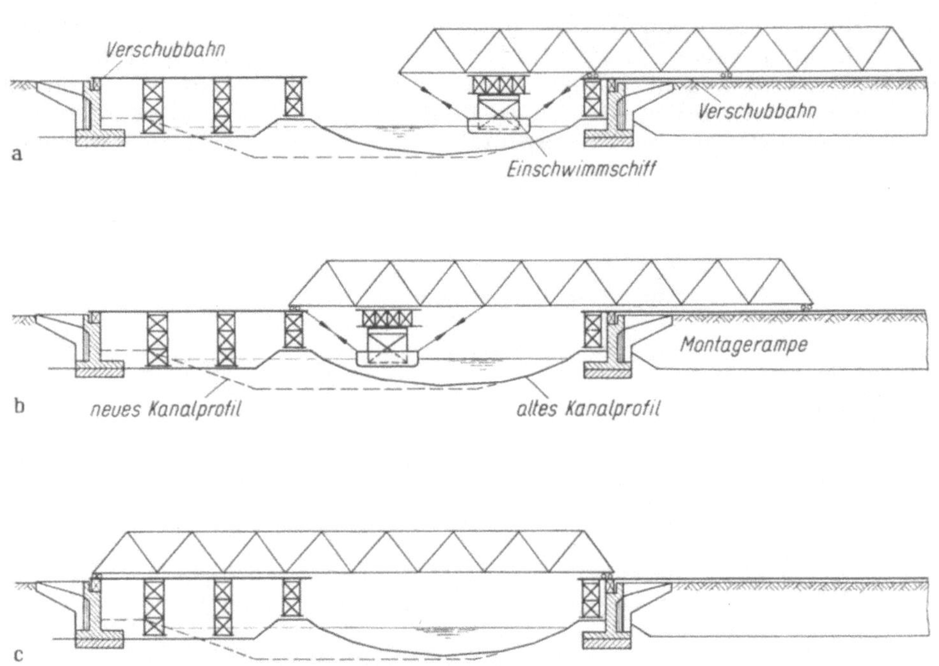

Abb. 12. Einschwimmvorgang einer Brücke.

Abb. 13. Einschwimmen einer neuen Brücke.

Der Einschwimmvorgang ist in Abb. 12 und 13 dargestellt. Das Aus- und Einschwimmen eines Brückenüberbaus erfolgt jeweils innerhalb weniger Stunden, so daß nur eine kurzfristige völlige Schiffahrtssperre erforderlich wird. Inzwischen sind aber auch Betonkonstruktionen entwickelt worden, deren Montage ebenfalls ohne Behinderung der Schiffahrt möglich sein wird. Bisher ist eine derartige Konstruktion aber noch nicht zum Einbau gelangt.

4.4 Der Neubau der Düker

Auch für den Neubau der Düker gilt, daß er ohne wesentliche Behinderung der Schiffahrt durchgeführt werden muß. Fast jeder Dükereinbau kann Gefahren für den Kanal und die angrenzende Landschaft mit sich bringen, da der Kanalwasserspiegel stets höher liegt als der der kreuzenden Bäche und Vorfluter. Unkontrollierte Beschädigungen des Kanalbettes im Bereich der Dükerbaustellen können zumindest ein teilweises Auslaufen des Kanals mit schwerwiegenden Folgen nach sich ziehen.

Zwei Baumethoden werden beim Neubau der Düker angewandt, und zwar:

der Einbau der Düker unter Wasser durch Absenkung der Dükerrohre in zuvor gebaggerte Rinnen, und

das Unterfahren des Kanalbettes im Schildvortrieb.

Der Einbau der Düker unter Wasser erfolgt in der Weise, daß Stahlrohre zur endgültigen Dükerlänge und -form an Land zusammengesetzt, schwimmend zur Einbaustelle transportiert und dort in das vorbereitete Dükerbett zwischen den abgedämmten bzw. abgespundeten Baugruben für die Dükerhäupter (Einlaß- und Auslaßbauwerke) abgesenkt werden. Das Absenken übernehmen schwimmende Hebezeuge unter gleichzeitigem langsamen Fluten des Dükerrohres. Die Abb. 14

Abb. 14. Absenken eines Stahlrohrdükers in die vorbereitete Baugrube (Querrinne).

zeigt die Absenkphase eines eingeschwommenen Stahldükers. Hernach folgt die Abdeckung des Dükers und die Herstellung der Kanalsohle in diesem Bereich sowie die Errichtung des Einlaß- und des Auslaßbauwerkes.

Für das Einschwimmen eines Dükerrohres, das meistens nur wenige Stunden dauert, ist eine kurzfristige völlige Schiffahrtssperre im Bereich der Dükerbaustelle notwendig.

Die zweite Baumethode, das Unterfahren des Kanalbettes im Vortrieb, kann ohne Berührung des Schiffsverkehrs durchgeführt werden. Ihre Anwendung setzt aber für dieses Bauverfahren

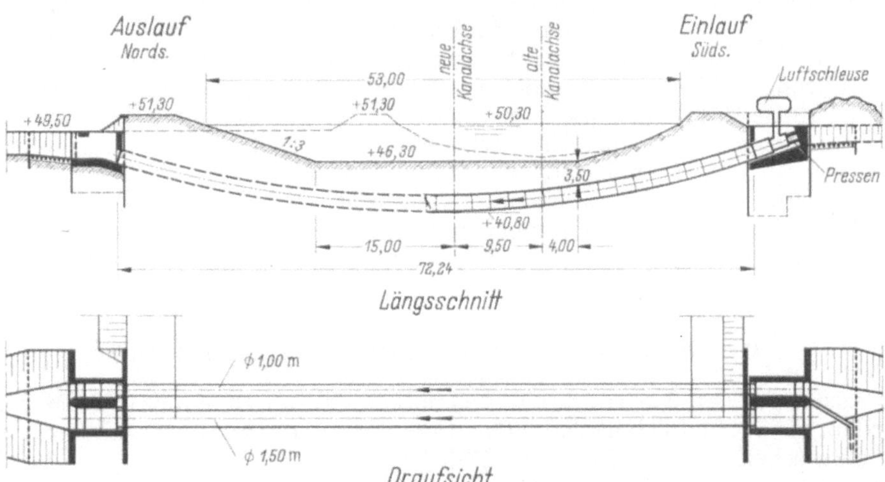

Abb. 15. Schematische Darstellung des Bauvorganges für den Vortrieb eines Dükers.

geeignete Untergrundverhältnisse im Bereich der Kanalsohle voraus, da dieses Verfahren nur unter Einführung von Druckluft in den im Vortrieb befindlichen Dükerstrang angewandt werden kann. Vorhergehende intensive Bodenuntersuchungen müssen in den infrage kommenden Fällen Aufschluß darüber geben, ob das Verfahren ohne Risiken praktikabel ist.

5. Das Ausbauprogramm und Stand der Bauarbeiten

Mit dem Ausbau des Mittellandkanals ist im Jahre 1964 begonnen worden. Das Ausbauprogramm sieht eine Fertigstellung des Mittellandkanals und seiner Zweigkanäle bis zum Jahre 1985 vor.

Die Anlaufphase der Ausbauarbeiten gestaltete sich länger als vorgesehen. Hier spielten personaleinsatzmäßige, rechtliche und finanzierungsmäßige Gründe eine erhebliche Rolle.

Ausbauarbeiten werden z. Zt. nur am Hauptkanal, also noch nicht an den Zweigkanälen, durchgeführt. Das Bett des Hauptkanals ist auf eine Länge von insgesamt 65 km in verschiedenen Teilstrecken fertiggestellt, weitere 25 km befinden sich z. Zt. im Ausbau (vgl. Abb. 16).

Von den über den Mittellandkanal führenden Straßen- und Eisenbahnbrücken sind inzwischen mehr als 50 Brücken neu gebaut, 7 weitere Brücken sind umgebaut, 25 Brücken befinden sich im Bau.

Weiter sind 61 Düker durch 39 neue ersetzt worden. Durch Zusammenlegung verschiedener Vorfluter im Kanalbereich konnten bisher 22 Düker eingespart werden. 1 Düker wurde umgebaut, 4 weitere Düker sind im Bau.

Im Februar 1971 konnte nach Fertigstellung einzelner vorgezogener Maßnahmen, insbesondere nach Hebung besonders tief liegender Brücken, der Wasserspiegel in der Weststrecke um 10 cm angehoben und damit die Abladetiefe um dieses Maß auf 2,10 m vergrößert werden. In den fertiggestellten Ausbauabschnitten findet die Schiffahrt wesentlich verbesserte Verkehrsbedingungen, vor allem die Möglichkeit für Überholmanöver vor.

Der Bauablauf in den einzelnen Teilstrecken wird derart gestaltet, daß zunächst die neuen Querbauwerke errichtet werden, um dann das Kanalbett durchgehend ohne Störung durch später zu beseitigende Einengungen im Bereich der Querbauwerke ausbauen zu können.

Zur Zeit werden die erforderlichen Bauarbeiten in zwei Schwerpunktbereichen durchgeführt, nämlich in der westlichen Kanalstrecke zwischen der Abzweigung des Mittellandkanals aus dem Dortmund-Ems-Kanal und der Weser bei Minden und zwischen der zukünftigen Einmündung des Elbe-Seitenkanals westlich der Schleuse Sülfeld und der Abzweigung des Zweigkanals nach Salzgitter.

Letztere Strecke soll bis Ende 1976 fertiggestellt sein, um mit dem Zeitpunkt der Fertigstellung des Elbe-Seitenkanals voll abgeladene Europaschiffe zwischen Hamburg und Salzgitter verkehren lassen zu können. Der Zweigkanal nach Salzgitter soll dabei vorerst nur im signalgesteuerten Richtungsverkehr von voll abgeladenen Europaschiffen benutzt werden können. Die hierfür notwendigen technischen Maßnahmen werden ebenfalls bis Ende 1976 abgewickelt sein. Weiter wird davon ausgegangen, daß es möglich sein wird, die erstgenannte Kanalstrecke westlich von Minden bis etwa 1979 fertigzustellen, um die Weser vom Westen her vollschiffig erreichen zu können. Damit würde der Mittellandkanal von diesem Zeitpunkt an der Schiffahrt bereits wesentliche Vorteile verschaffen. Darüber hinaus soll versucht werden, bis zum gleichen Zeitpunkt den Ausbau der Kanalstrecke zwischen Minden und dem Nordhafen von Hannover soweit voranzutreiben, daß auch hier das voll abgeladene Europaschiff verkehren kann. Zu diesem Zeitpunkt werden jedoch die Kanalüberführungen über Weser und Leine noch nicht neu erstellt sein. Die alten Bauwerke werden noch für einige Jahre Engpässe im ausgebauten Kanal bilden, die aber im Richtungsverkehr und in langsamer Fahrt von voll abgeladenen Europaschiffen befahren werden können.

Der Ausbau des Mittellandkanals mit seinen Zweigkanälen soll Ende 1985 abgeschlossen sein. Wieweit es möglich ist, diesen Termin einzuhalten, hängt ausschließlich davon ab, ob die laufende Finanzierung dieses großen Ausbauvorhabens in den nächsten Jahren an die bisher schon erheblich gestiegenen und sicherlich weiterhin steigenden Ausbaukosten angepaßt wird.

6. Die Baukosten und ihre Finanzierung

Die Gesamtkosten für den Ausbau des Mittellandkanals sind 1965 mit 1,725 Milliarden DM veranschlagt worden. Sie dürften sich nach dem heutigen Preisstand auf über 2 Milliarden DM belaufen. Verbaut sind inzwischen über 400 Millionen DM.

Die Finanzierung erfolgt für die Weststrecke von Bergeshövede bis Anderten durch die Nordwest-Kanal GmbH, die gleichzeitig auch den Ausbau des Küstenkanals finanziert. Zwei Drittel

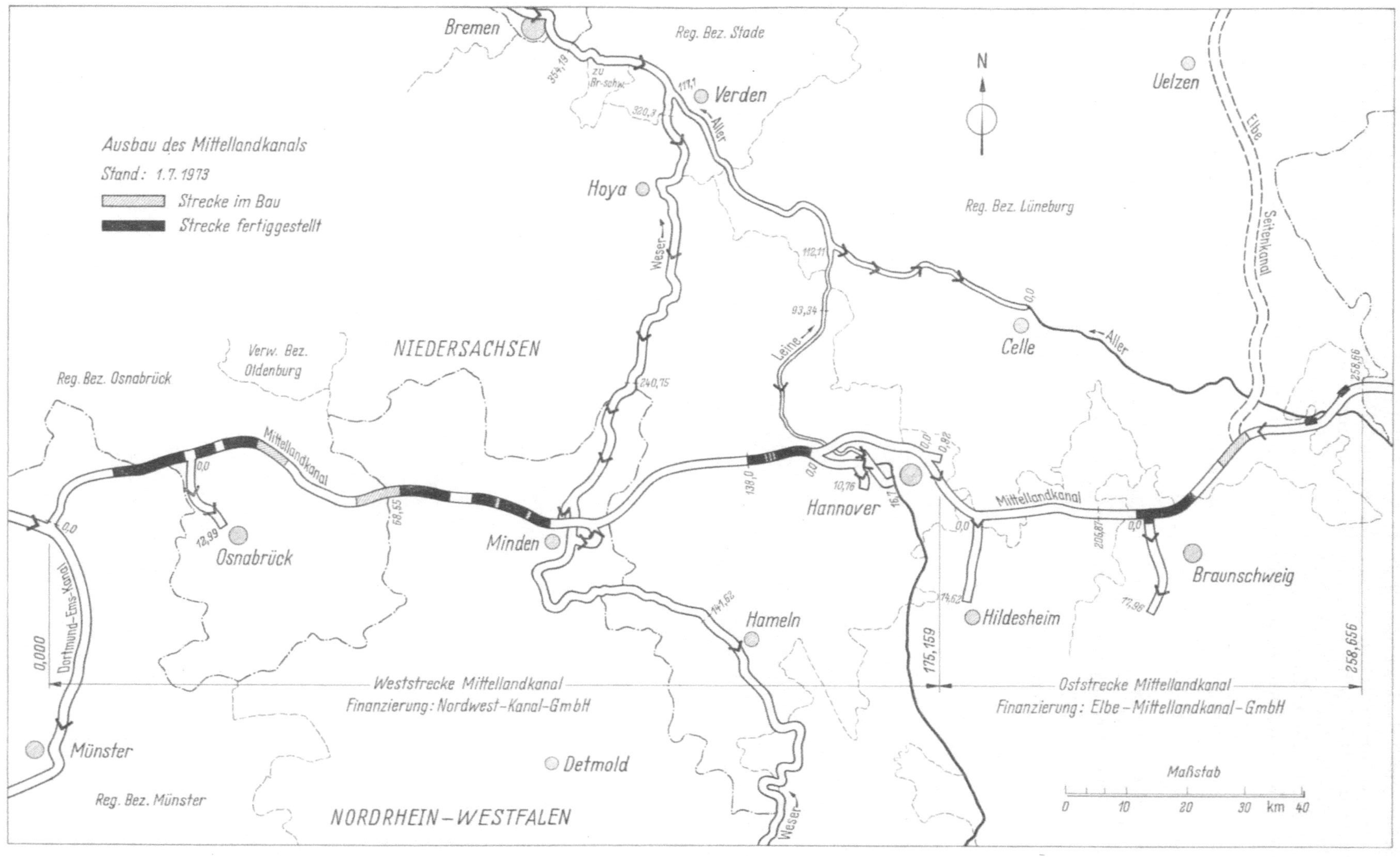

Abb. 16. Stand der Bauarbeiten.

der Finanzierungsmittel dieser Gesellschaft hat der Bund aufzubringen, ein Drittel gemeinsam die Länder Nordrhein-Westfalen, Niedersachsen und Bremen. Für die Oststrecke von Anderten bis zur Grenze der DDR wird die Finanzierung durch die Elbe-Mittellandkanal GmbH vorgenommen, die gleichzeitig auch den Neubau des Elbe-Seitenkanals finanziert. Zwei Drittel der Finanzierungsmittel dieser Gesellschaft hat wiederum der Bund aufzubringen; ein Drittel wird gemeinsam von den Ländern Niedersachsen und Hamburg finanziert.

Schrifttum

Seiler, E.: Entwicklung der Binnenwasserstraßen. Zeitschrift für Binnenschiffahrt und Wasserstraßen 7 (1970), S. 222–228.

Meyer, H.: Neuartige Dichtungen beim Ausbau des Mittellandkanals. Zeitschrift für Binnenschiffahrt und Wasserstraßen 7 (1970), S. 230–234.

Schmidt, D.: Aus- und Einschwimmen von stählernen Brücken über den Mittellandkanal. Der Stahlbau 11 (1971), S. 344–346.

Das Erarbeiten der Planungsvoraussetzungen für den Tiefwasserhafen Neuwerk/Scharhörn*

Von Dr.-Ing. **Hans Laucht**, Hamburg

Hiermit soll der Versuch unternommen werden, an einem praktischen Beispiel aus jüngster Vergangenheit darzustellen, wie weit gefächert Küstenforschung und Küsteningenieurwesen heute sein müssen und welche Voraussetzungen zu erfüllen sind, wenn eine große Planungs- und Bauaufgabe an der offenen Küste unter neuartigen Bedingungen technisch bewältigt werden soll. Zunächst muß des besseren Verständnisses wegen diese beispielhafte Aufgabe der Planung eines Tiefwasserhafens an der Elbmündung etwas erläutert werden, allerdings unter Verzicht des Eingehens auf volkswirtschaftliche und ökonomische Gesichtspunkte. Ebenso wenig können in diesem Zusammenhang etwa die vielfältigen Untersuchungsergebnisse in größerem Umfange bekanntgegeben, geschweige denn erklärt werden.

1962 gewann Hamburg durch Staatsvertrag mit Niedersachsen ein rd. 90 qkm großes Wattengebiet an der Elbmündung mit den Inseln Neuwerk und Scharhörn zurück, in dem es mit dem Bau des bekannten Neuwerker Wehrturmes schon um 1300 aktiv tätig geworden war und das ihm danach etliche Jahrhunderte gehört hatte, ebenso wie auf dem Festland das Amt Ritzebüttel mit Cuxhaven und den umliegenden Ortschaften. 1937 mußten indessen fast alle diese Gebiete durch ein Reichsgesetz an Preußen abgetreten werden, bis auf einige Hafenanlagen in Cuxhaven mit anschließenden Ländereien, die zur Einrichtung eines künftigen hamburgischen Vorhafens gedacht waren. Auf diese Ländereien nun hatte es Niedersachsen als Rechtsnachfolger Preußens abgesehen, als es zwecks Vergrößerung seines Fischereihafens und des Fischindustriegeländes Mitte der fünfziger Jahre Hamburg einen Gebietsaustausch gegen Wertausgleich vorschlug.

Hamburg ging darauf ein, weil man dort inzwischen erkannt hatte, daß Cuxhaven nicht mehr die Bedeutung erlangen würde, die sich die vorangegangenen Generationen unter dem Begriff eines Vorhafens für den Hamburger Hafen vorgestellt hatten. Denn einerseits konnten immer mehr Möglichkeiten zur weiteren Verbesserung der Elbe als Seeschiffahrtsstraße bis in die Hamburger Stromstrecken hinein durch bessere wissenschaftliche und praktische Kenntnisse sowie infolge der ständigen Verbesserung der Baggergeräte ausgenutzt werden, so daß im Laufe der Zeit immer größere Schiffe nach und von Hamburg verkehren konnten, was für alle Stückgut- und Spezialverkehre, ja sogar für das trockene Schüttgut durchweg ausreichte. Andererseits wuchsen aber die Tankergrößen als Schrittmacher dieser Entwicklung schon damals so außerordentlich schnell, daß vermutet werden mußte, die größten von ihnen würden sogar Cuxhaven wegen einiger strombaulicher Schwierigkeiten in der Außenelbe alsbald nicht mehr erreichen können; eine Annahme, die sich sehr bald als richtig herausstellte. Überdies mußte auf Grund von wachsenden Erfahrungen angenommen werden, daß die Planung eines neuen Hafens für sehr große Massengutschiffe künftig nur noch dann sinnvoll sein würde, wenn ihm umfangreiche Industrieflächen und ebensolche Erweiterungsmöglichkeiten auf lange Sicht zugeordnet werden konnten, also ein Flächenbedarf mit sehr großen, gut geschnittenen und an die Verkehrswege gut anzuschließenden Grundstücken zu befriedigen war. Das aber schien im Raum Cuxhaven nicht mehr realisierbar zu sein.

Alle diese Überlegungen führten in zunehmend klarer werdender Form zu der neuen Vorstellung eines weitgehend eigenständigen Industrie-Tiefwasserhafens, die mit der alten eines Hamburger Vorhafens kaum noch etwas gemein hatte. Und es war ferner alsbald zu erkennen, daß ein solcher Hafen, dessen Planung vorläufig nur als Vorsorge für die weitere Zukunft anzusehen war, die erforderlichen Voraussetzungen nur an der Elbmündung und im Wattengebiet von Neuwerk und Scharhörn finden würde. Ob diese Voraussetzungen auch für alle technischen Bereiche des Hafenbaues mit ihren Randerscheinungen und Folgewirkungen zu schaffen sein würden, blieb freilich eine offene Frage, deren zweckmäßige Lösungsmöglichkeit zur Zeit des Abschlusses des Staatsvertrages — allerdings mit einigen guten Gründen — nur vermutet werden konnte. Hier galt es also in erster Linie, Klarheit zu schaffen, und zwar so schnell wie irgend möglich, weil man ange-

* Nach einem Vortrag, gehalten auf der Hauptversammlung der HTG im September 1972 in Braunschweig.

sichts der Entwicklung der Industrialisierung und des Seeschiffsverkehrs die vielleicht plötzlich auftretende Notwendigkeit sehr rascher Entscheidungen nicht ausschließen konnte. Damit stellte sich eine Aufgabe, wie sie an den deutschen Küsten und unter annähernd ähnlichen Verhältnissen auch im Ausland noch nicht bewältigt worden war.

Bereits vorhandene Untersuchungen, auf die man sich dabei abstützen konnte, waren leider nur aus dem Gebiet des Fahrwassers der Außenelbe vorhanden, weil dort umfangreiches und laufend ergänztes Material über die Wasserstände und -tiefen, die Strömungen sowie die morphologischen Vorgänge, jedoch für den vorgegebenen Zweck nicht in ausreichendem Umfang auch über die Sandbewegung, vorlag. Dagegen waren in den angrenzenden Wattengebieten bis dahin nur so vereinzelte und zusammenhanglose Untersuchungen und Messungen ausgeführt worden, daß daraus keine verwertbaren Rückschlüsse gezogen werden konnten. Ganz abgesehen davon, daß zur Lösung mancher Fragen noch nicht einmal brauchbare Methoden, und zwar sowohl der Messungen als der Auswertungen, entwickelt worden waren. Wollten wir also zügig und wirkungsvoll arbeiten, mußten wir uns mit Vorrang diesen methodischen Fragen widmen, ohne dabei jedoch in Wunschdenken zu verfallen.

Der Zwang, schnell und unbedingt praxisnah arbeiten zu müssen, bewahrte uns vor der damals gerade stark in Mode gekommenen Auffassung, recht allgemein nur das im wissenschaftlichen Sinne als schlüssig anzusehen, was theoretisch-abstrakt erklärbar war, und alle diejenigen Meßwerte aus der Natur als ungehörig abzutun, die sich immer noch nicht in mehr oder weniger brillante Theorien einpassen ließen. Wir wußten dagegen — und mit uns viele erfahrene Küstenforscher —, daß wir es mit viel zu komplexen Geschehnissen zu tun haben würden, um sie trotz aller unbestrittenen Fortschritte in absehbarer Zeit theoretisch einwandfrei erfassen und deuten zu können. Wir legten daher den Schwerpunkt unserer Arbeiten auf möglichst zahlreiche und immer bessere Naturmessungen, und wir können heute mit Befriedigung feststellen, daß sich diese Auffassung in der Küstenforschung weltweit wieder mehr und mehr durchsetzt.

Alles in allem ergaben sich folgende Grundzüge eines umfassenden wissenschaftlichen Forschungsprogrammes:

Die natürlichen Verhältnisse, die Naturkräfte und ihre Wirkungen mußten in ihren Zusammenhängen und Gesetzmäßigkeiten so untersucht werden, daß nicht nur der Ausgangszustand einwandfrei beschrieben, sondern auch die Auswirkung jeder in Betracht kommenden Baumaßnahme hinreichend genau und sicher vorausgesagt sowie endlich der Bauvorgang festgelegt werden kann. Diese Absicht wurde erschwert einmal durch die Weite des zu erforschenden Gebietes, das einschließlich der unbedingt mit einzubeziehenden Randgebiete 500 bis 600 qkm Fläche umfaßt, zum anderen durch die beträchtlichen Behinderungen infolge der Witterungseinflüsse, weil ja gerade Messungen unter extremen Bedingungen besonders wichtig sind, drittens durch den teilweise sehr unbefriedigenden Stand von Wissenschaft und Meßtechnik in den hier in Betracht kommenden Bereichen, sowie viertens durch den bereits erwähnten Zeitdruck, der aber umgekehrt auch nicht unvertretbar hohe Kosten hervorrufen durfte. Wegen dieses Zeitmangels verbot es sich von vornherein, etwa aus Prinzip — wie das bei uns allzu oft üblich ist — zunächst einmal mit langwierigen Grundlagenforschungen und Geräteentwicklungen zu beginnen. Andererseits durften sie auch nicht etwa ausgeschlossen werden, sofern sie auf Teilgebieten unerläßlich waren, um überhaupt weiterzukommen, oder wenn sie ohne Beeinträchtigung der eigentlichen Aufgaben mit erledigt werden konnten, sei es in eigener Arbeit oder durch Anregungen und Unterstützungen anderer.

Da wir also in dieser Beziehung eine gewisse Verpflichtung verspürten, innerhalb eines so umfangreichen Vorhabens möglichst auch fördernd zu wirken, schien es uns darüber hinaus im Interesse der Sache zu liegen, wenn wir gleich am Anfang beschlossen, nicht etwa alles allein machen zu wollen, sondern so weit wie möglich auf Teilgebieten Wissenschaftler und Institute heranzuziehen, die zur Lösung von Spezialaufgaben besser geeignet sein mußten als wir selber. Die uns dann noch verbleibenden Arbeiten, insbesondere die gewässerkundlichen und morphologischen Naturmessungen, ihre Auswertungen und Erklärungen sowie die Steuerung und Koordinierung sämtlicher Untersuchungen, waren noch umfangreich genug.

Außerdem verfuhren wir nach dem Grundsatz, sämtliche Ergebnisse, ja sogar Zwischenergebnisse, unserer Arbeit offen darzulegen und wirklichen Interessenten in allen Einzelheiten zugänglich zu machen. Diese Art ist an den deutschen Küsten, an denen früher oftmals mit ziemlich viel Geheimniskrämerei gearbeitet worden ist, zuweilen nicht recht verstanden oder sogar für töricht gehalten worden, weil es dabei natürlich nicht ausbleiben konnte, daß wir für den einen oder anderen Teilerfolg frühzeitig unser Urheberrecht preisgaben. Dennoch hat sich dies im Interesse der Sache als richtig erwiesen, den Mitarbeitern nicht geschadet und nach einer jahrelangen Anlaufzeit seine Früchte getragen. Ebenso wirkten die zahlreichen Kontakte mit Fachleuten vieler Disziplinen im In- und Ausland, die ja stets auf der Basis des Nehmens und Gebens beruhen. Und wir können heute mit einigem Stolz feststellen, daß wir seit geraumer Zeit auch international durchaus nicht nur Nehmende sind.

Der möglichst weit gestreuten Bekanntgabe der wichtigsten Untersuchungsergebnisse, aber auch der Anregung ihrer Diskussion, dient die eigene Schriftenreihe Hamburger Küstenforschung, die mit einfachen Mitteln ohne großen Zeitverzug herausgegeben wird und in der Themen aus fast allen bearbeiteten Disziplinen von den dazu Berufenen abgehandelt werden.

Mit dem Aufbau einer Forschungsgruppe beim Amt Strom- und Hafenbau der hamburgischen Behörde für Wirtschaft und Verkehr wurde 1962, also unmittelbar nach Abschluß des Staatsvertrages Hamburg/Niedersachsen und lange vor seiner endgültigen Ratifizierung, begonnen. Sie hatte folgende allgemeine Aufgaben:

Planung und Vorbereitung der Arbeitsprogramme und — soweit erforderlich — Entwicklung eigener Methoden und Geräte.
Durchführung und wissenschaftliche Auswertung der von ihr unmittelbar zu bearbeitenden Teilaufgaben.
Bereitstellung von Arbeitsunterlagen und Hilfeleistung bei Teilaufgaben, die anderen übertragen wurden.
Auswertung von fremden Meßergebnissen, soweit dies der Sache dienlich erschien.

Trotz des breit gefächerten und vorwiegend wissenschaftlichen Charakters der gesamten Arbeiten gab es keinen Zweifel darüber, daß diese Gruppe von Bauingenieuren geleitet werden mußte, weil die Aufgaben letzten Endes auf wasserbauliche Zweckforschung im Sinne künftiger hafen- und seebautechnischer Planung hinausliefen. Der Stellenplan konnte mit rd. 30 Personen, einschließlich der Schiffsbesatzungen und des Hilfspersonals im Vermessungswesen, sehr knapp gehalten werden, weil von vornherein jede Möglichkeit zur Rationalisierung ausgeschöpft und die Gruppe verwaltungsmäßig einer in Cuxhaven seit langem tätigen hamburgischen Dienststelle angeschlossen werden konnte. Andererseits erforderte diese Beschränkung eine sehr genaue, aber auch der Arbeitseffizienz dienliche Abstimmung der Einzelprogramme aufeinander.

Große Sorgfalt wurde auf die Auswahl der Mitarbeiter gelegt, um hohe Leistungen, Einsatzfreudigkeit und Betriebsfrieden zu erzielen, was im Hinblick auf die meist tideabhängige Arbeit unter oft erschwerten Bedingungen mit vielen arbeitsrechtlichen Ausnahmen von erheblicher, wenn nicht entscheidender Bedeutung war.

Die Beschaffung von Unterkünften, Stützpunkten, Arbeitsräumen, Sozialeinrichtungen, Wasser- und Landfahrzeugen hing natürlich von der Weite und Eigenart des zu erforschenden Gebietes ab. Auch dabei mußte aber in jedem Einzelfall der erwartete Nutzeffekt an der Zweckmäßigkeit und selbstverständlich auch an dem Aufwand gemessen werden. Infolgedessen waren viel mehr Schwierigkeiten zu überwinden, als dies irgendwo auf dem Festland oder an der festen Küste der Fall gewesen wäre.

Auf eine besonders wichtige Einrichtung muß noch hingewiesen werden, die hier für deutsche Verhältnisse in diesem Umfang erstmalig beschafft wurde, nämlich auf eine das ganze Gebiet überdeckende Funkortungskette. Das verwendete Hi-Fix-Verfahren wurde aus mehreren ausländischen Entwicklungen entsprechend dem speziellen Bedürfnis ausgewählt und hat sich gut bewährt, so daß es nun auch an anderen Stellen der deutschen Nordseeküste verwendet wird. Seine beachtlichen Vorteile: Unverzügliche und genügend genaue Ortungsmöglichkeit, auch bei unsichtigem Wetter, für beliebig viele Empfänger ohne nennenswerten Personalbedarf. Nur mittels dieses Systems war es möglich, die Meßprogramme in kürzesten Zeiten und mit geringstem Aufwand durchzuführen.

Die in die Millionen gehende Zahl der gewonnenen Daten, insbesondere aus den selbstregistrierenden Dauermeßgeräten, konnte im wesentlichen nur noch elektronisch verarbeitet und aufbereitet werden, wenn man zügig vorankommen wollte. Diese rasche Auswertearbeit, zu deren Bewältigung zusätzlich zu schon vorhandenen etwa 20 spezielle Computer-Programme aufgestellt wurden, war nicht nur durch den Personal- und Zeitgewinn außerordentlich rationell, sondern auch dadurch effektiv, daß innerhalb laufender Meßserien um so schneller und sicherer Folgerungen für die weitere kurzfristige Programmgestaltung gezogen werden konnten.

Versucht man nun, die Erfüllung der Gesamtaufgabe in ihren Teilen darzustellen, so ergeben sich folgende Sachgruppen, die allesamt zum Erzielen einer optimalen und funktionsgerechten Planung als wichtig angesehen werden müssen:

1. Aufbereitung und statistische Auswertung einer Fülle langfristigen Beobachtungsmaterials der meteorologischen Stationen Cuxhaven und Feuerschiff Elbe 1 unter wesentlicher Mitwirkung des Wetterdienstes und des Seewetteramtes. Dieses Material war bis dahin nur unzureichend bearbeitet worden. Da es sich für das eigentliche Planungsgebiet als nicht genügend repräsentativ erwies,

wurde schon frühzeitig auf Scharhörn zusätzlich eine eigene vollautomatische Windmeßstation eingerichtet. Diese Beobachtungen bilden die Grundlage der Erkenntnis nicht nur des vielfältigen natürlichen Kräftespiels, das den Ingenieur und den Nautiker interessiert, sondern dient auch zur Beurteilung künftiger Immissionen aus der Luft und deren frühzeitiger Beeinflussung schon während der Planung, um Beeinträchtigungen der Umwelt so gering wie möglich zu halten. Dies wird z.Z. noch mittels eines neu entwickelten Rechenprogrammes eingehend untersucht. — Bei einer ganz anderen Wirkung der Witterung, nämlich dem Eis, zeigte sich durch Beobachtungen der Verhältnisse direkt auf dem Watt sowie aus der Luft, daß die Eisbildungsvorgänge technisch und nautisch nicht die Bedeutung haben, die am Anfang vermutet worden war.

2. Messung der Wasserstände des ganzen Gebietes und ihre gegenseitige Korrelation zur Erforschung der astronomischen und meteorologischen Einflüsse, insbesondere bei extremen Wetterlagen, aber auch als unerläßliche Grundlage aller Peilungen. Desgleichen Messung und Ermittlung der infolge der abwechslungsreichen Topographie sehr komplexen Strömungsverhältnisse, wie sie durch die astronomische Tide, durch Windstau sowie zusätzliche Trift- und Dichteströmungen entstehen. Das Fehlen eines brauchbaren Dauerstrommeßgerätes im trocken fallenden Watt wurde durch die Unterstützung einer völlig neuen Entwicklung behoben. Zur Deutung der Dichteströmungen waren an mehreren Stellen Salzgehaltsmessungen über längere Zeiten erforderlich.

3. Beobachtung, Messung und Erklärung von Seegang und Brandung an zahlreichen ausgewählten Stationen. Diese Teilaufgabe gestaltete sich zunächst besonders schwierig, weil es Meßgeräte für den hochinteressanten Brandungsbereich nicht gab und weil auch im tieferen Wasser nicht einmal alle Parameter des Seeganges — also die Spektren der Höhen, Längen und Perioden sowie die Richtungen — gemessen werden konnten. Daran hat sich bis heute aus plausiblen meßtechnischen Gründen nicht viel geändert. Wir kamen jedoch einen beachtlichen Schritt weiter durch Luftaufnahmen bei verschiedenen Starkwindwetterlagen, die in Verbindung mit Stationsmessungen bis dahin noch nicht gelungene, großflächige Auswertungen gestatteten, und zwar auch der Beugungs- und Durchdringungserscheinungen, selbst beim Auftreten gleichzeitig mehrerer Dünungen aus verschiedenen Richtungen. Außerdem wurde ein relativ einfaches, integrierendes Wellenmeßgerät für statistische Zwecke entwickelt.

4. Die unerläßliche Messung der Sandbewegung im ganzen Gebiet nach Richtung und Größe machte noch größere Schwierigkeiten mangels geeigneter Geräte. In tiefem Wasser wurde eine Schiffszentrifuge, zusammen mit Strömungs- und Salzgehaltsmessungen, eingesetzt, die fortlaufende stationäre Aufnahmen über volle Tiden und die wechselnden Wassertiefen gestattete. Auf dem Watt wurden Ausbreitungsrichtungen und -geschwindigkeiten des Sandes mittels fluoreszierender Leitstoffe festgestellt, nachdem sich ein größerer Versuch mit radioaktiven Isotopen als unzweckmäßig erwiesen hatte. Für das Brandungsgebiet ist mit Unterstützung durch die Deutsche Forschungsgemeinschaft ein intermittierend, aber wochenlang selbsttätig arbeitendes Gerät mit Windkraftgenerator für die Unterwasserpumpe entwickelt worden. Dagegen haben sich Hoffnungen auf Ergebnisse aus dem jahrelang laufenden Schwerpunktprogramm der Deutschen Forschungsgemeinschaft Sandbewegung im Küstenraum, in dem mitgearbeitet wurde, nur zu einem kleinen Teil erfüllt. — Umfangreiche Sandflugmessungen auf dem hohen Watt bei Scharhörn sind mit nachgebauten Geräten ausgeführt worden.

5. Die Oberfläche des Wattes war für das Geologisch-paläontologische Institut der Universität Kiel Anlaß zur Untersuchung der Riffelstrukturen und, einschließlich der tieferen Rinnen, für das Institut für Hydrobiologie der Universität Hamburg Anlaß zu einer umfassenden biologischen Aufnahme, aus der wichtige Schlüsse gezogen werden können. Sie stellt mit rd. 500 Proben außerdem die Grundlage für ein noch in Arbeit befindliches fischereiliches Gutachten mit Prognose dar.

6. Der Untergrund des Wattsockels wurde teils von einem Schiff, teils von einem sich aufsetzenden Ponton durch ein Netz von 60 Kernbohrungen mit genauen Siebanalysen in Halbmeterabständen erschlossen. Diese 30 bis 50 m tiefen Bohrungen, die an planerisch wichtigen Stellen in engerem Abstand abgeteuft wurden, und ihre Auswertung führte das Geologische Landesamt Hamburg aus. Sie gestatten nicht nur interessante Rückschlüsse auf die geologische Entstehungsgeschichte des Wattsockels, sondern erlauben in Verbindung mit ebenfalls durchgeführten Sondierungen verbindliche Aussagen über die erstaunliche Tragfähigkeit dieses Baugrundes, der fast frei von bindigen Schichten ist. Außerdem sind in diesem Zusammenhang rd. 1500 Proben der Wattoberfläche sedimentologisch untersucht worden.

7. Um die morphologische Entwicklung unter Kontrolle zu bekommen und zu behalten, sind in zweijährigen Abständen vollständige Vermessungen der Oberfläche ausgeführt worden, wobei etwa 80% des Gebietes mittels möglichst flach gehender Peilboote unter Ausnutzung geeigneter Wasserstände in rationeller Weise im Echolotverfahren gepeilt, der Rest des hohen Wattes nivellitisch vermessen wurden. Zu raschen Vergleichen und Kontrollen wurden auch Luftbilder herge-

stellt. Außerdem sind an planerisch besonders wichtigen Stellen über längere Zeiten genau vermarkte Profile immer wieder vermessen worden. — Schließlich sind über einen Sonderauftrag aus einer Fülle von historischen Segelanweisungen, Seekarten und Aufzeichnungen, die im In- und Ausland aufgesucht werden mußten, die Entwicklungen des Planungsgebietes zwischen Elbe und Weser während der letzten 500 Jahre rekonstruiert worden.

8. Zur Beantwortung mancher Fragen, insbesondere der nautischen Bedingungen, der Anordnung von Bauwerken sowie der Wechselbeziehungen zwischen Strömungen und morphologischen Verhältnissen, sind immer noch hydraulische Modellversuche unabdingbar. Deshalb wurden am Franzius-Institut der Techn. Universität Hannover zwei Modelle aufgebaut und betrieben: Eines zur Gestaltung der Hafeneinfahrt, das wegen der gleichzeitigen Nachbildung von Strömungen, Wellen und ferngesteuerten Schiffsbewegungen den nicht überhöhten Maßstab 1 : 150 erhielt und dessen Grenzen zuvor durch ein Elektroanalog-Modell ermittelt worden waren, sowie ein großes, überhöhtes Wattenmodell einschließlich Außenelbe und Till in den Maßstäben 1 : 500 und 1 : 100 mit 3 Tidesteuereinrichtungen. Mit diesen Modellen sollen die nautischen Einfahrverhältnisse, die großräumigen Wirkungen aller vorgesehenen Einbauten sowie der verschiedenen Bauzustände unter mittleren und extremen Bedingungen festgestellt werden. Zu ihrer Ergänzung und räumlich weit darüber hinausgreifend, d.h. die ganze Nordsee einschließend, wird außerdem ein hydrodynamisch-numerisches Modell betrieben, mit dem ebenfalls die Einflüsse der beabsichtigten Baumaßnahmen auf Wasserstände und Strömungen ermittelt werden sollen.

9. Alle Überlegungen waren von Anfang an darauf eingestellt, Beeinträchtigungen der Umwelt weitgehend zu vermeiden und — wo irgend möglich — sogar Verbesserungen in Teilbereichen zu erzielen, was gar nicht so abwegig ist, wie es auf den ersten Blick erscheinen mag. Zum größten Teil lassen sich entsprechende Schlußfolgerungen aus den bisher erläuterten Untersuchungen ableiten, wie aus den schon erwähnten Strömungsmessungen und Immissionsuntersuchungen, zum Teil bedürfen sie aber in manchen Einzelfragen sowie zu einer ökologischen Gesamtschau weiterer Untersuchungen und Anregungen, mit denen das Institut für Landschaftspflege und Naturschutz der Techn. Universität Hannover beauftragt worden ist. In diesem Zusammenhang müssen auch die umfangreichen Messungen und Analysen genannt werden, die in unserem Auftrag von der Untersuchungsstelle für die Wassergüte in der Elbe ausgeführt werden, einer Stelle, die seit etwa 7 Jahren auf Grund einer Verwaltungsvereinbarung zwischen den zuständigen Behörden Schleswig-Holsteins, Niedersachsens, Hamburgs und des Bundes bei der Wasser- und Schiffahrtsdirektion Hamburg besteht. — Hinsichtlich des Vogelschutzes auf der Düneninsel Scharhörn ist zusammen mit maßgebenden Fachleuten ein Plan bearbeitet worden, der im Rahmen des Gesamtplanes die Herstellung eines für das Brutgeschäft der Seeschwalben gut geeigneten Ersatzgeländes vorsieht, falls das gegenwärtige Reservat der künstlich aufgehöhten, hohen Dünen von Scharhörn in Anspruch genommen werden muß.

10. Einen nicht geringen Umfang nehmen ferner allerlei Beweissicherungsmaßnahmen ein, die zweckmäßigerweise schon jetzt, also längere Zeit vor Baubeginn, eingeleitet worden sind und sich auf die Wassergüte, die Beschaffenheit des Vorstrandes an der Küste, den Schiffsverkehr über das Watt u.a.m. erstrecken.

11. Zum Schluß verdient in diesem Rahmen erwähnt zu werden, daß auch schon eine ganze Reihe konstruktiver und baubetrieblicher Fragen vorgeklärt werden mußten, weil sie auf die Planung zurückwirken. So ist — um nur ein Beispiel zu nennen — an repräsentativer Stelle ein sorgfältig vorbereiteter und ausgewerteter Versuch mit einem großen Saugbagger unternommen worden, der eine ausgezeichnete Bagger- und Spülfähigkeit des im Planungsgebiet anstehenden Bodens bis in große Tiefen ergab, was ja nicht ohne weiteres vorausgesetzt werden konnte. Auf diesem Teilgebiet der technologischen Vorarbeiten soll in den nächsten Jahren noch mehr getan werden; die organisatorischen und personellen Voraussetzungen dafür sind bereits geschaffen worden. Näher auf Einzelprogramme, auf Arbeitsmethoden und Meßgeräte einzugehen, ist im Rahmen dieser kurzen Darstellung weder möglich noch zweckmäßig. Ebenso wenig kann auf die bereits recht umfangreichen planerischen Vorarbeiten zur Sicherung der Verkehrsanschlüsse auf dem Festland eingegangen werden, die nichts mehr mit dem Küsteningenieurwesen zu tun haben. Und schließlich können unmöglich alle diejenigen genannt werden, die dankenswerterweise aktiv oder durch Anregungen an der Erfüllung der Arbeitsprogramme mitgewirkt haben oder noch mitwirken. Einige Dienststellen möchte ich aber doch noch nennen, mit denen eine laufende Zusammenarbeit in mehr allgemeiner Form oder in mehreren Fachgebieten besteht und die deshalb bei den einzelnen Teilprogrammen nicht gut erwähnt werden konnten. Es sind dies vor allem das Wasser- und Schiffahrtsamt Cuxhaven, die Forschungsstelle für Insel- und Küstenschutz Norderney, das Deutsche Hydrographische Institut Hamburg und das Institut für Küsten- und Binnenfischerei Cuxhaven.

Darüber hinaus ist begonnen worden, die Forschungsergebnisse und ihre Auswirkungen auf die Planung innerhalb eines größeren Kreises von Fachleuten aller betroffenen Verwaltungen zu diskutieren. Das ist schon deshalb zweckmäßig, weil wir auf fast allen Wissensgebieten einige neue Erkenntnisse gewonnen haben, die unbedingt in diesem Kreise bekannt gemacht werden müssen, aber nur in größeren Zusammenhängen zu verstehen sind. Bisherige Erfahrungen, Spezialwissen oder gar bloße Anschauung genügen dazu nicht.

Mit diesen hier nun unvollständig geschilderten Arbeiten sind in kurzer Zeit und umfassender Form die Voraussetzungen für eine ungewöhnliche Planungs- und Bauaufgabe geschaffen worden. Gleichzeitig dürften an diesem Beispiel Umfang und Vielseitigkeit der Küstenforschung und des Küsteningenieurwesens erläutert worden sein. Selbstverständlich wäre die Darstellung auch anderer Aufgaben aus diesem Bereich denkbar gewesen und ebenso selbstverständlich sind nicht einmal alle Teilaufgaben des an der Küste tätigen Ingenieurs auch nur angeklungen, wie z.B. die Beschäftigung mit konstruktiven Fragen des Uferschutzes, des Baues von Hochwasserschutzanlagen aller Art, der Sicherung der Seewege usw., also gerade solchen, die viel öfter bedeutsam werden als neuartige Planungsaufgaben und die unter ihren jeweils spezifischen Verhältnissen umfangreiches Wissen und viel Erfahrung verlangen.

Trotzdem sollte aber wohl deutlich geworden sein, daß es sich hier im Vergleich mit anderen Teilgebieten des Ingenieurwesens um ein ziemlich umfangreiches, wichtiges und differenziertes Arbeitsgebiet vornehmlich der Wasserbauingenieure handelt, das Forschung und Praxis vereinen muß und es endlich verdient, nun auch an unseren Küsten besser zusammengefaßt, gefördert und repräsentiert zu werden als bisher. Dazu könnte die Hafenbautechnische Gesellschaft wesentlich beitragen.

Hydrodynamische und küstenmorphologische Probleme bei der Planung des Tiefwasserhafens Neuwerk/Scharhörn

Von Oberbaurat Dr.-Ing. **Harald Göhren**, Cuxhaven

1. Einleitung

Die Freie und Hansestadt Hamburg betreibt seit 1961 im Rahmen ihrer zukunftsgerichteten, langfristigen Hafenpolitik die Planung und Vorbereitung für einen Tiefwasserhafen in der Elbemündung. Etwa 15 km vor der Küste, im ausgedehnten Neuwerker Watt und unmittelbar angrenzend an die 20 m tiefe Stromrinne der Außenelbe bietet sich dafür ein idealer und nahezu alle Ansprüche erfüllender Standort (s. Abb. 1 bis 3).

Die Anlage eines Hafens in so exponierter Lage — man kann hier bereits von einem „offshore"-Hafen sprechen — und unter Berücksichtigung der besonderen geologischen, hydrodynamischen und meteorologischen Verhältnisse unserer Nordseeküste ist ohne Beispiel in der Geschichte des deutschen Seehafenbaus. Zu den einem Hafenplaner geläufigen planerischen und bautechnischen Problemen tritt hier ein sehr wichtiges hinzu: Das Planungsgebiet ist Teil des ausgedehnten Wattenmeeres der südöstlichen Nordsee, dessen Sohle aus feinkörnigem, rolligem und somit leicht erodierbarem Material besteht. Sie wird durch Strömungen, Seegang und Brandung geformt und ständig verändert. Ein baulicher Eingriff in dieses Wechselspiel verändert die Randbedingungen der hydrodynamischen Prozesse, damit diese Prozesse selbst, infolgedessen den Sandtransport mit seinen örtlich wechselnden Erosions- und Sedimentationswirkungen und damit schließlich die Morphologie des betroffenen Küstenraumes.

Diese Umgebungsbeeinflussung kann weitreichend und folgenschwer sein. Es kommt entscheidend darauf an, die Zusammenhänge zu erkennen, sie möglichst genau vorauszuberechnen und daraus die richtigen Folgerungen für die Planung zu ziehen. Erst der Nachweis, daß der umgebende Küstenraum durch die Baumaßnahme nicht oder nur in erträglichem Umfang nachteilig beeinflußt wird, gibt die Berechtigung, ein solches Projekt weiter zu betreiben und zur Ausführung zu bringen.

Der vorliegende Aufsatz behandelt ausschließlich den hier aufgezeigten Problemkreis, auf die Voraussetzungen und Randbedingungen der generellen Infrastrukturplanung, auf nautische sowie wirtschafts-, hafen- und verkehrspolitische Fragen kann nicht eingegangen werden. Sie sind in anderen Zusammenhängen bereits ausführlich behandelt worden ([17] mit weiteren Literaturhinweisen).

2. Der Plan eines Tiefwasserhafens bei Scharhörn

2.1 Vorgeschichte

Zum Verständnis der von Hamburg getroffenen Entscheidung, mit der planerischen Vorbereitung des Hafenprojektes in der Elbemündung zu beginnen, sei die Vorgeschichte in wenigen Sätzen dargestellt:

Bereits im frühen Mittelalter gewann Hamburg Hoheitsrechte und Einfluß an der Elbemündung. Die Insel Neuwerk (Abb. 4) mit dem 1310 erbauten, weithin bekannten Wehrturm und das Amt Ritzebüttel — das spätere Cuxhaven — waren bis 1937 hamburgisch. Auch nach dem 1937 vollzogenen Übergang dieser Gebiete an das Land Preußen (nach dem Groß-Hamburg-Gesetz) verblieben wichtige Hafenanlagen und Erweiterungsflächen von Cuxhaven in hamburgischem Eigentum.

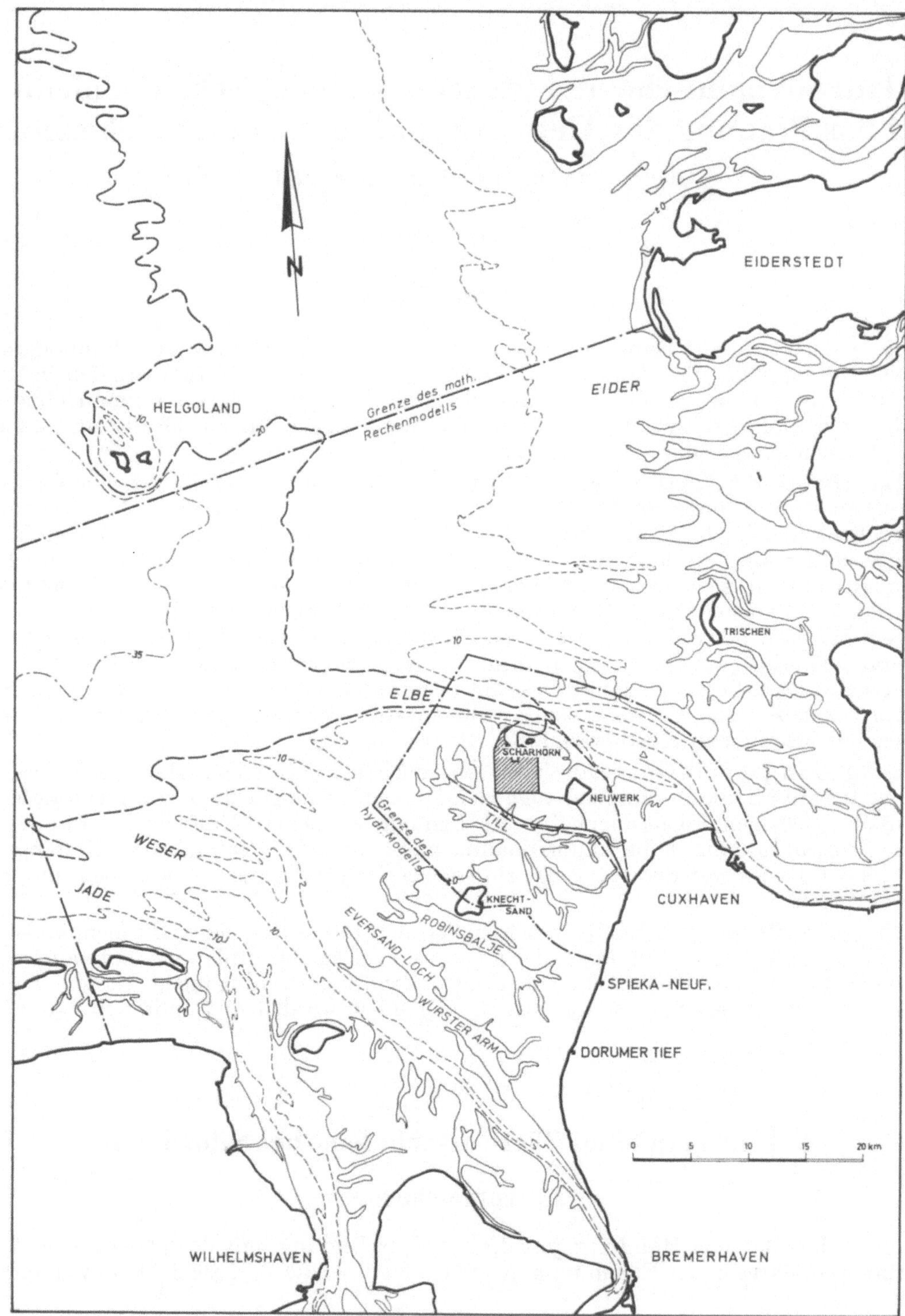

Abb. 1. Übersichtsplan mit Lage des Tiefwasserhafens Neuwerk/Scharhörn und Modellgrenzen.

Nach dem II. Weltkrieg bemühte sich Niedersachsen, das nunmehr die übrigen Cuxhavener Hafenteile verwaltete, um hamburgisches Gelände, welches zur Erweiterung des aufblühenden Fischereihafens benötigt wurde. Nach längeren Verhandlungen kam es 1962 zu einem Staatsvertrag zwischen dem Land Niedersachsen und der Freien und Hansestadt Hamburg, durch den Hamburg im Zuge eines Gebietstausches die Hoheitsrechte über eine rd. 95 km² große Fläche des Neuwerker Watts erhielt (Abb. 2). Hamburg hatte sich dadurch in zukunftsgerichteter Hafenpolitik einen

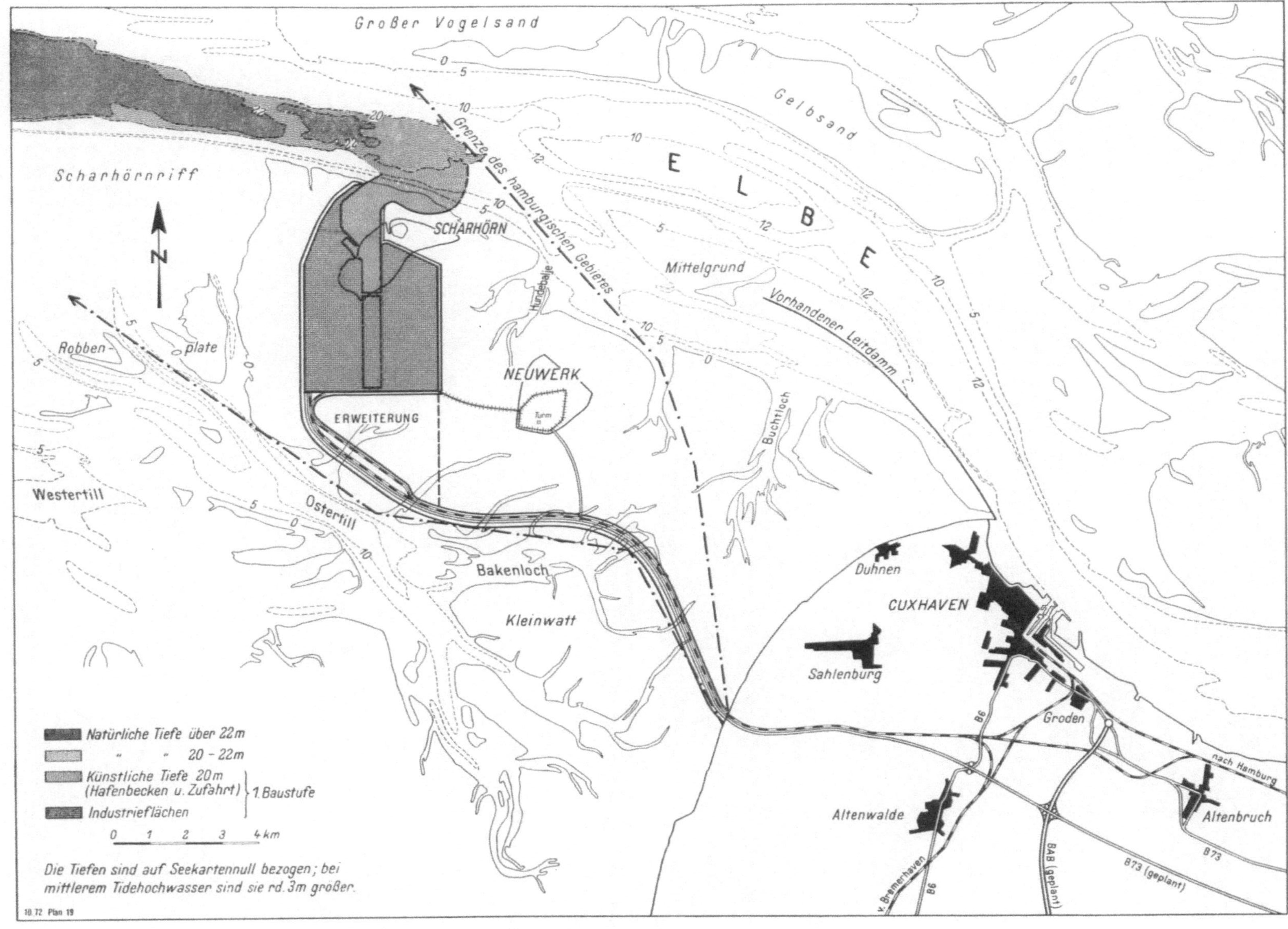

Abb. 2. Plan des Tiefwasserhafens Neuwerk/Scharhörn.

Abb. 3. Das Neuwerker Watt in der Vogelperspektive (Luftbildschrägaufnahme). Im Vordergrund die Küste bei Cuxhaven-Sahlenburg, im Hintergrund die Insel Neuwerk und die Sandplate von Scharhörn (Aufnahme: Vermessungsbüro N. Rüpke, Hamburg; Freigabe: LAH, 1250/71).

Abb. 4. Die Insel Neuwerk in einer Luftbildschrägaufnahme (Aufnahme: Vermessungsbüro N. Rüpke, Hamburg; Freigabe: LAH, 1250/71).

Standort gesichert, welcher sowohl für die ständig wachsenden Schiffsgrößen als auch für anzusiedelnde hafengebundene Industrie gute Bedingungen aufweist — für die Nordseeküste zwischen Dover und Skagen dürften sie sogar als einzigartig bezeichnet werden.

Mit Vorarbeiten für die Planung ist sogleich nach Abschluß des Staatsvertrages begonnen worden. Abbildung 2 zeigt den derzeitigen Planungsstand, der nachfolgend kurz erläutert wird:

2.2 Planbeschreibung

Die Einfahrt des Hafens mit einer Sohlenbreite von rd. 400 m schließt nördlich der kleinen Düneninsel Scharhörn (Abb. 5) an die breite und lagestabile Stromrinne der Außenelbe an, die hier bereits eine durchgehende Tiefe von 20 m unter Tideniedrigwasser aufweist. Die Einfahrt ist auf der Westseite zur Stabilisierung der auszubaggernden Rinne und zum Schutz gegen Seegang durch eine vorgezogene Mole geschützt. Um ausreichenden Manövrierraum für sehr große Schiffe zu erhalten, die — von See kommend — vor der Einfahrt beidrehen müssen, ist östlich der Mole eine beckenartige, ebenfalls 20 m tiefe Fahrwasserverbreiterung vorgesehen.

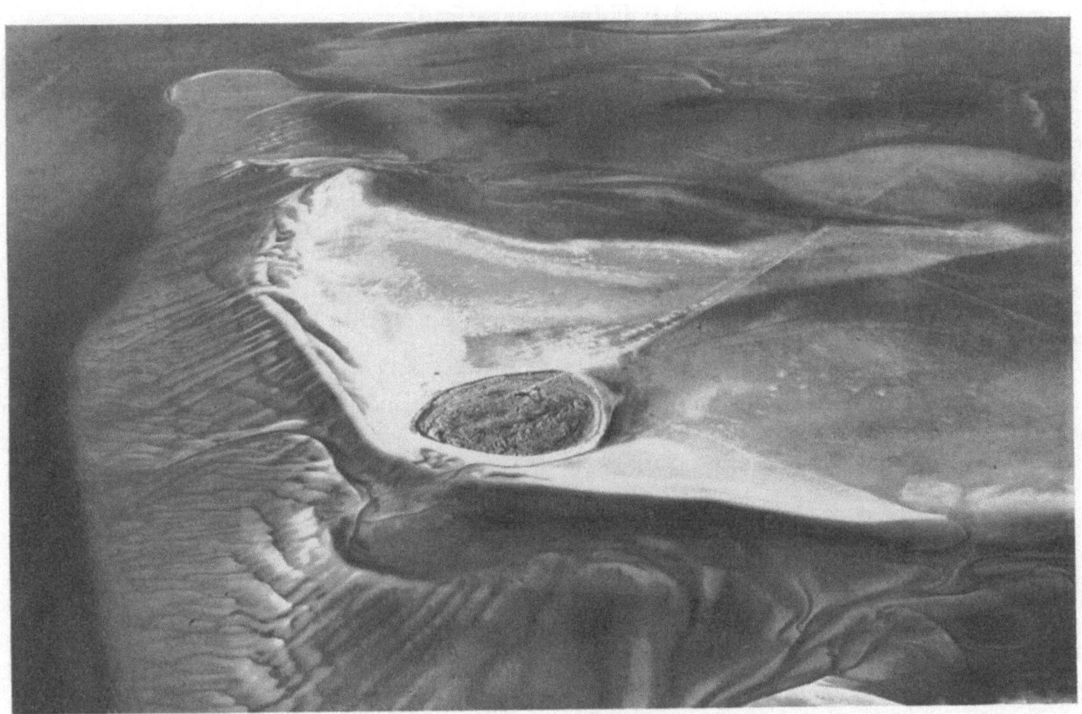

Abb. 5. Das Gebiet der geplanten Hafeneinfahrt in einer Luftbildschrägaufnahme. Die Stromrinne der Außenelbe bei Scharhörn und die Sandplate von Scharhörn mit der 16 ha großen Düne (Vogelschutzgebiet). (Aufnahme: Vermessungsbüro N. Rüpke, Hamburg; Freigabe: LAH, 1250/71).

Südlich der Einfahrt ist ein Wendebecken mit einer Sohlenbreite von 800 m geplant. Von hier aus schließt das Hafenbecken der 1. Baustufe nach Süden an, welches auf insgesamt 4 km verlängert werden kann. Weitere Hafenflächen können südlich und östlich erschlossen werden.

Aus den Baggermassen, welche beim Aushub des Hafens und der Einfahrt anfallen, können rd. 1250 ha Gelände im umgebenden Watt aufgespült werden. Dieses nach den gegenwärtigen Entwicklungen besonders für Industrieansiedlungen geeignete Gelände wird sturmflutsicher auf eine Höhe von NN + 5,6 m gebracht. Es erstreckt sich in einer Breite von je 1500 m beiderseits des in Nord-Südrichtung liegenden Hafenbeckens bzw. dessen Ausbautrasse.

Zur Verkehrsanbindung an das Festland ist ein rd. 16 km langer Damm vorgesehen, der von der Südwestecke der Industriefläche ausgeht und über das südliche Randwatt zu einem (von der Landesplanung vorgegebenen) Punkt an der Küste verläuft. Entscheidender Gesichtspunkt bei Wahl dieser Trasse, die dicht an der Südgrenze des hamburgischen Staatsgebietes liegt, war die spätere Erschließungsmöglichkeit für weitere Hafenflächen. Hierfür ergeben sich so bei den von Norden einschneidenden Wasserverkehrswegen (Hafenbecken) und den von Süden kommenden Landanschlüssen optimale Verhältnisse.

Der Damm wird aus Sand aufgespült und erhält eine Höhe von NN + 7,0 m. Die Kronenbreite ist bemessen für eine vierspurige Straße, einen zweigleisigen Bahnanschluß sowie Versorgungsleitungen. Ein Binnenschiffsanschluß ist nicht vorgesehen.

Die Insel Neuwerk, die gegenwärtig nur mit kleinen Schiffen oder (bei Tideniedrigwasser) mit Pferdefuhrwerken erreicht werden kann, soll durch einen 2,5 km langen Damm mit dem Hauptdamm verbunden und dadurch verkehrsmäßig besser erschlossen werden. Dies entspricht einmal dem Wunsch der Inselbewohner, hat jedoch auch andere Ursachen, auf die noch einzugehen ist. Sie betreffen gleichermaßen einen 2,2 km langen Polderdeich, welcher Neuwerk mit dem Industriegelände verbindet und keine Verkehrsfunktion hat. Durch Bau dieses Deiches wird im Südwesten der Insel Neuwerk ein rd. 1600 ha großes Wattgebiet abgeschlossen. Für den entstehenden Polder ist nach dem gegenwärtigen Planungsstand noch keine Nutzung vorgesehen.

3. Der Einfluß des Dammbaus im Neuwerker Watt auf Wasserstände und Strömungsverhältnisse

3.1 Tidewasserstände

Bei der Beurteilung des Einflusses von Baumaßnahmen in einem Tidegewässer spielen die Veränderungen der Wasserstände seit jeher eine besondere Rolle. Zum einen wegen der unmittelbaren Auswirkungen auf Vorflut, Tiefenverhältnisse, Deichbestick usw., zum anderen, weil sie dem erfahrenen Wasserbauer wichtige Indikatoren für sekundäre, häufig weniger gut zu berechnende Einflüsse sind.

Qualitativ ließen sich die Veränderungen der Tidewasserstände beiderseits eines auf dem Neuwerker Watt gebauten Dammes abschätzen, und es war auch zu erkennen, daß die Störung der normalen Gezeitenbewegung relativ gering sein würde. Das Watt mit seinen ausgedehnten Flächen, den aber nur geringen Wassertiefen stellt hydraulisch einen Speicherraum für die großen küstennormalen Stromrinnen dar — im vorliegenden Fall der Elbe und der Till (Abb. 1 und 2) — und steuert so die dort ablaufenden primären Schwingungsvorgänge. Die Einzugsgebiete der einzelnen Rinnensysteme lassen sich etwa nach dem Höhenrelief abgrenzen (morphologische Wattscheiden), und es ist leicht einzusehen, daß Bauwerke im Bereich dieser Wasserscheiden keinen Einfluß auf die Tidebewegung haben.

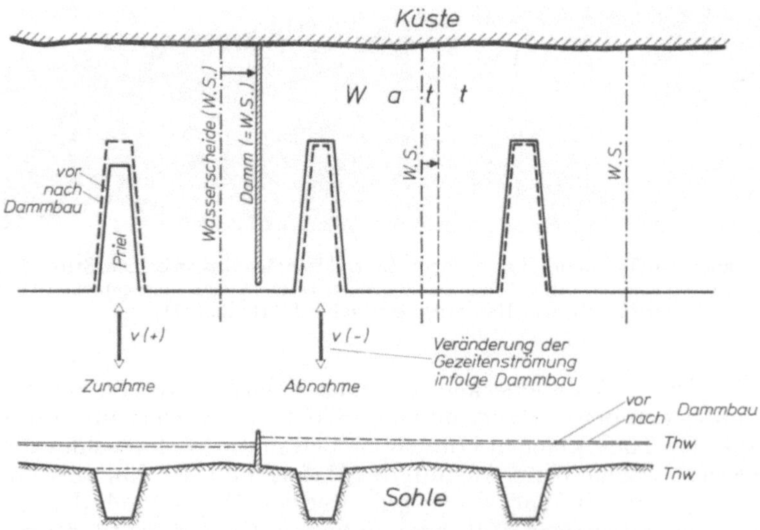

Abb. 6. Einfluß eines Dammes im Watt auf die Tidebewegung (schematisch).

Wird durch einen Dammbau die Wasserscheide verändert, so ergeben sich nach den geläufigen Gesetzmäßigkeiten der Gezeitendynamik die in Abb. 6 schematisch dargestellten Veränderungen. Im Gebiet der Flutraumabnahme erhöht sich das Thw, sinkt das Tnw und vergrößert sich der Tidehub. Umgekehrt ist es auf der Seite der Flutraumvergrößerung.

In Abb. 7 sind die Flutraumgrößen für das Neuwerker Watt angegeben. Der geplante Damm nach Scharhörn verläuft südlich der Wasserscheide und vermindert den Flutraum des Tillgebietes um rd. 40 Mio m³. Nach durchgeführten Strömungsmessungen fließen über den hohen Wattrücken in jeder Tide rd. 20 Mio m³ Wasser von der Elbe zur Till; die Vorstellung einer festen Wasserscheide trifft also nur bedingt zu, kann aber trotzdem für die weiteren Betrachtungen verwendet werden.

Um die Veränderungen qualitativ zu ermitteln, sind Modellversuche im Franzius-Institut der TU Hannover [5] und Modellrechnungen nach dem von Prof. Hansen entwickelten HN-Verfahren [13, 14] durchgeführt worden. Sie ergaben — bei befriedigender Übereinstimmung beider Verfah-

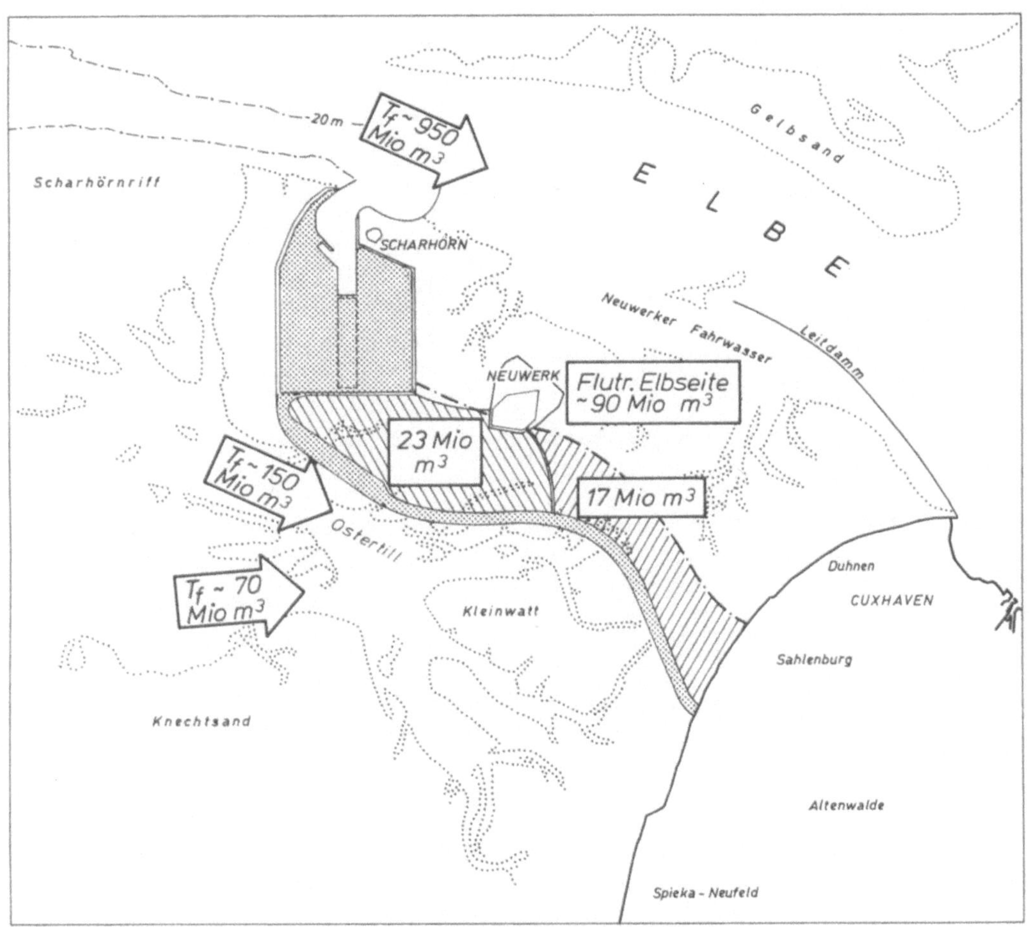

Abb. 7. Flutraumgrößen und Flutwassermengen.

ren — die in Abb. 8 dargestellten Veränderungen der Scheitelwasserstände, die nur im Nahbereich des Dammes wenige Zentimeter betragen und in der Tendenz mit dem in Abb. 6 gegebenen Schema übereinstimmen. In der Elbe und im äußeren Tillgebiet werden die Thw und Tnw bereits nicht mehr beeinflußt. Damit war nachgewiesen, daß sich sowohl an der Küste als auch in den beiderseitigen Stromrinnen keinerlei nachteilige Entwicklungen hinsichtlich der Tidewasserstände einstellen.

Das gilt auch unter Berücksichtigung des gesamten Tideverlaufs. In der Elbe und im weiteren südwestlichen Küstenraum weichen die Tidekurven vor und nach Dammbau kaum meßbar voneinander ab. Lediglich in der Till sind die Differenzen etwas größer: Bei Flut steigt und bei Ebbe sinkt der Wasserspiegel hier nach dem Dammbau früher als im ungestörten Zustand. In Abb. 9 ist diese Phasenverschiebung für einen Gitterpunkt in der Ostertill angegeben.

Interessant ist in diesem Zusammenhang noch ein anderes Ergebnis der durchgeführten Modellrechnungen. Es ließ sich feststellen, wie weit eine „Störung" der Gezeitenbewegung durch den im Neuwerker Watt gebauten Damm überhaupt nachzuweisen ist. Legt man als Grenzwert eine schon die Rechengenauigkeit erreichende Abweichung der Tidekurven vor und nach dem Dammbau

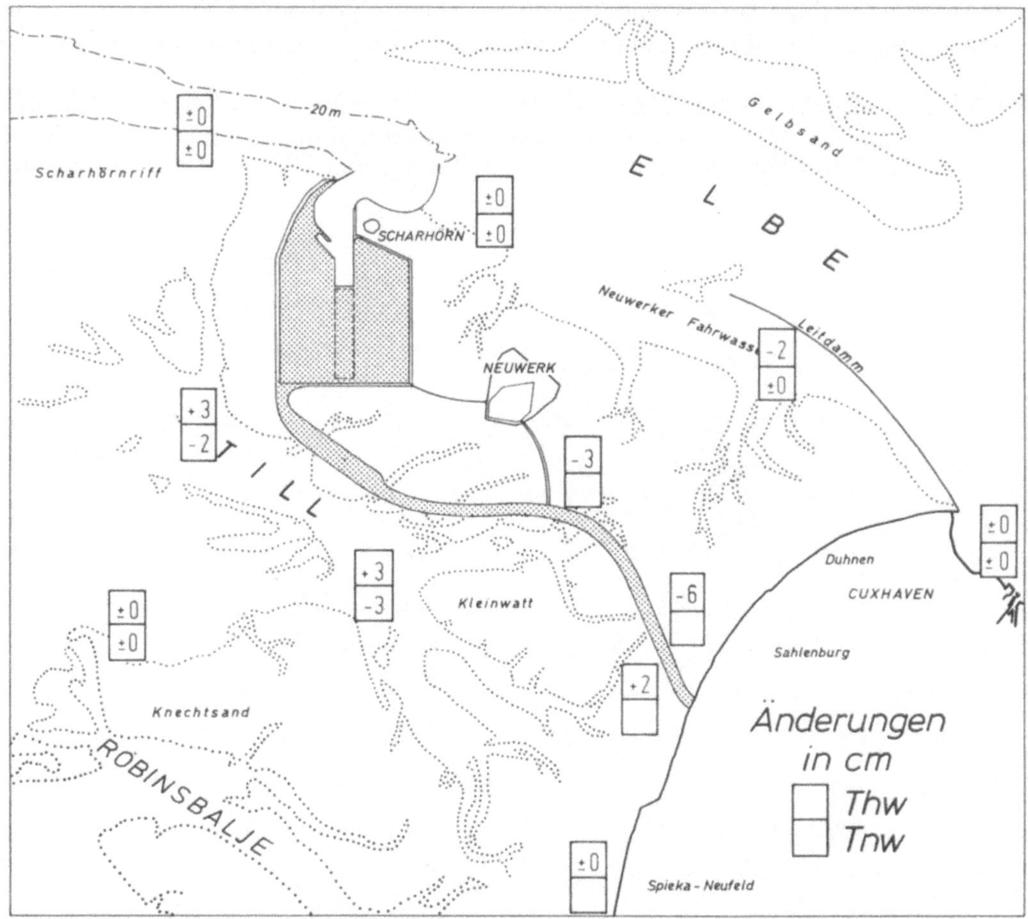

Abb. 8. Einfluß des Hafen- und Dammbaus im Neuwerker Watt auf die Tidewasserstände nach Modelluntersuchungen [5, 14].

von mindestens 2 cm (zu einem beliebigen Zeitpunkt) fest, so ergibt sich das in Abb. 10 dargestellte Gebiet. Es zeigt sich, daß der Störbereich auf der Südwestseite des Dammes größer ist und bis ins Weserästuar reicht, während die Elbe kaum betroffen wird. Dies ist einleuchtend, wenn die Flutraumverlagerung von rd. 40 Mio m³ in Beziehung gesetzt wird zu den Flutwassermengen der Stromrinnen. Für die Elbe beträgt die Relation (ohne Bau des Polders) rd. 4%, für die Ostertill rd. 27% und für Till, Robinsbalje und den nördlichen Stromarm der Außenweser (Wurster Arm — Eversandloch) zusammen, also den gesamten Wattenraum bis zur Weser hin, immer noch rd. 6%.

3.2 Tideströmungen

Untersucht man den Einfluß auf die Tideströmungen, so taucht primär die Frage auf, ob durch den Dammbau eine küstenparallele Strömung über das Neuwerker Watt unterbunden wird. Sie ist bereits im vorigen Abschnitt beantwortet worden. Der im heutigen Zustand vorhandene und durch Messungen nachgewiesene Wasseraustausch zwischen Elbe und Till in der Größenordnung von 20 Mio m³/Tide [9], der unterbrochen wird, ist hydraulisch kaum von Bedeutung.

Wichtig für die morphologische Entwicklung wie auch für einige andere Fragen sind die aus der Veränderung der Tidebewegung resultierenden Strömungsveränderungen in den Rinnen und Prielen. Sie lassen sich qualitativ wieder nach dem in Abb. 6 angegebenen Schema abschätzen: Im Tillgebiet vermindern sich die Stromgeschwindigkeiten entsprechend der Flutraumabnahme. In den vom Damm durchschnittenen, in das Watt führenden Prielen wird die Strömung sogar fast völlig erlöschen. In der Elbe und in den elbseitigen Prielen nehmen die Strömungen zu (von der Eindeichung des Polders südwestlich von Neuwerk sei hier zunächst einmal abgesehen).

Da sich die Tidekurven im Bereich der Stromrinnen nur noch geringfügig verändern, ergeben sich die Veränderungen der mittleren Strömungsgeschwindigkeiten überschläglich aus dem Verhältnis der Flutraumdifferenzen zu den Flutwassermengen; im Querschnitt der Außenelbe bei Scharhörn (Abb. 7) würden sie (ohne Bau des Polders) um rd. 4% zunehmen, im Mündungsquerschnitt der Till um rd. 27% abnehmen. Genauere Angaben sind wieder modellmäßig ermittelt worden und können hier — da die Verhältnisse örtlich stark variieren — nicht diskutiert werden. Beispielhaft zeigt Abb. 9 für einen Punkt in der besonders stark beeinflußten Till die dort heute

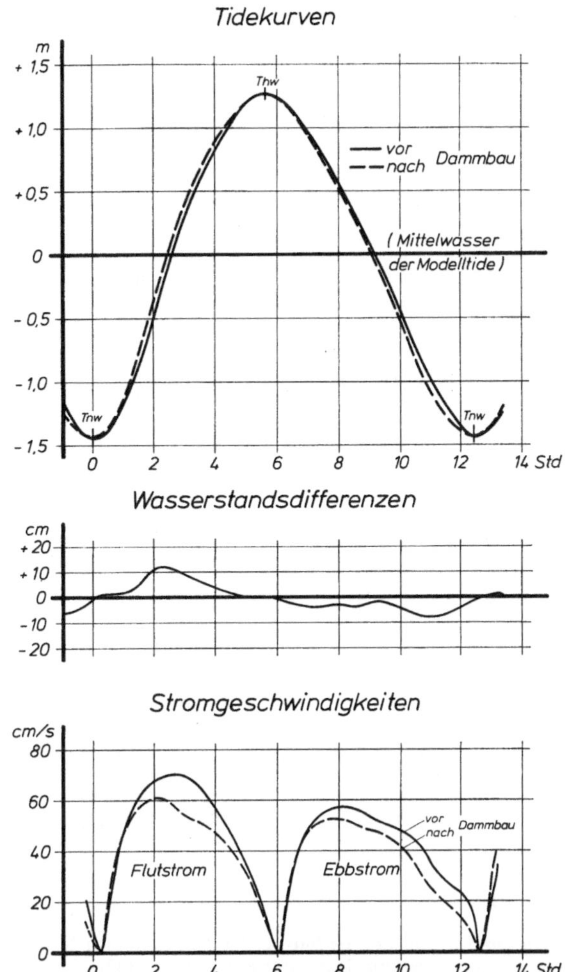

Abb. 9. Veränderungen der Tidekurve und der Strömungsgeschwindigkeiten an einem Punkt südwestlich des Dammes, in der Ostertill, nach den Ergebnissen der Modellrechnung [14].

vorhandenen Strömungen bei mittlerer Tide und die im HN-Modell ermittelten Veränderungen. Solche Veränderungen haben natürlich Folgen für die morphologischen Vorgänge auf die unten eingegangen wird. Sie sind im Tillgebiet unschädlich; es galt jedoch zu prüfen und nachzuweisen, daß in der weiteren Umgebung — insbesondere im Stromgebiet der Elbe und Weser — keine nachteiligen Entwicklungen einsetzen.

Um Auswirkungen auf das Fahrwasser der Außenelbe von vornherein auszuschließen, ist der in Abschnitt 2.2 erwähnte Polderdeich geplant worden. Die Abschließung der rd. 16 km² großen Wattfläche reduziert die Flutraumvergrößerung auf der Elbeseite um rd. 23 Mio m³ und bewirkt, wenn man noch die vorhandene Überströmung des Wattrückens von 20 Mio m³/Tide berücksichtigt, praktisch eine Erhaltung der hydrodynamischen Randbedingungen des heutigen, ungestörten Zustandes.

Die Verschiebung der Wasserscheide zwischen Elbe und Till nach Süden könnte sich theoretisch gem. Abb. 6 auch noch auf die südlichen Stromrinnen — Robinsbalje und Weser — durch einen gleichsinnigen Effekt auswirken. Diese Veränderungen sind jedoch so geringfügig, daß sie nicht mehr meßbar sind. Um dieses zu bestätigen, waren insbesondere die mathematischen Modellrechnungen wichtig, da das hydraulische Modell durch die engeren Modellgrenzen (s. Abb. 1) bereits unter der Voraussetzung betrieben werden mußte, daß der Bauwerkseinfluß am vorgegebenen Modellrand gleich Null sei.

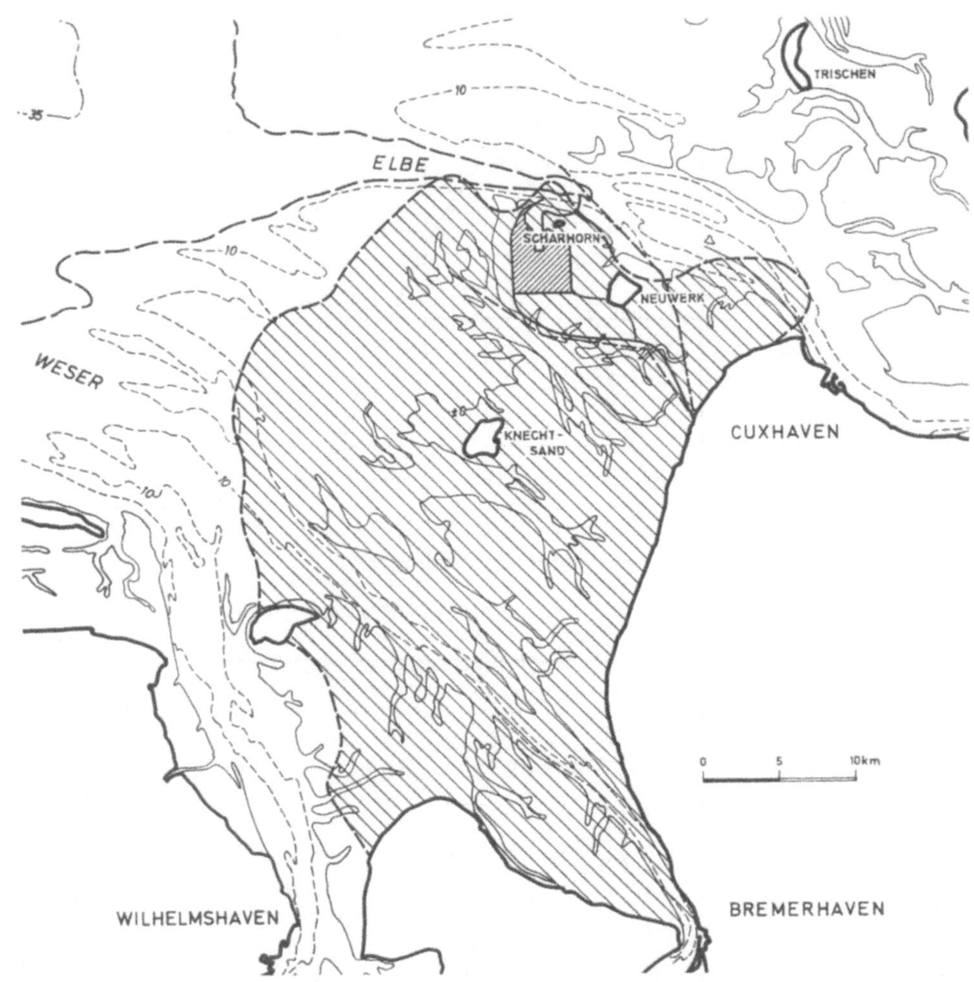

Abb. 10. Grenze des Gebietes, in dem ein Einfluß des Hafen- und Dammbaus im Neuwerker Watt auf die Tidebewegung noch rechnerisch nachweisbar ist [14].

3.3 Windstau- und Sturmflutwasserstände

In gleicher Weise wie für die Tidewasserstände mußte auch geprüft werden, ob und in welchem Ausmaß sich die Bauwerke im Neuwerker Watt auf die Sturmflutwasserstände auswirken, in erster Linie an der Küste nördlich und südlich des Dammes, aber auch im Bauwerksbereich selbst, um die Bauwerkhöhen ausreichend zu bemessen. Dabei reduzierte sich das Problem für die durch Deiche geschützten Küstenabschnitte auf die Frage, ob die der Deichhöhenbemessung zugrunde liegenden Wasserstände extrem hoher Sturmfluten noch erhöht werden können und somit Deichverstärkungen erforderlich machen würden.

So einfach diese Fragestellung erscheint, so schwierig war eine zuverlässige Voraussage. Das ist einleuchtend, wenn man bedenkt, daß es ja bis heute noch nicht einmal gelungen ist, den unter ungünstigster Kombination der hydrologischen und meteorologischen Faktoren denkbaren höchsten Sturmflutwasserstand an der Nordseeküste einigermaßen zuverlässig vorauszusagen.

Bei der Untersuchung der Windstaueinflüsse konnte das hydraulische Modell des Franzius-Instituts nur noch eine Teilaussage liefern, und zwar die Veränderung des „Schwingungsvorgangs“

einer Windstauwelle unter den durch die Bauwerke geänderten Randbedingungen. Auch dies war aber nur in erster Näherung möglich, weil für die zu untersuchenden Extremverhältnisse die entsprechenden Steuerkurven fehlten. Nicht nachgebildet werden konnte der tangentiale Windschub an der Wasseroberfläche, der die entscheidenden „örtlichen Staueffekte" hervorruft.

In vereinfachter Form ist das Problem in Abb. 11 dargestellt. Die örtlichen Stauveränderungen werden im wesentlichen durch die küstenparallele Windkomponente erzeugt, welche auf der Luvseite des küstennormal gedachten Dammes eine Wasserstandserhebung, auf der Leeseite eine Senkung hervorrufen. Bei einer Windrichtung senkrecht zur Küste, bei der im dargestellten Beispiel der höchste absolute Stau erzeugt wird (stauwirksamste Windrichtung), hat der küstennormale Damm keinen Einfluß.

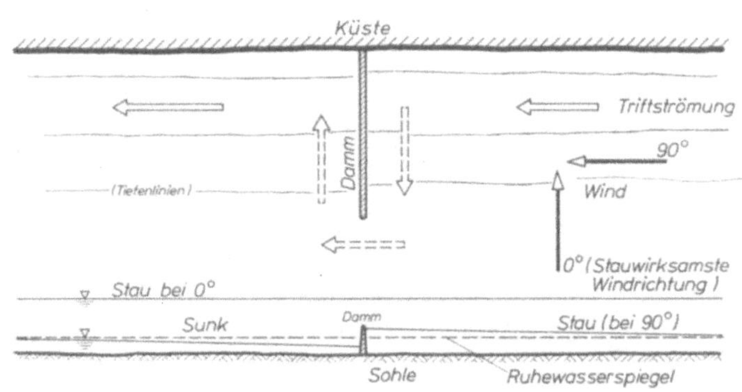

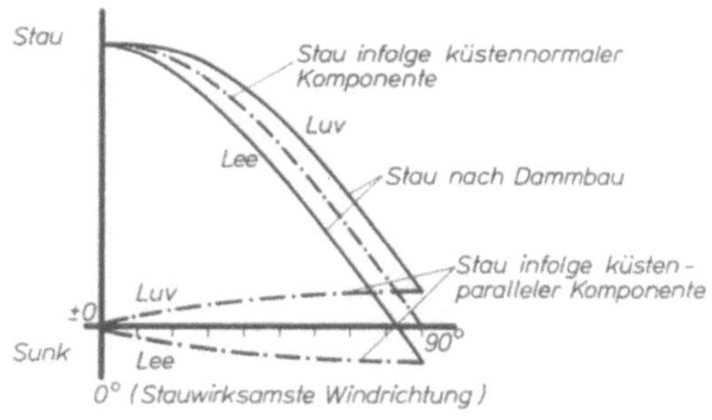

Abb. 11. Einfluß eines Dammes im Watt auf den Windstau (schematisch).

Bei unregelmäßiger Struktur der Küste und des Küstenvorfeldes und bei instationären Vorgängen, wie sie hier maßgebend sind, lassen sich die verschiedenen Einflüsse schwer übersehen. Quantitative Ergebnisse konnten nur die durchgeführten Modellrechnungen liefern. Bei dem angewandten HN-Verfahren kann der Windschub an der Wasseroberfläche als wesentlicher Wirkungsfaktor eingegeben werden, und außerdem lassen sich die Steuerwerte an den Modellrändern vorgeben. So ist die Sturmflut 1962 nachgerechnet worden unter Vorgabe von Randwerten aus der schon vorliegenden Berechnung dieser Sturmflut in der gesamten Nordsee [12].

Die Untersuchungen haben ergeben, daß bei Sturmfluten aus südwestlicher und nordwestlicher Richtung — entsprechend dem Schema in Abb. 11 — jeweils auf der Luv- und Leeseite des Dammes im Neuwerker Watt Stau- und Sunkwerte von einigen Zentimetern zu erwarten sind, die mit zunehmender Entfernung schnell abnehmen (Abb. 12). Die kritische stauwirksamste Windrichtung für diesen Küstenabschnitt ist nach verschiedenen früheren Untersuchungen jedoch etwa WNW [12, 20, 27]. Dies ist etwa die Achsrichtung des Dammes, entspricht also der Situation der küstennormalen Windrichtung in Abb. 11. In Übereinstimmung mit den dort verwendeten vereinfachten Annahmen haben die Modellrechnungen die sichere Bestätigung erbracht, daß nach

Bau eines Dammes über das Neuwerker Watt bei den schwersten Sturmfluten, welche für das Bestick der Landesschutzdeiche maßgebend sind, nur Stauerhöhungen im Zentimeterbereich eintreten können, die unbedenklich sind.

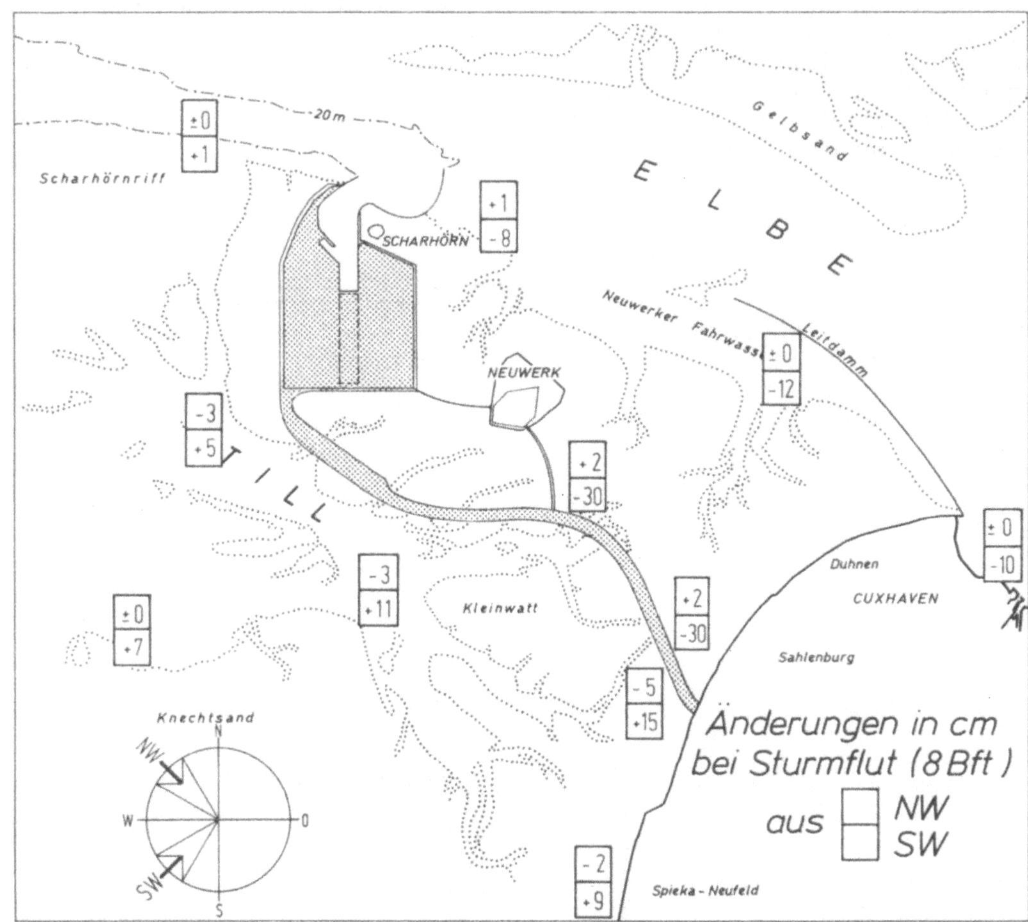

Abb. 12. Einfluß des Hafen- und Dammbaus im Neuwerker Watt auf die Wasserstände modellmäßig untersuchter Sturmfluten [14].

3.4 Triftströmungen

Durch Windschub und Windstaugefälle entstehen Triftströmungen, die im flachen Wattenmeer von großem Einfluß sind. Abbildung 13 (s. S. 50—51) zeigt dies anschaulich am Beispiel einer Strömungsmessung im Neuwerker Watt, bei der eine Sturmflut erfaßt worden ist.

Triftströmungen können nur als dreidimensionales Problem behandelt werden; die durchgeführten Modellversuche und die Modellrechnungen konnten daher keine vollständigen Aussagen über die Auswirkungen der Baumaßnahmen auf die Triftstrombewegung liefern.

Im Planungsraum durchgeführte umfangreiche Naturbeobachtungen [7] zeigen folgendes:

> Im flachen Watt ist die Triftströmung im wesentlichen windorientiert, und es entsteht insbesondere bei auflandigem Wind eine relativ starke Überströmung des Wattrückens, welche infolge der vorherrschenden West- und Südwestwinde vorwiegend von der Till zur Elbe gerichtet ist.
>
> Zur Kompensation des bei auflandigem Wind in den Oberflächenschichten küstenwärts transportierten Wassers tritt in den tieferen Rinnen eine seewärts gerichtete Unterströmung auf, welche vermutlich auch einen entsprechenden Sedimenttransport bewirkt.

Unter Berücksichtigung dieser Erkenntnisse und der im vorigen Abschnitt dargestellten Wasserstandsveränderungen unter Windeinwirkung ergibt sich folgendes:

Die Triftströmung im Bereich der Dammtrasse wird unterbrochen. Die direkte Überströmung des Wattrückens wird zum Teil ersetzt durch eine Umströmung des gesamten Bauwerks, wie sie in Abb. 11 schematisch dargestellt ist. Windstau und Windsunk auf den beiden Seiten des Dammes führen zu Staugefällen, welche diese Umströmung in Gang setzen.

In den tieferen Rinnen der Elbe und der Till wird die zusätzliche küstennormale Strömung infolge dieses Effektes nach überschläglichen Ermittlungen kaum von Bedeutung sein. Vor Kopf des Bauwerkes, im Scharhörner Außenwatt, kann sie jedoch zu verstärkten Erosionen führen, denen gegebenenfalls begegnet werden muß.

Da Triftströmungen in erster Linie durch den tangentialen Windschub erzeugt werden, läßt sich schließen, daß auch diese Veränderungen im wesentlichen auf den Bauwerksnahbereich beschränkt bleiben. In den südlichen Wattgebieten und in den freien Wattflächen nördlich des Dammes werden durch die Windschubkräfte auch nach dem Bau windorientierte Triftströmungen auftreten, wenngleich auf dem Neuwerker Watt infolge des oben beschriebenen Effektes der „Umströmung" in verminderter Intensität.

4. Morphologische und sedimentologische Auswirkungen

4.1 Vorbemerkungen

Während sich die hydrodynamischen Auswirkungen der Baumaßnahme noch mit hinreichender Zuverlässigkeit und Genauigkeit voraussagen lassen, ist es weitaus schwieriger, die damit gekoppelten morphologischen Prozesse, also die Veränderungen des Sohlenreliefs, zu ermitteln. Dies würde entweder die Kenntnisse der exakten Gesetze des Sandtransportes in strömendem Wasser oder die Beherrschung einer entsprechenden Modelltechnik (Modell mit beweglicher Sohle) voraussetzen. Beides ist — ohne daß dies hier im einzelnen erläutert werden kann — bei den komplizierten Verhältnissen des untersuchten Raumes zur Zeit noch nicht gegeben. Dennoch mußten besonders diese Probleme untersucht werden, und zwar nach allgemeinen Erfahrungen, gewissen empirischen Gesetzmäßigkeiten und unter logischer Analyse der im vorigen Abschnitt dargestellten hydrodynamischen Veränderungen.

4.2 Veränderungen im engeren Watt- und Prielgebiet

Daß sich die aus großen, ebenen Wattflächen und verästelten Prielsystemen bestehende Wattlandschaft (s. Abb. 3) im engeren Bereich der Bauwerke verändern muß, ist bereits im vorigen Abschnitt angedeutet worden. Es besteht im heutigen Naturzustand zweifellos ein sehr ausgewogenes Gleichgewicht zwischen der Sohlenformation und den Strömungsvorgängen, wobei es sich jedoch keineswegs um einen stagnierenden Zustand handelt — auch ohne menschliche Eingriffe ist das Watt-Priel-System einem ständigen Veränderungsprozeß unterworfen.

Das genannte „Gleichgewicht" besteht im wesentlichen in einer funktionalen Beziehung zwischen den Prielabmessungen und den zugehörigen Watteinzugsgebieten. In dem bis in die Tiefen erodierbaren Wattsediment bilden die Priele gerade die Querschnitte aus, die zur Be- und Entwässerung der zugehörigen Wattflächen benötigt werden, ein durchaus einsichtiger Vorgang.

Bereits in früheren wissenschaftlichen Arbeiten [23, 28] und vertieft im Rahmen der vom Franzius-Institut durchgeführten Modellversuche [5] sind diese Gesetzmäßigkeiten untersucht worden. Abbildung 14 zeigt als Beispiel eine Funktion zwischen Prielquerschnitt und Watteinzugsgebiet (WEG), welche empirisch abgeleitet worden ist.

Auf dieser Grundlage konnte mit einem hohen Wahrscheinlichkeitsgrad vorausberechnet werden, wie sich nach einem Dammbau infolge der künstlich veränderten Watteinzugsgebiete Erosion (im Bereich vergrößerter WEG) und Sedimentation quantitativ auswirken würden. Das Formenmuster des sich neu entwickelnden Prielsystems ließ sich natürlich damit nicht ermitteln.

Die Berechnungen ergaben für das Tillgebiet eine Sedimentablagerung infolge der zu erwartenden Schrumpfung von rd. 38 Mio m^3. Die elbseitigen Priele würden entsprechend erodieren, und zwar würden ohne Schließung des Polders allein im Bereich der zwischen den Inseln Neuwerk und Scharhörn verlaufenden „Hundebalje" rd. 12 Mio m^3 Sand ausgeräumt werden.

Während die Versandungen im Tillgebiet und auch gewisse (und nicht so starke) Prielerosionen im Watt zwischen Neuwerk und der Küste (Eitzenbalje und Buchtloch) als unschädlich anzusehen waren, erschien die starke Erosion im Bereich der Hundebalje — mit der Gefahr des Sandeintriebs bis ins Fahrwasser der Außenelbe — bedenklich. Um dies zu vermeiden, wurde der in Abschnitt 2.2 schon erwähnte Polderdeich zwischen Neuwerk und dem Hafengelände geplant, der eine Watt-

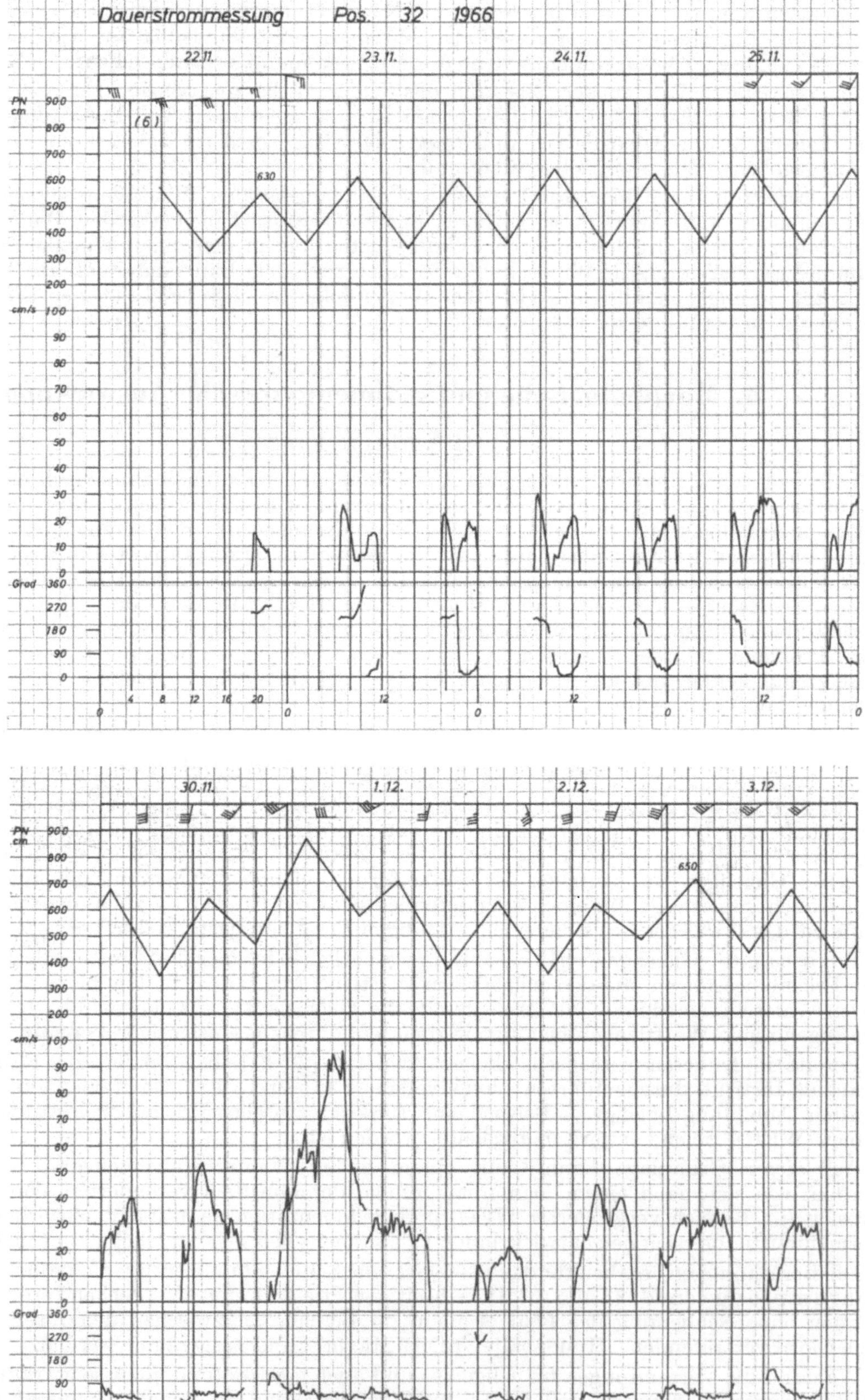

Abb. 13. Ergebnis einer Dauerstrommessung im Watt zwischen Neuwerk

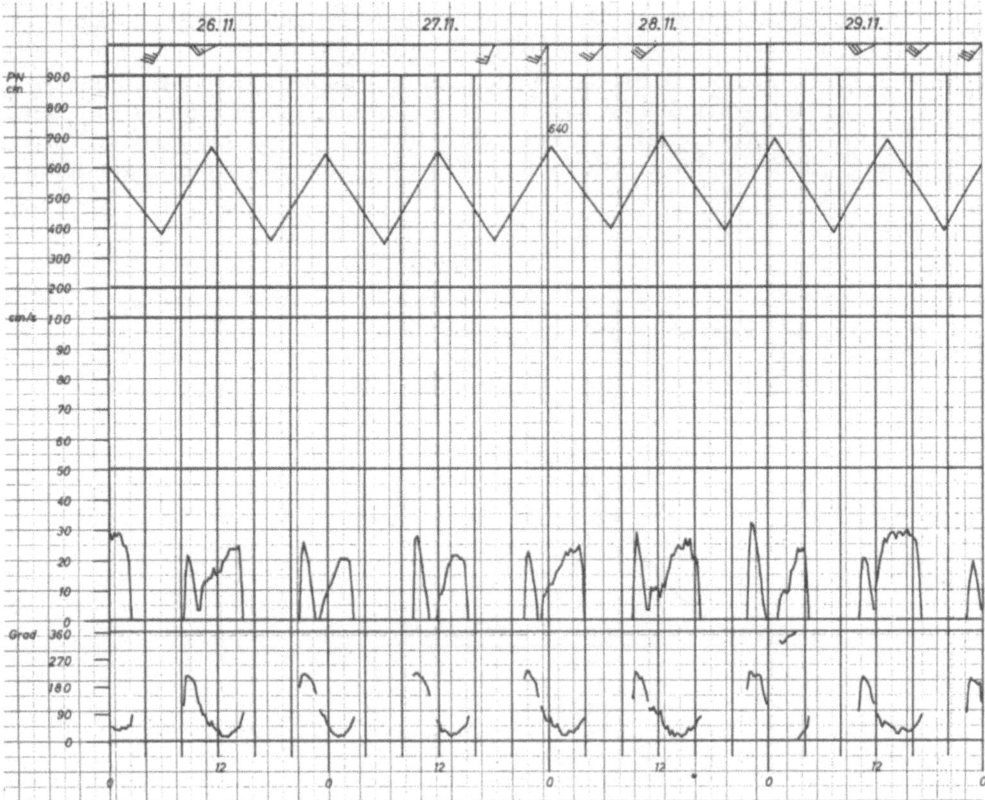

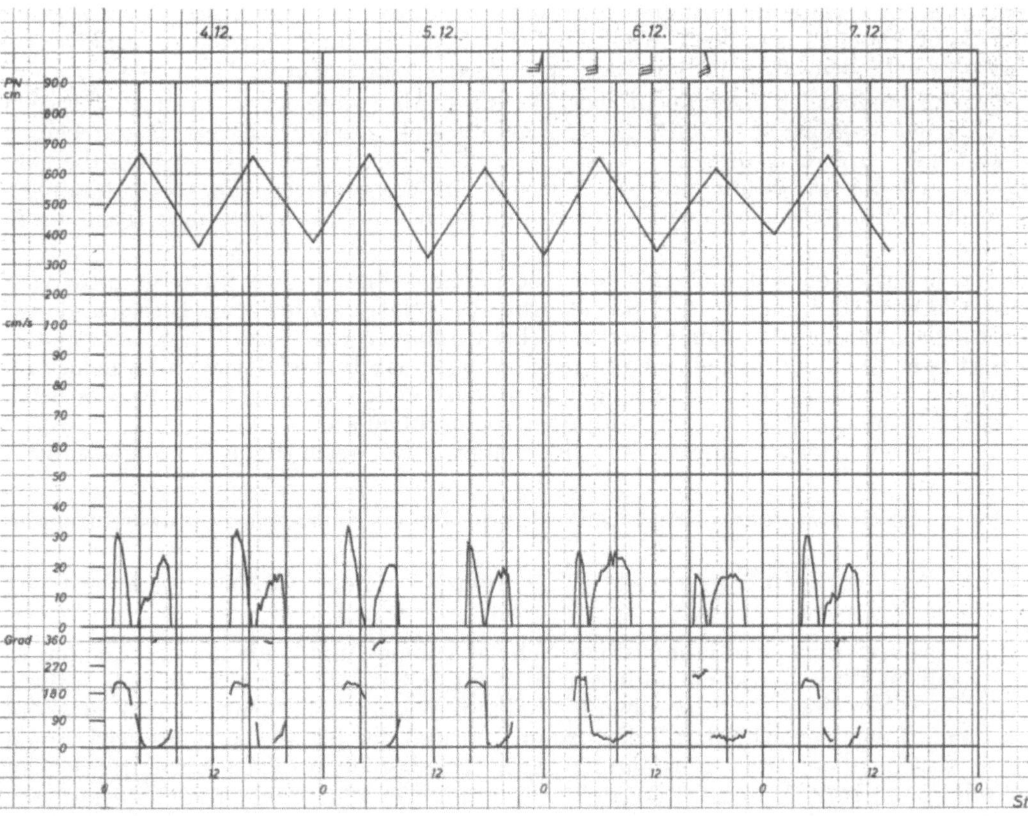

und der Küste mit Aufzeichnung der Sturmflut vom 1. 12. 66 [9].

fläche von rd. 16 km² dem Tideeinfluß entzieht. Die Trasse wurde so festgelegt, daß das Einzugsgebiet der Hundebalje etwa in seiner ursprünglichen Größe erhalten bleibt.

Mit der oben angegebenen Methode konnte die Frage nach den morphologischen Veränderungen im engeren Watt- und Prielgebiet befriedigend beantwortet werden. Das Problem war auch insofern nicht als besonders gravierend anzusehen, als es sich ja hier um eine unberührte und weitgehend ungenutzte Naturlandschaft handelt, in der solche Prozesse ohne Nachteil hingenommen werden können.

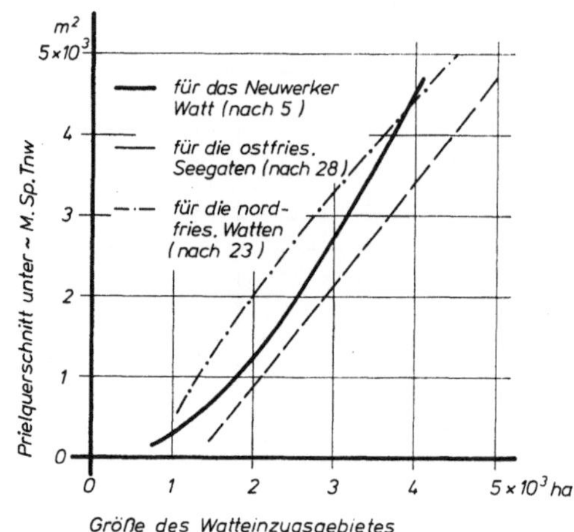

Abb. 14. Empirische Beziehung zwischen Prielquerschnitt und Watteinzugsgebiet.

Eine besondere Rolle in diesem Fragenkomplex spielt aber die Frage nach den sedimentologischen Veränderungen, und zwar im wesentlichen, im küstennahen Watt nördlich des Dammanschlußpunktes, welches ein beliebtes und gut besuchtes Kur- und Erholungsgebiet ist. Es wurden und werden noch Befürchtungen geäußert, hier könne es zur Ablagerung sehr feiner (schlickiger) Sedimente kommen, welche den Kur- und Badebetrieb beinträchtigen würden.

Diese Frage ist sehr ausführlich untersucht worden, kann aber dennoch zum gegenwärtigen Zeitpunkt als noch nicht vollständig geklärt gelten. Es hat sich gezeigt, daß es bislang keinen methodischen Ansatz gibt, um auch die sedimentologischen Einflüsse quantitativ vorauszuberechnen. Die Prozesse der Sedimentbildung und -verlagerung im Wattenmeer, die von zahlreichen (auch biologischen und kolloid-chemischen) Faktoren abhängen, sind bis heute noch recht wenig erforscht.

Im gegenwärtigen ungestörten Zustand sind die Oberflächensedimente im küstennahen Watt vor den Ortsteilen Cuxhaven-Duhnen und -Döse (s. Abb. 15) relativ schluffarm. Dies hängt mit den besonderen geologischen Verhältnissen zusammen (bei Cuxhaven reicht die Geest unmittelbar bis an die Küste), ist zum Teil aber auch eine Folge regelmäßiger Sandvorschüttungen, welche zum Küstenschutz und zur Schaffung und Erhaltung von Badestränden durchgeführt werden [22]. Südlich von Cuxhaven-Sahlenburg steigt der Schluffgehalt merklich an.

Für die Bildung von Schlickwatt müssen im allgemeinen zwei wesentliche Voraussetzungen erfüllt werden:

a) Ein relativ hoher Gehalt von Schluff- und Tonbestandteilen als Suspension im überflutenden Wasser.

b) Geringe Wasserbewegung, so daß diese Teile sedimentieren können und nicht wieder erodiert werden.

Beide Faktoren unterliegen kurz- und langfristigen Schwankungen, und beide können sich ferner je nach der Örtlichkeit in ihrer Wirkung addieren oder aufheben. Dies erschwert jede sichere Prognose. So steigt im allgemeinen der Schwebstoffgehalt im Wasser bei stürmischem Wetter im Watt erheblich an, eine Folge der erhöhten Triftströmungen und der bis an die Sohle wirksamen Orbitalströmungen. In Zonen relativer Beruhigung kann es bei solchen Wetterverhältnissen zu erhöhtem Schlickfall kommen (z.B. in Lahnungsfeldern), auf freien Wattflächen zur Erosion vorhandener Feinsedimente. Diese Vorgänge sind bekannt und auch durch verschiedene Messungen und Beobachtungen belegt.

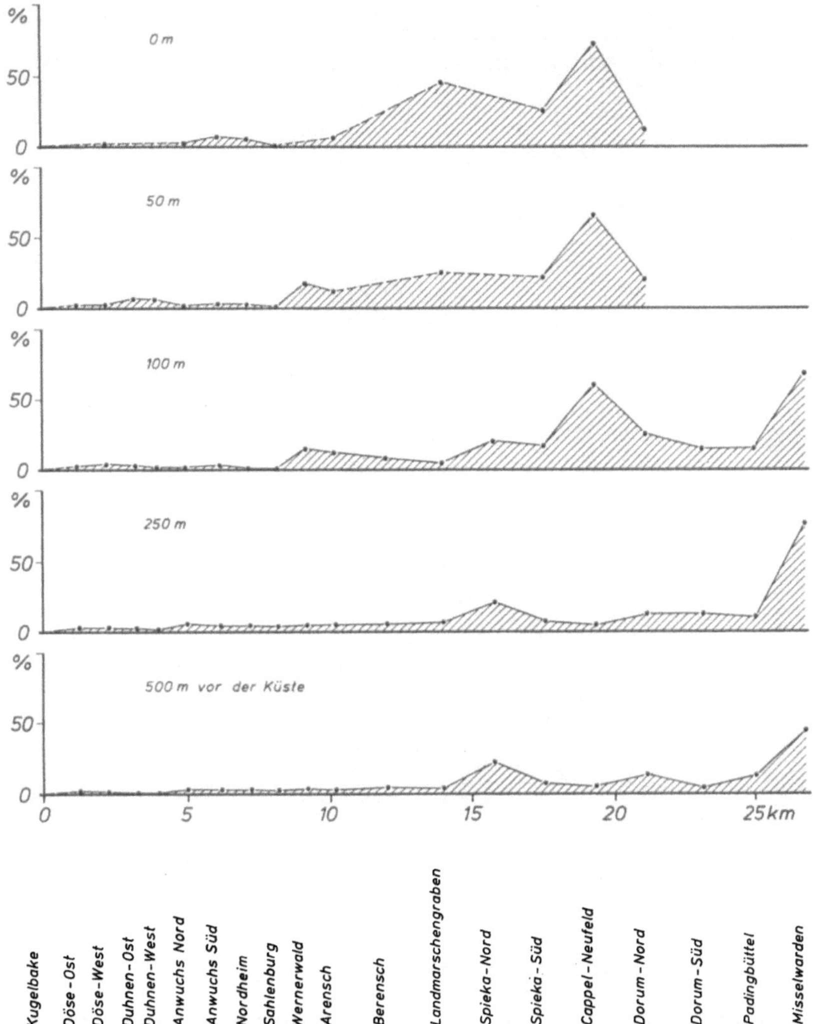

Abb. 15. Schluffgehalt der Oberflächensedimente im küstennahen Watt vor und südlich von Cuxhaven.

Wendet man dieses qualitative Prinzip auf das vorliegende Problem an, auf die Frage nach den Sedimentveränderungen infolge des Dammbaus, so läßt sich vermuten, daß es in unmittelbarer Dammnähe — aber auch nur dort — zur Schlickbildung kommen kann, weil sich nach der jeweiligen Windlage in der Leezone des Bauwerkes der Seegang vermindert und weil in der Dammtrasse auch die Triftströmung unterbunden wird. Wie weit diese Zone reicht, ist nicht sicher vorauszusehen. Nach Beobachtungen an anderen Stellen, u.a. an den Dämmen im Watt vor der Küste Jütlands und Schleswig-Holsteins, kann man jedoch davon ausgehen, daß sie allenfalls einige hundert Meter breit sein würde.

In dieser Zone unmittelbar vor dem Damm wird jedoch noch ein anderer Effekt die Sedimentationsverhältnisse beeinflussen. Wie unten noch dargestellt wird, soll der Damm mit sehr flachen Böschungen aus Sand aufgespült werden und im unteren Bereich ohne Erosionsschutz bleiben. Ein Teil des aufgespülten Materials (der ständig ersetzt werden muß) wird durch Brandungsströmungen in das vorliegende Watt getragen und dort zur Bildung einer relativ sandigen Sohle führen, ein Effekt, der ja auch an den heutigen künstlichen Stränden vor der Cuxhavener Küste auftritt.

Insgesamt sind die Ergebnisse aller diesbezüglichen Untersuchungen wegen der noch weitgehend ungeklärten Zusammenhänge der verschiedenen Faktoren keineswegs befriedigend. In dieser Erkenntnis sind daher weitere Forschungsarbeiten vorgesehen und bereits eingeleitet worden, insbesondere Dauermessungen des Schwebstoffgehaltes mit einem neuartigen Meßgerät, welche mehr Klarheit über Menge und zeitliche Varianz der im Watt transportierten Feststoffe bringen werden. Abbildung 16 zeigt eine Meßstation im Watt vor der Küste, an der neben dem Schwebstoffgehalt auch

Strömungen und Seegang gemessen werden. Erst mehrjährige Meßreihen in Verbindung mit laufenden Beobachtungen der Veränderungen der Sedimentstruktur werden zur weiteren Klärung dieser Fragen führen.

Abb. 16. Station für langfristige, automatische Messungen des Schwebstoffgehaltes vor der Küste bei Cuxhaven-Sahlenburg.

4.3 Großräumige Auswirkungen im Elbe- und Weserästuar

Die Frage nach großräumigen morphologischen Auswirkungen auf das Weser- und Elbeästuar stand mit im Vordergrund aller Voruntersuchungen, weil die vorhandenen Schiffahrtsrinnen, welche ohnehin bereits zu ihrer Offenhaltung umfangreiche Unterhaltungsbaggerungen erfordern, durch den Bau eines Tiefwasserhafens bei Neuwerk/Scharhörn natürlich nicht gefährdet werden dürfen. Aus mangelnder Kenntnis der für die Gestaltung dieses Küstenraumes maßgebenden Kräfte und morphologischen Prozesse sind manche Spekulationen zu diesem Problem angestellt worden, das hier daher noch einmal besonders aufgegriffen werden soll, obgleich diese Frage im wesentlichen bereits in Abschnitt 3 beantwortet worden ist. Der dort anhand der Ergebnisse von Modelluntersuchungen gegebene Nachweis, daß sowohl in der Elbe als auch in der Weser die Strömungsverhältnisse kaum meßbar beeinflußt werden, läßt den gesicherten Schluß zu, daß auch die Sandbewegung und die morphologische Gestaltung weiter nach den heutigen Gesetzmäßigkeiten ablaufen werden.

Die Auffassung, ein zwischen den Ästuarien der Weser und der Elbe gebauter Damm könne das heute bestehende Gleichgewicht stören, ist vor allem durch die in der älteren Literatur häufig zu findende Vorstellung von einer starken, über die Watten setzenden küstenparallelen Sandwanderung von Südwest nach Nordost entstanden. Durch einen Damm könnte diese Sandwanderung unterbrochen werden und dementsprechend zu veränderten und unvorhersehbaren morphologischen Entwicklungen führen.

Die im Rahmen der Planungsvorbereitung durchgeführten sehr umfassenden Strömungsmessungen und auch unmittelbare Messungen der Sandbewegung haben gezeigt, daß ein stetiger küstenparalleler Sandtransport im wesentlichen nur in der Flachwasserzone seewärts der Watten stattfindet. Er entsteht durch einen besonderen Effekt drehender Gezeitenströmungen, der zwischen Jade- und Elbemündung einen nordöstlich gerichteten Reststrom erzeugt [8]. Dieses bemerkenswerte Transportsystem, welches zur Verlagerung großer küstennormaler Sandrücken führt [6] und für die Morphologie der Ästuarien von ganz entscheidender Bedeutung ist, wird aufgrund seiner dynamischen Ursache durch die Baumaßnahme nicht beeinflußt.

Über den Rücken des Neuwerker Watts wird nur bei den seltenen Sturmwetterlagen in nennenswertem Umfang Material transportiert [10]. Dieser Transport, der zum Teil nach einem Dammbau durch die in Abschnitt 3.4 erläuterte Umströmung ersetzt wird, hat für die Morphologie der tiefen Stromrinnen keine Bedeutung.

5. Besondere planerische und bautechnische Konzeptionen unter Berücksichtigung hydrodynamisch-morphologischer Faktoren und Wechselwirkungen

In den vorigen Abschnitten ist ausschließlich die „Umgebungsbeeinflussung" des geplanten Tiefwasserhafens bei Neuwerk/Scharhörn behandelt worden. Ebenso wichtig waren bei der Planung jedoch Untersuchungen und Überlegungen über hydrodynamische und morphologische Einflüsse und Rückwirkungen auf die Bauwerke selbst.

Es ist nicht möglich, dieses sehr umfassende Thema hier ausführlich und vollständig zu behandeln. Es soll lediglich für zwei Komplexe der Gesamtmaßnahme, für die Hafeneinfahrt und für die Dammbauwerke im Watt, beispielhaft gezeigt werden, in welcher Weise die natürlichen Vorgänge und Randbedingungen zu beachten waren und die Planung beeinflußt haben.

5.1 Hafeneinfahrt

Die Gestaltung einer Hafeneinfahrt stellt im allgemeinen eine besonders schwierige planerische Aufgabe dar, weil dabei hydraulische und nautische Probleme zu beachten sind und sich die optimalen Lösungen beider in der Regel nicht vereinen lassen. Die umfangreichen Untersuchungen, welche zu dem in Abb. 2 dargestellten Entwurf geführt haben, sind ausführlich in [18] behandelt worden.

Um den gewünschten Anschluß an die 20 m tiefe Stromrinne der Außenelbe ohne größere Vertiefungsbaggerungen zu erreichen, mußte die Hafeneinfahrt an der Wattkante bei Scharhörn vorgesehen werden. Sowohl geologische als auch historische und morphologische Untersuchungen und Studien [10, 15, 19] zeigten, daß sich das südliche Stromufer der Außenelbe bei Scharhörn besonders stabil verhält und somit eine naturgegebene günstige Stelle gewählt worden ist.

In Abb. 17 sind die für die Einfahrtsgestaltung im wesentlichen maßgebenden Faktoren in vereinfachter, schematischer Form dargestellt. Der stärkste Seegang tritt vor Scharhörn bei Wind

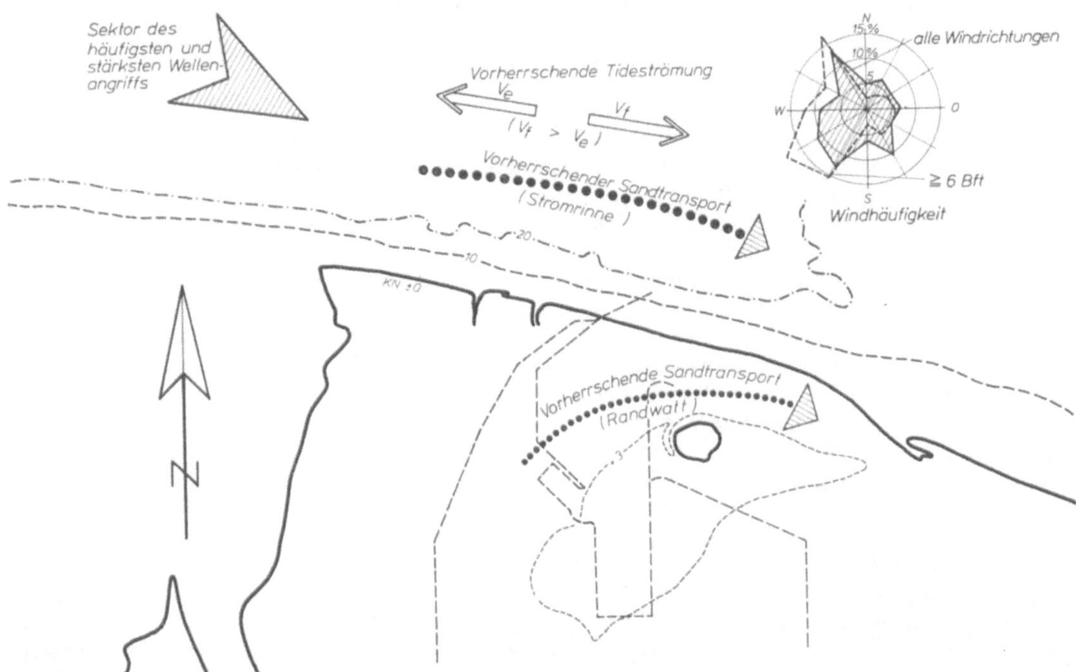

Abb. 17. Maßgebende Einflußfaktoren für die Gestaltung der Hafeneinfahrt bei Scharhörn.

aus West bis Nordwest auf [24, 26]. Bei den etwa parallel zu den Tiefenlinien verlaufenden Tideströmungen überwiegt der Flutstrom, er erreicht bei Springtide rd. 2 m/s. Sowohl in der Stromrinne vor dem Watt, infolge der vorherrschenden Flutströmung, als auch im Randwatt, bedingt durch Trift- und Brandungsströmungen, überwiegt ein östlich gerichteter Sandtransport [10].

Unter Berücksichtigung dieser Randbedingungen und Beachtung der Tatsache, daß große, von See kommende Schiffe zumeist mit auflaufender Flut den Hafen ansteuern werden, ergab sich fast zwangsläufig eine nach Nordosten geöffnete Einfahrt mit einer ins Fahrwasser vorgezogenen Mole auf seiner Westseite. Eine nach Norden gerichtete Einfahrt schied aus nautischen, eine nach Nordwesten gerichtete vor allem aus hydraulischen Gründen aus.

Die Mole auf der Nordwestseite dient der Wellendämpfung im Hafen und der Stabilisierung der ausgebaggerten Rinne. Um das sichere Einlaufen auch großer Schiffe zu gewährleisten, ist vorgesehen, die Fahrrinne östlich der Einfahrt auf rd. 2 km Länge zu verbreitern. Die östliche Hafenmole liegt dementsprechend weit zurückgezogen. Bedingt durch diese besondere Gestaltung entsteht östlich der Hafeneinfahrt eine langgestreckte Walze, und zwar bei Flutstrom stärker und ausgeprägter als bei Ebbestrom.

Die Seegangs- und Strömungsverhältnisse im Einfahrtsbereich und im Hafen sind im Modell untersucht worden [4]. Außerdem wurden mit einem ferngesteuerten Modellschiff Einlaufmanöver simuliert.

Bei den Strömungsverhältnissen sind zusätzlich die (im Modell nicht erfaßten) Dichteausgleichsströmungen zu beachten. Die Salzgehaltsdifferenzen zwischen Flut- und Ebbestromkenterung betragen vor Scharhörn noch rd. $6^0/_{00}$, der vertikale Gradient (Salzgehaltsdifferenz zwischen Oberfläche und Sohle) rd. $5^0/_{00}$ (25). Aus der Überlagerung der Walzenströmung und der Dichteströmung ergibt sich etwa das in Abb. 18 dargestellte komplizierte Strömungssystem.

Durch den Wasseraustausch infolge der Walzenbewegung, der Dichteströmungen und — in geringem Umfang — der Tideausgleichsströmung kommt es unvermeidlich vor der Einfahrt und im Hafen zu Materialablagerungen, die ständige Baggerungen erfordern werden. Mit einer genaueren Analyse der einzelnen Einflußgrößen ließ sich abschätzen, daß der größte Teil vor der Einfahrt, im Kern der Walzenströmung, sedimentieren würde und zwar vorwiegend Feinsand. In den Hafen würde in geringerem Umfang feinkörniges Material transportiert und dort zu einer gewissen Schlickablagerung führen.

Diese Überlegungen zeigen insgesamt, daß beim Entwurf der Hafeneinfahrt ein Kompromiß zwischen den hydraulischen und den nautischen Bedingungen gefunden werden mußte. Zur Verringerung der Walzen- und Dichteströmungen und damit zur Verminderung von Sand- und Schlickeintreibungen hätte durch Vorziehen der Ostmole und Verengung der Einfahrt zweifellos eine noch günstigere Lösung gefunden werden können, was jedoch zwangsläufig größere Schwierigkeiten für das Ein- und Auslaufen großer Schiffe bringen würde.

5.2 Dammbauwerke

Zur Verbindung des Hafengebietes mit der Küste, für den Anschluß der Insel Neuwerk und zur Schließung des Polders auf der Nordseite müssen Dämme in einer Gesamtlänge von rd. 21 km gebaut werden. Die Länge der seeseitigen Böschungen (einschließlich der Böschungen der aufgespülten Industrieflächen) beträgt rd. 41 km.

Für die Gestaltung und Sicherung der Dämme ist eine besondere und neuartige Konzeption entwickelt worden. Da Sand heute im Spülverfahren sehr wirtschaftlich eingebaut werden kann und außerdem als Baustoff im Planungsgebiet ausreichend zur Verfügung steht, ist vorgesehen, alle Dämme aus Sand aufzuspülen. Nach konventioneller Bauweise müßten die Böschungen durch Deckwerke gegen Erosion gesichert werden, wobei allein aus Gründen der Wirtschaftlichkeit, d.h. zur Verminderung der Deckwerksbreiten, relativ steile Böschungen anzustreben wären. Ein modernes und bekanntes Bauwerk dieser Art in vergleichbarer Lage und auch mit etwa gleicher Beanspruchung ist der neue Eiderdamm [2].

Abbildung 19 zeigt ein Profil des geplanten Dammes zwischen der Küste und dem Hafengebiet bei Scharhörn. Die Böschungen sind sehr flach angelegt und bis oberhalb MThw ungeschützt. Darüber ist eine Begrünung vorgesehen. Auf diesem Böschungsabschnitt wird infolge Sandauswehungen aus dem unteren Sandstrand Dünenbildung einsetzen und soll auch gefördert werden.

Diese Dammgestaltung bietet folgende Vorteile: Durch die flachen Böschungen wird die Wellenenergie auf breitem Raum zerstreut, der Wellenangriff im oberen Böschungsbereich wird vermindert. Die gewählte Böschungsneigung im Gezeitenbereich entspricht etwa dem natürlichen Strandprofil unter den örtlichen Bedingungen. Weiterhin fügt sich ein Damm in dieser Ausführung harmonisch in die Wattlandschaft ein und bietet auf den flachen Sandstränden Raum für Badebetrieb und Erholung.

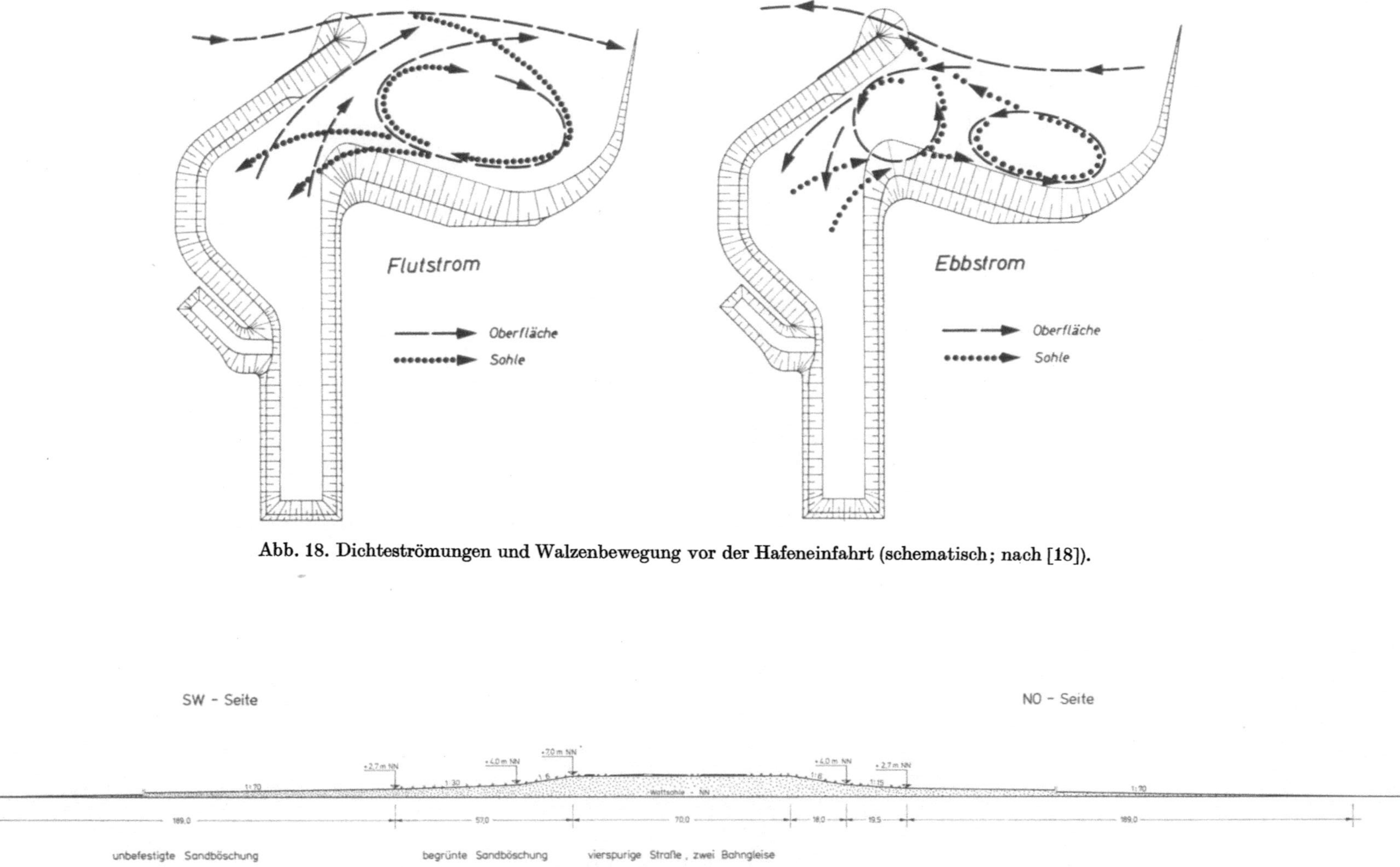

Abb. 18. Dichteströmungen und Walzenbewegung vor der Hafeneinfahrt (schematisch; nach [18]).

Abb. 19. Querschnitt des geplanten Dammes zwischen dem Festland und dem Hafengebiet bei Scharhörn.

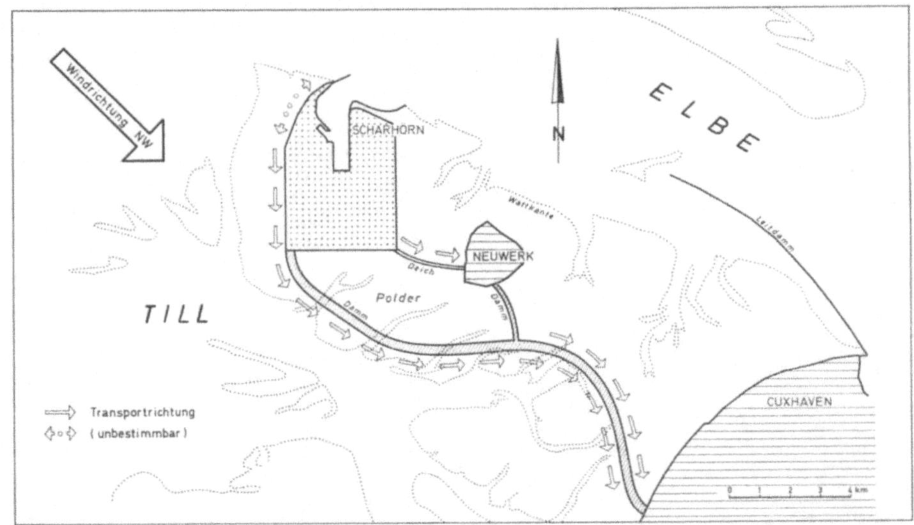

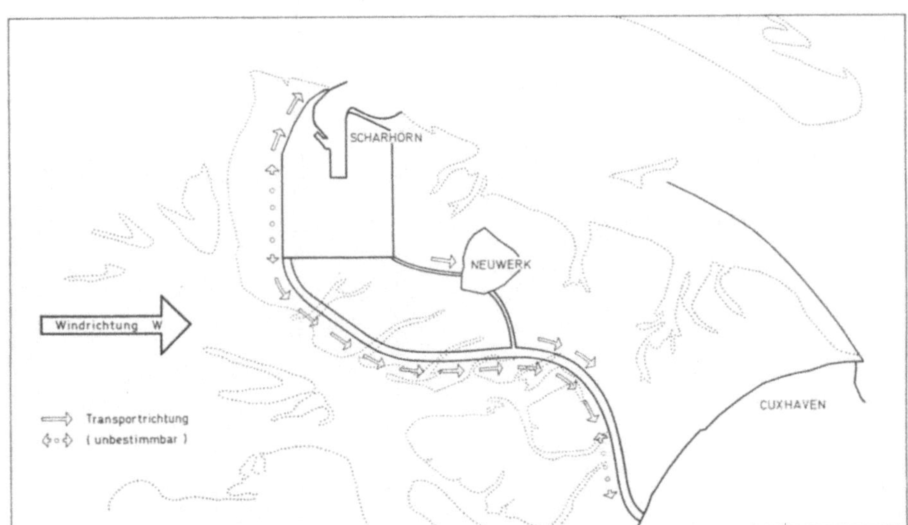

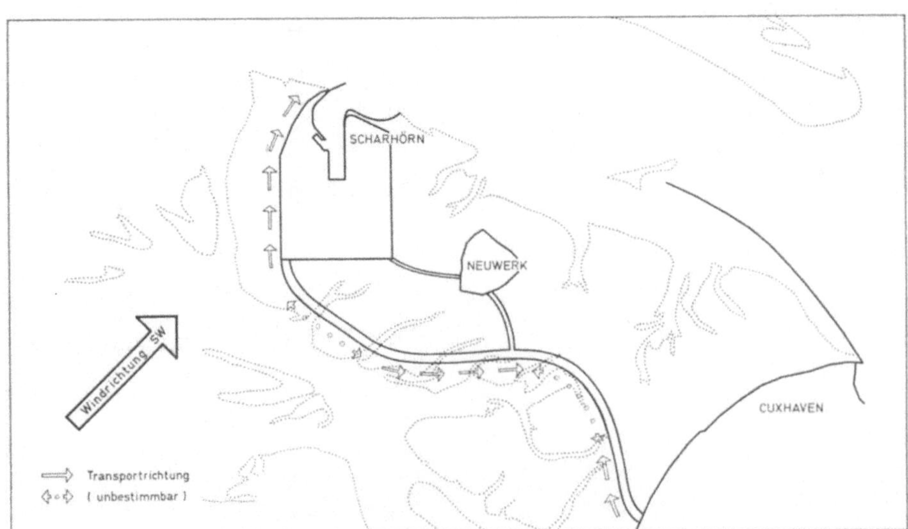

Abb. 20. Erwarteter strandparalleler Transport an den unbefestigten Sandböschungen, Lage

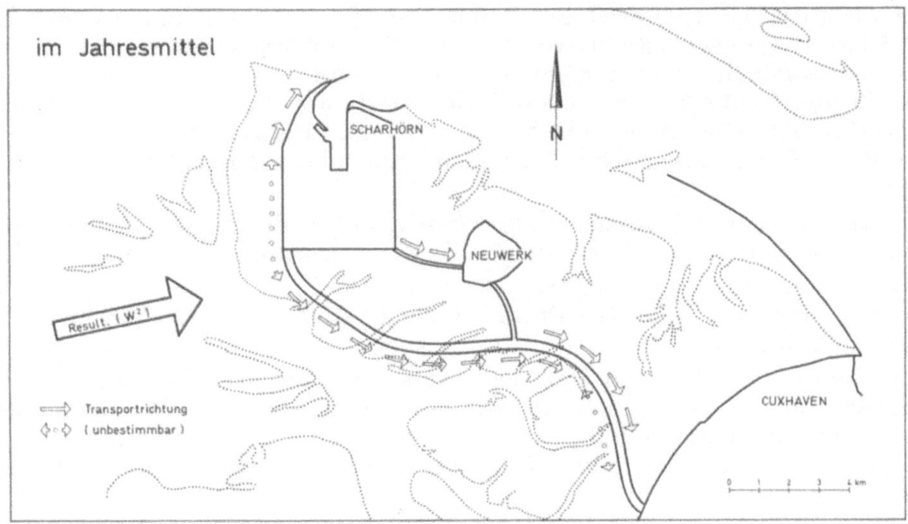

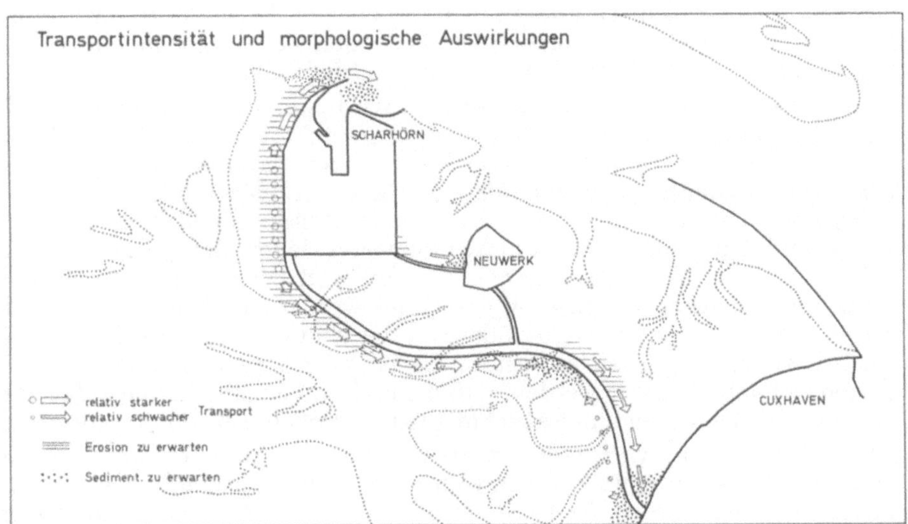

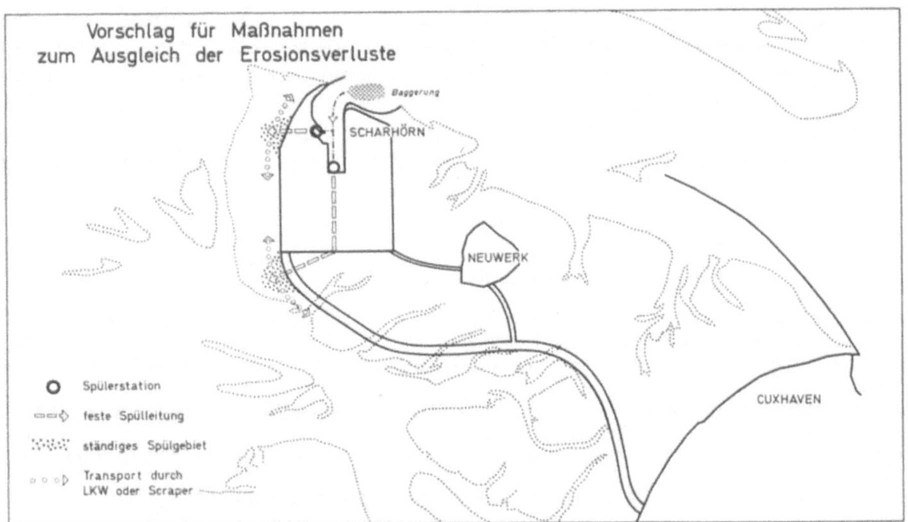

der Erosions- und Sedimentationsgebiete und geplantes System der Strandvorspülung.

Diese Bauweise, die auch bei den seeseitigen Böschungen des Anschlußdammes nach Neuwerk und des Polderdeiches vorgesehen ist, erfordert eine völlig andere Konzeption der Erosionssicherung. Denn selbstverständlich sind Strömungs- und Brandungserosionen — insbesondere bei Sturmfluten — nicht auszuschließen. Sie sollen durch Sandvorspülungen bzw. -vorschüttungen ständig (z.T. prophylaktisch) ersetzt werden. Von vornherein wird hier also ein aktiver Uferschutz geplant, wie er sich auch an anderen Küsten zunehmend durchsetzt [3]. Diese Konzeption erfordert folgendes:

a) Es muß gewährleistet sein, daß Erosionen kurzfristig, also z.B. im Verlauf einer Sturmflut, nicht so schnell fortschreiten, daß schutzwürdige Bauteile (Straßen, Gleisanlagen, Gebäude) gefährdet werden.

b) Es muß ferner gewährleistet sein, daß Erosionsverluste stets in kurzer Frist ersetzt werden können.

c) Die Baukosten und die langfristigen Unterhaltungskosten dürfen nicht höher liegen als die entsprechenden Kosten für eine Ausführung in erosionssicherer Bauweise. Da für die ständigen Strandvorspülungen mit Sicherheit höhere Unterhaltungskosten zu veranschlagen sind, müssen die Baukosten um soviel niedriger liegen, daß die Unterhaltung rechnerisch aus einer Verzinsung der Baukostendifferenz getragen wird.

Die genannten Prämissen erforderten umfangreiche und gründliche Untersuchungen, insbesondere eine Abschätzung der auf die Böschungen einwirkenden Kräfte und der daraus resultierenden morphologischen Prozesse. Sie haben insgesamt zu dem gesicherten Ergebnis geführt, daß die hier vorgeschlagene Bauweise, die sicher nicht mehr den Methoden der „traditionellen Wasserbaukunst" entspricht, vorteilhaft, technisch möglich und wirtschaftlich ist.

Eine wesentliche Voraussetzung ist, daß die Erosionsverluste, die aufgrund verschiedener Berechnungen und Untersuchungen auf rd. 250 000 m^3/Jahr geschätzt worden sind, mit rationellen Verfahren ersetzt werden können. Zur Planung dieser Maßnahmen waren auch Prognosen über die Lage der hauptsächlichen Erosionsgebiete und den Verbleib des Materials notwendig. Unter Verwendung von Seegangsuntersuchungen und der Windstatistik ließen sich Hinweise über resultierende Richtung und Intensität des Litoraltransportes längs der gesamten Bauwerksflanken gewinnen, die in Abb. 20 schematisch dargestellt sind. An Divergenzpunkten des Litoralstromes muß mit stärkerer und ständiger Erosion gerechnet werden, an Konvergenzpunkten mit Ablagerungen. Wie Abb. 20 zeigt, werden insbesondere an der Südwest- und an der Nordwestseite des Hafengebietes konzentriert Erosionen auftreten. Es ist vorgesehen, hier ständige Vorspülstellen einzurichten, und es kann erwartet werden, daß durch Sandeingabe in den Litoraltransport an diesen Stellen die benachbarten Böschungsabschnitte zum großen Teil mit versorgt werden.

Zur Vorspülung kann das Material verwendet werden, das in der Hafeneinfahrt zur Aufrechterhaltung der Fahrwassertiefen ständig zu baggern sein wird (vergl. Abschnitt 5.1). Dazu ist eine stationäre Spülerstation im Hafen und ein festes Spülrohrleitungssystem geplant. Die Verwendung des Baggergutes, das sonst ohne wirtschaftlichen Nutzen verklappt werden müßte, ist ein wesentlicher Faktor in der hier entwickelten Konzeption des „aktiven Uferschutzes".

Daß die Unterhaltung der Dämme neben den Vorspülungen noch Maßnahmen im oberen Böschungsbereich erfordert, ist selbstverständlich. Insbesondere ist hier die Entwicklung und Erhaltung von Dünen wichtig, wobei diese Dünen die Funktion eines Erosionsdepots für die seltener auftretenden schweren Sturmfluten übernehmen. Der äolische Sandtransport, der für Wachstum oder Regeneration der Dünen sorgt, stellt neben dem Litoraltransport das zweite natürliche Kräftesystem dar, welches bei sinnvoller und das Naturgeschehen beachtender Planung zum Ausgleich von temporären Erosionen ausgenutzt werden kann.

Schrifttum

1. Antfang, H.: Die Wind- und Nebelverhältnisse im Elbmündungsgebiet. Hamburger Küstenforschung 9 (1969).
2. Cordes, F.: Eiderdamm Hundeknöll-Vollerwiek. Die Bautechnik 11, 12 (1970) 9, 10, 11 (1971) 7, 8 (1972).
3. Führböter, A., Köster, R., Kramer, J., Schwitters, J., Sindern, J.: Sandbuhne vor Sylt zur Stranderhaltung. Die Küste 23 (1972).
4. Franzius-Institut der Techn. Universität Hannover: Modellversuche für die Einfahrt des geplanten Vorhafens bei Scharhörn (4 Teilberichte, unveröffentl.) 1970/71.
5. Franzius-Institut der Techn. Universität Hannover: Modellversuche für das Neuwerker Watt (4 Teilberichte, unveröffentl.) (1972/73).
6. Göhren, H.: Beitrag zur Morphologie der Jade- und Wesermündung. Die Küste 13 (1965).
7. Göhren, H.: Triftströmungen im Wattenmeer. Mitteilungen des Franzius-Instituts 30 (1968).
8. Göhren, H.: Gegenläufige Restströmung an flachen Gezeitenmeerküsten. Die Küste 21 (1971).
9. Göhren, H.: Die Strömungsverhältnisse im Elbmündungsgebiet. Hamburger Küstenforschung 6 (1969).

10. Göhren, H.: Untersuchungen über die Sandbewegung im Elbmündungsgebiet. Hamburger Küstenforschung 19 (1971).
11. Göhren, H., Laucht, H.: Entwicklung eines Gerätes zur Dauermessung suspendierter Feststoffe. Deutsche Gewässerkundliche Mitteilungen 3 (1972).
12. Hansen, W.: Wissenschaftliches Gutachten über Grundlagen für die künftige Gestaltung des Hochwasserschutzes in Hamburg (unveröffentl.). Hamburg, 1965.
13. Hansen, W.: Die Reproduktion der Bewegungsvorgänge im Meere mit Hilfe hydrodynamisch-numerischer Verfahren. Mitteilungen der Universität Hamburg V (1966).
14. Hansen, W.: Der Einfluß des geplanten Tiefwasserhafens im Wattgebiet Neuwerk/Scharhörn auf Wasserstände und Stromgeschwindigkeiten in der inneren Deutschen Bucht. Hamburger Küstenforschung 26 (1973).
15. Lang, A. W.: Untersuchungen zur morphologischen Entwicklung des südlichen Elbe-Ästuars von 1560 bis 1960. Hamburger Küstenforschung 12 (1970).
16. Laucht, H.: Ursachen und Ziele der Hamburger Küstenforschung an der Elbmündung. Hamburger Küstenforschung 1 (1968).
17. Laucht, H.: Neuwerk/Scharhörn — Industriehafen am tiefen Wasser. Schriftenreihe der Behörde für Wirtschaft und Verkehr der Freien und Hansestadt Hamburg 10 (1970).
18. Laucht, H.: Untersuchungen zur Gestaltung der Hafeneinfahrt bei Scharhörn. Hamburger Küstenforschung 23 (1972).
19. Linke, G.: Über die geologischen Verhältnisse im Gebiet Neuwerk/Scharhörn. Hamburger Küstenforschung 17 (1970).
20. Leppik, E.: Die Sturmfluten in der Elbemündung in der 1. Hälfte des 20. Jahrhunderts. Besondere Mitteilungen zum Deutschen Gewässerkundlichen Jahrbuch, 1950, Nr. 1.
21. Lucht, F.: Hydrographie des Elbe-Ästuars. Archiv Hydrobiologie, Suppl. Bd. 29/2 (1964).
22. Luck, G.: Stellungnahme zur Stranderhaltung durch künstliche Sandzufuhr im Raume Döse, Duhnen und Sahlenburg. Forschungsstelle Norderney, Jahresbericht 1968, Bd. XX, 1970.
23. Rodloff, W.: Über Wattwasserläufe. Mitteilungen des Franzius-Instituts der Techn. Universität Hannover 34 (1970).
24. Schrader, J. P.: Kennzeichnende Seegangsgrößen für drei Meßpunkte in der Elbmündung. Hamburger Küstenforschung 4 (1968).
25. Siefert, W.: Die Salzgehaltsverhältnisse im Elbmündungsgebiet. Hamburger Küstenforschung 15 (1970).
26. Siefert, W.: Die Seegangsverhältnisse im Elbmündungsgebiet. Hamburger Küstenforschung 18 (1971).
27. Tomczak, G.: Der Einfluß der Küstengestalt und des vorgelagerten Meeresbodens auf den windbedingten Anstau des Wassers. Deutsche Hydrograph. Zeitschrift, Bd. 5, Heft 2/3 und Heft 5/6 (1952).
28. Walther, F.: Zusammenhänge zwischen der Größe der ostfriesischen Seegaten mit ihren Wattgebieten sowie den Gezeiten und Strömungen. Forschungsstelle für Insel- und Küstenschutz, Jahresbericht 1971, Bd. XXIII, 1972.

Küstenforschung und Küsteningenieurwesen

Wiedergabe der bei einer Vortragsveranstaltung der Hafenbautechnischen Gesellschaft am 29. März 1973 in Hamburg gehaltenen Referate

Die 35. Hauptversammlung der HTG in Braunschweig hat beschlossen, das Arbeitsgebiet der Gesellschaft auf Küstenforschung und Küsteningenieurwesen auszudehnen. Unmittelbarer Anlaß waren Anregungen aus dem Küstenausschuß Nord- und Ostsee; der tiefere Grund liegt in der wachsenden Bedeutung, die die Küstenforschung und das Küsteningenieurwesen in unserer Zeit durch den Strukturwandel in der Seeschiffahrt, aber auch durch ein erhöhtes Sicherheitsbedürfnis gegen Sturmfluten infolge der katastrophalen Ereignisse in Holland (1953) und Deutschland (1962) erlangt haben. Die Erforschung der Naturkräfte im Küstenvorfeld als Voraussetzung für die Herstellung und Unterhaltung tiefer seewärtiger Zufahrten, ihrer nautischen Sicherung, für den Bau immer weiter vorgeschobener Hafenaußenwerke und für die Planung und den Bau von Tiefwasser- und Offshore-Häfen sind für den Hafenbauer von großer Bedeutung.

Die deutschen Küstenforscher und -ingenieure haben sich bisher nicht in einer Organisation zusammengeschlossen. Somit fehlt es ihnen an Repräsentanz gegenüber den im Ausland seit längerem bestehenden speziellen Vereinigungen für Fachleute der Küstenforschung und des Küsteningenieurwesens und bei der Coastal Engineering Conference, die alle zwei Jahre abgehalten wird.

Ein beachtlicher Teil der deutschen Küsteningenieure ist bereits Mitglied der HTG. Es gibt daher keine deutsche Organisation, die sich dieses Gebietes mit ähnlicher Berechtigung annehmen könnte. Im übrigen ist die HTG wegen ihrer weltweiten Resonanz gut geeignet, die Belange des deutschen Küsteningenieurwesens im Ausland zu vertreten, und hat in der Bundesrepublik Deutschland das nötige Ansehen und Durchsetzungsvermögen, um die Interessen dieses Fachgebietes wahrzunehmen.

Ziel der Erweiterung des Arbeitsgebietes der HTG ist die Behandlung von Fragen der Küstenforschung und der technischen Entwicklung im Küsteningenieurwesen, die Aufnahme von Fachleuten der Küstenforschung und des See- und Küstenbaues sowie die Bildung von Fachausschüssen zur Behandlung der entsprechenden Probleme. Die HTG versteht sich zunächst als Anreger auf diesem Fachgebiet, um bestimmte Probleme einer Lösung entgegenzuführen.

Um den Mitgliedern die Aufgaben des neuen Arbeitsgebietes zusammengefaßt vor Augen zu führen, wurde am 29. März 1973 eine Vortragsveranstaltung in Hamburg durchgeführt, auf der den Teilnehmern der gegenwärtige Stand des Wissens und der Aktivitäten in diesen Bereichen dargestellt wurde. Die Veranstaltung hat sehr großes Interesse — nicht nur bei HTG-Mitgliedern — gefunden. Wir haben den Eindruck gewonnen, daß hierdurch eine von vielen Kollegen als störend empfundene Lücke ausgefüllt werden konnte. Um die mit dieser Veranstaltung vermittelten Informationen einer breiteren fachwissenschaftlichen Öffentlichkeit zugänglich zu machen und zugleich den Inhalt der Vorträge zu archivieren, wurden die Vorträge dieser Veranstaltung in den vorliegenden Band des Jahrbuches der Hafenbautechnischen Gesellschaft aufgenommen.[1]

Der Vorstand will mit dieser Veröffentlichung die Mitglieder über die besondere Bedeutung der Küstenforschung und des Küsteningenieurwesens in unserer Zeit unterrichten; er hofft, damit einem bestehenden Informationsbedürfnis entgegenzukommen und würde sich freuen, wenn die noch außerhalb der HTG stehenden Fachleute dieses Gebietes hierdurch angeregt werden, der HTG beizutreten.

Dr.-Ing. K.-E. Naumann
Vorsitzender

---

[1] Nur der von Herrn Prof. Dr.-Ing., Dr. phys. H.-W. Partenscky im Rahmen der HTG-Vortragsveranstaltung am 29. März 1973 in Hamburg gehaltene Vortrag „Das Küsteningenieurwesen im internationalen Bereich" ist hier nicht abgedruckt worden, weil Herr Prof. Partenscky einen Vortrag mit ähnlicher Thematik auf dem Interocean-Kongreß 1971 in Düsseldorf gehalten hat. Der VDI-Verlag hat darüber ausführlich berichtet. Im Einvernehmen mit Herrn Prof. Partenscky wurde daher auf den Abdruck an dieser Stelle verzichtet.

I. Aufgaben des Küstenausschusses Nord- und Ostsee und sein Verhältnis zur Hafenbautechnischen Gesellschaft

Von Dr.-Ing. **Hans Laucht**, Hamburg

Wenn die Hafenbautechnische Gesellschaft schon bald nach ihrer Satzungsänderung und damit nach Übernahme eines für sie neuen Arbeitsgebietes diese neue Arbeit mit einem umfangreichen und — wie ich meine — anspruchsvollen Vortragsprogramm einleitet, dann könnten sich unbefangene Beobachter, die mit den Hintergründen wenig vertraut sind, allerdings fragen, warum gerade an den Anfang das Thema gesetzt worden ist, zu dem ich jetzt sprechen werde. Nun, dies ist sogar auf meine eigene Empfehlung hin geschehen, weil es mir ratsam erscheint, gleich zu Beginn der begrüßenswerten Aktivitäten der HTG dafür zu sorgen, daß vielleicht noch irgendwo im Kreise der Küsteningenieure vorhandene Mißverständnisse beseitigt werden und weitere gar nicht erst entstehen.

Ich glaube, aus drei Gründen dazu in der Lage zu sein: Erstens wird mir nicht streitig gemacht werden können, daß ich seit nunmehr fast drei Jahrzehnten recht aktiv als Ingenieur in der Küstenforschung und praktisch ebenso im Bereiche des Küsteningenieurwesens tätig bin und es infolgedessen aus eigener Erfahrung beurteilen kann, zweitens bin ich seit ihrem Wiederbeginn nach dem Kriege Mitglied der HTG und stehe aus dienstlichen und persönlichen Gründen ihrem Vorsitzenden näher als das normalerweise der Fall ist, so daß ich also auch einige Interna dieser Gesellschaft gut verstehe, und drittens gehöre ich dem Verwaltungsausschuß des Küstenausschusses nun auch schon rund ein Dutzend Jahre an, habe dort stets so gut wie irgend möglich zur Meinungsbildung beigetragen und bin ja kürzlich auch zum Nachfolger unseres allseits hochgeschätzten, langjährigen Vorsitzenden, Präsident Dr.-Ing. Lorenzen, gewählt worden.

Dies nun in einer Zeit erheblichen Strukturwandels, der aus Gründen notwendiger Anpassung an veränderte Verhältnisse in Gang gekommen ist und mehr interne Arbeit erfordert als nach außen deutlich wird. Das könnte zu dem Schluß führen, daß der sich anbahnenden Inititative der HTG eine nachlassende Tätigkeit des Küstenausschusses gegenübersteht. Ich hoffe klarzustellen, daß die Verhältnisse so einfach nicht gesehen werden können, muß aber zum besseren Verständnis nun erst einmal die Aufgaben und Tätigkeiten des Küstenausschusses seit seiner Gründung umreißen.

Der Küstenausschuß Nord- und Ostsee wurde im Oktober 1949 von einer Anzahl verantwortungsbewußter Männer ins Leben gerufen, die erkannt hatten, daß die durch die Zerschlagung Preußens erzwungene Aufspaltung der staatlichen Zuständigkeiten in Seebau, Küstenschutz und Wasserwirtschaft auf insgesamt 10 verschiedene Fachressorts des Bundes und der vier Küstenländer überwunden werden mußte, wenn schon nicht formal, so doch wenigstens durch enges Zusammenwirken. Eine bestimmte Rechtsform zu schaffen, war damals noch nicht möglich und hat sich lange Zeit auch nicht als notwendig erwiesen, obwohl von den beteiligten Ressorts alljährlich Bar- und Sachmittel eingebracht werden mußten. Die Organisationsform war ziemlich einfach: Es gab einen Verwaltungsausschuß, einen Arbeitsausschuß und eine Geschäftsstelle mit Bücherei, Zeitschriftenaustausch und Herausgabe der Dokumentation Die Küste.

In den Verwaltungsrat als das leitende Gremium entsandten und entsenden die beteiligten Bundes- und Länderministerien ihre Vertreter, so daß dort die fachlichen Spitzen vereinigt sind. Das hat die Überwindung so mancher Schwierigkeiten in sehr offener und vertrauensvoller Diskussion ermöglicht. Sein Vorsitzender war lange Zeit Herr Prof. Agatz, sein Nachfolger Herr Dr.-Ing. Lorenzen.

Unter den Leitern des Arbeitsausschusses, nacheinander die Herren Gaye und Hensen, gab es verschiedene Arbeitskreise, die permanent oder ad hoc unter eigenen Vorsitzenden bestimmte Fragen bearbeiteten, Fragen, die sich aus dem Meßwesen, aus dem Verkehrswasserbau im Tidegebiet, aus dem Küstenschutz, aus den Wirkungen der Sturmfluten, insbesondere der von 1962, aus geplanten Dammbauten sowie ganz allgemein aus den Änderungen der Küstenmorphologie und ihren Ursachen ergaben. Also praktisch aus allen Gebieten dessen, was im Ausland schon seit langem und seit einigen Jahren nun auch in Deutschland in dem umfassenden Begriff des Küsteningenieurwesens zusammengefaßt wird. Da diese sehr umfangreichen Aufgaben in den wissenschaftlichen Bereichen unmöglich von den zu ehrenamtlicher Mitarbeit bereiten Verwaltungsangehörigen allein bewältigt werden konnten, wurde von vornherein die Zusammenarbeit mit Natur- und Ingenieurwissenschaftlern gesucht; auch diese Zusammenarbeit hat sich sehr bewährt, so daß man anerkennen muß, daß sie für alle Beteiligten von großem Nutzen gewesen ist.

Die erste deutlich sichtbare Änderung der Gesamtstruktur ergab sich, als Dr.-Ing. Lorenzen den Vorsitz des Verwaltungsausschusses übernahm. Da zur selben Zeit auch der damalige Leiter des Arbeitsausschusses aus Altersgründen sein Amt niederlegte, bot es sich an, daß Dr.-Ing.

Lorenzen mit der ihm eigenen Vitalität und außerordentlichen Erfahrung diese Aufgabe zusätzlich übertragen bekam, und zwar um so mehr, als er in Kiel, am Orte der Geschäftsstelle, ansässig war und als überaus rüstiger Pensionär seine volle Kraft einsetzen konnte für eine Entwicklung, die er zu seiner eigenen Herzensangelegenheit machte. Das kann ihm gar nicht genug gedankt werden. Der Begriff eines besonderen Arbeitsausschusses verschwand damit allmählich, aber ohne Verlust für die Gesamtwirkung, aus der Vorstellung der Mitarbeiter; die Arbeitskreise blieben im Prinzip bestehen, erfuhren aber mehrfach Wandlungen im Sinne ihrer sich ebenfalls ändernden Aufgaben und Ziele.

So hat, auf etwas unterschiedliche Weise, der Küstenausschuß bisher rund 24 Jahre erfolgreich gewirkt, wobei es müßig wäre, abwägen zu wollen, welche seiner Tätigkeiten wichtiger gewesen ist, das deutlich sichtbare Wirken nach außen mit Veröffentlichungen, Tagungen, Gutachten, Vorschlägen und Dokumentationen oder die unsichtbare, interne Arbeit mit Diskussionen, Austausch von Erfahrungen und Untersuchungsergebnissen sowie Koordinierung so manchen größeren Vorhabens.

Aber es zeigte sich auch in allmählich zunehmendem Maße, daß die immer umfangreicher werdenden, überregionalen Aufgaben, die immer dringender einer Klärung bedurften, die Möglichkeiten des Küstenausschusses überstiegen, sei es nun wegen seiner als notwendig erkannten Begrenzung auf die Fachressorts des Bundes und der Küstenländer, sei es wegen der in diesem Rahmen allzu geringen Mittel, die nicht ausreichten, um große und komplexe Forschungsvorhaben zu finanzieren. Ein Thema schien allen an der Küste Tätigen ganz besonders wichtig zu sein, nämlich die Klärung von Art und Ursachen der Sandbewegung im deutschen Küstenbereich. Es war ein großes Verdienst des Vorsitzenden des Küstenausschusses, daß er bei der Deutschen Forschungsgemeinschaft 1966 ein entsprechendes Schwerpunktprogramm erreichte, das zur Zeit noch läuft. Als Koordinator dieses Schwerpunktes lud er sich weitere Arbeit damit auf, konnte manchen Erfolg verzeichnen, mußte aber auch einige Enttäuschungen hinnehmen. Zwar sind die Vorteile dieses Programmes — auch für das Küsteningenieurwesen — evident, aber es läßt sich ebenso wenig leugnen, daß am Anfang viel Zeit und Arbeitskraft verloren wurde, weil die Erfahrungen der Küsteningenieure zu wenig beachtet wurden und sich programmatisch diejenigen durchsetzten, die da meinten, mit fast jedem Teilthema ganz von vorn beginnen zu müssen. Damit wurde zwangsläufig das große Generalthema mit seiner uns alle bewegenden Fragestellung zersplittert. Hier zeigte sich, daß der vorgegebene Weg der Förderung von Einzelanträgen, der sich sonst in der Regel bewährt haben mag, in diesem Fall nicht optimal war. Infolgedessen werden nach Abschluß dieses Schwerpunktes einige neue und zweifellos auch wichtige wissenschaftliche Ergebnisse auf Teilgebieten vorliegen, aber wir Küsteningenieure werden unserem Traum einer hinreichenden Erklärung der Sandbewegung im Küstenvorfeld weniger näher gekommen sein, als dies nach meiner Überzeugung bei einem Vorgehen gelungen wäre, das im ganzen von vornherein mehr auf den schon vorhandenen Möglichkeiten und Methoden aufgebaut hätte. Trotzdem: Die Sache war und ist ohne Frage ein bedeutender Fortschritt, und der Küstenausschuß hat nach Kräften daran mitgewirkt.

Wenige Jahre später, 1969, ergab sich eine neue Chance zur Gewinnung besserer Förderungsmöglichkeiten der deutschen Küstenforschung, als im Rahmen der beim Bundesminister für Bildung und Wissenschaft gegründeten Deutschen Kommission für Ozeanographie ein Ausschuß für Küstenforschung ins Leben gerufen wurde. Auch dies geschah wieder auf Anregung und Drängen des Küstenausschusses und seines Vorsitzenden und — dies muß deutlich gesagt werden, weil es mir charakteristisch erscheint — gegen einige Widerstände aus der Kommission selbst. Immerhin wurde erreicht, daß nun mehrere Mitglieder des Verwaltungsausschusses und andere in dem neuen Ausschuß für Küstenforschung mitarbeiteten und Dr.-Ing. Lorenzen sogar mit dem Vorsitz betraut wurde. Nicht zuletzt wohl deshalb, weil der Küstenausschuß zu dieser Zeit schon eine umfassende Denkschrift zur deutschen Küstenforschung und ihrem Programm vorgelegt hatte.

Hier schien sich nun ein langgehegter Plan des Küstenausschusses zu verwirklichen, ein Umstand, der in hohem Maße auch die bestehenden Arbeitskreise und weitere Mitarbeiter zur Aufstellung von weitreichenden, aber durchaus realistischen Teilprogrammen bewegte. Leider zeigte sich aber auch diesmal nach sehr viel mit gutem Willen aufgewandter Arbeit, daß der Weg dornenreich war. Jahrelang wurde von den Programmen so gut wie nichts erfüllt. Das hatte recht verschiedenartige Ursachen: Einmal war die Küstenforschung schon von Natur aus nicht in der Lage, rasche und ins Auge springende Erfolge zu versprechen; zum anderen konnte sie weder im technischen Ablauf noch in hypothetischen Kosten-Nutzen-Vorstellungen auch nur annähernd mit Programmen wie etwa denen der Kernenergie oder der Raumfahrttechnik konkurrieren; drittens waren wirtschaftliche Wettbewerbsnachteile gegenüber dem Auslande auf diesem Gebiet der Forschung keineswegs nachweisbar — sie konnten allenfalls ideell entstehen; viertens kostete es immer wieder

Zeit, die inneren Reibungen dieses Ausschusses zu überwinden; fünftens stand im Ergebnis doch weit weniger an Förderungsmitteln zur Verfügung als ursprünglich verkündet worden war; und schließlich änderten sich Auffassungen und Organisationsformen bei dem genannten Bundesministerium schneller als man sich dem in der traditionsbeladenen und damit leider auch gehemmten Küstenforschung selbst bei bestem Willen anpassen konnte. Dies alles hatte besonderes Gewicht unter dem Aspekt, daß endlich ein straffes und einheitlich geleitetes Programm durchgeführt werden muß, anderenfalls besser ganz darauf verzichtet wird. Wobei unter einheitlicher Leitung keineswegs etwa Entscheidungen einer an Empfehlungen von Fachleuten nicht gebundenen Bürokratie zu verstehen sind.

Dieser Erkenntnis kam nun eine Überlegung entgegen, die sogar vom Bundesbildungsministerium ausging, nämlich die Koordinierungsarbeit des Bundes und der Küstenländer mittels eines regelrechten Verwaltungsabkommens noch erheblich zu intensivieren und auf eine fachlich und finanziell besser gesicherte Basis zu stellen. Der Verwaltungsausschuß des Küstenausschusses griff diesen Gedanken auf, formulierte alsdann ein solches Abkommen und brachte es auf den etwas mühsamen, parlamentarischen bzw. administrativen Weg, den es inzwischen — mit dem zu erwarten gewesenen Zeitbedarf — passiert hat. Zunächst geschah dies freilich in abwartender Haltung, die auch jetzt noch solange beibehalten werden wird, bis aus dieser neuen Entwicklung Schlüsse gezogen werden können.

Immerhin wird in letzter Zeit deutlich, daß die Förderung der Küstenforschung, wie sie sich der Küstenausschuß — und zwar nicht nur für seine eigenen, internen Belange — seit langem wünscht, doch allmählich in Gang kommt und bei dem neuerdings eingerichteten Bundesminister für Forschung und Technologie ganz gut untergebracht ist.

Trotzdem besteht noch kein Grund zu spontaner Euphorie, denn dreierlei ist zu bedenken: Einmal ist bisher keinerlei Stetigkeit in der bundesministeriellen Gliederung hinsichtlich der Zuständigkeit für Forschungsangelegenheiten zu verzeichnen gewesen, so daß fraglich bleibt, ob der gegenwärtige Zustand zweier Ministerien mit sich teilweise überschneidenden Wirkungsbereichen längere Zeit Bestand haben wird, weil er zweifellos neue Keime von Konflikten enthält. Zum anderen erreichen die vorgesehenen Förderungsmittel nach der neuesten Finanzplanung des Bundes längst nicht mehr die als erforderlich ermittelten und veröffentlichten Zahlen, und drittens ist die Küstenforschung bisher innerhalb des sehr umfangreichen Komplexes der gesamten Meeresforschung fast nur als ein Anhängsel betrachtet worden. Das ist bis zu einem gewissen Grade sogar berechtigt, läßt aber doch Befürchtungen aufkommen, daß sich diese Tendenz zugunsten der industriellen Meerestechnik noch verstärkt. Dennoch kann man hoffen, daß die Entwicklung auch für die Küstenforschung günstiger als bisher verläuft, und man muß das natürlich zu fördern trachten.

Das könnte mit der Zeit, und falls sich das vorhin genannte Abkommen Bund/Küstenländer bewährt, auf eine weitere Strukturänderung des Küstenausschusses hinführen, nachdem vor kurzem mit dem Tode von Dr.-Ing. Lorenzen bereits eine andere, allerdings nicht sehr wesentliche, vorgenommen werden mußte. Da es ja nun aus räumlichen und personellen Gründen nicht mehr möglich war, Vorsitz und Geschäftsführung in einer Hand zu belassen, sind sie wieder getrennt worden, jedoch ohne den früheren Begriff des Arbeitsausschusses erneut einzuführen, auf den unter den heutigen Verhältnissen mindestens für eine Übergangszeit ohne Nachteil verzichtet werden kann.

Die weitere Strukturänderung könnte in folgendem bestehen: Das genannte und formell vor einigen Wochen wirksam gewordene Verwaltungsabkommen, das aber noch mit Leben erfüllt werden muß, sieht zur Durchführung und Koordinierung gemeinsamer Aufgaben der Fachressorts die Bildung eines Kuratoriums und eines Forschungsleiters vor. Da die Mitglieder des Kuratoriums zum größten Teil aus dem Verwaltungsausschuß des Küstenausschusses kommen, scheint eine kontinuierliche Weiterentwicklung gewährleistet zu sein. Dabei wird sich zwangsläufig eine Reihe von Aufgaben des Küstenausschusses auf das neue Kuratorium verlagern, und man wird — um ein Nebeneinander zu vermeiden — mit der Zeit herausfinden müssen, ob nicht vielleicht das Kuratorium allein allen alten und neuen Aufgaben gerecht werden kann. Das bleibt abzuwarten.

Diese hier in kurzen Zügen und keineswegs vollständig skizzierte Entwicklung von Aufgaben und Tätigkeiten des Küstenausschusses zeigt einen Organisationsmangel nicht, der erst in den letzten Jahren deutlich geworden ist und das gesamte deutsche Küsteningenieurwesen betraf. Dieser Mangel ergab und ergibt sich daraus, daß mit der Erweiterung und Präzisierung der Aufgaben und ihrer Lösungsmethoden fast überall das Küsteningenieurwesen zu einem immer klarer werdenden Begriff geworden ist, der bei uns nicht mehr allein durch den Küstenausschuß repräsentiert werden kann. Das mochte bislang noch im großen Ganzen hingehen, weil die weitaus meisten Aufgaben der Küstenforschung von den Verwaltungen erkannt und unter selbstverständlicher Beteiligung der Wissenschaft in Angriff genommen wurden. Auch heute ist ja die wichtigste

Aufgabe des Küstenausschusses wie bei seiner Gründung immer noch die Koordinierung der Absichten und Tätigkeiten der insgesamt 10 Fachressorts, die an den deutschen Küsten nun einmal Kompetenzen wahrzunehmen haben, Kompetenzen im Bereich des Küstenschutzes, der Wasserwirtschaft, des Verkehrswasserbaues und des Seehafenbaues — um nur die wichtigsten zu nennen. Daran wird sich, trotz des Bemühens, immer wieder Vertreter rein wissenschaftlicher Disziplinen zur Mitarbeit zu gewinnen, wohl nichts ändern können, und auch die neue Konstruktion des Kuratoriums hat diesem Gedanken Rechnung getragen.

Zum gesamten Küsteningenieurwesen gehört aber mehr, und so stellte sich immer fühlbarer heraus, daß es ihm in Deutschland an einer geeigneten Organisation und damit an geschlossener in- und ausländischer Repräsentanz mangelte, die am besten durch einen technisch-wissenschaftlichen Verein wahrzunehmen ist.

Der Küstenausschuß begrüßt daher die Initiative der Hafenbautechnischen Gesellschaft, die diesem Mangel abhelfen will. Diese Zustimmung geschieht nicht ganz ohne Bedenken, weil sich natürlich erst zeigen muß, wieweit die HTG ihre neue Aufgabe meistern wird. Immerhin müssen aber von vornherein einige gute Voraussetzungen für das Gelingen anerkannt werden, nämlich daß die Ansätze dafür gut sind, daß es keinen Zweck gehabt hätte, einen neuen Verein mit allzu geringer Mitgliederzahl und somit auch geringem Durchsetzungsvermögen zu gründen, und daß es unter den vorhandenen technisch-wissenschaftlichen Vereinen in Deutschland von ihrer sehr vielseitigen Struktur her offenbar keinen geeigneteren als die HTG gibt.

Der Küstenausschuß wird sich jedenfalls bemühen, diese neue Entwicklung, die ja zum ersten Male nicht allein auf die ihm angehörigen Verwaltungen abgestellt ist, zum Wohle der deutschen Küstenforschung und des Küsteningenieurwesens zu unterstützen. Er hat zwar bisher, was z.B. die Auslandsrepräsentanz anbetrifft, Kontakte mit entsprechenden Organisationen in Holland, Dänemark und England gepflogen und wird das sicher auch in seinem Rahmen weiter tun, hinsichtlich der weltumspannenden Coastal Engineering Conference ist er aber lediglich — wenn auch mit gutem Erfolg — mehrfach in die Bresche gesprungen, hätte das aber wohl nicht mehr lange tun können. Darüber hören wir im nächsten Vortrag mehr. Und auch die dann noch folgenden Vorträge werden manche der hier nur angedeuteten Zusammenhänge deutlicher erkennen lassen.

Selbstverständlich wird die neue Tätigkeit der HTG auf diejenige des Küstenausschusses und des Kuratoriums zurückwirken und umgekehrt. Dabei wird eine vielleicht künftig andere Struktur des Küstenausschusses in dieser Hinsicht nicht wesentlich sein. Denn der Küstenausschuß wird ja nur dann eine Wandlung erfahren, wenn die seinem Verwaltungsausschuß angehörenden leitenden Fachbeamten der Bundes- und Länderministerien eines Tages der Meinung sein werden, daß dadurch die Zusammenarbeit unter den Verwaltungen noch verbessert werden kann. Dazu werden selbstverständlich auch weiterhin Aufgaben der Küsten*forschung* gehören, aber es wird die Frage zu stellen sein, ob nicht einige solcher Aufgaben noch mehr als bisher in Zukunft besser gemeinsam mit Institutionen außerhalb der Verwaltungen gelöst werden können. Und es kann überdies sehr wohl sein, daß der Küstenausschuß einige seiner früheren Tätigkeiten nicht wieder aufgreift, die er nur deshalb übernommen hatte, weil zu der Zeit kein anderer zu ihrer Bewältigung da war. Man wird also künftig abwägen müssen, wo die Sachfragen, die nicht zweifelsfrei in den Bereich *allein* der Verwaltungen gehören, am besten zu behandeln sind. Dabei wird und muß es zu fruchtbarer Zusammenarbeit kommen, die sich in mancherlei Beziehung auch schon abzeichnet.

In einer Richtung wird man allerdings sehr wachsam sein müssen: Obwohl man die Küstenforschung als einen Teil der viel umfassenderen Meeresforschung oder Ozeanographie ansehen kann und einiges dafür spricht, aus praktischen Gründen trotz mancher Abgrenzungsschwierigkeiten auch so zu verfahren, bleibt doch immer zu beachten, daß in der Zielsetzung wie in der Durchführung erhebliche Unterschiede bestehen. Meeresforschung und Meerestechnik stellen an die Förderung durch die öffentliche Hand sehr hohe Ansprüche, viel höhere jedenfalls als die Küstenforschung. Dadurch kann leicht der Eindruck entstehen, als sei die Küstenforschung nur ein ziemlich unbedeutender Teilbereich, und es ist schon mehr als einmal die Tendenz deutlich geworden, diesen Teil einfach als eine Zutat in den großen Topf der Meeresforschung hineinzurühren, manchmal ohne die davon Betroffenen überhaupt darüber in Kenntnis zu setzen. Das sollte jetzt ein Ende haben. Und ein weiteres Moment dieser Entwicklung scheint mir bemerkenswert: Innerhalb der Meeresforschung, insbesondere wenn es um die ach so begehrten Förderungsmittel geht, gewinnt die Meeres*technik*, also die industrielle Nutzung des Meeres, immer mehr die Oberhand. Dagegen ist an sich gar nichts einzuwenden, da es sich ja dabei um erstrebenswerte Ziele handelt, deren Erreichen der Allgemeinheit nützen soll, durchaus vergleichbar also den Zielen des Küsteningenieurwesens.

Und dennoch besteht da ein beachtlicher Unterschied: Während Meeres*forschung* und Küsten*forschung* ineinander verzahnt sind und einige gemeinsame Grundlagen und Ziele haben, sind die Gemeinsamkeiten von Meerestechnik und Küsteningenieurwesen nur noch minimal, jedenfalls nach den heutigen, sehr divergierenden Bestrebungen und Definitionen. Auch in dieser Beziehung könnte die HTG das Küsteningenieurwesen mit davor bewahren, in irgendeine Ecke manövriert oder vielleicht nur als zusätzliches Aushängeschild gebraucht zu werden. Das deutsche Küsteningenieurwesen wird es immer schwer haben, seine Forschungsprogramme so anzulegen, daß ein Trend zu lukrativer industrieller Betätigung im Sinne eines selbständigen Wirtschaftsfaktors sichtbar wird, aber es hat andererseits so wichtige eigene und noch dazu öffentliche Aufgaben, daß es auch eine eigene und spezielle Förderung erwarten darf. Und es hat sich in seinem Bereich schon so viel internationale Anerkennung erworben, daß es sich nicht nehmen lassen sollte, die von ihm herangezogenen und geernteten Früchte auch selbst zu verkaufen. Um ja nicht mißverstanden zu werden: Ich wende mich nicht im geringsten gegen gute Zusammenarbeit, im Gegenteil, ich bin sogar sehr dafür. Aber die Erfahrung hat mich gelehrt, dabei stets darauf zu achten, daß die eigenen fachlichen Interessen am besten von Institutionen mit gleichgerichteten Förderabsichten wahrgenommen und vertreten werden.

Wenn ich nun abschließend versuche, meine Vorstellungen von der künftigen Arbeit der HTG bezüglich der Küstenforschung und des Küsteningenieurwesens zusammenzufassen, so bin ich natürlich nicht in der Lage, sozusagen Rezepte zu verkünden. Das kann ich angesichts der noch ungewissen weiteren Entwicklung ja nicht einmal für den Küstenausschuß und das neue Kuratorium, bei denen ebenfalls vorläufig schrittweise und pragmatisch vorgegangen werden muß. Ich kann daher nur einige Prinzipien äußern, die mir wichtig erscheinen.

Da ist vor allem die Tatsache zu nennen, daß nun endlich alle Küsteningenieure — und eben nicht nur der große Teil, der in den Verwaltungen tätig ist — ihre umfassende Repräsentanz in einer international sehr angesehenen, wissenschaftlich-technischen Gesellschaft gefunden haben. Das bezieht sich selbstverständlich nur auf das hier zur Rede stehende eigene Arbeitsgebiet des Küsteningenieurwesens, dessen Abgrenzung gegenüber anderen Arbeitsgebieten — der Meeresforschung, der Geologie, der Meteorologie, der allgemeinen Wasserwirtschaft usw. — teilweise ganz klar ist, teilweise noch — und vielleicht sogar von Fall zu Fall — definiert werden muß. Das kann bei gegenseitigem guten Willen, den ich voraussetze, keine ernsthaften Probleme ergeben, und es schließt ebenso wenig aus, daß Küsteningenieure, die auch auf anderen Arbeitsgebieten tätig sind oder noch andere Interessen wahrnehmen wollen, sich zusätzlich entsprechenden Vereinen oder Gesellschaften anschließen bzw. ihnen angeschlossen bleiben, wie man das ja oft hat. Die neue Regelung schließt aber umgekehrt aus, daß sich nun etwa andere Vereine oder Gesellschaften ebenfalls um die neuen Arbeitsgebiete der HTG zu kümmern versuchen. Das würde Zersplitterungen und unfruchtbare Kontroversen verursachen; die HTG wird darüber zu wachen haben, daß dies nicht geschieht.

Als unbestritten dürfte angesehen werden, daß in der Küstenforschung mit dem international schon lange so bezeichneten Coastal Engineering der Ingenieur die entscheidende Rolle spielen muß, weil er von der Zweckbestimmung und seiner Ausbildung her dazu berufen ist. Ob er sich nun in der Praxis oder in der Wissenschaft oder in beiden betätigt: Die Ziele der Küstenforschung und damit seine eigenen sind und werden immer viel mehr zweckgebundene als rein theoretische sein. Deshalb müssen in den HTG-Ausschüssen, die bestimmte Aufgaben zugewiesen bekommen, unbedingt auch Ingenieure der einschlägigen Bauindustrie und derjenigen der Baustoff- und Geräteherstellung vertreten sein. Aber auch dieser Umstand verhindert keineswegs die Zusammenarbeit mit Wissenschaftlern und vielleicht sogar Praktikern anderer als Ingenieurdisziplinen, im Gegenteil, er fordert sie — wie schon manchmal in der Vergangenheit geschehen — geradezu heraus, damit der Arbeitshorizont weit genug wird und alle Sparten zu Wort kommen, die etwas zur Lösung beitragen können. Das alles muß bei der Zusammensetzung der Ausschüsse beachtet werden.

Ferner sollten sich die schon vorhandenen oder noch zu bildenden Ausschüsse nicht so sehr auf begrenzte Einzelthemen und schon gar nicht auf solche stürzen, die der Sache nach besser von einzelnen Personen oder Dienststellen, Instituten usw. bearbeitet werden können, sie sollten vielmehr in weiter gesteckten Bereichen und mehr generell arbeiten. Dabei wird nicht ausbleiben können, daß einige Küstenforscher weiterhin mehrfach beansprucht werden. Darüber zu wachen, daß dies in angemessenem Rahmen bleibt, kann allerdings weniger Aufgabe der HTG als vielmehr des Küstenausschusses, der wissenschaftlichen Institute und der Industrie sein.

Schließlich wird es sehr darauf ankommen, gute Kontakte nach allen Seiten zu halten, im In- und Ausland, dabei jedoch die Rollen vernünftig zu verteilen, damit für diese notwendige Übung nicht mehr Zeit, Arbeitskraft und Geld aufgewandt wird als unbedingt erforderlich. Nicht zuletzt muß dafür gesorgt werden, daß Erkenntnisse — gleich wo sie heranreifen — auch im Kreise aller Fachleute bekannt werden. Gerade über diesen letzten Punkt muß wohl noch nachgedacht werden, denn die Möglichkeiten, die wir in Deutschland dafür bisher haben, reichen nach meiner Meinung nicht aus.

II. Interdisziplinäre Zusammenarbeit in der Küstenforschung durch Sonderforschungsbereiche und Schwerpunkte der Deutschen Forschungsgemeinschaft

Von Prof. Dr.-Ing. **Alfred Führböter**, Braunschweig

Sonderforschungsbereiche sind Einrichtungen, bei denen an einzelnen Universitäten bestimmte Arbeitsgebiete in verstärktem Maße (z.B. durch Anschaffung von Großgeräten oder zentralen Einrichtungen) auf längere Sicht gefördert werden, während die Deutsche Forschungsgemeinschaft in Schwerpunktprogrammen ein bestimmtes Forschungsthema in Form von Einzelbewilligungen an Antragsteller fördert, die räumlich weit verstreut sein können, die aber alle an diesem Forschungsthema interessiert sind. In beiden Fällen wird bei Sonderforschungsbereichen und Schwerpunktprogrammen die interdisziplinäre Zusammenarbeit gefördert.

Wohin fehlende interdisziplinäre Zusammenarbeit führt, zeigt das bekannte historische Beispiel des d'Alembertschen Paradoxons: d'Alembert selbst schreibt dazu:

> „Ich gebe zu, daß ich aber nicht einsehe, wie man den Flüssigkeitswiderstand durch die Theorie in einwandfreier Weise erklären kann. Es scheint mir im Gegenteil, daß diese Theorie, die mit gründlicher Aufmerksamkeit studiert und behandelt wurde, wenigstens in den meisten Fällen einen Widerstand von absolut Null ergibt; ein einzigartiges Paradoxon, das ich den Geometern zu erklären überlasse."

Temperamentvoll äußert sich dazu Daniel Bernoulli in einem Brief an Euler vom 26. 1. 1750:

> „Den Herren d'Alembert halte ich für einen großen matematicum in abstractis; aber wenn er einen incursum macht in mathesin applicatam, so höret alle estime bei mir auf; seine Hydrodynamica ist viel zu kindisch, daß ich einige estime für ihn in dergleichen Sachen haben könnte. Seine pièce sur les vents will nichts sagen, und wenn einer alles gelesen, so weiß einer soviel von den ventis, als vorhero. Ich vermeinte, man verlange physische Determinationen und nicht abstrakte integrationes. Es fängt sich ein verderblicher goût an einzuschleichen, durch welche die wahren Wissenschaften mehr leiden als sie avanciert werden, und es wäre oft besser für die realem physicam, wenn keine Mathematik auf der Welt wäre."

(Beide Beispiele stammen aus Tietjens, Strömungslehre, 1. Band).

Die rein mathematischen Theorien der Hydromechanik, die bereits im 18. und 19. Jahrhundert aufgestellt wurden, vermochten nicht das Problem des Strömungsdruckes befriedigend zu erklären; es war bezeichnenderweise ein Ingenieur, nämlich Eiffel, der die Erscheinung der Strömungsablösung als wesentlich für die Entstehung der Strömungskräfte erkannte; erst im 20. Jahrhundert konnte durch die Einführung des Grenzschichtbegriffes (Prandtl) eine mathematische Beschreibung gefunden werden, an denen Physiker und Ingenieure gleichermaßen beteiligt waren.

Viele Probleme sind so beschaffen, daß sie nicht im Alleingang einer Fakultät oder einer Fachdisziplin bewältigt werden können. Das gilt gerade für die Probleme des Küsteningenieurwesens; bei Sturmfluten und Wellen sind Meteorologie und Hydrografie, bei Fragen des säkularen Meeresanstieges Geophysik, Geologie und sogar Archäologie, bei Schiffsbewegungen Schiffbau und Mechanik (Schwingungslehre) beteiligt, bei nautischen Problemen werden die Elektronik und Informatik benötigt, die Fragen der Verunreinigung der Küstengewässer müssen gemeinsam mit der Hydrographie, der Wasserchemie und der Wasserbiologie mit ihren zahlreichen Unterdisziplinen gelöst werden — um nur einige Beispiele zu nennen. Dem in der Praxis tätigen Küsteningenieur gehört außerdem interdisziplinäre Zusammenarbeit in juristischen, finanztechnischen, volkswirtschaftlichen, soziologischen Fragen usw. bei der Planung und Ausführung seiner Projekte zur täglichen Arbeit.

Für die Ingenieurwissenschaftler sind es im wesentlichen die gemeinsame Arbeit mit anderen technischen Fakultäten wie Schiffbau, Maschinenbau, Elektronik und die Zusammenarbeit mit den Naturwissenschaften, die seine interdisziplinären Beziehungen ausmachen. Hier ist bei der Zusammenarbeit von Ingenieur- und Naturwissenschaftlern ein Modell zu beachten, das, aus der Biologie stammend, den Eigenheiten dieser beiden Wissenschaftsgebiete am besten gerecht wird.

Jakob v. Uexküll trennt in seiner Umweltlehre, die heute weitgehend anerkannt ist, für jedes Lebewesen die „Umwelt" in eine „Merkwelt" und eine „Wirkwelt". Beide sind grundverschieden;

so können wir zwar die Fixsterne am Himmel sehen, aber einwirken auf sie können wir nicht, während auf der anderen Seite wir bei jedem Atemzug vernichtend auf unzählige Bakterien und Keime „wirken", ohne daß wir es „merken". Je primitiver ein Organismus, um so einfacher werden Merk- und Wirkwelt bei den Reflexvorgängen; beim Beispiel der Zecke besteht die Merkwelt nur aus der Wahrnehmung von Milchsäure, die die Nähe eines Säugetieres anzeigt und die Wirkwelt der Zecke dahingehend in Betrieb bringt, daß die Zecke sich von ihrem Zweig auf dieses Säugetier fallen läßt und sich mit Blut vollsaugt. Auf der anderen Seite haben Merkwelt als Wissenschaft und Wirkwelt als Kunst und Technik im Menschen ihre höchste Steigerung erfahren.

Es ist dabei der Naturwissenschaftler vorwiegend merkweltorientiert, was nicht ausschließt, daß er sich bei Eingriffen und Experimenten der Wirkwelt bedient, um die Merkwelt erkennen und verstehen zu können. Der Ingenieurwissenschaftler ist dagegen zunächst wirkweltorientiert, muß aber in seiner Merkwelt die Randbedingungen akzeptieren, die ihm durch Naturgesetze und Naturvorgänge unveränderbar gesetzt sind.

Dies muß bei der interdisziplinären Beziehung zwischen Ingenieur- und Naturwissenschaftler im Auge behalten werden, um gegenseitige Verständigungsschwierigkeiten einzugrenzen. In den Naturwissenschaften, besonders in der Grundlagenforschung, kann das Forschungsthema und -ziel weitgehend freier gewählt und behandelt werden als in den Ingenieurwissenschaften, wo sehr oft schnelle Entscheidungen notwendig sind, ohne daß es möglich ist, die dazu eigentlich nötigen Informationen aus der „Merkwelt" zu erhalten. Dies ist z.B. der Fall, wenn ein Bemessungswasserstand für den Bau oder Wiederaufbau beschädigter oder zerstörter Seedeiche festgelegt werden muß, ohne daß deterministische oder stochastische Verfahren soweit ausgereift sind, daß sie eine sichere Entscheidungshilfe geben können.

Um die „Merkwelt" genügend erkunden zu können, daß dem Ingenieur für seine „Wirkwelt" immer ausreichende Informationen zur Verfügung stehen, sind erhebliche Aufwendungen erforderlich. Gemeint sind damit auch die finanziellen Mittel. Auch auf lange Sicht hin wird der Ingenieur immer mehr an Fragen haben, als der Naturwissenschaftler aufgrund der ihm vorliegenden Daten beantworten kann.

Das bedeutet, daß interdisziplinäre Zusammenarbeit zwischen Natur- und Ingenieurwissenschaftlern nicht im Sinne einer einseitig-linearen Beziehung zwischen Informationsbeschaffung seitens der Naturwissenschaften („Merkwelt") und Informationsverwertung seitens der Ingenieurwissenschaften („Wirkwelt") vollzogen werden kann, sondern daß, wie auch bei dem Modell von Jakob v. Uexküll in der Biologie, die „Umwelt" als etwas, das mehr als die Summe von „Merkwelt" und „Wirkwelt" ist, für beide Partner den Rahmen für eine Rückkoppelungsbeziehung abgeben sollte.

Gerade an der Küste sind Natur- und Ingenieurwissenschaftler gemeinsam an der Erfassung des Naturgeschehens bemüht, sei es, um es verstehen, sei es, um es gestalten zu können. Dabei können die Möglichkeiten der modernen Technik, z.B. die erheblichen Massenbewegungen, die durch die hydraulische Förderung von Sand und Kies durch Saugbagger erreichbar geworden sind, durchaus auch dem Naturwissenschaftler durch den gewalttätigen Eingriff in die Naturvorgänge Fragestellungen eröffnen, die sonst wegen der Unveränderlichkeit der Parameter unbeantwortet bleiben müßten. Andererseits ist durch die Vergrößerung der technischen Möglichkeiten gerade auch dem Küsteningenieur eine Verpflichtung erwachsen, aufmerksamer als in früheren Zeiten die Umwelt zu beachten, in die er eingreift. Als warnendes Beispiel sei die Eiderabdämmung 1936 bei Nordfeld genannt, die zwar die Sturmflutgefahr für das Eidereinzugsgebiet bannte, aber mit einer Versandung von etwa 40 000 000 m^3 die Außeneider blockierte und die bekannten wasserwirtschaftlichen Sorgen bereitete, die zu der zweiten Eiderabdämmung zwangen, die im letzten Jahr abgeschlossen wurde.

Bei der neuen Eiderabdämmung ist es übrigens durch das vorbildliche Meßprogramm, das mit der Erstellung des Eidersieles verbunden wurde, zu einer in dieser Art erstmaligen Verbindung zwischen Messung und Bemessung als ein fortwährend anhaltender Lernprozeß über das, was die See einem solchen Bauwerk an Belastungen bietet und wie es diese aufnimmt, gekommen — auch ein Zeugnis interdisziplinären Denkens.

Während die interdisziplinären Beziehungen in der Vergangenheit im wesentlichen zufälliger Art und projektgebunden waren, eröffnet sich durch die Sonderforschungsbereiche und Schwerpunktprogramme der Deutschen Forschungsgemeinschaft, sowohl auf den Gebieten der Meereskunde und der Meeresgeologie (und ihren zahlreichen Tochterdisziplinen) und den Ingenieurwissenschaften die Möglichkeit zu einer durchdachten und systematischen Zusammenarbeit. Der Deutschen Forschungsgemeinschaft ist hierfür zu danken — den beteiligten Forschern kommt es zu, diese Möglichkeiten zu nutzen.

III. Die Küstenforschung im Gesamtprogramm Meeresforschung und Meerestechnik in der Bundesrepublik Deutschland

Von Ltd. Regierungsbaudirektor Dr.-Ing. **Hans Rohde**, Hamburg

Zur intensiven Förderung der Meeresforschung verfügte der damalige Bundesminister für wissenschaftliche Forschung (BMwF) am 12. 7. 1968 die Einrichtung der Deutschen Kommission für Ozeanographie (DKfO). Ihre Aufgabe sollte es insbesondere sein:

> ein Gesamtprogramm für die Meeresforschung einschließlich der für die Erforschung, Erschließung und Nutzung des Meeres erforderlichen Technik auf der Grundlage der Pläne und Maßnahmen des Bundes, der Küstenländer, der von ihnen unterhaltenen Einrichtungen sowie der Deutschen Forschungsgemeinschaft (DFG) zu erarbeiten, die hierfür erforderlichen Mittel zu schätzen und seine Durchführung zu verfolgen.

Der damalige Vorsitzende des Küstenausschusses Nord- und Ostsee, Herr Präsident a. D. Dr.-Ing. E.h. Lorenzen, war in diese Kommission berufen worden. Seine Idee war es, die Küstenforschung der er sich während seines ganzen Lebens eng verbunden gefühlt hatte [5], in dieses Gesamtprogramm Meeresforschung einzubeziehen, um damit eine großzügige und intensive materielle und ideelle Förderung dieses bisher nur sehr extensiv bearbeiteten Forschungsgebietes zu erreichen.

An dieser Stelle ist es notwendig, die Frage zu stellen, was unter Küstenforschung zu verstehen ist. Das Küstengebiet ist der Grenzbereich zwischen Meer und Festland und insofern kann man die Küstenforschung als Teil der Meeresforschung ansehen. Sie ist aber mehr, denn das Küstengebiet ist gekennzeichnet durch das Zusammenwirken von drei Medien: Festland, Meer und Atmosphäre. Die Küstenforschung muß sich daher einmal auf alle Vorgänge erstrecken, die im Küstengebiet diese 3 Medien selbst betreffen und dann auf die Vorgänge, die sich bei der Berührung der 3 Medien miteinander abspielen. Dazu sind zahlreiche Untersuchungen und Messungen in der Natur wie auch theoretische Untersuchungen notwendig. Die theoretischen Untersuchungen haben Messungen in der Natur zur Grundlage und müssen anhand von solchen Messungen kontrolliert werden. Bei den Untersuchungen über die Medien selbst ist zu unterscheiden zwischen:

1. Untersuchungen über das Festland. Diese Untersuchungen gehören insbesondere in den Bereich der Geologie, der Mineralogie und der Bodenmechanik, die Aussagen über den Aufbau des Festlandes im Küstengebiet geben sollen.

2. Untersuchungen über das Wasser im Küstengebiet. Dazu gehören ebenso Untersuchungen über den Wasserstand, die Strömungen sowie den Oberwasserzufluß wie auch über die Physik und Chemie des Wassers. Physik und Chemie des Wassers im Küstengebiet sind besonders komplex. Ich denke hier z. B. an die starken Salzgehaltsunterschiede, die Temperaturschwankungen und die Eisverhältnisse.

3. Untersuchungen über die Atmosphäre. Diese gehören in das Gebiet der Meteorologie.

Bei den Untersuchungen über die Vorgänge bei der gegenseitigen Berührung der 3 Medien ist zu unterscheiden zwischen:

1. Untersuchungen im Grenzbereich Wasser/Festland. Hierzu gehören großräumige morphologische Untersuchungen über die Veränderung der Küstenlinie und des Meeresbodens im Küstenvorfeld, also Erosion und Sedimentation, wie auch über den Feststofftransport im strömenden Wasser, hier meistens bei alternierender Strömung — sowohl als Transport in Suspension, als Geschiebe und in Transportkörpern —. Hierzu gehören auch die Untersuchungen über die Beanspruchung von Bauwerken aller Art durch Wasser und Eis.

2. Untersuchungen im Grenzbereich Wasser/Atmosphäre. Hierzu gehören Untersuchungen über winderzeugte Wellen und Seegang, über Sturmfluten wie auch über die Triftströmungen im küstennahen Gebiet, über Feuchtigkeit und Salzgehalt der Luft bei den verschiedenen Bedingungen.

3. Untersuchungen im Grenzbereich Festland/Atmosphäre. Hier möchte ich nur den Sandtransport durch den Wind, die Dünenbildung und die Beanspruchung von Bauwerken durch Wind erwähnen.

4. Untersuchungen im Grenzbereich Festland/Wasser/Atmosphäre. Dieser Grenzbereich ist die Brandungszone. Die sich hier abspielenden Vorgänge im Zusammenwirken von Luft, Wasser und Feststoff sind außerordentlich komplex und bis heute weitgehend unerforscht.

Das alles, was ich eben zu umreißen versucht habe, ist Küstenforschung! Eine grafische Darstellung dieser Zusammenhänge und der Wirkung einzelner Faktoren auf Verkehrswasserbau,

Küstenschutz und Wasserwirtschaft ist in [3] gegeben. Die Küstenforschung ist also in höchstem Maße eine interdisziplinäre Forschung!

Nach Absprache mit dem Verwaltungsausschuß des Küstenausschusses trug Herr Dr. Lorenzen auf der konstituierenden Sitzung der DKfO am 5. September 1968 seine Gedanken zur Gesamtkonzeption der Küstenforschung vor. Bei diesen ersten Beratungen der DKfO wurde für die Forschungs- und Entwicklungsarbeit der Meeresforschung ein Gesamtprogramm herausgestellt, das sich in 5 Schwerpunkte gliedert [7]:

1. Nutzung der Nahrungsquellen des Meeres.
2. Nutzung der mineralischen Rohstoffe des Meeres, des Meeresbodens und seines Untergrundes.
3. Verhütung und Bekämpfung der Meeresverschmutzung.
4. Nutzung der Kenntnis der Wechselwirkung zwischen Ozean und Atmosphäre.
5. Beherrschung der Naturvorgänge an der Küste.

Im Sommer 1969 hat der Bundesminister für wissenschaftliche Forschung ein Heft Bestandsaufnahme und Gesamtprogramm für die Meeresforschung in der Bundesrepublik Deutschland von 1969 bis 1973 [7] herausgegeben, in dem das Gesamtprogramm mit seinen Schwerpunkten kurz erläutert wird. Es enthält außerdem eine Bestandsaufnahme der bisherigen Forschungskapazität und es nennt die deutschen Dienststellen und Institute, die im Rahmen des Gesamtprogramms zusammen arbeiten sollen sowie die internationalen Gremien und Organisationen, die damit in Zusammenhang stehen.

Es darf wohl in erster Linie als persönliches Verdienst von Herrn Dr. Lorenzen angesehen werden, daß die Küstenforschung als besonderer Schwerpunkt in das Gesamtprogramm Meeresforschung aufgenommen wurde. Sicher ist dafür aber auch das persönliche Interesse maßgebend gewesen, das der damalige Bundesminister für wissenschaftliche Forschung, der heutige schleswig-holsteinische Ministerpräsident Dr. Stoltenberg, den Küstenproblemen entgegenbrachte. Das kommt auch darin zum Ausdruck, daß Herr Dr. Stoltenberg anläßlich der 5. Arbeitstagung des Küstenausschusses am 16. Mai 1969 in Kiel persönlich über „Die öffentlichen Aufgaben der Meeresforschung und Küstenforschung“ gesprochen hat [4] und dabei die Ziele des Gesamtprogramms Meeresforschung erläuterte.

Die Küstenforschung war nun in das Gesamtprogramm Meeresforschung aufgenommen. Es galt jetzt, die wichtigsten Forschungsaufgaben herauszustellen. Deshalb wurde im Dezember 1968 vom Küstenausschuß eine Denkschrift über die Erforschung der Naturvorgänge im deutschen Küstenvorfeld und ihre Bedeutung für alle Aufgaben im Seebau herausgegeben [2, 6]. Sie schildert zunächst die Abhängigkeiten der Seebauten von den Naturvorgängen und den gegenwärtigen Stand der Erkenntnisse. Als Aufgaben des Seebaus werden dabei genannt:

1. Küstenschutz und Wasserwirtschaft des Küstengebietes.
2. Der Verkehrswasserbau — Ausbau und Sicherung der Zufahrten zu den Seehäfen, Ausbau der Seehäfen selbst sowohl an der Küste als „off shore“.
3. Kommt in Zukunft die Gewinnung von Bodenschätzen — Kies und Sand, Schwermineralien, Öl — im Küstengebiet dazu.

Dabei spielt in allen diesen Bereichen der Umweltschutz eine wichtige Rolle. In der Denkschrift werden einzelne Naturvorgänge im Küstenvorfeld erläutert und die Notwendigkeit einer Forschung im Rahmen eines umfassenden und koordinierten Küstenforschungsprogramms herausgestellt. Für ein solches Forschungsprogramm werden erste Hinweise gegeben und Kostenvorstellungen entwickelt.

Im Frühjahr 1969 wurde dann von einer kleinen Arbeitsgruppe auf der Grundlage der Denkschrift [6] ein detailliertes „Untersuchungsprogramm zur Erforschung der Naturvorgänge im deutschen Küstenvorfeld“ ausgearbeitet, das im einzelnen bei der 5. Arbeitstagung des Küstenausschusses in Kiel von Herrn Dr. Lorenzen erläutert wurde [1]. Das Programm gliedert sich in Wasserstands- und Seegangsmessungen sowie Strömungsmessungen und in umfangreiche Messungen, um die Veränderung der Oberfläche und des Untergrundes des Küstenvorfeldes zu erfassen:

Die Kenntnis der Wasserstände und ihrer Änderung ist die Grundlage für Sturmflutvorhersagen und für alle Planungen im Küstenvorfeld. Sie ist auch die Voraussetzung für die Beschickung der Lotungen der Küstenvermessung. Bisher werden die Wasserstände an den Küsten der BR Deutschland an etwa 100 Pegeln in unmittelbarer Küstennähe gemessen. Das Programm sah die Errichtung und den Betrieb von 11 Wasserstandsmeßstationen entlang der deutschen Nordseeküste auf einer

Wassertiefe von 10 bis 20 m vor. An diesen Stationen sollten auch ständige Wellenmessungen ausgeführt werden. Besondere Wellenmessungen mit zahlreichen Geräten waren nacheinander in mehreren ausgewählten Testgebieten vorgesehen.

Die seit Jahrzehnten an der deutschen Nordseeküste vorgenommenen zahlreichen Strömungsbeobachtungen waren bisher überwiegend an regionale Bauaufgaben gebunden und konzentrierten sich so auf wenige Teilgebiete. Das Strömungsmeßprogramm sah vor, in 20 küstennormalen Meßprofilen zwischen der Küstenlinie und der 20-m-Tiefenlinie und in 2 dazu senkrecht verlaufenden küstenparallelen Linien Dauermessungen der Strömungen in zahlreichen Meßpunkten auszuführen, um so ein genaues Bild der Strömungsverhältnisse zu erhalten.

Schließlich war eine weitgehend synoptische Vermessung des gesamten Küstenvorfeldes bis etwa zur 20-m-Tiefenlinie vorgesehen. Durch Wiederholungen dieser genauen Vermessung im Abstand von jeweils mehreren Jahren kann man erstmalig zu genaueren Bilanzen des Materialumsatzes in diesem Gebiet kommen. Die bisher vorhandenen Karten sind vorwiegend für Schiffahrtzwecke angefertigte Seekarten, die exakte morphologische Auswertungen nicht zulassen.

Es war vorgesehen, die in dem genannten Meßprogramm zusammengestellten Untersuchungen, die nur einen Teilbereich der Küstenforschung darstellen, durch eine koordinierte Zusammenarbeit der verschiedenen Wasserbaudienststellen des Bundes — der Wasser- und Schiffahrtsverwaltung — und der Küstenländer — der Wasserwirtschaftsverwaltungen und der großen Hafenverwaltungen — auszuführen, wobei an eine finanzielle Beteiligung des BMwF bei der Beschaffung der Meßgeräte und Einrichtungen und deren Betrieb gedacht war.

Zur weiteren detaillierten Ausarbeitung des „Gesamtprogramms Meeresforschung“ hatte die DKfO im Juni 1969 für jeden der fünf Schwerpunkte für die Dauer von jeweils 3 Jahren besondere Ausschüsse eingesetzt. Für den Schwerpunkt „Beherrschung der Naturvorgänge an der Küste“ nahm der „Ausschuß für Küstenforschung“ im November 1969 seine Arbeit auf. Ihm gehörten Vertreter der an der Küste tätigen Wasserbauverwaltungen des Bundes und der Länder, deren Forschungsinstitute, der Universitäten und der Industrie an. Zum Vorsitzenden wurde Herr Dr. Lorenzen gewählt. Der Ausschuß hatte 2 Aufgaben:

1. Erarbeiten eines Gesamt-Untersuchungsprogramms des Schwerpunktes Küstenforschung im Rahmen des Gesamtprogramms Meeresforschung.

2. Begutachtung von Einzelanträgen, die auf dem Gebiete der Küstenforschung an den BMBW (vorher BMwF) zur Förderung vorgelegt werden.

Dem Ausschuß für Küstenforschung lag das schon erwähnte vom Küstenausschuß ausgearbeitete „Untersuchungsprogramm“ vor. Es war klar, daß dieses Programm nur ein Teil des Gesamtprogramms sein konnte. Dieses Gesamtprogramm wurde in 5 Teilprogramme gegliedert:

I. Untersuchung der räumlichen und zeitlichen Verteilung der Wasserstände.
II. Untersuchungen der Strömungsverhältnisse.
III. Untersuchung von Seegang und Brandung.
IV. Untersuchungen über die Sandbewegung.
V. Untersuchung morphologischer Gestaltungsvorgänge.

Zur Erarbeitung eines jeden dieser Teilprogramme setzte der Ausschuß für Küstenforschung besondere Unterausschüsse ein, die sich jeweils aus einigen auf den betreffenden Gebieten besonders qualifizierten Fachleuten zusammensetzen. Das so erarbeitete „Untersuchungsprogramm zur Küstenforschung“ wurde im Mai 1971 vom Ausschuß für Küstenforschung verabschiedet. Es ist im Dezember 1971 als Heft 1 der Schriftenreihe Meeresforschung veröffentlicht worden [8]. Dieses Programm umfaßt die gesamte Küstenforschung, es ist also mehr als das ursprüngliche Untersuchungsprogramm des Küstenausschusses, das in das Programm mit einbezogen ist. Man kann sagen, daß das vom Ausschuß für Küstenforschung erarbeitete Programm ein Gesamtrahmen für eine Koordinierung aller Aktivitäten der Küstenforschung ist, also der Forschung der Dienststellen des Bundes und der Küstenländer, der Hochschulinstitute und Sonderforschungsbereiche, der Forschung der Industrie oder sogar privater Forscher. Das Programm ist aufgenommen worden in das „Gesamtprogramm Meeresforschung und Meerestechnik 1972 bis 1975“ [2, 9].

Neben dieser Programmbearbeitung hat der Ausschuß für Küstenforschung zahlreiche Einzelprojekte begutachtet und dem BMBW zur Förderung empfohlen. Leider konnten in den letzten Jahren aus Mangel an Geldmitteln nur sehr wenige Projekte durch den BMBW finanziell gefördert werden. Es waren das die Vorhaben des DHI Variabilität ozeanografischer Parameter in Küstengewässern und Wellen- und Strömungsarbeit am Meeresboden sowie die Vorhaben des Franzius-Instituts der TU Hannover Mechanik der Tideriffeln und Bemessungswellen für Wasserbauten im Übergangsgebiet.

Es ist zu hoffen, daß es in nächster Zeit möglich sein wird, wesentlich mehr Projekte zu fördern. So ist schon jetzt der WSD Kiel die Beschaffung einer Hi-Fix-Anlage bewilligt, die zunächst im nordfriesischen Küstengebiet, insbesondere vor Sylt eingesetzt werden soll, um in diesem Raum gute Ortungsmöglichkeiten zu schaffen. Diese Anlage soll später auch in anderen Gebieten eingesetzt werden. Für die Weiterentwicklung und Erprobung eines nach dem Echo-Prinzip arbeitenden Pegelgerätes sind Mittel bewilligt. In Aussicht gestellt ist die Förderung des Baues einer ersten Wasserstandsmeßstation vor der Elbemündung und der Umrüstung aller vorhandenen Wattstromdauermesser für eine automatische Meßdatenauswertung. Alle diese Vorhaben gehören in das seinerzeit vom Küstenausschuß aufgestellte Untersuchungsprogramm. Außerdem sind erhebliche Mittel in Aussicht gestellt für den Bau einer 560 m langen Meßbrücke senkrecht zur Westküste von Sylt zur Erforschung der Vorgänge im Brandungsbereich.

Wie soll die Arbeit nun weitergehen? Die Programme liegen vor, es muß jetzt die Ausführung kommen. Große Arbeiten laufen bei den Universitätsinstituten und den Sonderforschungsbereichen an. In erster Linie sind es dort aber Untersuchungen in Laboratorien mit hydraulischen und mathematischen Modellen. Für die Ausführung von Naturuntersuchungen sind die Universitätsinstitute und Sonderforschungsbereiche weitgehend auf die Unterstützung durch die Dienststellen der Wasserbauverwaltungen an der Küste und deren Institute angewiesen. Diese Dienststellen haben einmal ihre eigenen Zweckforschungsaufgaben auszuführen und sollen im Rahmen der Küstenforschung das für die Wasserbauverwaltungen so wichtige Programm des Küstenausschusses zur Erforschung der Naturvorgänge im deutschen Küstenvorfeld ausführen [1]. Dieses Programm soll die wesentlichen Grundlagen für Küstenschutz, Wasserwirtschaft sowie Ausbau und Unterhaltung der Wasserstraßen beschaffen. Küstenschutz und Wasserwirtschaft sind dabei in erster Linie Aufgaben der Länder während der Bund in erster Linie für Belange des Verkehrswasserbaus zuständig ist. Es ist aber zu erwähnen, daß nach dem Bundeswasserstraßengesetz vom 2. April 1968 das gesamte Küstenmeer von der MThw-Linie an bis zur Hoheitsgrenze als Seewasserstraße rechtlich Bundeswasserstraße ist. Es ist auch hier zu betonen, daß es gerade im Küstengebiet keine strenge Trennung von Verkehrswasserbau, Wasserwirtschaft und Küstenschutz gibt [3].

Zur Ausarbeitung des Sachprogramms der Wasserbaudienststellen des Bundes und der Küstenländer im einzelnen, zur Durchführung dieses Sachprogramms, zur Koordinierung des fachlichen Einsatzes der beteiligten Dienststellen und zur Abstimmung mit anderen in der Küstenforschung arbeitenden Stellen ist am 1. März 1973 ein „Verwaltungsabkommen über die gemeinsame Durchführung von Aufgaben der Küstenforschung" zwischen dem Bund und den 4 Küstenländern Bremen, Hamburg, Niedersachsen und Schleswig-Holstein in Kraft getreten. Seitens des Bundes sind daran der Bundesminister für Verkehr (BMV), der Bundesminister für Ernährung, Landwirtschaft und Forsten (BMELF) und der Bundesminister für Forschung und Technologie (BMFT) beteiligt. Es soll ein „Kuratorium für Forschung im Küsteningenieurwesen" gebildet werden. Dieses beruft einen „Forschungsleiter Küste", dessen Aufgabe es insbesondere sein soll, den Einsatz der Dienststellen des Bundes und der Länder im Rahmen des Küstenforschungsprogramms zu koordinieren. Zum besseren Verständnis der Zusammenhänge mag die folgende grafische Darstellung dienen, die zum Schluß kurz erläutert werden soll:

In der oberen Zeile ist das „Gesamtprogramm Küstenforschung" als Teil des „Gesamtprogramms Meeresforschung und -technik" dargestellt. Es gliedert sich in das Sachprogramm des Küstenausschusses und die Einzelprogramme von Sonderforschungsbereichen oder einzelnen Instituten, wobei Verzahnungen und Überlappungen vorhanden sind. Die Arbeiten zur Ausführung des Sachprogramms des Küstenausschusses obliegen den Dienststellen von Bund und Küstenländern. Das gemeinsame Kuratorium mit dem von ihm bestellten Forschungsleiter prüft und genehmigt Einzelprogramme, setzt dabei Prioritäten, verteilt Mittel und koordiniert die Arbeiten. Dabei obliegt es dem Forschungsleiter, auch eine Abstimmung mit den Sonderforschungsbereichen, einzelnen Hochschulinstituten oder anderen Instituten herbeizuführen. Es soll dadurch sichergestellt werden, daß keine Doppelarbeit geleistet wird und alle zur Verfügung stehenden Kräfte und Mittel so sinnvoll, zweckmäßig und wirtschaftlich wie möglich eingesetzt werden. Die Prüfungs-, Genehmigungs- und Koordinierungsinstanzen sind in der grafischen Darstellung bei den Sonderforschungsbereichen nur durch die Senatskommissionen der DFG angedeutet.

In der letzten Zeile ist noch dargestellt, wie die Mittel zur Ausführung der Arbeiten aufgebracht werden sollen. Die Haushalte der Fachressorts von Bund und Küstenländern tragen den größten Teil der Personalkosten und insbesondere die Kosten für den Einsatz von Schiffen und Geräten soweit im Rahmen der eigentlichen Aufgaben der Dienststellen dafür die Möglichkeiten vorhanden sind. Der rechte Pfeil auf dem Bild deutet dabei an, daß auf diese Weise auch den Sonderforschungsbereichen und den Hochschulinstituten geholfen wird.

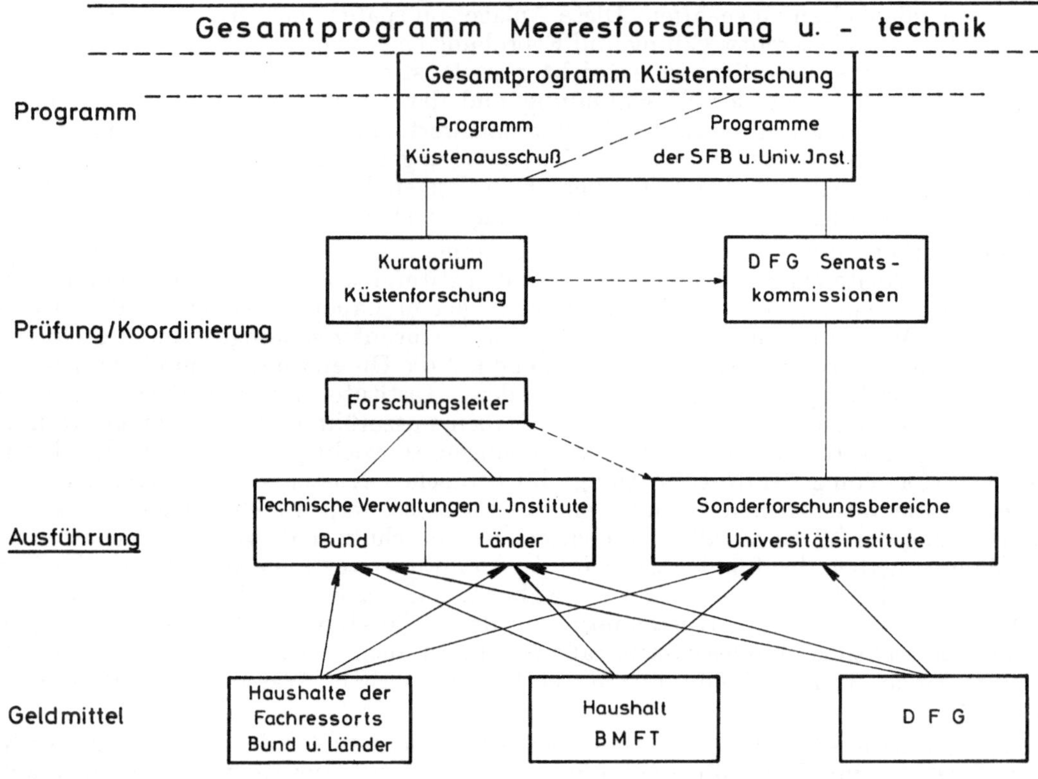

Der Bundesminister für Forschung und Technologie (BMFT) wie auch die Deutsche Forschungsgemeinschaft (DFG) helfen den Dienststellen von Bund und Ländern in erster Linie durch Gewährung zusätzlicher Sachmittel und in gewissem Umfange auch mit Personalkosten. Die Förderung der Sonderforschungsbereiche und Universitätsinstitute erfolgt dagegen überwiegend durch DFG und BMFT.

Dieses Schema gilt es nun in den nächsten Jahren mit Leben auszufüllen zur Bewältigung der großen Aufgaben in der Küstenforschung. Die Küstenforschung ist die wesentliche Grundlage für alle die Aufgaben an der Küste, die für unsere Gesellschaft gleichermaßen für das wirtschaftliche Wachstum wie für den Schutz der Umwelt von so großer Bedeutung sind: Küstenschutz, Wasserwirtschaft und Wasserverkehr.

Schrifttum

1. Lorenzen, J. M.: Das Programm des Küstenausschusses zur Erforschung der Naturvorgänge im deutschen Küstenvorfeld. Die Küste 18 (1969).
2. Ramacher, H.: Küstenforschung und Küsteningenieurwesen in der Bundesrepublik Deutschland. Hansa 23 (1972).
3. Rohde, H.: Hydrologische Probleme des Wasserbaus im Küstengebiet. Mitteilungen des Franzius-Instituts 37 (1972).
4. Stoltenberg, G.: Öffentliche Aufgaben der Meeresforschung und Küstenforschung. Die Küste 18 (1969).
5. Wohlenberg, E., Rohde, H.: Dr.-Ing. E. h. Johann M. Lorenzen 70 Jahre alt. Die Küste 20 (1970).
6. Denkschrift des Küstenausschusses Nord- und Ostsee über die Erforschung der Naturvorgänge im deutschen Küstenvorfeld und ihre Bedeutung für alle Aufgaben im Seebau. Kiel, Dez. 1968 (unveröffentlicht).
7. Bestandsaufnahme und Gesamtprogramm für die Meeresforschung in der Bundesrepublik Deutschland 1969—1973. Herausgegeben vom Bundesminister für wissenschaftliche Forschung, Bonn, 1969.
8. Untersuchungsprogramm zur Küstenforschung. Schriftenreihe Meeresforschung 1. Herausgegeben vom Bundesminister für Bildung und Wissenschaft, Bonn, Dez. 1971.
9. Gesamtprogramm Meeresforschung und Meerestechnik in der Bundesrepublik Deutschland 1972—1975. Herausgegeben vom Bundesminister für Bildung und Wissenschaft, Bonn, August 1972.

IV. Beiträge des Deutschen Hydrographischen Instituts (DHI) zur Küstenforschung

Von Ltd. Direktor und Professor Dr. **Hans Walden,** Hamburg

Die vorhergehenden Beiträge befassen sich ausführlich mit der Frage was man unter Küstenforschung zu verstehen hat. Die Definition des Begriffes „Küstenforschung" ist für die Abgrenzung meines heutigen Berichtes insofern wichtig, als eine Reihe von Naturerscheinungen, die abseits der eigentlichen Küste auftreten, sehr wesentliche Auswirkungen auf die Küste haben können. Als Beispiel möchte ich an die schweren Dünungsbrandungen erinnern; sie können von Dünungen erzeugt werden, die 1000 sm und mehr entfernt vom Sturm als „Windsee" aufgeworfen wurden. 1955 verursachte eine außergewöhnlich hohe Brandung schwere Schäden an der Küste von Angola (Westafrika)[1]. Diese Wellen waren in der Bermudasee entstanden und in ca. 8 Tagen 3800 sm weit gelaufen, ehe sie an der Angola-Küste Land erreichten.

Es sind also nicht nur die Phänomene an jenem an das Meer grenzenden Landstreifen zu studieren, sondern ebenso Zustände und Prozesse in dem der eigentlichen Küste vorgelagerten Meer. Diese Erscheinungen sind es zum großen Teil, die schließlich zu Veränderungen der Küste führen.

So ist vor einigen Jahren unter maßgeblicher Mitwirkung von Herrn Dr. Lorenzen im „Untersuchungsprogramm zur Küstenforschung", das in der Schriftenreihe des Bundesministers für Bildung und Wissenschaft 1971 gedruckt wurde, die Küstenforschung folgendermaßen gekennzeichnet worden:

„Die Küstenforschung ist ein Teil der Meeresforschung und befaßt sich mit den hydrodynamischen und küstenmorphologischen Prozessen im Grenzbereich Meer/Festland".

Dies Programm nennt auch wichtige Naturerscheinungen, die in wissenschaftliche Untersuchungen einzuschließen sind und die heute schon mehrfach genannt wurden, wie Morphologie des Küstenvorfeldes, Wasserstandshöhen und ihre Änderungen, Strömungen, Meereswellen einschließlich Brandung. Erwähnt wurde ferner bereits im Laufe der heutigen Veranstaltung die Bedeutung der meteorologischen Einflußgrößen, des Eises, der Materialbeschaffenheit der Küste, ihrer Hang- und Strandsteilheit, ihres Bewuchses und nicht zuletzt menschlicher Baumaßnahmen.

Im Untersuchungsprogramm zur Küstenforschung von 1971 wird folgerichtig der Mechanismus des Materialtransports angesprochen. Der Erforschung dieser zwischen den auslösenden Naturerscheinungen und den Änderungen der Küste liegenden Vorgänge kommt eine herausragende Bedeutung zu.

Meeresbiologische Phänomene, die einer Küstenforschung im allgemeinen Sinne unbedingt zuzurechnen sind, spielten in dem hier gesteckten Rahmen eine geringere Rolle.

Ohne auf Kompetenz- und Organisationsfragen einzugehen, möchte ich berichten, daß das DHI oder seine Angehörigen an folgenden Organisationen oder Programmen der Küstenforschung mitgearbeitet haben:

im Küstenausschuß Nord- und Ostsee, insbesondere in den nach der Sturmflut von 1962 gebildeten Arbeitsgruppen,

im Schwerpunktprogramm der Deutschen Kommission für Ozeanographie (DKfO) „Beherrschung der Naturvorgänge an der Küste und im Küstenvorfeld",

in den Schwerpunktprogrammen der Deutschen Forschungsgemeinschaft: „Litoralforschung" und „Sandbewegung im deutschen Küstenraum", von denen das erstere stark marin-biologisch war bzw. ist.

Beginnen wir nun mit den Beiträgen des DHI zur Küstenforschung.

Vermessungsarbeiten. Das Vorfeld der Ostseeküste, soweit sie zur Bundesrepublik Deutschland gehört, wird etwa alle 10 Jahre neu vermessen. Die zwischenzeitliche Aufnahme spezieller Gebiete hatte praktische Gründe, nämlich die Bauplanung von Yachthäfen. — In den letzten 2 bis 3 Jahren ist das gesamte deutsche Küstengebiet der Nordsee neu vermessen worden. Der Lotlinienabstand, der früher 250 m war, beträgt gegenwärtig normalerweise 100 m. Abbildung 1 bringt ein Beispiel über die Vermessungstätigkeit des DHI; es zeigt eine Übersicht über die Arbeiten, die im Jahre 1972 vorgenommen wurden.

In den Jahren 1967/68 hat das DHI auf Wunsch von Geologen eine spezielle Aufnahme eines Gebietes vor Sylt mit Lotlinienabständen zum Teil von 50 m durchgeführt.

Die Vermessung wurde auf See dadurch intensiviert, daß das (neue) Schiff Komet mit 6 Meßbooten und das ältere und kleinere Schiff Süderoog mit 2 solchen Spezialbooten ausgerüstet

[1] Vgl. Walden, H.: Proc. Sympos. Behaviour of Ships in a Seaway. Wageningen 1957, 427—438.

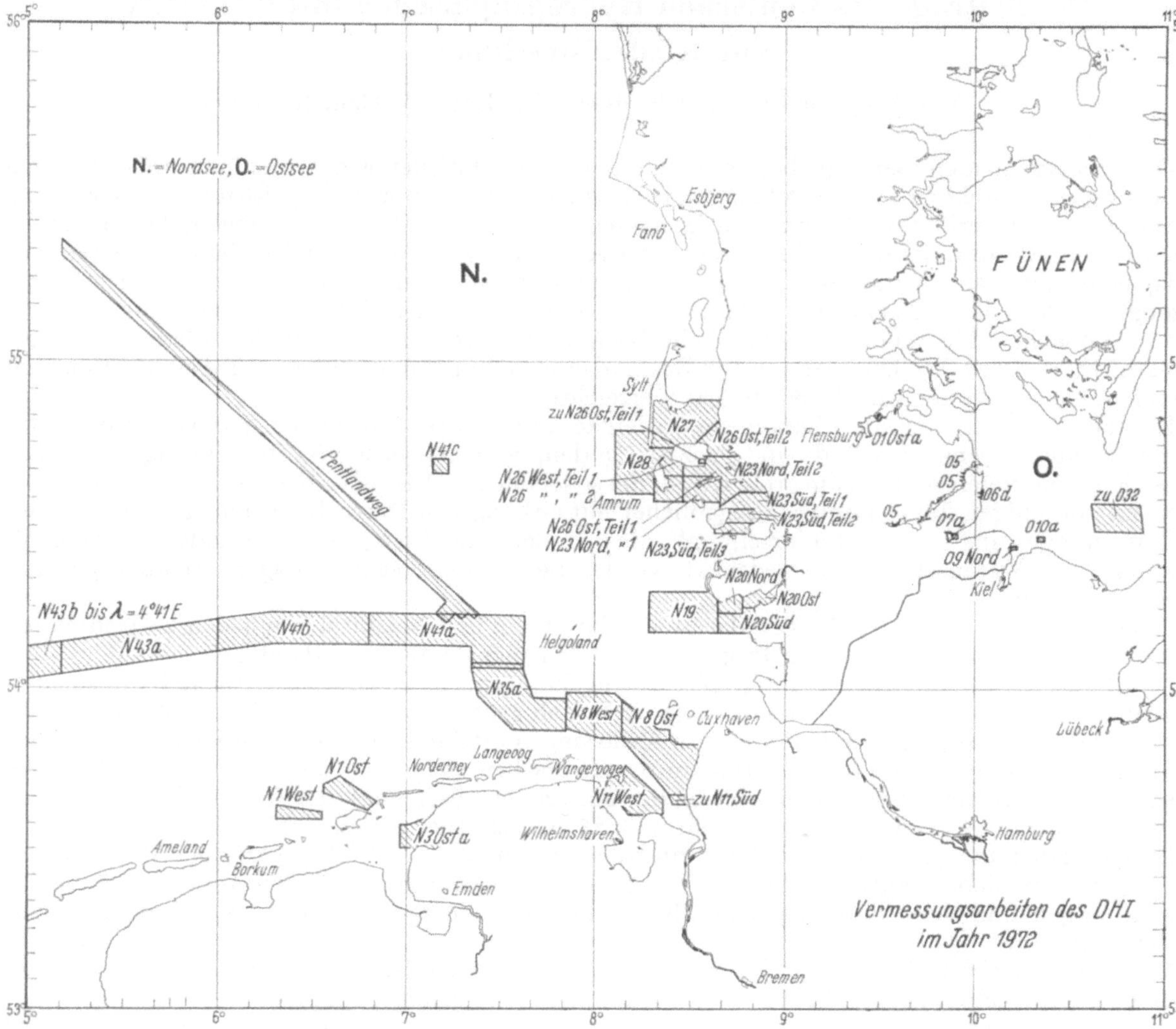

N. = Nordsee, O. = Ostsee
N.
O.
FÜNEN
Esbjerg
Fanö
Sylt
Flensburg
Amrum
Helgoland
Cuxhaven
Langeoog
Norderney
Wangerooge
Wilhelmshaven
Ameland
Borkum
Emden
Bremen
Hamburg
Kiel
Lübeck
Pentlandweg
N41c
N43b bis λ = 4°41 E
N43a
N41b
N41a
N35a
N8 West
N8 Ost
N1 Ost
N1 West
N3 Ost a
N11 West
zu N11 Süd
N19
N20 Nord
N20 Ost
N20 Süd
N27
N28
zu N26 Ost, Teil 1
N26 Ost, Teil 2
N23 Nord, Teil 2
N26 West, Teil 1
N26 " , " 2
N23 Süd, Teil 1
N23 Süd, Teil 2
N26 Ost, Teil 1
N23 Nord, " 1
N23 Süd, Teil 3
01 Ost a
05
06 d
07 a
09 Nord
010 a
zu 032
Vermessungsarbeiten des DHI
im Jahr 1972

Abb. 1. Vermessungsarbeiten des DHI im Jahre 1972.

50
cm
40
30
20
10
0
-10
12h
11.12.
12.
13.
14.
15.
16.
17.
18.
19.
20.
21.

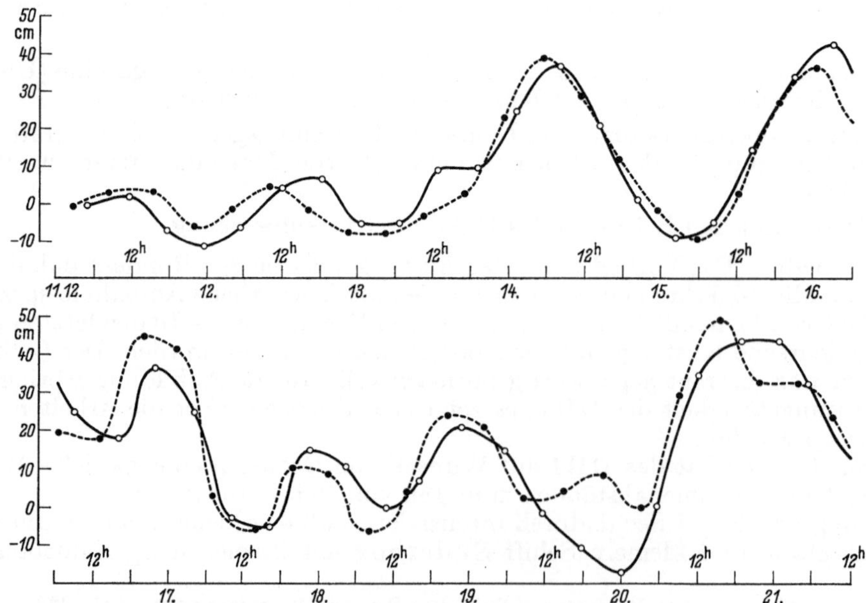

Abb. 2. Einfluß freier ozeanischer Wellen (External Surges) auf die Wasserstände in der Deutschen Bucht.

wurde. Man ist dabei, die Auswertung der gewonnenen Vermessungsdaten durch den Einsatz von Computern und eines numerisch gesteuerten Zeichentisches zu beschleunigen.

Für 1973 ist ein umfassendes Vermessungsprogramm der DHI-Schiffe Komet und Süderoog in der Nordsee und in der westlichen Ostsee vorgesehen.

Seekarten für küstennahe Gewässer dienen als Hilfsmittel für bestimmte Zweige der Küstenforschung und bilden somit einen Beitrag des DHI zu ihr.

Wasserstände. Zur Verbesserung der Wasserstandsvorhersagen und der Sturmflutwarnungen führt das DHI spezielle Forschungsarbeiten aus. Dies ist dringlich, weil die Wasserstandsvorhersage eine zunehmende Rolle für Großschiffe in Flachwassergebieten spielen wird.

Die astronomischen Gezeiten der deutschen Gewässer werden durch die geringen Wassertiefen gegenüber Tiefwasserverhältnissen stark verändert. Die langjährigen Mittelwerte der Wasserstände enthalten meteorologische und sonstige Komponenten, die von den Gezeiten schwer zu trennen sind.

Bald nach Kriegsende — ab 1945 — sind Seichtwassergezeiten beim DHI eingehend untersucht worden. Mit Hilfe eines neuartigen Ansatzes konnte die Vorausberechnung der astronomischen Gezeiten erheblich verbessert werden.

Auf dieser Basis gelang es, die Auswirkung verschiedener meteorologischer und anderer Einflüsse auf den aktuellen Wasserstand zu erkennen, und zwar in Abhängigkeit von der jeweiligen Gezeitenphase. Die so gewonnenen Erkenntnisse sollen jetzt in einem Gesamtansatz zusammengefaßt werden. Es handelt sich um eine Formel, die sowohl die Gezeiten als auch die wirksamsten meteorologischen Faktoren einschließt. Aber selbst mit diesem Ansatz werden die natürlichen, also tatsächlichen Verhältnisse nicht in jedem Falle genau darstellbar sein. Die Ursachen für Abweichungen sind in Faktoren zu suchen, die der Ansatz noch nicht enthält. Hierzu gehört auch der Einfluß von Fernwellen, die wahrscheinlich durch meteorologische Vorgänge im nordöstlichen Atlantik erzeugt werden und die vor ihrer Ankunft in der Deutschen Bucht schon an der englischen Nordseeküste verfolgt werden können. Untersuchungen über die Entstehung und den Einfluß von Fernwellen und die Wasserstände an unseren Küsten haben bereits gute Teilergebnisse geliefert, sind aber noch nicht abgeschlossen.

Die Zeichnung von Abb. 2 enthält den Wasserstandsverlauf von Aberdeen an der schottischen Ostküste und dem Pegel Cuxhaven mit der notwendigen Zeitverschiebung (15 Std.), also Zeitanpassung. Für Aberdeen ist dargestellt der Unterschied zwischen vorausberechneter Gezeit und der Beobachtung (nur für Hoch- und Niedrigwasser); diese Differenz ergibt in Annäherung den Einfluß von Fernwellen. Sie wird gegenübergestellt den von örtlichen meteorologischen Einflüssen und den astronomischen Gezeitenanteilen befreiten, zeitlich aber angepaßten Wasserständen von Cuxhaven.

Analysen für viele Pegelorte werden zu Gezeitenkarten für die Nordsee verarbeitet. Man findet sie in den jährlich erscheinenden Gezeitentafeln des DHI und in internationalen Veröffentlichungen. Neben den Küstenpegeln stehen in der Nordsee 337 Meßreihen zur Verfügung, die im freien Seegebiet mit Rohrpegeln, Hochseepegeln und an Bohrtürmen gewonnen wurden. Die sich aus der Bearbeitung ergebenden Karten zeigen deutlicher als ältere Darstellungen den Einfluß der geringen Wassertiefe auf den Gezeitenablauf. Gezeitenkarten sind unentbehrlich für eine genaue Seevermessung. Hierfür gibt es spezielle Ausfertigungen der Gezeitenkarten.

Die Wasserstandsbeobachtungen in der Deutschen Bucht, die sich auf einen Zeitraum von etwa 130 Jahren erstrecken, wurden auf langzeitige oder „säkulare“ Schwankungen analysiert. Sie haben verschiedene Ursachen.

Schließlich wäre zu erwähnen, daß an Hand von Statistiken hoher Hochwasser versucht wurde, Wahrscheinlichkeitsaussagen über das Eintreffen von extrem hohen Hochwassern, d.h. Sturmfluten, zu treffen.

Strommessungen. Mit Strommessungen im Küstenvorfeld hatte sich schon eine der Institutionen, aus denen das DHI nach dem 2. Weltkrieg entstanden ist, das Marineobservatorium, intensiv befaßt. Dazu waren spezielle Geräte, die Schaufelradstrommesser, entwickelt worden.

Erfaßt werden bei solchen Messungen die Gezeitenströme und durch Eliminierung der Gezeitenanteile die sogenannte Restströmung, die in der Regel windbedingt ist. Abbildung 3 zeigt Positionen, an denen das DHI im Laufe der Jahre bis März 1973 Strommessungen anstellte.

In mehreren Arbeiten, in den letzten Jahren hauptsächlich von Dr. H. Neumann, wurden Ergebnisse veröffentlicht, z.B. über die Eintrittszeiten und die Andauer der Ebb- und Flutströme, die Richtungen und Geschwindigkeiten dieser Ströme während bestimmter Phasen und weitere Angaben über Eigenschaften und Verlauf der Gezeitenströme in der Deutschen Bucht unter Einschluß der Küstengebiete.

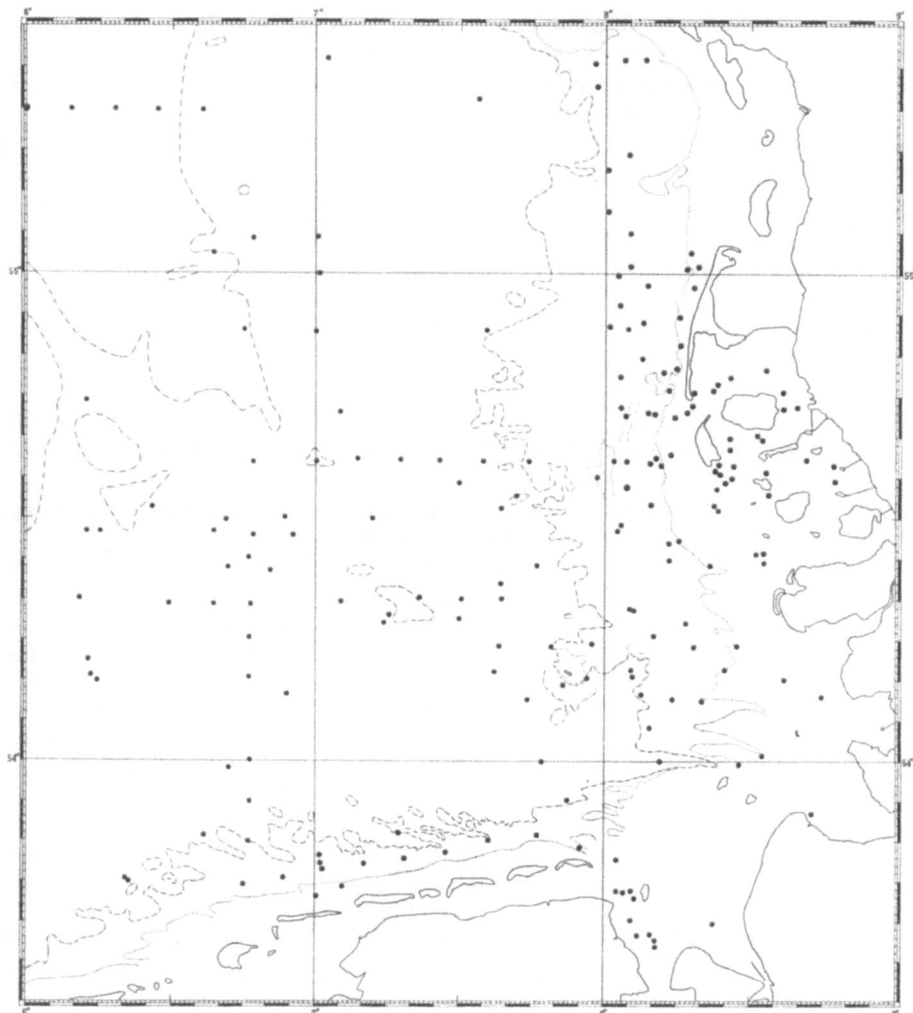

Abb. 3. Strömungs-Meßstellen des DHI bis März 1973.

Die Abbildung 4 zeigt mittlere Gezeitenströme eine Stunde vor Hochwasser in Helgoland. Man erkennt die starken örtlichen Unterschiede im Raum von Sylt.

1963 wurde vom DHI der auf Beobachtungen bis zum Jahre 1960 beruhende Gezeitenstromatlas herausgebracht. Eine baldige Neubearbeitung, bei der die vielen neuen Strombeobachtungen Berücksichtigung finden sollen, ist vorgesehen.

Kleinräumige bzw. lokale Erscheinungen der Gezeitenströme bedürfen weiterer Erforschung. Ergebnisse werden in den einschlägigen Karten Aufnahme finden.

Regelmäßig veröffentlicht werden die Strombeobachtungen einiger Feuerschiffe in der Deutschen Bucht und der westlichen Ostsee. — Zur Vorbereitung der Olympiade von 1972 wurden 1966/67 in der Lübecker Bucht und in der Kieler Förde Strommessungen angestellt. Auch in der Flensburger Förde hat das DHI die Verteilung der Strömungen und ihren Zusammenhang mit der Wassertemperatur, dem Salzgehalt und dem örtlichen Wind bestimmt.

An zahlreichen Strommessungen von mehr als 15 Tagen Dauer wurden auch vor den Küsten die Restströme studiert.

Eine spezielle Untersuchung — in Zusammenarbeit mit dem Wasser- und Schiffahrtsamt Wilhelmshaven — galt dem Wasseraustausch des Jadebusens. Im Mai 1969 registrierten während eines längeren Zeitraumes (24 Tage) 20 als Profil — zwischen Schillig und Alte Mellum — ausgelegte Strommesser. Die bisher vorliegenden Ergebnisse zeigen, daß die Restströmungen im Tagesmittel an den Rändern einwärts, in der Mitte der Jade auswärts gerichtet sind. Diese Feststellung ist insofern bedeutungsvoll, als Schmutzstoffe die Jade am schnellsten verlassen dürften, wenn sie in der Mitte eingebracht werden.

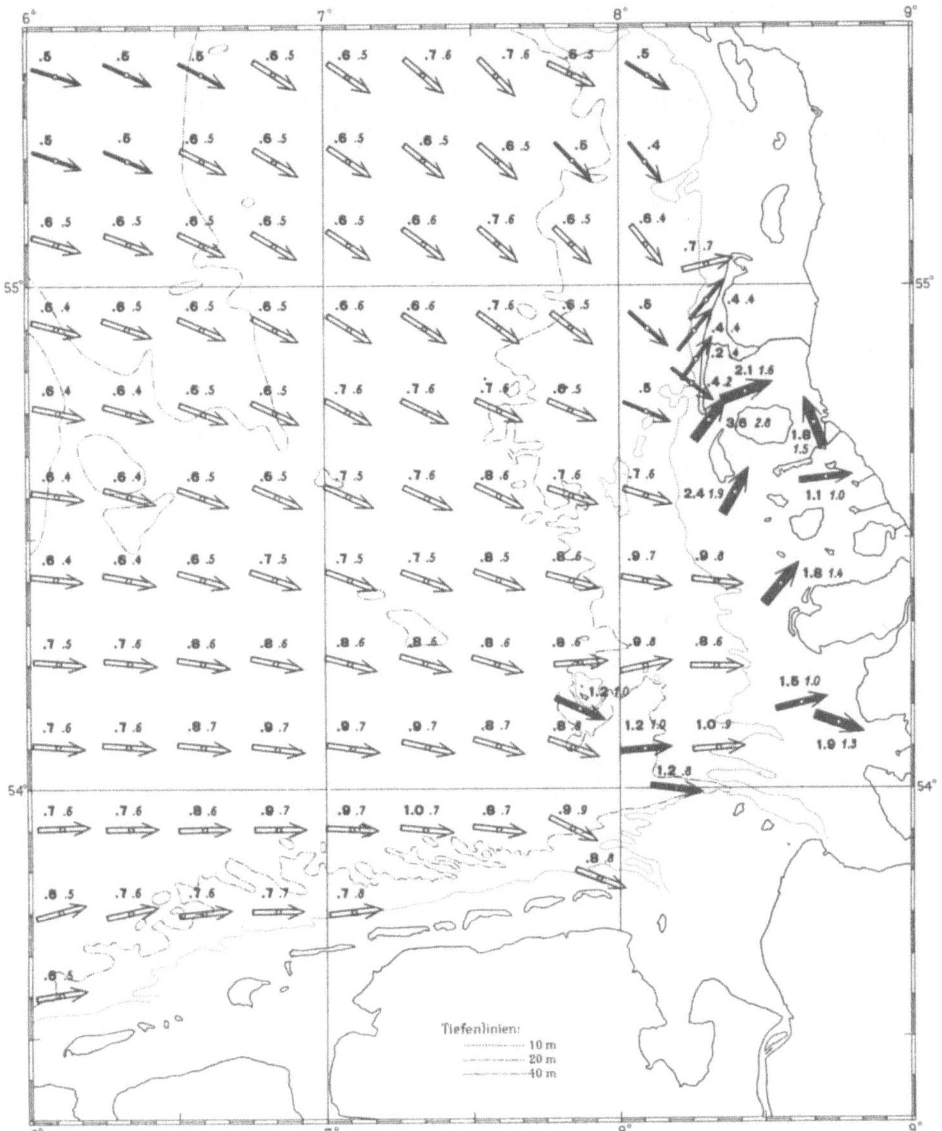

Abb. 4. Mittlere Gezeitenströme eine Stunde vor Hochwasser in Helgoland.

Zum Teil im Rahmen des Schwerpunktprogramms der Deutschen Forschungsgemeinschaft Sandbewegung im deutschen Küstenraum wurden zahlreiche Strömungsmessungen in geringem Abstand vom Meeresboden mit Konzentration im Vorfeld von Sylt angestellt. Die Unterschiede der Strömungen und somit der Wassertransporte in verschiedenen Tiefenhorizonten sind vielfach sehr beträchtlich. Auch der Einfluß von Windrichtung und -stärke auf das Driften des Oberflächenwassers wurde studiert.

Angaben über lokale Gezeitenströme und Restströmungen findet man in den vom DHI herausgegebenen Seehandbüchern.

Gleichfalls mit Unterstützung der Deutschen Forschungsgemeinschaft und der Wasser- und Schiffahrtsämter wurden im Herbst 1965 an 8 Positionen in der Deutschen Bucht in verschiedenen Tiefen unter der Meeresoberfläche Strommesser ausgelegt, um die Strömungen bei Sturmfluten zu messen. Tatsächlich ereigneten sich in dieser Zeit Sturmfluten (Windstau am 2. November 1965 bis 3 m) und ein „negativer Windstau" bei starken östlichen Winden. Die Verteilung und die zeitliche Entwicklung der durch den Windstau beeinflußten Strömungen konnte festgestellt werden[1].

[1] Vgl. Gienapp, H., Tomczak, G.: Helgoländ. wissenschaftliche Meeresuntersuchungen. 17, 1968.

Die Abbildung 5 zeigt Restströmungen, d.h. die vom Gezeitenstromanteil befreiten Strömungskomponenten, während des Maximalstaues am 2. November 1965. Bei Ostwinden hatten die Reströmungen die in Abbildung 6 wiedergegebene Verteilung.

Für die Untersuchung der Sandbewegung sind die Gesamtströme bei Sturmfluten von Interesse. Ihre 1965 gemessenen Werte werden zur Zeit bearbeitet.

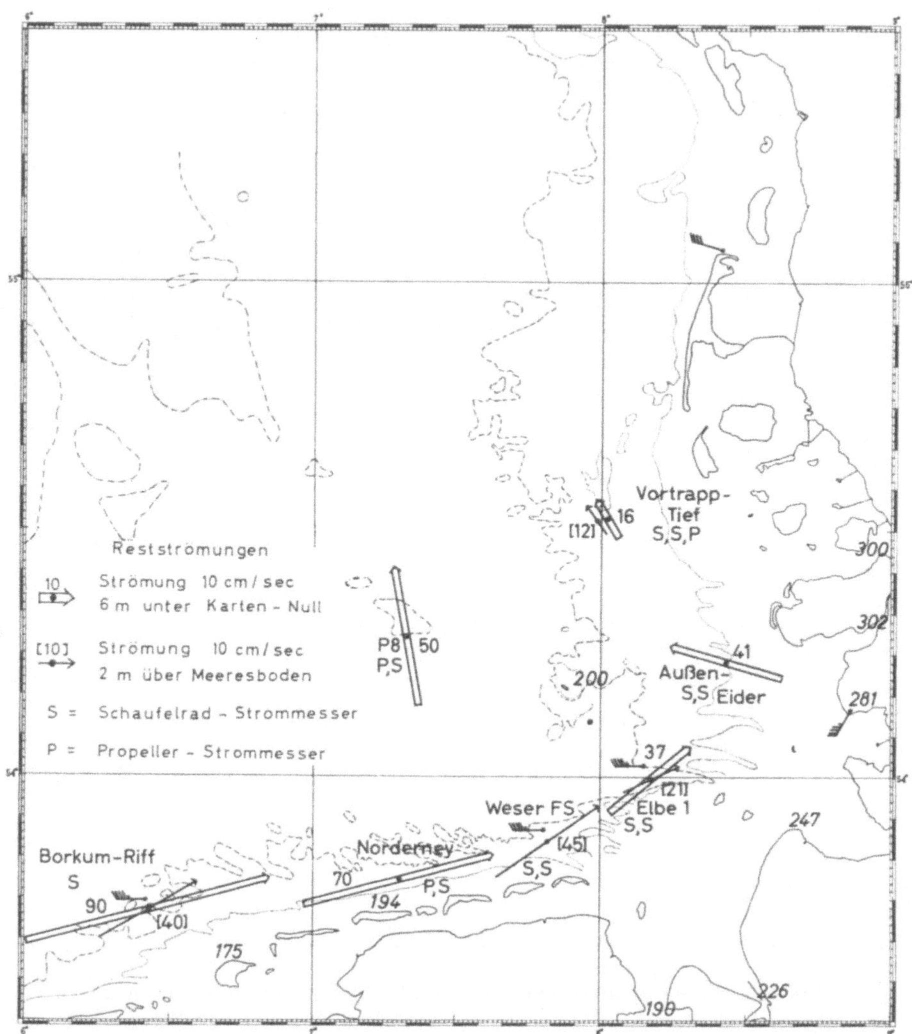

Abb. 5. Restströme während des Maximalstaus bei der Sturmflut am 2. November 1965.

Seegang. Im Jahre 1962 begann das DHI mit quasi kontinuierlichen Seegangsmessungen in Küstennähe. Mit maßgeblicher Unterstützung der Wasser- und Schiffahrtsämter an den Küsten und von Wasserwirtschaftsämtern der Länder wurde an Pfählen über lange Zeiträume — meist handelte es sich um mehrere Jahre — Registrierungen des Seegangs gewonnen. Hierzu wurde der sogenannte DHI-Wellenpegel, eine Weiterentwicklung des von dem Holländer Wemelsfelder gebauten Schwimmergerätes, eingesetzt. Abbildung 7 enthält die Positionen, an denen solche DHI-Wellenpegel jemals eingesetzt waren, z. T. auch an Bohrinseln.

Da es unmöglich war, die Registrierstreifen häufig zu wechseln, wurde nach einem bestimmten System nur zeitweise registriert. Aus den Registrierungen bestimmt werden können eine mittlere Wellenhöhe und eine mittlere Periode des jeweiligen Seegangs. Ich will aber nicht verhehlen, daß das System der Registrierung zu Schwächen führt, die seit einiger Zeit hauptsächlich dadurch eliminiert werden, daß die Pegel über Funk von Land aus ein- und ausgeschaltet werden. Für 3 Meßstationen in der Elbemündung („Scharhörn Riff", „Scharhörn Nord", „Mittelgrund"), und 3 in der Piep („Tertius", „Tonne 16", „Scholloch") sind Statistiken des Seegangs veröffentlicht worden (Meereskundl. Beobachtungen und Ergebnisse; herausgeg. vom DHI).

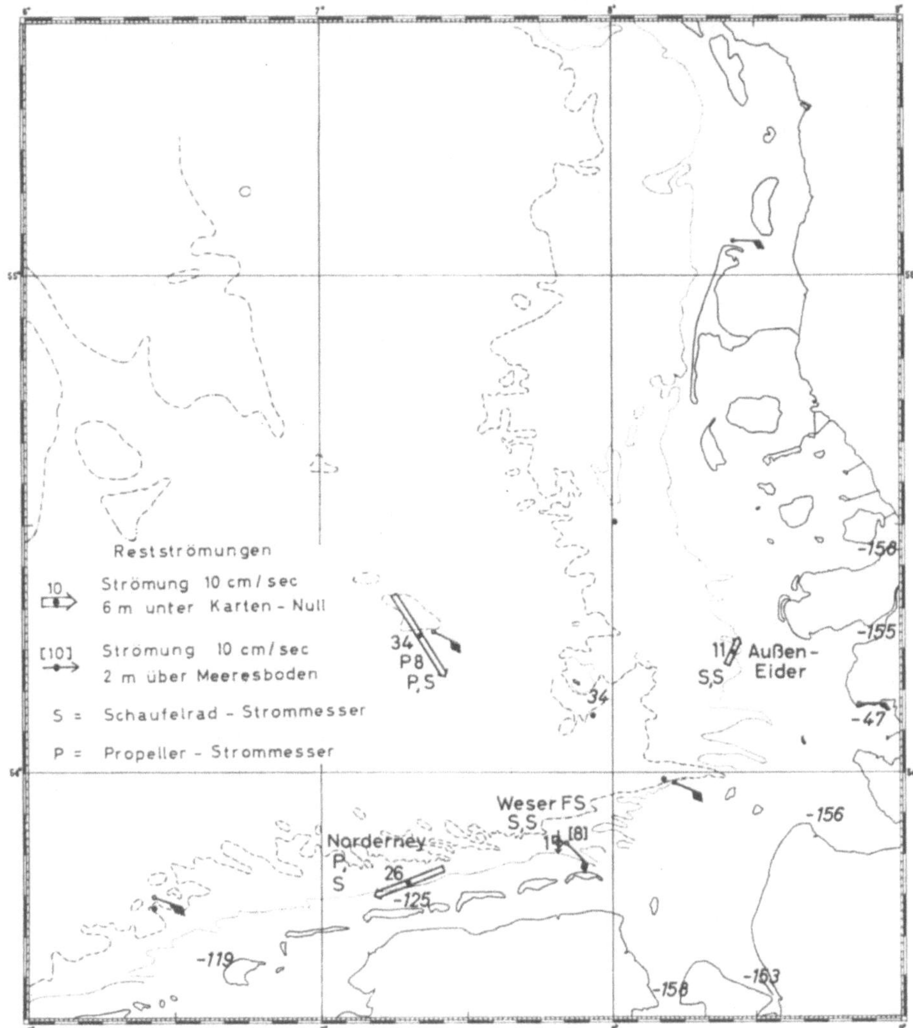

Abb. 6. Restströme während einer starken Wasserstandserniedrigung (27. Nov. 1965) durch Ostwinde.

Man muß sich aber im klaren darüber sein, daß Seegangsmessungen an einem Ort auf geringer Wassertiefe bei unregelmäßiger Bodentopographie nur für ein kleines Gebiet repräsentativ sind.

Auch über das Auflaufen von Wellen am Deich fanden Untersuchungen statt.

Für die Station „Mellum Plate" wurde auch eine Beziehung zwischen Windrichtung und Windstärke einerseits und den Seegangseigenschaften andererseits darzustellen versucht. Da das Material wegen der geringen Häufigkeit der Winde aus bestimmten Richtungen und besonders für größere Windstärken lückenhaft war, mußte man sich für eine Reihe von Windlagen mit wenig sicheren Interpolationen begnügen.

Das DHI ist an den Seegangs-Großversuchen von Sylt sehr stark beteiligt. Es handelt sich um ein internationales Vorhaben, das unter der Kurzbezeichnung JONSWAP (*J*oint *N*orth *S*ea *W*ave *P*roject) bekannt wurde.

Im September 1968 und im Juli 1969 fanden jeweils etwa einen Monat lang gleichzeitige Messungen des Seegangs an 13 bzw. 14 Positionen statt, die auf einer geraden Linie west- bis westnordwestlich ausgehend von Westerland lagen (vgl. Abb. 8). Diese „Stationen" wurden teils von Geräten an Pfählen, teils von verankerten Meßbojen oder auf tieferem Wasser von Schiffen eingenommen; letztere setzten Meßbojen aus. Ein größerer Meßpfahl in 27 km Entfernung von Sylt auf 16 m Wassertiefe war auch mit Windmeßeinrichtungen ausgerüstet. Die Daten von den Pfählen und Bojen wurden automatisch in eine Landzentrale auf Sylt übertragen. Ermittelt wurden Seegangsspektren. Eines der wissenschaftlichen Ziele war es, die Umwandlung des Seegangs bzw. die Veränderung der Seegangsspektren festzustellen, wenn Wellen aus relativ tiefem Wasser ins

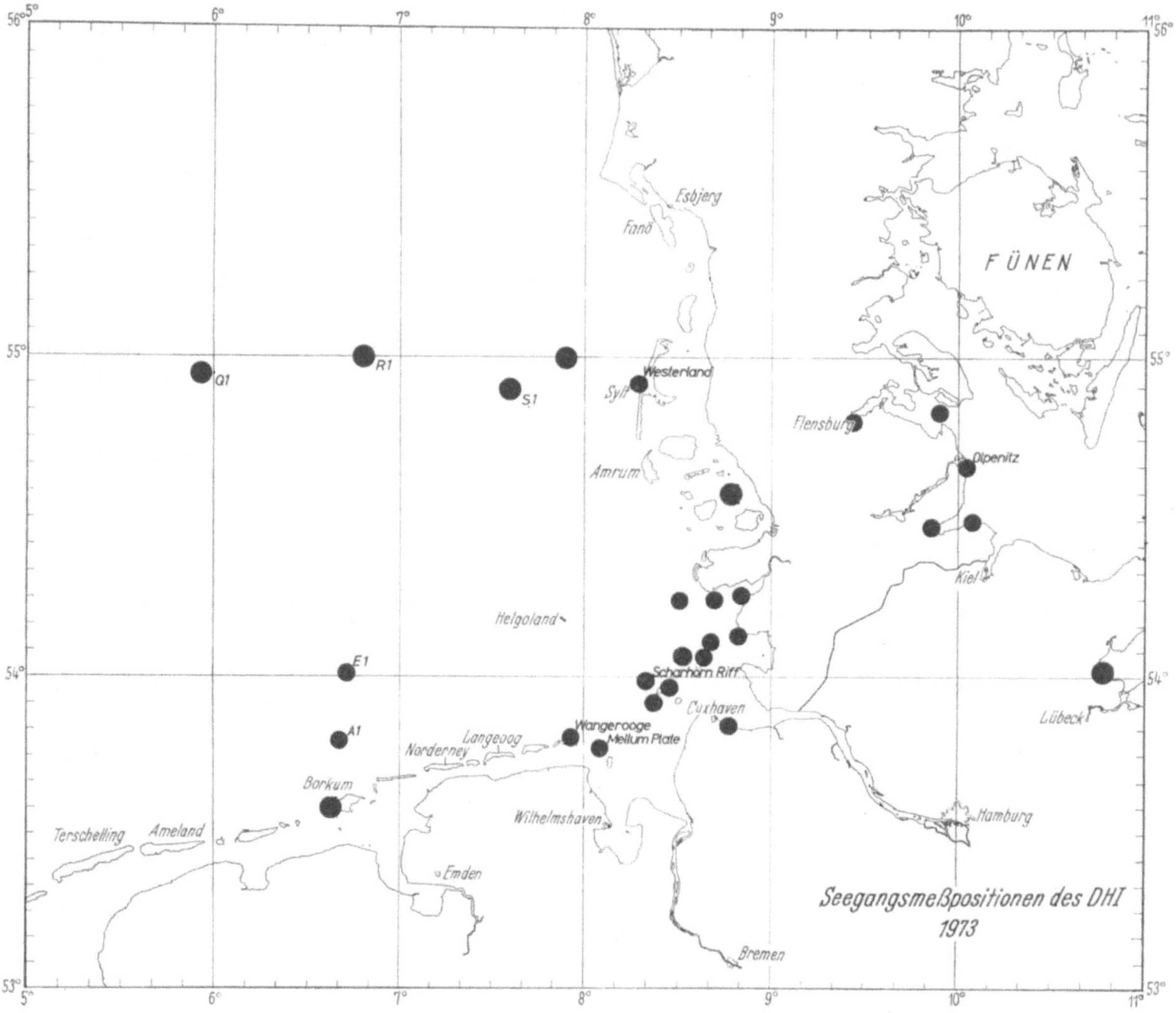

Abb. 7. Positionen von DHI-Seegangsmeßstationen mit Schwimmerpegeln.

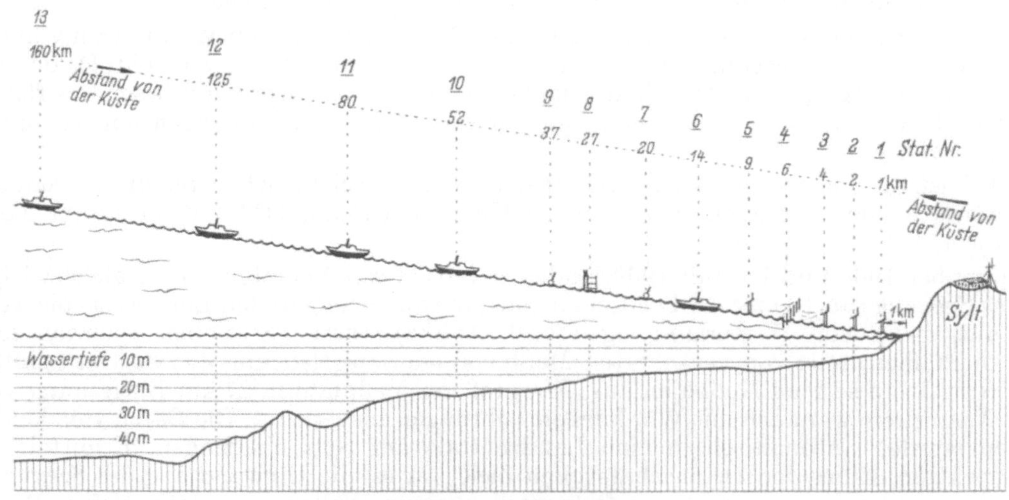

Abb. 8. JONSWAP-Profil 1969.

Flachwassergebiet einlaufen. Wir hatten das Glück, daß während der Meßzeit — während einer ausreichenden Zeitspanne — Dünungen aus westlichen Richtungen bei im Meßgebiet nur schwachen Winden anliefen.

Das Untersuchungsergebnis besagt, daß die Unregelmäßigkeit der Bodentopographie durch Streuungseffekte einen wesentlichen Einfluß auf die Schwächung der Dünung beim Durchlaufen von nicht-tiefem Wasser besitzt.

Ein neuer JONSWAP-Großversuch ist für September 1973 wieder bei Sylt vorgesehen. Wesentliche Teile der Vorbereitungen liegen beim DHI. Die Beteiligung des Auslandes wird sehr stark sein.

Geologie/Sedimentologie. Im DHI sind im Rahmen der Küstenforschung geologisch-sedimentologische und morphologische Arbeiten angestellt worden. Zu ihnen gehören Untersuchungen über die Materialbeschaffenheit des Meeresbodens, die Verteilung und die Veränderung morphologischer Elemente — zum Beispiel von Riffen.

Viele Jahre zurück liegt der Beginn der Arbeiten über die Verteilung der Korngrößen in der Deutschen Bucht und in der westlichen Ostsee. Hierzu stellt man zunächst die Häufigkeitsverteilung (prozentuale Verteilung) der Bestandteile einer an einem bestimmten Ort genommenen Bodenprobe fest; d.h. man zählt aus, wieviel Prozent der Bodenprobe aus Körnern der Größeklasse A bestehen; wieviel Prozent den Größeklassen B, C usw. angehören. Untersucht man Bodenproben von verschiedenen Orten in See, so erhält man eine örtliche Verteilung dieser prozentualen Korngrößenverteilungen. Die Entnahmestellen liegen in der Regel 1/2 sm voneinander entfernt. Diese Arbeiten erstrecken sich auch auf Gebiete unmittelbar vor der Küste. Karten der Korngrößenverteilung sind beim DHI hergestellt worden.

Dabei fand Dr. Figge am Westhang, sozusagen an der Stirnseite z.B. der Knechtsände eine Zone gröberen Materials als in der Umgebung (vgl. Abb. 9). Die Grenzen dieser Zone decken sich mit bestimmten Tiefenlinien. Das bedeutet, daß unter dem Einfluß der überwiegend westlichen Winde mit Wellen und Restströmungen aus westlichen Richtungen an der Westflanke dieser Sände feineres Material fortgetragen wurde oder sich nicht absetzte.

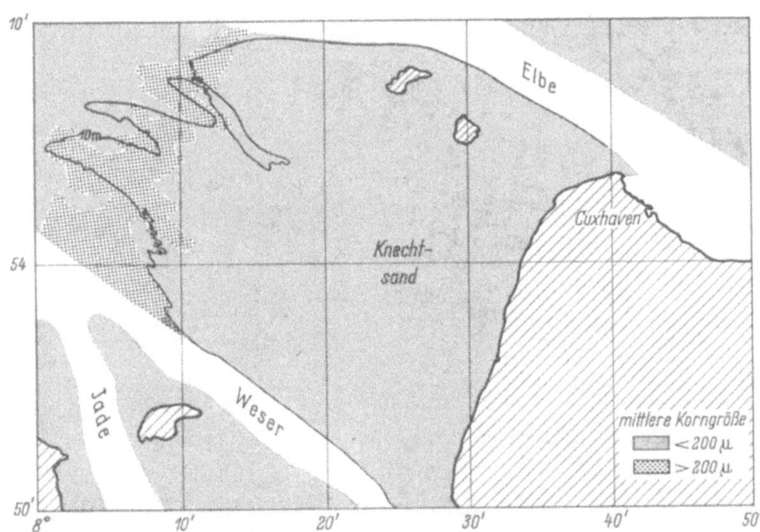

Abb. 9. Korngrößen am Knechtsand.

Ein Schwerpunkt der sedimentologischen Arbeiten des DHI lag vor Sylt.

Prof. Vollbrecht befaßte sich mit der Beziehung zwischen Wind- bzw. Wellenrichtung und Materialversatz. Bei seinen Überlegungen ging er von der empirisch und durch Modellversuche erhärteten Feststellung aus, daß der Materialtransport vor einer Küste von dem Winkel zwischen der Küstenlinie und der Wind- und Wellenrichtung abhängt. Der Transport längs der Küste erreicht ein Maximum, wenn der Winkel etwa 45 Grad beträgt. — Bei Westerland bildet die Küstenlinie von Sylt einen Winkel von etwa 20° (siehe auch Abb. 8). Man kann davon ausgehen, daß die Richtung des Windes zu einem vorgegebenen Zeitpunkt vor Süd-Sylt und vor Nord-Sylt in der

Regel die gleiche ist. Ihr Schnittwinkel zur Küstenlinie ist aber unterschiedlich. Bildet die Wind-Wellenrichtung zu Süd-Sylt einen Winkel von 45°, so beträgt der entsprechende Winkel vor Nord-Sylt nur 25°. Es ergibt sich, daß vor Süd-Sylt mehr Material nach Norden transportiert wird als längs der Küste nördlich von Westerland. Bei dieser Wind-Wellenrichtung gibt es also einen Sandüberschuß vor Mittel-Sylt. Diese Bilanz ist für die verschiedenen Anströmungswinkel äußerst unterschiedlich. Die Abbildung 10 sagt aus, daß sie negativ ist bei Wind-Wellenrichtungen zwischen 240° und 326° rechtweisend, d.h. zwischen WSW und NWzN.

Prof. Vollbrecht schließt weiter, daß die Situation um so ungünstiger wird, je größer der Küstenknick ist, den die beiden Inselschenkel miteinander bilden. Da Westerland in der Mitte der Insel mit aller Kraft gehalten wird, ändert sich die Lage langsam in Richtung zum Ungünstigen, d.h. auf eine ungünstigere Materialbilanz.

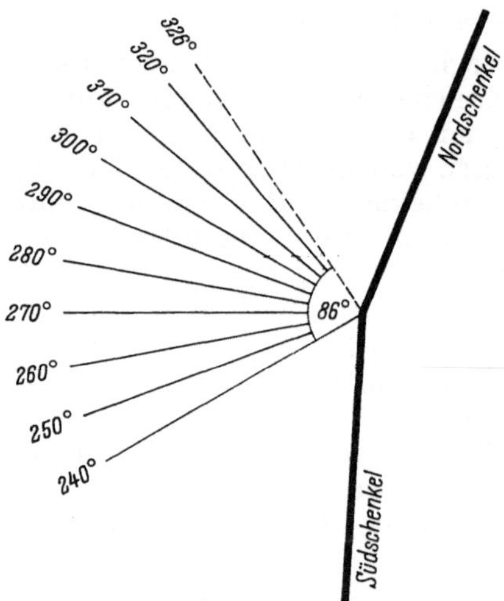

Abb. 10. Materialbilanz an der Küste von Sylt. Strahlen bezeichnen Windrichtungen (rechtweisend), bei denen die Bilanz in der Nähe des Knickpunktes negativ ist.

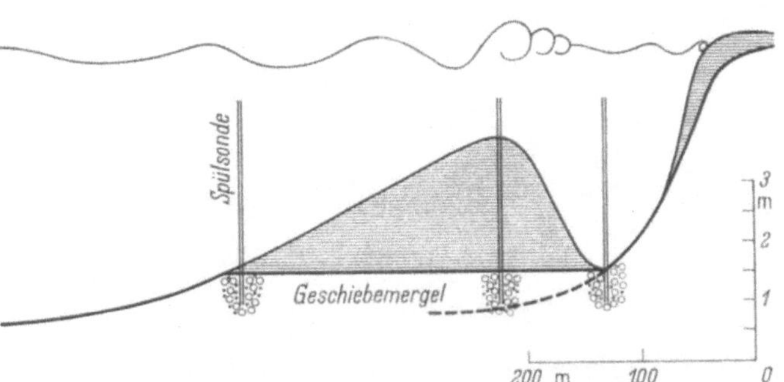

Abb. 11. Schemazeichnung eines Sandriffs (vor Rantum).

Mit erheblicher Unterstützung der Deutschen Forschungsgemeinschaft (Schwerpunkt „Sandbewegung im deutschen Küstenraum") trug das DHI zur Untersuchungen der Riffzone vor der Insel Sylt bei. Es wurden außer der jeweiligen genauen Lage die Mächtigkeit des Sandriffs, das Sandvolumen, die sogenannte Terrasse, auf der das Sandriff ruht, und ihre Änderungen bestimmt (Abb. 11)[1]. Die Terrasse besteht aus älterem Gestein, zur Hauptsache aus Geschiebemergel. Bei den jahreszeitlichen Bewegungen solcher Riffe — sie liegen am Ende des Sommers näher an der Küste als nach der unruhigeren Jahreszeit — bleibt ein zentraler Kern des Sandriffs stets unverändert, nur an den Außenseiten ergeben sich Sedimentverlagerungen. Auch liegt die Basis des Riffs, also die Oberfläche der Terrasse, immer gleich hoch. Das Sandvolumen des Riffs beträgt bei Rantum (südlich von Westerland) auf 1 km Länge 700 000 cbm. Die Riffe folgen den Veränderungen, also dem Zurückweichen der Küste; sie halten — abgesehen von den jahreszeitlichen Schwankungen —

[1] Abb. 11 beruht auf verschiedenen Messungen des DHI und anderer, z.B. von Prof. Köster, Universität Kiel. Der vertikale Maßstab ist stark überhöht. Rechts liegt der Strand.

somit immer den gleichen Abstand zu ihr. Ich brauche nicht zu sagen, daß das Riff wesentlich zum Schutz der Küste beiträgt. Wäre es einmal zerstört, so wäre bei dem Sandmangel vor Sylt zu befürchten, daß es sich nicht wieder neu aufbaut. Der Strand würde dann etwa so verlaufen, wie in der Abbildung durch die gestrichelte Linie angegeben. Bei steilem Abfall des Meeresbodens vor dem Strand kann sich allgemein ein Riff nicht halten.

Die geologische Gruppe des DHI hat ferner festgestellt bzw. bestätigt, daß Sand am Meeresboden offenbar grundsätzlich in Form von Sandwellen angeordnet ist und in dieser Form wandert, wobei sich die Sandwellen als Form kaum bewegen; es bewegt sich lediglich das sie bildende Material.

Kurz vor der Ausführung steht ein Vorhaben, das auch von der Deutschen Forschungsgemeinschaft unterstützt wird: Ein Pfahl von 42 cm Durchmesser soll etwa 400 m vor der Küste bei Rantum/Sylt in das Riff, und zwar in seinen oberen Luvrand gesetzt werden. Das Riff bei Rantum ist einfach und relativ stabil. Dort sollen folgende Größen gemessen werden:

a) die Materialmenge, die sich im Wasser in Suspension befindet; und zwar in verschiedenen Tiefen (um das vertikale Gefälle der Konzentration und der Materialbeschaffenheit feststellen zu können). Hierbei wird man sich verschiedener Geräte bedienen; u.a. werden Sandfallen, Pumpen und Trübungsmesser am Pfahl eingesetzt.

b) Bestimmt werden sollen ferner der zu gleicher Zeit dort laufende Seegang, das zugehörige Energiespektrum und Höhen von Einzelwellen — dies geschieht also *vor* der Brandungszone.

c) Die Strömungen in Bodennähe, deren eine Komponente die wellenbedingten Orbitalbahnen sind.

Im Zusammenhang mit den vorhin erwähnten vertikalen Unterschieden der in Suspension befindlichen Sedimentanteile mag folgendes von Interesse sein: Es ist bekannt, daß es solche Unterschiede gibt; die größeren Körner halten sich im allgemeinen in den bodennäheren Wasserschichten auf. Jede dieser Fraktionen könnte sich gesondert bewegen. Trotzdem findet man an ein und demselben Ort eine immer gleichbleibende Korngrößenzusammensetzung.

Theoretische Arbeiten zur Sandbewegung. Mit Unterstützung der Deutschen Forschungsgemeinschaft wurden beim DHI theoretische Arbeiten über die Sandbewegung (von Herrn Dr. *Franz*) ausgeführt. Dabei werden Wasser und Sand als ein „Kontinuum" aufgefaßt. Es wurde ein physikalisch-mathematisches Modell aufgestellt, mit dem versucht wird, den Sandtransport am Meeresboden als Fließvorgang zu behandeln und durch Differentialgleichungen zu beschreiben. Die Grundlage bilden die Kontinuitätsgleichungen und Impulsgleichungen der Kontinuumsmechanik. Die Kornstruktur des Materials wurde in gewisser Weise berücksichtigt. Einige Konstanten können nicht durch die Theorie allein bestimmt werden. Die bisherigen numerischen Ergebnisse erscheinen plausibel.

Verschiedenes. Zu den Arbeiten des DHI über die Verschmutzung des küstennahen Wassers gehören die Untersuchungen, mit denen die Anlagerung von Schwermetall-Ionen an kleine Trübungsteilchen oder ihre gegenseitige Trennung verfolgt werden. Absinken von Schlickteilchen, denen giftige Schwermetall-Ionen angegliedert sind, auf den Boden bedeutet *Ent*giftung des Wassers und *Ver*giftung des Sediments. Bei Aufwirbelung solcher Teilchen kann die entgegengesetzte Wirkung erzeugt werden.

Über die unmittelbare Wirkung des Eises auf die Küste hat das DHI bisher kaum gearbeitet. Untersuchungen fanden aber statt über die Abschmelz- und Bildungsbedingungen des Eises in der westlichen Ostsee und in der Deutschen Bucht[1].

Soweit mein Bericht über die Beiträge des DHI zur Küstenforschung, der wegen der Kürze der Vortragszeit außerordentlich gestrafft werden mußte.

Erlauben Sie mir bitte aber auch noch eine allgemeine Bemerkung zur Küstenforschung:

Nach meiner persönlichen Auffassung hat es sich nachteilig für die deutsche Küstenforschung ausgewirkt, daß viele Forschungsvorhaben nur gute Einzelaktionen waren, daß es aber häufig am nötigen Zusammenspiel der einzelnen Untersuchungsrichtungen mangelte. Es ist der Zweck naturwissenschaftlicher Arbeit, die Abhängigkeit der einen Erscheinung von anderen Phänomenen zu klären. Nach Lage der Dinge wird man mit reiner Beschreibung in der Küstenforschung nicht mehr sehr viel weiterkommen. Man wird jedenfalls möglichst viele der vor sich gehenden Prozesse gleichzeitig und am gleichen Ort zu erfassen suchen und dabei bemüht sein müssen, stärker als bisher Messungen in unmittelbarer Nähe der Grenzflächen des Meeres, also zur Atmosphäre und natürlich zum Meeresboden, vorzunehmen.

[1] Vgl. *Goedecke*, E.: Ann. d. Meteorol. 8 (1958) 3/4.

V. Bearbeitung von Richtlinien für den Küstenwasserbau durch den Küstenausschuß Nord- und Ostsee, die Deutsche Gesellschaft für Erd- und Grundbau und die Hafenbautechnische Gesellschaft

Von Ltd. Baudirektor Dipl.-Ing. **Johann Kramer**, Aurich

1. Erfordernis von technischen Empfehlungen

Die fortschreitende Entwicklung führt im Küstenwasserbau zu einer wachsenden Vielfalt neuer Techniken. Umfangreiche und schwierige bauliche Aufgaben sind an Nord- und Ostsee und in den Tideströmen zu lösen. Moderne Baustoffe und Bauverfahren ermöglichen neue und weitere Anwendungsgebiete der Seebautechnik, die noch vor einem Jahrzehnt unmöglich erschienen.

Die Vielzahl von Baustoffen und Bauweisen macht es dem Ingenieur immer schwieriger, die Übersicht zu behalten und ihm gestellte Aufgaben möglichst zweckmäßig und damit wirtschaftlich zu lösen. Das Streben nach allgemein gültigen Grundsätzen für Entwurf und Ausführung seebautechnischer Anlagen ist deshalb die logische Konsequenz, die zu Empfehlungen oder auch Richtlinien führt. Ihre Bearbeitung ist, wie es ein Rückblick zeigen wird, eine wesentliche und dringende Aufgabe. Solche Empfehlungen oder Richtlinien sollen den technischen Erfahrungsstand wiedergeben, ohne jedoch die weitere technische Entwicklung einzuengen, da sie nur die Leitlinien vorzuzeichnen haben, nach denen Entwurf und Bauausführung sich richten können.

Die Schwierigkeiten, Empfehlungen für das Küsteningenieurwesen zu erarbeiten, liegen darin, daß es in den meisten Fällen nicht nur um die konstruktive Gestaltung der Seebauwerke, sondern noch mehr um die oft problematische funktionelle Planung geht. So sind wir als Ingenieure, um nur ein Beispiel zu nennen, wohl in der Lage, eine Buhne konstruktiv so zu gestalten, daß sie standfest allen äußeren Beanspruchungen widersteht; ob sie aber funktionell die ihr zugewiesene Aufgabe erfüllt, ist für die Stranderhaltung an sandigen Küsten noch vielfach umstritten.

2. Bisher erarbeitete technische Empfehlungen

2.1 Empfehlungen des Küstenausschusses Nord- und Ostsee

Zunächst sei jedoch ein Rückblick erlaubt auf die bisherigen Arbeiten wissenschaftlicher Gesellschaften wie vor allem des Küstenausschusses Nord- und Ostsee, der sich in den Nachkriegsjahren um Empfehlungen oder Richtlinien für den Küstenwasserbau bemüht hat.

So erschienen 1955 die Allgemeinen Empfehlungen für den deutschen Küstenschutz als Bericht der „Arbeitsgruppe Küstenschutz" innerhalb des Küstenausschusses Nord- und Ostsee [1]. Sie behandeln den Wissensstand im Küstenwasserbau aufgrund mehrerer früherer Bilanzberichte, die als Erfahrungsberichte in den Jahren vorher aufgestellt worden waren. Ihr Anlaß war die Holland-Sturmflut 1953, um die bei diesem Ereignis gewonnenen Erfahrungen für den deutschen Küstenschutz zu verwerten. Der Inhalt dieser ersten allgemeinen Empfehlungen umfaßte sowohl Schutzwerke an der Festlandküste wie auf den vorgelagerten Ostfriesischen und Nordfriesischen Inseln.

Die sehr schwere Sturmflut vom 16./17. Februar 1962 an der deutschen Nordseeküste veranlaßte dann die Empfehlungen für den Deichschutz nach der Februar-Sturmflut 1962, die von einer „Arbeitsgruppe Küstenschutzwerke" des Küstenausschusses Nord- und Ostsee bearbeitet wurden [2]. Diesen Empfehlungen lagen umfangreiche Erfahrungsberichte der vier Küstenländer Schleswig-Holstein, Hamburg, Niedersachsen und Bremen zugrunde, in denen die Daten und sonstigen Fakten der Erscheinung und Auswirkung dieser Sturmflut festgehalten worden waren. Diese Empfehlungen behandelten ausschließlich die Festlandsdeiche, wobei die Fragen der Deichabmessungen, Deichboden und Deichuntergrund, Deichdecken, Anlagen im und am Deich sowie Schutzwerke und Sommerdeiche behandelt wurden. Auch die Fragen der Deicherhaltung wie der Deichverteidigung blieben nicht unberücksichtigt, wie auch die Schutzwerke auf den Halligen eingeschlossen wurden, zu denen von der gleichen Arbeitsgruppe — wenn auch in anderer Zusammensetzung — bereits 1957 eine gutachtliche Stellungnahme [3] abgegeben worden war. Diese Ende 1962 herausgebrachten Empfehlungen bilden seitdem die Grundlage für den Entwurf und Bau von Deichen an der Festlandküste, wenn auch örtlich bedingte Abweichungen — wie beispielsweise in Hamburg — notwendig waren. Auch erhielten sie 1970 einen Nachtrag [4], in dem neuere Erfahrungen und Erkenntnisse berücksichtigt worden sind.

Die Frage des höchstmöglichen Sturmflutwasserstandes, der zukünftig einmal eintreten kann, war der Gegenstand von Untersuchungen einer besonderen „Arbeitsgruppe Sturmfluten“ des Küstenausschusses Nord- und Ostsee. Infolge der schwierigen Materie haben sie ihren Niederschlag erst in der 1969 erschienenen Zusammenfassung der Untersuchungsergebnisse der ehemaligen Arbeitsgruppe Sturmfluten und Empfehlungen für ihre Nutzanwendung beim Seedeichbau gefunden [5]. Aus der Erkenntnis heraus, daß die Sturmfluten von 1949, 1953 und 1962 an der südlichen Nordseeküste noch nicht die höchsten Wasserstände gebracht haben, wurden die maßgebenden Sturmfluterscheinungen für die Bemessung von Seedeichhöhen untersucht.

Eine Erkenntnis sowohl der Empfehlungen von 1962 wie auch der von 1969 ist, daß das verbleibende Risiko, welches sich aus der Unsicherheit, die in den Bemessungshöhen vorhanden ist, nur dadurch abgefangen werden kann, daß Deiche „bruchsicher“ gebaut werden, wozu flache Außen- und vor allem auch flache Innenböschungen erforderlich sind, die bei einem kurzzeitigen Wellenüberlauf Erosion und Rutschungen verhindern.

Der Bau von Versorgungsleitungen der verschiedensten Art, wie für Wasser, Öl, Gas, Elektrizität und Fernsprechverkehr, die als Fernleitungen Stromdeiche kreuzen müssen oder die Verbindung zwischen Industrieanlagen binnenseits von Deichen und Hafenanlagen außenseits herstellen, erforderte Überlegungen, diese Deichkreuzungen technisch so auszuführen, daß sie den Bestand von Deichen oder anderen Hochwasserschutzanlagen nur minimal beeinträchtigen. Als Ergebnis wurde 1970 die Empfehlung für Richtlinien für Verlegung und Betrieb von Leitungen im Bereich von Hochwasserschutzanlagen veröffentlicht [6], bearbeitet von einer „Arbeitsgruppe Versorgungsleitungen im Bereich von Hochwasserschutzanlagen“ innerhalb des Küstenausschusses Nord- und Ostsee. Neben den allgemeinen Bestimmungen, wie Definition der Begriffe, deichrechtliche Genehmigung, Bauausführung, Bauabnahme und Inbetriebnahme, Gewährleistung, Betriebsüberwachung und Außerbetriebsetzung wurden die technischen Bestimmungen behandelt. Diese umfassen die Linienführung von Leitungen in den Hochwasserschutzanlagen, Sicherheitsanforderungen und Bemessung, bauliche Grundsätze und konstruktive Gestaltung sowie die zu verwendenden Werkstoffe. Auch die deichgesetzlichen Nachweise wurden hinzugefügt. Inzwischen ist die Empfehlung als Richtlinie verbindlich in den Küstenländern eingeführt worden.

Daneben wurden von den Gutachtergruppen eine Reihe gutachtlicher Stellungnahmen zu jeweils aktuellen Problemen des Seewasserbaues wie Schutz der Insel Norderney, Abdämmung der Eider und in neuester Zeit zur Stranderhaltung der Inseln Sylt, Langeoog und Wangerooge erarbeitet oder sind noch in Arbeit. In diesen Gutachtergruppen wirkten und wirken Mitglieder der vorgenannten Arbeitsgruppe Schutzwerke mit, wodurch eine gegenseitige Befruchtung und Vertiefung der Erfahrungen gegeben ist.

Alle vorgenannten Empfehlungen und Gutachten sind in der Zeitschrift Die Küste veröffentlicht worden. Diese Zeitschrift ist auch dadurch zu einem wertvollen Nachschlagewerk geworden.

Hinzuweisen ist auch auf eine „Arbeitsgruppe Schutzwerke an sandigen Küsten“ im Küstenausschuß Nord- und Ostsee, die gegenwärtig versucht, auf den Empfehlungen von 1955 aufzubauen und sie entsprechend dem heutigen Erkenntnis- und Erfahrungsstand zu erweitern. Von dieser Arbeitsgruppe ist bisher eine Bestandsaufnahme über den Schutz sandiger Küsten an Nord- und Ostsee geschaffen worden. Sie soll als Grundlage für die Bearbeitung von Richtlinien für den Küstenschutz dienen. Die Bestandsaufnahme, die in nächster Zeit veröffentlicht werden wird, schließt mit der Problemstellung für Empfehlungen zum funktionsgerechten Schutz sandiger Küsten. Auf diese Arbeitsgruppe, ihre Zielsetzung und künftige Eingliederung, werde ich noch zurückkommen.

2.2 Empfehlungen der Deutschen Gesellschaft für Erd- und Grundbau

Von der Deutschen Gesellschaft für Erd- und Grundbau (DGEG) wurde in den fünfziger Jahren begonnen, die Anwendung von Asphalt im Wasserbau in einem Arbeitskreis „Asphaltbauweisen“ untersuchen zu lassen. Als Ergebnis dieser Arbeiten erschien 1964 der erste Teil der Empfehlungen für die Ausführung von Asphaltarbeiten im Wasserbau [7]. Nach der Festlegung der Begriffe wurden die Bauweisen unter Anwendung von Asphalt für die verschiedenartigsten Konstruktionen des Wasserbaues aufgenommen. In einem besonderen Abschnitt wurde der Küstenwasserbau behandelt, wie es die erweiterte zweite Ausgabe dieser Empfehlungen ausweist [8].

Für den Küstenwasserbau von Bedeutung ist auch ein 1972 gegründeter Arbeitskreis der DGEG „Kunststoffe in Erd- und Wasserbau“, der sich mit der Verwendung von Kunststoffen im Wasserbau befaßt, die in Form von Geweben als Filter und Folien als Dichtungen in den letzten Jahren zunehmend an Bedeutung gewonnen haben. Die Zielsetzung dieses Arbeitskreises ist ebenfalls,

Empfehlungen für die Anwendung von Kunststoffen zu geben. Auch hier zeigt sich, daß zunächst die Systematik und die Begriffsbestimmung die Voraussetzung für die weitere Arbeit ist, um die Vielzahl der Produkte mit den verwirrendsten Namensgebungen einordnen und bewerten zu können. Dabei kommt es darauf an, die aus der Kunststoffbranche und Textilindustrie stammenden Bezeichnungen in die Begriffswelt des Bauingenieurwesens einzufügen.

3. Gemeinsame Ausschußarbeit der Hafenbautechnischen Gesellschaft und der Deutschen Gesellschaft für Erd- und Grundbau im Küsteningenieurwesen

Ein Beispiel der gemeinsamen Arbeit wissenschaftlicher Gesellschaften ist der „Arbeitskreis Küstenschutzbauwerke", dessen Obmann der Verfasser ist, der im Vorjahre von der DGEG berufen worden ist. Seit Anfang dieses Jahres ist dieser Arbeitskreis aber auch als Ausschuß der Hafenbautechnischen Gesellschaft (HTG) tätig, nachdem im Vorjahre durch eine Satzungsänderung der HTG auch das „Küsteningenieurwesen" eine satzungsgemäße Aufgabe geworden ist. Der Ausschuß „Küstenschutzbauwerke" wird damit in zwei wissenschaftlichen Gesellschaften geführt, um Doppelarbeit oder ein Nebeneinander zu vermeiden, wie es beispielsweise auch beim „Ausschuß Ufereinfassungen" in der DGEG und HTG der Fall ist. Im Gegenteil wird hierdurch eine zusätzliche Befruchtung der Arbeit erreicht, da Anregungen aus zwei Gesellschaften kommen.

Die Aufgabenstellung des „Ausschusses Küstenschutzbauwerke" ist die Bearbeitung von Empfehlungen für Küstenschutzwerke, wobei nach zwei Sachgebieten unterschieden werden soll:

1. Schutz der Inseln und des Festlandes durch massive Bauwerke, wie Deckwerke, Buhnen, Wellenbrecher u.ä. sowie Strand- und Vorlandaufhöhung durch künstliche Materialzufuhr,

2. Schutz des Festlandes und der Inseln durch Hochwasserschutzanlagen, wie Deiche mit ihren zugehörigen Bauwerken.

Zunächst ist vorgesehen, die Empfehlungen zu Ziffer 1, d.h. für den Schutz der Küste durch massive Bauwerke zu bearbeiten, weil von einer Autorengruppe außerhalb einer wissenschaftlichen Gesellschaft an einem Lehrbuch Seedeichbau — Theorie und Praxis gearbeitet wird. Zu bemerken ist, daß alle Mitarbeiter an diesem Buch auch im hier genannten Ausschuß vertreten sind.

Die Themenstellung zum Problemkreis massive Schutzwerke und künstliche Materialzufuhr wird unterteilt nach:

1. Deckwerke, Strandmauern u.ä.,
2. Buhnen und buhnenartige Bauwerke,
3. Wellenbrecher,
4. Strand- und Vorlandaufhöhung durch künstliche Materialzufuhr.

Entsprechend dieser Themenstellung ist der Arbeitskreis in vier Untergruppen aufgeteilt, wodurch auch die notwendige Effizienz gegeben ist, da eine Arbeitsgruppe mit mehr als fünf oder sechs Mitgliedern für eine gemeinsame Arbeit zu unproduktiv ist.

Innerhalb der Untergruppen wird zunächst eine Bestandsaufnahme der vorhandenen Bauwerke und der mit ihnen gewonnenen funktionellen und konstruktiven Erfahrungen vorgenommen. Im weiteren sollen dann Empfehlungen über die Belastung und Bemessung der Bauwerke folgen. Anschließend sind Empfehlungen für die Konstruktion der Bauwerke vorgesehen, ohne dabei aber Grundsätze für deren funktionelle Planung zu vernachlässigen. Zu bemerken ist hier, daß die Bauweise von Küstenschutzwerken auch unter dem Gesichtspunkt des Bauvorganges zu prüfen ist, da doch die moderne Technik eine Vielzahl neuer Bauverfahren bietet.

Bei der Bearbeitung derartiger Richtlinien kann es sich deshalb nicht allein darum handeln, konstruktive Lösungen zu finden, sondern diese können nur zusammen mit den funktionellen Erfordernissen der jeweiligen Bauwerke gestaltet werden. Hierin liegt die besondere Problematik und Schwierigkeit für diesen „Ausschuß Küstenschutzbauwerke", denn die funktionelle Planung von massiven Küstenschutzanlagen, die einen Eingriff in das natürliche Kräftespiel der See oder des Stromes bedeuten, birgt offene Fragen in sich, von denen noch manche unzureichend beantwortet oder ungelöst sind. Das gilt im besonderen für die Einwirkung solcher Bauwerke auf den natürlichen Materialhaushalt am Strand, im Watt oder im Flußlauf. Trotz zahlreicher Messungen, Beobachtungen und Untersuchungen der verschiedensten Art ist hier noch keine gesicherte Grundlage gegeben. Auch die Frage der Bemessung von Küstenschutzwerken ist bisher nur näherungsweise möglich, da es noch an ausreichenden mathematischen Modellen für den Kräfteumsatz im Brandungsbereich fehlt. Hydraulische Modellversuche im Maßstabe 1 : 2, wie sie nach Anlage des geplanten Großwellenkanals möglich sein werden, dürften hier zu weiteren Erkenntnissen führen.

Um den verschiedenen Fragen funktioneller und konstruktiver Art gerecht zu werden, ist der „Ausschuß Küstenschutzbauwerke" aus Mitgliedern der Wissenschaft und der Praxis zusammengesetzt. In der Ausschußarbeit ist daran gedacht, dem Beispiel des „Ausschusses Ufereinfassungen" in der HTG zu folgen und nacheinander einzelne Empfehlungen für begrenzte Themenkreise zu erarbeiten, die dann später zu einem Ganzen zusammengefaßt werden können.

4. Nationale und internationale Zusammenarbeit

Die Bearbeitung von Richtlinien oder Empfehlungen in Ausschüssen oder Arbeitskreisen bedingt die Zusammenarbeit von Fachleuten, die oft verschiedenen Disziplinen angehören. Sie müssen gewillt sein, zusammen zu arbeiten, ihr Wissen und ihre Erfahrungen zusammentragen, ohne daß dabei Prioritäten gegeben sind. Verständlich ist auch, daß Harmonie unter den Mitgliedern bestehen muß, ohne daß die fachliche Diskussion abgeschnitten wird.

Die Mitarbeit in Ausschüssen ist meistens mehr oder weniger anonym; das Mitglied hat gegenüber der Gruppe zurückzutreten, unter deren Gruppenbezeichnung die Ergebnisse veröffentlicht werden. Verlangt wird von den Mitgliedern zusätzliche Arbeit außerhalb ihrer normalen beruflichen Tätigkeit, die doch, wie wir alle erfahren, schon ausreichend ist. Vielfach werden die Mitglieder dann der übermäßigen Reisetätigkeit bezichtigt, die sich jedoch nicht verhindern läßt, wenn gemeinsame Arbeitsergebnisse erzielt werden sollen.

Aus diesem Grunde erscheint es mir vorteilhaft, den Doppelausschuß „Küstenschutzbauwerke" in der HTG und DGEG ebenfalls im Küstenausschuß Nord- und Ostsee zu führen. Die Arbeit der schon erwähnten „Arbeitsgruppe Schutzwerke an sandigen Küsten" des Küstenausschusses Nord- und Ostsee deckt sich nicht nur mit dem Sachinhalt des „Ausschusses Küstenschutzbauwerke", sondern seine Mitglieder sind bis auf zwei ebenfalls in beiden vertreten. Das würde bedeuten, daß es sich um einen in drei wissenschaftlichen Gesellschaften geführten Ausschuß handeln würde, wofür es Beispiele gibt.

Dem Wandel der Technik folgend und den wirtschaftlichen Zwängen unterliegend, schreitet der Wandel von lohnintensiven zu lohnextensiven Bauweisen fort, wodurch besonders die künstliche Materialzufuhr für den Uferschutz begünstigt wird. Auf diesem Gebiet gilt es besonders, außer den inzwischen gewonnenen Erfahrungen an der deutschen Küste auch die des Auslandes zu verwerten. Der Erfahrungsaustausch mit dem Ausland ist in gleicher Weise für die massiven Bauweisen des Küstenschutzes erforderlich und vorhanden, wie es Zusammenkünfte mit Kollegen der Nordsee-Anliegerländer und Teilnahme an internationalen Konferenzen (Coastal Engineering Conferences in Scheveningen, London, Tokio, Washington und Vancouver) beweisen.

Genugtuung und Dank für die geleistete Arbeit wird Ausschußmitgliedern dann gewiß, wenn sie an Ausführungsbeispielen sehen, daß ihre Empfehlungen oder Richtlinien auch beachtet werden. Das ist, wie die Erfahrung häufig zeigt, keineswegs immer der Fall. Es muß aber angestrebt werden, davon abzukommen, daß jeder junge Wasserbauer seine eigenen Erfahrungen sammeln möchte, wofür manchmal teures Lehrgeld gezahlt werden muß, wozu Beispiele genannt werden könnten.

Schließen möchte ich mit dem Dank an die mehr oder weniger anonym arbeitenden zahlreichen Mitglieder, die in den verschiedensten Arbeitskreisen und Ausschüssen gearbeitet haben, um Empfehlungen und Richtlinien zu schaffen und damit die Entwicklung der Bautechnik gefördert haben. Sie haben das Küsteningenieurwesen keineswegs in seiner Entwicklung behindert sondern vielmehr gefördert, was das Ziel aller Ausschußarbeit sein muß.

Schrifttum

1. Allgemeine Empfehlungen für den deutschen Küstenschutz. Die Küste. (1955) Jg. 4.
2. Empfehlungen für den Deichschutz nach der Februar-Sturmflut 1962. Die Küste. (1962) Jg. 10
3. Anpassung der Warfen auf den nordfriesischen Halligen an die heute möglichen Sturmfluthöhen. Die Küste. (1957) Jg. 6.
4. Nachtrag zu den Empfehlungen für den Deichschutz nach der Februar-Sturmflut 1962. Die Küste. 20 (1970).
5. Zusammenfassung der Untersuchungsergebnisse der ehemaligen Arbeitsgruppe Sturmfluten und Empfehlungen für ihre Nutzanwendung beim Seedeichbau. Die Küste. 17 (1969).
6. Empfehlung für Richtlinien für Verlegung und Betrieb von Leitungen im Bereich von Hochwasserschutzanlagen. Die Küste. 20 (1970).
7. Empfehlungen für die Ausführung von Asphaltarbeiten im Wasserbau. Herausgegeben von der DGEG, Essen 1964.
8. Empfehlungen über die Ausführung von Asphaltarbeiten im Wasserbau. Die Bautechnik. 2/3 (1973) Jg. 50.

VI. Probleme des Küstenschutzes am Beispiel Sylt

Von Ltd. Regierungsbaudirektor Dr.-Ing. **Marcus Petersen**, Mönkeberg

Der 40 km lange Weststrand der Insel Sylt muß seit vielen Jahrhunderten einen erheblichen Landverlust hinnehmen, der durch die Naturkräfte der Strömung und vor allem der Brandung verursacht wird. Diese Brandungsküste liegt frontal zur Hauptwindrichtung. Durch Messungen konnte für das letzte Jahrhundert ein Uferabtrag von durchschnittlich etwa 1 m jährlich nachgewiesen werden [8] Abb. 1.

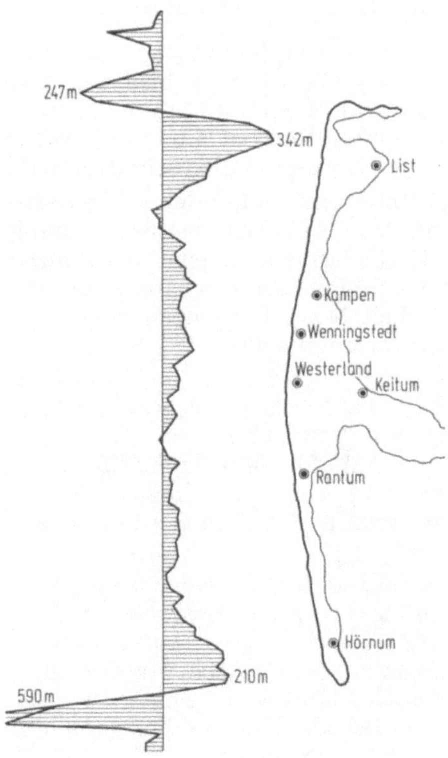

Abb. 1. Insel Sylt — Küstenveränderung von 1870—1952.

Der natürlichen Strandentwicklung streben die von der Landseite zum Wasser hindrängenden Interessen der Erholungswirtschaft direkt entgegen. Die Geschichte des Seebades Westerland beginnt im Jahre 1855. Man fing im Vergleich zur Gegenwart recht bescheiden an. Erst nach 1927, als die Eisenbahnverbindung über den Hindenburgdamm hergestellt worden war, verstärkte sich der Besucherstrom. Auf der Insel wurden inzwischen 3,5 und 4 Millionen Fremdenübernachtungen in einem Jahr gezählt. Entsprechend stark war die Bebauung, verständlicherweise in der Nähe des Strandes [9].

Die ersten Schutzmaßnahmen entstanden vor Westerland bald nach dem Übergang von der dänischen zur preußischen Verwaltung (um 1865). Seitdem ist es Aufgabe der Küsteningenieure und später auch der Ingenieurwissenschaftler gewesen, den Uferrückgang aufzuhalten. Diese Aufgabe haben sie jeweils nach dem Stand des Wissens lösen müssen.

Anfangs hat man vor Westerland, wo das Ufer nur aus Dünen bestand, den Strandverlust durch Bau von Steinkistenbuhnen aufzuhalten versucht. Nach der Sturmflut im März 1906 hielt man die Herstellung einer Strandmauer zum Schutze des Hotels „Miramar“ für notwendig, das erst drei Jahre zuvor viel zu dicht an den Strand heran gebaut worden war. Bald mußte die Mauer nach Norden, aber auch nach Süden, als Folge der Lee-Erosion verlängert und zum Teil erneuert werden (Abb. 2). Bei Sturmfluten traten immer wieder Schäden an den Enden dieses Längswerkes auf. Es wurde stets weiter verlängert, später als Deckwerk in Basaltpflaster (Abb. 3), Betonplatten (Abb. 4), Rauhpflaster mit Asphaltverguß und zuletzt als Tetrapodenwälle (Abb. 5 u. 6) auf Kunststoffmatten. Das so aus verschiedenen Baustoffen und Bauelementen geschaffene Längswerk, zu dessen Erhaltung laufend sehr erhebliche Geldmittel aufgewendet werden müssen, hat eine Länge von 3000 m erreicht.

Abb. 2. Westerland. Strandmauer mit Fußsicherung. Der Sandstrand fehlt. 6. Juni 1961.

Abb. 3. Basalt-Deckwerk nördlich Westerland. Der Fuß des Deckwerkes (Stahlspundwand) steht frei: Strandbuhnen aus Stahlspundwänden und aus vorgespannten Stahlbetonpfählen. 20. März 1965.

Abb. 4. Am nördlichen Ende der Strandmauer schließt das Deckwerk an in Betonplatten mit aufgesetzten Höckern zum Bremsen der auflaufenden Wellen. Fußsicherung der Strandmauer durch Tetrapoden.

Abb. 5. Strandmauer mit Tetrapoden-Vorlage. Gewicht einer Tetrapode = 6 Tonnen. 6. Juni 1961.

Abb. 6. Hörnum. Südlicher Abschluß des Tetrapodenwalles 1970.

Das alte Buhnensystem ist erweitert, verdichtet und ersetzt worden. Viele Bauauffassungen über Länge, Höhe, Gefälle und Streichlinie, über Querschnittsformen, Baustoffe u. dergl. spiegeln sich hier wider [13]. Offensichtlich haben diese Strombuhnen und die Entwicklung von „sandfangenden" Brandungsbuhnen an der sandigen Brandungsküste nicht den gewünschten Erfolg gehabt. Die Buhnen werden bei Sturmfluten so weit überstaut, daß die Brandungswellen praktisch unbeeinflußt gegen die Steilwand der Mauer und der Kliffs prallen, den Sand in Bewegung bringen und fortschaffen. Es besteht allerdings kein Zweifel darüber, daß der vom Strand, von den Kliffs der Steilufer und der Dünen abgetragene Sand nach jeder Sturmflut oder Sturmflutreihe dazu beiträgt, irgendwo den Strand wieder neu aufzubauen.

Die Brandungskräfte werden am Weststrand von Sylt noch dadurch verstärkt, daß der Unterwasserstrand verhältnismäßig steil gegen die Insel ansteigt, z. T. liegt die 10-m-Tiefenlinie nur etwa 2 km vom Strand entfernt.

Den verantwortlichen Küsteningenieuren stellen sich nun folgende Fragen: Was würde geschehen, wenn das gesamte Westufer von Sylt befestigt, d.h. verfelst wäre? Würde der Strand dann allmählich vollständig fortgeschwemmt werden? Findet ein Sandtransport von der Nordsee zum Strand hin statt? Ist es weniger oder mehr als der bekannte Verlust?

Seit Jahrzehnten sind deshalb Naturmessungen wie Wasserstände, Strömungen, Strandveränderungen sowie Untersuchungen durchgeführt worden. Die Forschungsgruppe Sylt des Marschenbauamtes Husum arbeitete 1936—1940 mit Schwerpunkt am Ellenbogen [6]. Im Rahmen einer umfassenden Veröffentlichung über das Wasserwesen an der schleswig-holsteinischen Nordseeküste entstand ein Sonderband Sylt [2].

Die Vorarbeitenstelle Sylt (1952—1955) setzte die Untersuchungen fort [7, 8]. Am hydraulischen Grundsatzmodell im Franzius-Institut der Technischen Hochschule Hannover erhielt man einen weiteren Einblick in die Bewegungsvorgänge der Brandungszone und in die Funktion der Strandbuhnen [5]. Das deutsche Schrifttum über Seebuhnen an sandigen Küsten wurde überprüft im Hinblick auf die Wirkung solcher Anlagen [10]. Einen weiteren Versuch am hydraulischen Flächenmodell, in dem die Wellen durch Wind angefacht wurden, führte die französische Versuchsanstalt Sogréah in Grenoble durch. Wenn auch gewisse Zweifel über die Naturähnlichkeit des Modells aufkamen, so ergab sich aus der Erfahrung der Versuchsanstalt ein System von T-förmigen Großbuhnen [11]. Dann folgte noch ein Modellversuch im Franzius-Institut, um die Wirkung eines Längswerkes aus etwa 50 m langen Senkkästen auf dem Riff ohne Landverbindung zu testen [3]. Die sehr hohen Kosten und die wahrscheinlich verstärkte Lee-Erosion an beiden Enden solcher Schutzsysteme ließen eine Verwirklichung dieser Vorschläge zurückstellen.

Um die natürliche Sandbewegung in der Brandungszone sicher beurteilen zu können, wurde ein Indikatorverfahren zur Messung der Kinetik, der Erosion und des Sandtransportes mit radioaktiven und fluoreszierenden Leitstoffen entwickelt und erprobt [1].

Im Jahre 1967 rückte man den Sylter Weststrand und sein Küstenvorfeld im Rahmen des Schwerpunktprogrammes der Deutschen Forschungsgemeinschaft Sandbewegung im deutschen Küstenraum in eine umfassende Forschungsarbeit. An dem Testfeld Sylt sind fast 20 Wissenschaftler und Ingenieure tätig, die Problemgebiete der Sandbewegung von verschiedenen Fachrichtungen beleuchten.

In Verbindung mit dem Testfeld Sylt hat man 1973 einen Großversuch unternommen [12]. Die Unterbilanz im Sandhaushalt sollte durch den Nachschub an Sand aus dem Watt östlich des Rantumbeckens ausgeglichen werden. Auf diese Weise wurde einerseits den Schutzwerken vor Westerland ein notwendiger Schutz gegeben und andererseits bot sich hier ein Untersuchungsobjekt an, das sich für eine sorgfältige Kontrolle des Strandes vor der Inbetriebnahme der Spülanlage, während des Spülvorganges und hinterher vorzüglich eignete [4].

Nach Vorlage aller Teilergebnisse und der abschließenden Bewertung werden neue Erkenntnisse für den Inselschutz gewonnen sein, die dann in die Praxis umgesetzt werden können.

Schrifttum

1. Dolezal, R., Petersen, M., Seibold, E. u.a.: Entwicklung und Untersuchung eines radioaktiven Indikatorverfahrens zur Messung der Kinetik, der Erosion und des Sandtransportes an sandigen Brandungsküsten. — Euratombericht 2167d, Brüssel 1965.
2. Fischer, O: Das Wasserwesen an der schleswig-holsteinischen Nordseeküste. II. Teil, Die Inseln, Bd. 7, Sylt, Berlin 1938.
3. Franzius-Institut der Techn. Hochschule Hannover: Modellversuche über Unterwasserwellenbrecher. Unveröffentl. Bericht vom 12. 6. 1963.
4. Führböter, A., Köster, R., Kramer, J., Schwitters, J., Sindern, J.: Sandbuhne vor Sylt zur Stranderhaltung. Die Küste 23 (1972) S. 1—62.
5. Gutsche, H.: Über den Einfluß von Strandbuhnen auf die Sandwanderung an Flachküsten (Diss.) — Mitt. d. Franzius-Inst. Hannover 20 (1961) S. 74—211.
6. Hundt, Cl.: Abbruchursachen an der Nordwestküste des Ellenbogens auf Sylt. — Die Küste 6 (1957), H. 2.
7. Lamprecht, H. O.: Brandung und Uferveränderungen an der Westküste von Sylt (Diss.) — Mitt. d. Franzius-Inst. Hannover, 8 (1955).
8. Lamprecht, H. O.: Uferveränderungen und Küstenschutz auf Sylt. — Die Küste 6 (1957) H. 2.
9. Muuß, U., Petersen, M.: Die Küsten Schleswig-Holsteins. Neumünster, 1971.
10. Petersen, M.: Das deutsche Schrifttum über Seebuhnen an sandigen Küsten. — Die Küste 9 (1961).
11. Sogréah: Insel Sylt — Schutz der Insel gegen Erosion — Unveröffentl. Bericht im Landesamt für Wasserhaushalt und Küsten, Kiel, vom Dezember 1964.
12. Wiedecke, W.: Sandvorspülungen vor Westerland. — Nordfriesland, Bd. 5, Nr. 17/18 (1971) S. 35—42.
13. Zitscher, F. F.: Kunststoffe für den Wasserbau — Verlag Wilh. Ernst u. Sohn, 1971.

VII. Küstenforschung als Aufgabe der niedersächsischen Wasserwirtschaftsverwaltung

Von Dipl.-Ing. **Günter Luck**, Norderney

Seit der Wende des ersten Jahrtausends werden die tiefliegenden Lebens- und Wirtschaftsräume der Nordseeküste vor den Kraftentfaltungen des Meeres durch Deiche geschützt. Aus den anfangs nur niedrigen, primitiven Erdwällen, die vorwiegend die sommerlichen Ernten vor Überflutungen schützen sollten, entstanden im Laufe der Jahrhunderte die modernen Küstenschutzwerke der Gegenwart. Begleitet war diese Entwicklung von dem Bemühen, der See sowohl neues Land zur landwirtschaftlichen Nutzung abzugewinnen, als auch hoch gelegenes Deichvorland zu schaffen, dessen Wert als aktiver Küstenschutz schon früh erkannt wurde.

Zur Sicherung der Deiche und — so vorhanden — ihrer Vorländer wurden Sonderbauwerke wie Deckwerke, Wellenbrecher o.ä. entwickelt, die vorzugsweise der Aufnahme von Primärenergien dienen. Seit der Mitte des vergangenen Jahrhunderts werden auch die den Küsten vorgelagerten Inseln in Lage und Bestand — insbesondere im Bereich ihrer Westköpfe — durch umfangreiche und massive Schutzwerke gesichert.

Mit dem Schutz der Küsten gegen die äußeren Kräfte wurde es notwendig, das hinter den Deichen zutretende Binnenwasser schadlos abzuführen. Hierzu sind Siele in die Deiche eingefügt worden, welche bei niedrigen Außenwasserständen den Abfluß des Binnenwassers ermöglichen. Die steigenden Ansprüche und die intensive Nutzung landwirtschaftlicher Bodenflächen führten in jüngerer Zeit zur Anlage zahlreicher Schöpfwerke, die unabhängig vom Außenwasserstand die in ihrem Einzugsbereich liegenden Flächen entwässern können.

Als die geschilderte Entwicklung vor rund 1000 Jahren einsetzte, wurde das Küstengebiet mit einer Hypothek belastet, die seither von Generation zu Generation erneut zu verzinsen ist. Beinahe in jedem Jahrhundert waren die Küstenschutzwerke — häufig sogar mehrfach — der stärksten Beanspruchung durch Sturmfluten ausgesetzt und wurden streckenweise entweder gänzlich zerstört — wie etwa während der Allerheiligenflut von 1570 oder der Weihnachtsflut von 1717 — oder so stark beschädigt, daß die Instandsetzung zumindest in Teilbereichen beinahe einer völligen Neuerstellung gleichkam. Diese in früheren Zeiten oftmals als Zuchtrute Gottes empfundenen Ereignisse führten unsere im Schutz der Deiche siedelnden Vorfahren oft genug an die Grenze ihrer wirtschaftlichen Leistungsfähigkeit und erschütterten infolgedessen auch mehrfach das soziale Gefüge der Gemeinschaften, in denen sie lebten.

Aber auch Fehlkonzeptionen, die in Ermangelung gesicherter Erkenntnisse etwa in der Landgewinnung oder später im Inselschutz entwickelt wurden, führten zu Rückschlägen und Fehlinvestitionen, die häufig genug noch nachfolgende Generationen zusätzlich belasteten. Es wäre unrichtig, hieraus schließen zu wollen, daß die Deichbaumeister des Mittelalters bzw. der frühen Neuzeit ihre Schutzwerke mehr oder weniger unorganisch in die Landschaft eingefügt hätten. Sie nahmen im Gegenteil vergleichsweise beachtliche Untersuchungen — etwa des Baugrundes, der Erdstoffe oder der Wasserstände — vor, die sie als Planungsgrundlage verwandten. Mangels apparativer Möglichkeiten gelang ihnen jedoch nicht der forschende Vorstoß in das Küstenvorfeld, und die Kenntnis der Wechselwirkungen — etwa zwischen Morphologie des Wattes und der Beanspruchung ihrer Schutzwerke — blieb ihnen zunächst verschlossen.

Erst zu Beginn des 20. Jahrhunderts trat hier durch die Arbeiten Schüttes, Wildvangs und Krügers ein Wandel ein, der gleichzeitig zu einer Systematisierung der Erforschung von hydrologischen und morphologischen Vorgängen im Küstenvorfeld führte. Die wenig später erfolgende Einführung neuer Meßgeräte — z.B. Echolot und Strommesser — erbrachte für Untersuchungen im nahen und ferneren Küstenbereich völlig neue Aspekte. Die hierdurch ermöglichte Ausweitung der forschenden Tätigkeiten von der Küstenlinie in größere Watt- und Seegebiete gestattete es, dem in vielen hydrologisch/morphologischen Vorgängen im Bereich der Küsten- und Inselschutzwerke wirksamen Initialgeschehen näher zu kommen. In der seitherigen Entwicklung gelang es somit zunehmend, Bauwerke des Insel- und Küstenschutzes in den größeren Zusammenhang räumlicher passiver wie aktiver Gestaltungsvorgänge zu stellen und dementsprechend auch die Wirkung baulicher Eingriffe in das natürliche Kräftespiel abzuschätzen.

Zur Ausführung so gearteter Untersuchungen und zur Beschaffung von Grundlagenmaterial für funktionelle Planungen im Insel- und Küstenschutz bedient sich die niedersächsische Wasserwirtschaftsverwaltung als Träger dieser Aufgaben ihrer 1937 ins Leben gerufenen „Forschungsstelle für Insel- und Küstenschutz" auf Norderney. Die Forschungsstelle, welche zunächst ausschließlich mit örtlichen Problemen des Inselschutzes auf Norderney und seit dem zweiten Weltkrieg auch auf den anderen ostfriesischen Inseln befaßt war, wird seit der Mitte der fünfziger Jahre im gesamten niedersächsischen Küstengebiet im Rahmen wasserwirtschaftlicher Aufgaben, die besondere hydrologische oder morphologische Grundlagen erfordern, eingesetzt.

Daß diese Grundlagen nicht etwa durch ein Wasserwirtschaftsamt oder allein mit herkömmlichen gewässerkundlichen Verfahren, wie sie aus der Binnenwasserwirtschaft bekannt sind, geschaffen werden können, sondern nur durch entsprechend ausgestattete Einrichtungen und unter aufgabenbedingten interdisziplinären Schwerpunktbildungen, ist in den natürlichen Bedingungen und in den besonderen Zielsetzungen des See- und Küstenwasserbaues begründet. Auch aus diesem Grunde wurde die Forschungsstelle Norderney als selbständige Einrichtung auf der Ebene der Wasserwirtschaftsämter in die niedersächsische Wasserwirtschaftsverwaltung eingegliedert und nimmt hier somit aufgabenmäßig eine entsprechende Sonderstellung ein.

Als Mitte der fünfziger Jahre das geographische Arbeitsgebiet der Forschungsstelle auf die gesamte niedersächsische Küste (außer Elbe) ausgedehnt wurde, waren es zwei Bereiche, in welchen bereits längerfristige Untersuchungen vorgenommen worden waren, auf die sie sich abstützen konnte: Das Gebiet um Norderney, in welchem die Forschungsstelle selbst tätig war, und das Jade-Wangerooge-Gebiet, das zunächst durch Krüger und Schütte und später durch Lüders eingehend bearbeitet wurde. Darüber hinaus lagen die grundlegenden Arbeiten über die Entstehung der ostfriesischen Inseln sowie die großräumigen Zusammenhänge im Bereich der ostfriesischen Riffbögen und Seegaten von Lüders und Walther vor. In den übrigen Küstengebieten konnte auf eine Reihe spezieller wertvoller Untersuchungen zu besonderen Problemen der Insel- und Küstenentwicklung zurückgegriffen werden, die vorzugsweise im Zusammenhang mit aktuellen Bauaufgaben entstanden waren.

Die wichtigste Voraussetzung aller küstenbezogenen Untersuchungen, die lückenlose topographische Bestandsaufnahme des Arbeitsgebietes zwischen Ems und Elbe, war jedoch nicht vorhanden. Aus diesem Grunde wurde schon bald die kartographische Erfassung des niedersächsischen Küstengebietes in einem Langzeitprogramm, das heute vor seinem baldigen Abschluß steht, eingeleitet. In zwei Kartenwerken, deren eines im Maßstab 1 : 25000 das gesamte niedersächsische Küstenvorfeld und die vorgelagerten Inseln umfaßt und deren anderes den Küstennahbereich im Maßstab 1 : 5000 wiedergibt, ist das Inventar morphologischer Großformen des Aufnahmezeitraumes nunmehr gesichert. Diese Arbeiten waren begleitet von Untersuchungen zur zeitlichen wie personellen Rationalisierung der Wattvermessung, die zu — heute allerdings noch nicht voll befriedigenden — Ergebnissen führten. Insbesondere wurde versucht, die gestellten Aufgaben im Zusammenwirken von terrestrischer und Luftbildvermessung zu lösen. Die hier angewandten Verfahren sind entwicklungsfähig.

Obwohl Kartierungsarbeiten allein noch nicht in den Bereich der Forschung eingeordnet werden können, ist mit diesen Karten nicht nur eine der wesentlichsten Hilfen für Küstenuntersuchungen geschaffen worden, sondern auch die Möglichkeit eröffnet, morphologische Gestaltungsvorgänge, die heute allenfalls qualitativ erfaßt werden können, späterhin nach entsprechenden Vergleichsmessungen auch quantitativ unter Kontrolle zu bringen.

Die Bestandsaufnahmen wurden im Verlauf der Untersuchungen der Forschungsstelle zu aktuellen Bauvorhaben auch auf die biologischen Verhältnisse des Küstennahbereiches ausgedehnt. Inzwischen sind zwei Drittel des küstennahen Wattes biologisch/ökologisch kartiert. Diese Arbeiten erhalten im Zusammenhang jüngerer Entwicklungen auf dem Gebiet des Umweltgeschehens ihren zusätzlichen Wert.

Im Rahmen von Untersuchungen zu lang- und mittelfristigen morphologischen Vorgängen der letzten 200 bis 300 Jahre gelang es, auch diese Arbeiten zu einem — ebenfalls kurz vor der Vollendung stehenden — Kartenwerk zu verdichten, in welchem ältere Zustände von Inseln, Watt und Küste ab 1650 dargestellt sind. Im gesamten Gebiet wurden Strömungsmessungen vorgenommen, die heute in vielen Bereichen ein verhältnismäßig abgerundetes Bild der Strömungsverhältnisse auf den niedersächsischen Watten vermitteln.

Wie erwähnt, wurden die topographischen Aufnahmen des niedersächsischen Küstenvorfeldes unabhängig von anderen Untersuchungsvorhaben in einem eigenen Langzeitprogramm abgewickelt. Die übrigen als Bestandsaufnahmen apostrophierten Arbeiten entstanden durchweg im Zusammenhang mit Untersuchungen zu Bauvorhaben des Insel- und Küstenschutzes und in einigen Fällen auch des Seeverkehrs, wobei allenfalls der Vollständigkeit halber flankierende Ausweitungen gezielt angesetzter Vorhaben notwendig waren.

Es würde im Rahmen dieser Ausführungen zu weit führen, auf die speziellen Untersuchungen der Forschungsstelle der vergangenen vier Jahrzehnte einzugehen oder gar die einzelnen Ergebnisse mitzuteilen. Immerhin handelt es sich um Arbeiten, die ihren Niederschlag in rund 250 Publikationen fanden, die durch Angehörige der Forschungsstelle in deren Jahresberichten oder in der Fachpresse der interessierten Öffentlichkeit zugänglich gemacht wurden.

Die Schwerpunkte der Untersuchungen waren durch die Aufgaben der niedersächsischen Wasserwirtschaftsverwaltung vorgegeben. Größere Untersuchungen wurden insbesondere auf folgenden Gebieten vorgenommen:

1. Binnenentwässerung. Die Schwierigkeiten der kontinuierlichen Messung des Sielzuges und des Förderstromes sind bekannt. Eine Beziehung zwischen Wasserstand und Abfluß, wie sie heute selbstverständliche Grundlage der Binnenhydrographie ist, gibt es in Tidegewässern nicht. Dieser Mangel wird vor allem in der wasserwirtschaftlichen Rahmenplanung für die Marschen empfunden. Im Rahmen zahlreicher Sielzugmessungen gelang es, ein Dauermeßverfahren zu entwickeln, das auf der Messung der Potentialdifferenz zwischen Binnen- und Außenwasserstand beruht und dessen apparative Ausführung im Zustand der Erprobung ist. Ein gleichermaßen einfaches Verfahren für die Messung des Förderstromes konnte noch nicht gefunden werden. Es sei darauf hingewiesen, daß die Pumpenkennlinie hierzu nicht geeignet ist, weil die in weiten Grenzen schwankenden Wirkungsgrade der Bauwerke hierin nicht eingehen.

2. Außentiefs. Beinahe alle Außentiefs der niedersächsischen Küste wurden in der Vergangenheit auf Lage- und Querschnittsstabilität untersucht. Diese Untersuchungen wurden erforderlich im Hinblick auf gestiegene Forderungen des Schiffsverkehrs und der Binnenentwässerung. Es wurde festgestellt, daß die räumende Wirkung des Sielzuges und des Förderstromes allgemein überschätzt wird und die Außentiefs weit überwiegend aus den Watteinzugsgebieten heraus gestaltet werden. Die überkommene Vorstellung, daß durch Spülfelder oder -becken und den dadurch vermeintlich erhöhten Abfluß eine günstige Wirkung auf die Querschnittsgestaltung der Außentiefs erreicht werden könne, wurde nirgend bestätigt gefunden.

Eine größere Bedeutung für den Querschnitt ist dem in den Tiefs verlaufenden Schiffsverkehr beizumessen. Aber auch hier sind Grenzen gesetzt, und es ist mit Sorge zu beobachten, daß bei Kutterneubauten häufig Tiefgänge angestrebt werden, die auf die Verhältnisse der Wattfahrwasser keinerlei Rücksichten mehr nehmen.

3. Küstenschutz. Die Untersuchungen im Rahmen des Küstenschutzes erstreckten sich auf die Deutung von Ursache und Wirkung z.B. von Abbruchserscheinungen der Deichvorländer, von denen in jüngerer Zeit insbesondere die Wurster Küste stark betroffen war. Im Zusammenhang mit größeren Projektplanungen, die nach Realisierung tief in das Geschehen vor den Küsten eingreifen können — wie z.B. Dämme zu den Inseln, Hafenplanungen, Flugplätze im Watt, die in jüngerer Zeit mehrfach diskutiert wurden —, sind Untersuchungen angesetzt worden, in welchen die Wechselwirkungen zwischen baulichem Eingriff und Beanspruchung der Küstenschutzwerke abzuschätzen waren. In beinahe allen Abschnitten der niedersächsischen Küsten wurden seit etwa 20 Jahren Untersuchungen zu Erfolgsaussichten von Landgewinnungsvorhaben ausgeführt. Die räumlich und in der Zielsetzung unterschiedlich angesetzten Untersuchungen lassen eine zusammenfassende Pauschalisierung der erzielten Ergebnisse nicht zu.

4. Inselschutz. Mit bisheriger Ausnahme Baltrums wurden alle ostfriesischen Inseln im Zusammenhang mit Strand- und Dünenverlusten — insbesondere im Bereich ihrer Westenden — eingehenden Untersuchungen unterzogen. Im Rahmen dieser Aufgaben wurde versucht, die Gestaltungsvorgänge im Bereich der Inseln durch Entflechtung lang-, mittel- und kurzfristiger morphologischer Entwicklungen in größere räumliche und zeitliche Zusammenhänge zu stellen und einer kausalen Deutung zu unterziehen, um hieraus Vorstellungen zur Abwehr unerwünschter oder zur Unterstützung willkommener Erscheinungen entwickeln zu können. Die Ergebnisse dieser Arbeiten führten zusammenfassend zu der Erkenntnis, daß die häufig nur unter großem Aufwand mögliche starre Verteidigung jedes Quadratmeters Strand für die Gesamtentwicklung nicht vorteilhaft ist und einer elastischen Abwehr ungünstiger Vorgänge im Sinne des dynamischen Inselschutzes insgesamt auch unter zeitweiliger Aufgabe von schwachen Positionen der Vorzug zu geben ist. Daß dies nicht überall möglich ist, — wie etwa im Westen Norderneys oder vor Westerland auf Sylt — ist in den örtlichen Situationen begründet.

5. Ökologie/Biologie. Es wurde erwähnt, daß der niedersächsische Küstennahbereich ökologisch/makrobiologisch heute etwa zu zwei Dritteln untersucht und kartiert ist. Im Weserästuar wurden auch die Außenwatten entsprechend bearbeitet. Seit die Industrien und insbesondere die Chemiegiganten an das tiefe Wasser der Stromästuare drängen, wurde das Schwergewicht der biologisch/ökologischen Arbeiten in die industriellen Siedlungsbereiche verlagert und speziell im Wesergebiet eine umfangreiche Beweissicherung vorgenommen, die allein die Forschungsstelle über mehrere Jahre beschäftigt hat, ohne daß sie den Anspruch auf Vollständigkeit erheben könnte.

Neben diesen Schwerpunktarbeiten wurde eine Reihe von Untersuchungen ausgeführt, die weniger in die Zweckforschung als in die Grundlagenforschung eingeordnet werden müssen. Es handelt sich hierbei vor allem um Entwicklung und Erprobung von Geräten und Verfahren zur Untersuchung des Sedimenttransportes, Serienbefliegungen in Gebieten starker morphologischer Bewegung zur Erfassung räumlicher Gestaltungsvorgänge und ihres zeitlichen Ablaufes, Arbeiten über die Eigenschaften von Schlick im Zusammenhang mit Verlandungserscheinungen, bodenphysikalische Klassifizierung von Wattsedimenten, Erfassung und Deutung von Populationsfluktuationen auf dem Watt, Untersuchungen zur biogen bedingten Festigkeit von Wattböden und so fort.

Es liegt in der Natur der Sache, daß Untersuchungen im Küstenvorfeld wegen der besonderen Bedingungen einen hohen Aufwand an Personal und Zeit erfordern. Ein äußeres Zeichen der geleisteten Arbeiten ist das im Zusammenhang mit den bisherigen Forschungsvorhaben gesammelte und ausgewertete Datenmaterial, das — abgesehen von laufenden Arbeiten — sämtlich in den publizierten Untersuchungsberichten und Karten der Forschungsstelle enthalten ist. Um einen Eindruck über den Umfang der bisherigen Arbeiten zu vermitteln, seien daher einige Zahlen genannt:

Hydrometrische Messungen

Wattstrommessungen 1954—1972 (in 285 Positionen über durchschnittlich vier Wochen)	15 600 Tiden
Schaufelradstrommessungen 1949—1972 (in 170 Positionen über durchschnittlich zwei Wochen)	5 400 Tiden
Siel- und Schöpfwerkmessungen 1959—1970	135 Tiden

Vermessungen

Trigonometrische Einmessungen 1955—1972 zur Herstellung eines auch küstenfernen Festpunktnetzes	430 Punkte
gelotete Wattflächen 1955—1972	1 470 km^2
im Hin- und Rückweg nivellierte Profile auf Watt und Strand 1955—1972 in Gebieten, die mit dem Schiff nicht befahrbar sind	2 860 km
nivellierte Strecken für Höhenanschluß von Pegel- und Höhenfestpunkten 1955—1972	1 660 km

Biologische und ökologische Untersuchungen

Biologisch sowie sedimentologisch untersuchte und kartierte Wattflächen 1955—1970	1 000 km^2
Länge der biologischen Profile 1958—1965	1 730 km
faunistische Untersuchungen 1960—1972	800 Proben
Bodenproben 1957—1972	17 700 Proben
Korngrößenanalysen 1958—1972	14 500 Proben
Wasserentnahme (Salzgehalts-, *p*H- und O_2-Analyse) 1958—1972	48 000 Proben
Planktonuntersuchungen 1963—1972	980 Proben

Bodenphysikalische Untersuchungen

Bohrungen 1955—1972	730 Proben
bodenphysikalische Kennwertbestimmungen	4 850 Bestimm.

Fahrstrecke der schwimmenden Fahrzeuge

1955—1972	rd. 250 000 km

Mit den geschilderten Arbeiten konnten wesentliche Einblicke in das Geschehen vor unseren Küsten gewonnen und viele Vorgänge in Ursache und Wirkung gedeutet werden. Vieles bleibt zu tun, und die Natur wird immer wieder zu neuen Aktivitäten herausfordern. Der Prozeß der Küstenbildung ist wahrscheinlich endlos, und tiefgreifende Ereignisse — wie etwa die Jahrhundert-Sturmfluten, deren letzte noch frisch im Gedächtnis haftet — werden immer daran erinnern, daß die Existenz des Lebens- und Wirtschaftsraumes Küste mit seinen rationalen wie irrationalen Werten keinesfalls eine Selbstverständlichkeit ist.

VIII. Seebautechnische Aufgaben und neuzeitliche Möglichkeiten ihrer Lösung

Von Dr.-Ing. E. h. Dr.-Ing. **Wolfram Schenck**, Hamburg[1]

In gleichem Maße, wie die Blicke der Menschheit immer mehr auf den Küstensaum und darüber hinaus in die offene See gelenkt werden, wachsen auch die Aufgaben, die sich dem Küsteningenieurwesen und Seebau stellen. Unter Berücksichtigung auch der Aufgaben in der Vergangenheit lassen sie sich heute in sechs große Gruppen unterteilen:

1. Alle Maßnahmen für den Küstenschutz und die Inselsicherungen. Dazu gehört auch die Land- und Strandgewinnung.

2. Erhaltung, Vertiefung und Sicherung der Schiffahrtswege. Als besondere Ingenieurbauwerke zählen hierzu Leitwerke aller Art, Leuchttürme und Radartürme.

3. Hafenanlagen für die Großschiffahrt in vorgeschobenen und extremen Lagen, als da sind Kaimauern und Umschlagbrücken für Öl- und Gastanker, Massengutfrachter u.a. Einer besonderen Betrachtung bedürfen die Fährbetten und Fähranleger für das immer dichter werdende Netz der Fährverbindungen. Auch der Bau von Seemolen, Wellenbrechern usw. wäre an dieser Stelle einzuordnen (Abb. 1).

4. Übersee-Brücken und Untersee-Brücken sowie Unterwassertunnel für Straßen und Eisenbahnen und zur Aufnahme von Leitungen aller Art (Düker).

5. Schaffung künstlicher Inseln im Küstenvorfeld und in der offenen See.

6. Offshore-Einrichtungen zur Erschließung der Reichtümer des Meeres und seines Untergrundes sowie die diesem Zweck dienende und sich in lebhafter Entwicklung befindliche Offshore-Technik.

Es ist ein gewaltiger Fächer von Aufgaben, der sich hier dem Ingenieur bietet und ihn herausfordert. Sehr oft gilt es, sich mit einem ganz neuen, fremden und befremdlichen Milieu vertraut zu machen, sich mit diesem auseinanderzusetzen und sich ihm anzupassen.

Abb. 1. Helgoland mit Hafenanlagen von Süden.

[1] Weitere Ausführungen mit zahlreichen Bildern finden sich in dem vom gleichen Autor verfaßten Beitrag „Ozeanographie und Seebau", der im Jahrbuch der Hafenbautechnischen Gesellschaft, 32. Band 1969/1971 veröffentlicht ist.

Hier wirkt die See mit ihrem ewig wechselnden Spiel und mit der unverminderten Kraft ihrer Wellen. Hier liefert die Tide mit dem gestirnabhängigen Auf und Ab der Wasserstände und den daraus resultierenden Strömungen und deren Wechsel Rhythmus und Takt. Hier können die Winde ungehindert einfallen und sich austoben und hier können Nebel und Eis Zustände schaffen, die die größten Probleme aufwerfen. Schon bei der Aufstellung der Bauwerkspläne müssen daher Wissenschaftler und Praktiker, Statiker, Konstrukteure und Bauausführende zusammenwirken, um die allgemeinen Verhältnisse und die Besonderheiten des Standortes soweit es geht zu erkunden, seine Möglichkeiten richtig einzuschätzen und diese bei der Konstruktion und den zu wählenden Bauverfahren zur Geltung zu bringen. Ich sage bewußt „soweit es geht", denn noch tappen wir in vielen Fragen im Dunkeln, z.B. was die Kraftwirkungen auf die Bauwerke betrifft, beispielsweise Wellendruck, Eisdruck, und noch fehlen uns manche Unterlagen über die hydrologischen Kennzeichen vieler betroffener Seegebiete (Abb. 2 und 3).

Der ausführende Ingenieur wird in erster Linie mit dem, was wir unter dem Sammelbegriff Wetter verstehen, konfrontiert. Um richtig disponieren zu können, ist es für ihn allerdings wichtig zu wissen, wie sich die Wetterverhältnisse nicht nur in den kommenden Stunden sondern Tagen entwickeln. Hier spielt die Wettervorhersage des Deutschen Wetterdienstes (Seewetteramt in Hamburg) eine entscheidende Rolle. Auch der Gezeiten-, Windstau-, Sturmflut-Warndienst als auch der Eisnachrichtendienst von seiten des Deutschen Hydrographischen Institutes in Hamburg ist für alle Arbeiten an und auf der See unentbehrlich.

Eine allgemeine Feststellung, die nie vergessen werden darf, auch nicht bei der Planung, sei hier eingefügt, nämlich die, daß alles, was der Mensch im Meer und an seinen Küsten durch künstliche Maßnahmen bewirkt, sofort eine vielfältige Rückwirkung auf die ozeanische Umgebung ausübt. Dies gilt gleichermaßen im großen wie im kleinen, und betrifft nicht nur Dauereinrichtungen, sondern genauso vorübergehende Maßnahmen, wie sie z.B. während einer Baudurchführung immer wieder getroffen werden müssen. Als Beispiel sei hier nur auf die vielfältigen Kolkerscheinungen verwiesen.

1. Küstenschutz

Zu den Küstenschutzbauwerken gehören in erster Linie die Seedeiche, Seebuhnen und vielerlei andere Küstenschutzbauwerke, wie z.B. auch Steinwälle und Steinvorlagen, zum Teil aus besonders geformten schweren Betonsteinen (z.B. Tetrapoden und Multipoden). Es gehören auch dazu die im Zuge der Deichlinie eingeordneten Siele, Sperrwerke, Hafentore und Schleusen (Abb. 5). Auch die Strand- und Landgewinnung kann als aktiver Küstenschutz angesehen werden.

Der Deichbau ist von der Entwicklung her eine rein empirische Kunst, d.h. die in Jahrhunderten gesammelten Erfahrungen aus der Praxis haben Schritt für Schritt zur Vervollkommnung der Technik geführt (Abb. 4). Erst innerhalb der letzten beiden Jahrzehnte hat sich auch die Wissenschaft ernsthaft mit den anstehenden Problemen befaßt und bereits wertvolle Unterstützung gegeben.

Deichbau ist auch heute noch vorwiegend Saisonarbeit, die möglichst in der schönen Jahreszeit abgewickelt werden sollte. Das Tempo der Baudurchführung spielt deshalb eine entscheidende Rolle.

Abgesehen davon, daß inzwischen die Leistungsfähigkeit der Geräte zur Gewinnung, Förderung und Verteilung des Bodens erheblich gesteigert werden konnte, ist die Weiterentwicklung in der Spültechnik für den heutigen Deichbau ausschlaggebend. Die große Kapazität der heutigen Saugbaggergeräte kann aber wiederum nur ausgenutzt werden, wenn geeigneter Sandboden für den Deichkern in angemessener Entfernung und Tiefe gewonnen werden kann. Korngröße und Kornaufbau sollen eine schnelle Wasserabgabe gewährleisten, so daß der gespülte Boden sofort belastbar und befahrbar wird. Aus der Erfahrung der letzten zwei Jahrzehnte hat sich ergeben, daß für eine Deichkernspülung mit sofort nachfolgender Profilierung und Andeckung ein feinsandiger Mittelsand ohne nennenswerte Schluffanteile am besten geeignet ist, wobei der Mittelsandanteil mindestens 30% betragen sollte. Dieses Material findet sich in der Deutschen Bucht, vorwiegend im Diluvium, in 25—40 m Tiefe, wo es von Kleischichten und schwachschluffigen Wattsanden überlagert wird.

Um also an deichbaufähige Sande in ausreichender Menge heranzukommen, wird man häufig in größere Tiefe vorstoßen müssen. Hierfür stehen neuerdings Geräte zur Verfügung, Grundsauger, mit denen der Sandboden bis zu einer Tiefe von 40 und 60 m gewonnen und gefördert werden kann. Dies wird dadurch erreicht, daß in der Saugeleitung in größerer Tiefe (16 m) zusätzlich eine Unterwasserpumpe vorgeschaltet und außerdem der Boden durch Wasserstrahlpumpen aufbereitet wird. Sand-Wassergemische von 1:1 (Raummaße), also mit einem Raumgewicht von 1,4—1,5 Mp/m^3 sind dann keine Ausnahme mehr.

Abb. 2. Brandung auf Sylt.

Abb. 3. Wolkenbildung an der Eider.

Abb. 4. Deichbau Hooksiel an der Außenjade 1971.

Abb. 5. Eidersperrwerk, fertiggestellt.

Abb. 6. Abschließung des Volkeraks (Deltaplan).

Abb. 7. Einschwimmen eines Durchlaßkastens.

Im übrigen haben auch beim Deichbau maschinelle Bauweisen und industrielle Fertigungstechniken weitgehend Eingang gefunden, gefördert durch die Einführung neuer Baustoffe, auch Kunststoffe, und ermöglicht durch gewisse Wandlungen in der Querschnittsgestaltung und im Aufbau des Deichkörpers. Es ist Aufgabe des neugebildeten Arbeitskreises Küstenschutzbauwerke, die hierbei gewonnenen Erfahrungen zu sammeln und zu sichten und ggf. Empfehlungen an die Fachwelt weiterzugeben.

Der wichtigste und entscheidendste Augenblick beim Deichbau ist immer noch der Deichschluß. Aber auch der Verbau von unter Tideeinfluß stehenden Meeresarmen und Mündungsgebieten stellt eine große Aufgabe. Dies sei an zwei Beispielen aus der jüngsten Vergangenheit vorgeführt:

Zunächst die Abschließung des Volkeraks bei Willemstad im Zuge des Deltaplanes in einer Breite von ca. 600 m im Frühjahr 1969. Sie wurde dadurch bewerkstelligt, daß 14 Stahlbetonkasten, davon 2 Landanschlußkasten und 12 Durchlaßkasten (plus 1 weiterer als Reserve), nacheinander eingeschwommen und auf die vorbereitete Sohle abgesenkt wurden (Abb. 6 und 7). Die 45 m langen, 15 m breiten und 13,30 m hohen sogenannten Durchlaßkasten trugen in ihrer Mitte Verschlüsse, die es ermöglichen, das Bauwerk nach Fertigstellung dichtzusetzen. Die Schwimmkästen waren in einem nahen Baudock hergestellt worden. Auf den Unterbau, der im Jahr zuvor gleichmäßig bis — 7 m NN hochgeführt worden war, mußte besondere Sorgfalt verwendet werden.

Anders wurde beim Schließen des ebenfalls 600 m breiten Purrenstromes, dem südlichsten und letzten Stück des Eiderdammes, im Jahr 1972 vorgegangen. Ein von der Firma Holzmann zum Patent angemeldetes Verfahren sollte es ermöglichen, den Verbauquerschnitt gleichzeitig auf ganze Länge stufenweise horizontal zu verbauen. Um sicherzustellen, daß sich der einzuspülende Sandboden auch ablagern kann und nicht bei der hohen Strömungsgeschwindigkeit von 1—2 m pro sec. weggetragen wird, wurden zuvor 2 durchlässige Wände aus gelochten Stahltafeln quer durch den Purrenstrom gezogen. Tragende Konstruktion waren 2 Reihen eingerammter Stahlpfähle, oben gegenseitig abgestützt. Die 1 m hohen Lochplatten wurden zwischen den Pfählen geführt und gleichlaufend mit dem Anwachsen des Dammes eingeschoben. Nach Modellversuchen im Franzius-Institut der TU Hannover ließ sich die beste Abschirmwirkung erzielen, wenn die Wände nicht mehr als 20 m auseinanderstehen — gewählt wurden aus ausführungstechnischen Gründen 16 m — und das Verbauverhältnis der Lochwände zwischen 20 und 30% liegt. Das Verfahren erfordert eine hohe Spülerleistung bei einem Boden mit mindestens 50% Mittelsandanteil. Außerdem muß das Spülgut unmittelbar über der jeweiligen Sohle eingebracht werden. Die Wassertiefe betrug bei Arbeitsbeginn etwa — 10 m NN, der Verbauquerschnitt somit ungefähr 4000 qm. Die beiden Pfahlwände nahmen gleichzeitig die Spülwagen sowie die Portalkrane für das Einfädeln der Lochtafeln auf. 25 Tage nach Spülbeginn war der Purrenstrom bei Niederwasser geschlossen, 20 Tage später war die MThw-Grenze erreicht. Etwa 1 Mio. m^3 Sandboden war inzwischen verspült worden (Abb. 8 bis 13).

2. Maßnahmen zur Sicherung der Seeschiffahrtsstraßen

Um die Häfen für die Großschiffahrt zugängig zu machen, sind Vertiefungsbaggerungen heute an der Tagesordnung. Ich erwähnte schon Fortschritte bei der Naßbaggertechnik, vor allem in Richtung Tiefenbaggerung, die heute bereits eine Bodengewinnung bis in 40 und 60 m Tiefe erlaubt. Damit kann man an günstige Bodenqualitäten herankommen, die für den Deichbau, den Straßenbau, Strandaufspülungen und Landgewinnung besonders gefragt sind. Aber auch die Vertiefung der Zufahrten, das Herstellen von Liegeplätzen für Supertanker erfordert Baggerungen bis zu 30 m unter SKN (das entspricht etwa den Verhältnissen beim 360000 tdw-Tanker); Dockliegegruben für Schwimmdocks, Dükergraben oder Absenkgraben für Unterwassertunnel erfordern bis zu 35 m unter SKN (Straßentunnel Aalborg).

Die moderne Schiffahrt erfordert auch neuzeitliche Navigationshilfen. Dazu gehören zum Teil unbemannte Leuchttürme und Radartürme. Nachdem die Ausstattung der küstennahen Bereiche vorgezogen war, werden solche Bauwerke immer weiter in die See hinaus projektiert, z. T. als Ersatz für noch vorhandene Feuerschiffe (Abb. 14). Je nach ihrem Einsatzort werden sie aus der maritimen Umgebung sehr unterschiedlich beansprucht und je nach der Forderung aus der Licht- und Radartechnik dürfen die Turmköpfe nur in mehr oder weniger engen Grenzen elastisch verschieblich sein oder schwingen.

Der Untergrund und die Meeressohle bestimmen darüber, ob flach oder tief gegründet werden muß. Im Ostseeraum, vor allem an der schwedischen Küste und im dänischen Inselraum, auch in der Kieler Bucht, werden Flachgründungen bevorzugt. Man bedient sich dort der Schwimmkasten-

Abb. 8. Verbau Purrenstrom am Eiderdamm, Schwimmrammen im Einsatz.

Abb. 9. Wand aus gelochten Stahltafeln.

Abb. 10. Spülwagen.

Abb. 11. Austritt des Spülgutes am Ende der Spülrohrleitung.

Abb. 12. Strömungswirbel oberhalb des Stromverbaues.

Abb. 13. Verbau hat die MThw-Grenze überschritten.

Abb. 14. Feuerschiff Elbe 2.

Abb. 15. LT Sjaellands Rev (1970/71).

Abb. 16. LT Alte Weser bei Flutströmung.

bauweise, die den Vorzug hat, daß das fast fertige Bauwerk an Land hergestellt und in der günstigen Jahreszeit eingeschwommen und bei 7—16 m Wassertiefe auf den vorbereiteten Fels- oder Moränenboden abgesetzt werden kann (Abb. 15). Hierher gehört auch die Teleskop-Schwimmkasten-Methode nach Patenten des schwedischen Ingenieurs Robert Gellerstad, die auch für den 1965 fertiggestellten Leuchtturm auf der Kish-Bank 10 sm östlich von Dublin in der Irischen See angewendet worden ist.

Das sind allerdings bevorzugte Verhältnisse, die für die Nordseeküste, vor allem die Strommündungsgebiete und die Wattenmeere, leider nicht zutreffen. Hier hat man es mit beweglichen Sohlen zu tun, die unter dem Einfluß der verschiedenartigsten Strömungen und Strömungswechsel, zum Teil auch aus Welleneinfluß, in ständiger Wandlung begriffen sind. Hierfür können nur Tiefgründungen in Betracht kommen. Ebenso dann, wenn nicht tragfähige Bodenschichten oberflächennah anstehen.

Es ist nun interessant zu beobachten, wie die technischen Probleme bei der Konstruktion wie bei der Bauausführung — beides muß unter den besonderen Bedingungen auf See als Einheit gesehen werden — in der Vergangenheit und Gegenwart gelöst worden sind. Hier kann ich allerdings nur einige kurze Streiflichter setzen.

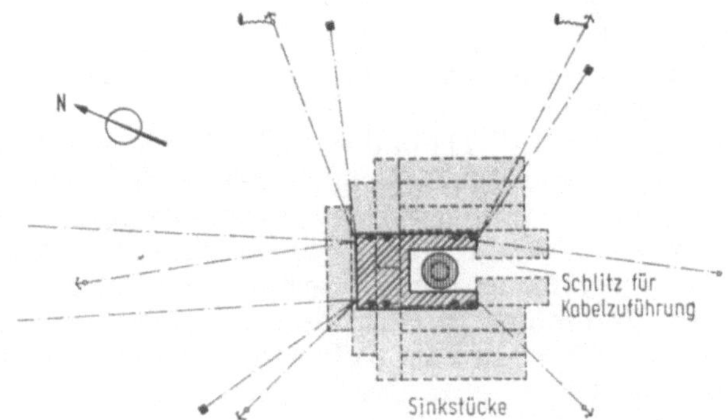

Abb. 17. Großflächige Sohlensicherung um den Turmfuß.

Abb. 18. LT Alte Weser, Aufsetzen der dritten Sektion (Turmkopf) auf den Schaft mit Hilfe einer Hubinsel.

Das Beispiel LT Alte Weser (1960—1963), als Ersatz für den LT Roter Sand, ist bekannt (Abb. 16). Es handelt sich um eine Brunnengründung, wobei der Turm in drei Sektionen vorgefertigt wurde, die mit Hilfe einer Hubinsel an Ort und Stelle aufeinandergesetzt worden sind. Um den Fuß befindet sich eine Sohlensicherung aus Sinkstücken in einer Ausdehnung von etwa 90 × 90 m (Abb. 17). Wie das Luftbild (Abb. 16) zeigt, bewirkt der Turm eine beachtliche Störung im Strömungsablauf der Tide derart, daß sich an den Enden der Sinkstücklage nachträglich bedeutende Kolke eingestellt haben, die einer ständigen Beobachtung bedürfen.

Im Seegebiet der Deutschen Bucht treten selbst in den Sommermonaten meist nur in einem Drittel der Zeit Wetterlagen mit Windstärken unter 4 ein. Außerdem gibt es kaum eine zusammenhängende Periode, in der nicht mit Sturm gerechnet werden müßte. Diese Umstände erzwingen Bauverfahren, die

weitgehend von der Vorfertigung an Land Gebrauch machen,
auch bei mittelstarken Winden bis zu 6 noch fortgeführt werden können,
bei kurzfristiger Sturmwarnung aber leicht zu unterbrechen sind,
über längere Zeit auch unabhängig von der Landversorgung sind,
und möglichst in einer Sommersaison mit den Arbeiten auf See abschließen.

Diesen Bedingungen kann durch den Einsatz einer Hubinsel als Arbeits- und Lebensbasis weitgehend entsprochen werden (Abb. 18).

Der im Jahr 1963 errichtete LT Kalkgrund in der Flensburger Förde wurde auf Pfählen gegründet unter Verwendung einer vorgefertigten Stahlbetonglocke als Baugrubenumschließung und Schalung für den Gründungskörper.

Auch der LT Friedrichsort (1969—1971) in der Kieler Bucht wurde auf Pfählen gegründet, und zwar im Schutz einer 1500 m² großen Insel, die gleichzeitig als Kollisionsschutz dienen soll.

In Holland hat man bei dem neuerdings errichteten Leuchtturm Goeree das an der Atlantik-Küste der USA meistgebrauchte Verfahren angewendet, das darauf beruht, daß ein vorgefertigter, aus Stahlrohren zusammengefügter Fachwerkkörper (Jacket) auf dem Meeresboden abgesetzt und mittels durch die Eckrohre gerammter Stahlpfähle im Untergrund verankert wird. Der Leuchtturmaufbau mit Plattform und Turm wird dann als vorgefertigte Einheit mittels eines großen Kranschiffes aufgesetzt (Abb. 19 bis 24).

Diese Konstruktionen sind verhältnismäßig weich und unseren Verhältnissen, bei denen mit Eisdruck oder Eisschub zu rechnen ist, nicht gewachsen. Dort, wo der Eisdruck eine entscheidende Rolle spielt, werden massive Formen bevorzugt, die im Eisangriffsbereich möglichst schlank gehalten sind. Ein Beispiel hierfür liefern die kanadischen Leuchttürme am St.-Lorenz-Strom, die außerdem durch eine kegelförmige Ausbildung des Gründungskörpers das Aufbrechen des Eises erleichtern.

Abb. 19. LT Goeree, fertiggestellt.

Abb. 20. Setzen des Jackets.

Abb. 21. Einfädeln der Verankerungspfähle.

Abb. 22. Einrammen der Verankerungspfähle.

Abb. 23. Aufsetzen der Plattform mit Kranschiff.

Abb. 24. Aufsetzen der Plattform.

Abb. 25. Containerkreuz Bremerhaven.

Abb. 26. Niedersachsen-Brücke Wilhelmshaven.

Wenn die für die nächsten Jahre geplanten Leuchttürme am Großen Vogelsand und am Gelbsand im Elbemündungsgebiet fertiggestellt sind, werden auch die Feuerschiffe Elbe 2 (Abb. 14) und Elbe 3 ihre Aufgabe erfüllt haben und eingezogen werden können.

3. Hafenanlagen in vorgeschobener und extremer Position

Zu den seebautechnischen Aufgaben, die sich uns neuerdings stellen, können auch die Hafenanlagen für die Großschiffahrt in vorgeschobener und extremer Position gerechnet werden. Mit dem Bestreben, die Fahrzeiten der Schiffe zu verkürzen und für die großen Schiffe die natürlichen, vorhandenen Tiefwasserrinnen auszunutzen, werden neue Hafen- und Umschlagsanlagen immer weiter seewärts geplant und ausgeführt. Die ein- und ausfuhrabhängige Großindustrie rückt nach und läßt sich ebenfalls im Küstensaum nieder.

Es handelt sich dabei im wesentlichen um offene Häfen, die also unmittelbar von See her zugängig sind. Sie stehen unter dem wechselnden Einfluß der Tide und den daraus resultierenden Strömungen und sind oftmals den Einwirkungen der See voll ausgesetzt. Als Beispiele aus jüngster Zeit an der Nordseeküste mögen genannt sein:

Die Tiefwasserhäfen an der Unterelbe bei Brunsbüttel und Bützfleth,
das Containerkreuz des Nordens in Bremerhaven (Abb. 25),
die Ölumschlagbrücken und die Niedersachsen-Brücke (Abb. 26) an der Außenjade bei Wilhelmshaven,
der Hafen Rotterdam-Europoort
sowie der geplante Vorhafen Hamburgs Neuwerk-Scharhörn.

Während Mitte der 50er Jahre die größten Einheiten der zivilen Schiffahrt noch Tiefgänge zwischen 9 und 10,50 m aufwiesen (Fahrgast-Schiffe Bremen und Europa, 10—10,50 m, das Regelfrachtschiff des Weltverkehrs mit 9000 bis 12000 tdw, etwa 9 m) liegen heute die Tiefgänge für den Massengutfrachter von 100000 tdw bei 15 m, für denjenigen von 250000 tdw schon bei 19—20 m und steigern sich beim 360000 tdw-Schiff bis auf 30 m.

Bei der 890 m langen Seekaje Europoort-Maasebene für Massengutfrachter bis 275000 tdw, die in diesem Jahr fertiggestellt werden soll, ist eine Wassertiefe von 21 m unter SKN garantiert. Das bedeutet, daß mit dieser Kaimauer ein Geländesprung von 26,60 m überwunden werden muß. Abbildung 27 zeigt die ähnlich gebaute Seekaje Europoort—Calandkanal und soll einen Eindruck von den Proportionen: Schiff — Verladebrücke — Kaimauer vermitteln. Ausführungstechnisch bieten sich dann keine außergewöhnlichen Schwierigkeiten, wenn, wie in Europoort (und wie es auch für Neuwerk-Scharhörn geplant ist), das betreffende Wattgelände möglichst lange vor Baubeginn hochwasserfrei aufgespült wird (etwa bis + 5,50 m NN), so daß die Kaimauern vom festen Gelände aus — also sozusagen im Trockenen — errichtet werden können, ggf. mit Unterstützung durch Grundwasserabsenkung.

Wie sehr die Ausgangslage die Bauweise beeinflußt, zeigt das Beispiel Bremerhaven. Hier sind ganz andere und viel schwierigere Verhältnisse und Probleme zu bewältigen. Wie diese für die Stromkaje gelöst worden sind, zeigt Abb. 28. Es handelt sich um eine mittels 30 m breiter Stahlbetonplatte teilüberbaute Böschung mit vorderer und hinterer Spundwand und einem sehr ausgeklügelten Entwässerungssystem. Die Platte ruht auf vier Reihen senkrecht stehender, stählerner Schwerlastpfähle und einer landseitig angeordneten stark gespreizten Pfahlbockreihe, ebenfalls aus Stahlpfählen. Neuartig die sogen. Wellenkammer, ein Vorschlag des Franzius-Institutes, die den Zweck hat, die Kajenoberfläche vor überschlagenden Sturmflutwellen zu schützen.

Der Bau der Stromkaje in Bremerhaven ist ein Schulbeispiel dafür, wie sich eine Konstruktion aus den Erfordernissen der Baustelle und den Möglichkeiten der Baudurchführung unter Berücksichtigung der marinen Umwelt und bei Einhaltung fester Termine entwickelt (Abb. 29).

In diesem Zusammenhang sind auch die Verladebrücken für Großschiffe zu behandeln, die am seeschifftiefen Wasser errichtet und mit dem Land über oft kilometerlange Zufahrtsbrücken verbunden sind. Beispiele aus jüngster Zeit liefern die Ölumschlagbrücken für die NOK und Mobil Oil sowie die Niedersachsen-Brücke (Alusuisse) in Wilhelmshaven sowie aus dem Ausland die Verladebrücke El Aaiun in Spanisch-Marokko oder in Sheiba, Kuweit, im Persischen Golf. Anstelle der Pfeiler treten hier Pfahljoche mit 2 oder mehr Pfählen, die im Abstand von 20—40 m stehen. Jochbalken und Brückenüberbauten bestehen aus vorgefertigten Konstruktionen in Stahlbeton oder Stahl, die mit Großschwimmkranen oder mit Spezialvorbaugeräten versetzt werden. Auch vorgefertigte Großformschalungen aus Stahlbeton für den Einbau von Ortbeton bei stark gegliederten Querschnitten der Verlade-Brücken finden hier Anwendung (z.B. Niedersachsen-Brücke).

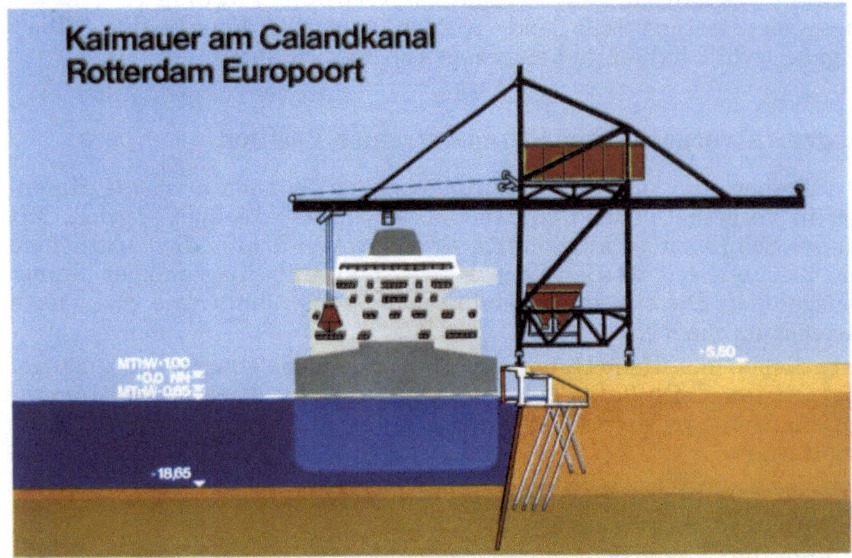

Abb. 27. Europoort, Kaimauer am Caland-Kanal, Querschnitt.

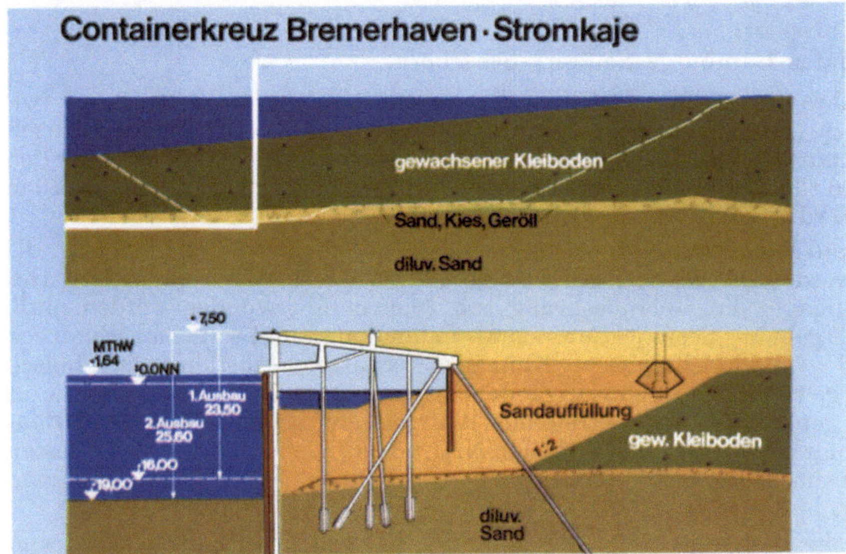

Abb. 28. Containerkaje Bremerhaven, Querschnitt, Ausgangszustand und Fertigzustand

Abb. 29. Containerkaje Bremerhaven im Bau.

Abb. 30. Kleine Belt-Brücke, Gesamtansicht.

Abb. 31. Kleine Belt-Brücke, Untersicht.

4. Überseebrücken, Unterseebrücken sowie Unterwassertunnel

Die Überführung von Straßen und Eisenbahnlinien von Festland zu Festland über See entweder über Brücken oder durch Tunnel liefert weitere interessante Aufgaben für den Seebau. Bekannt sind die großen Seebrücken-Projekte im dänisch/schwedischen Raum, wobei die Kleine-Belt-Brücke (Abb. 30 und 31) und z.B. auch die 6 km lange Brücke zur Insel Öland in Schweden bereits vollendet sind. Eine interessante Lösung bietet auch die 1963/66 errichtete 5 km lange Oosterschelde-Brücke im holländischen Deltagebiet. Außerdem beeindrucken immer wieder die Brücken und Tunnel zur Überwindung der 30 km breiten Chesapeake Bay am Atlantik.

Brückenpfeiler in der offenen See werden in der Regel tief gegründet, zumeist auf Pfählen, gelegentlich auf Caissons, manchmal auch als Kombination von beiden, wie z.B. bei der Kleinen-Belt-Brücke. Tiefgründungen sind auch deshalb zu bevorzugen, weil die neuzeitlichen weitgespannten Überbausysteme absolut sichere und möglichst setzungsarme Pfeilerbauwerke verlangen.

Bei der zur Zeit im Bau befindlichen rd. 8,8 km langen Brücke über die Guanabara-Bucht bei Rio de Janeiro wird die Gründung der Doppelpfeiler an den Schiffahrtsöffnungen jeweils auf einer gemeinsamen Pfahlrostplatte von 3,50 m Dicke ausgeführt. Die Platte ruht hier 1 m unterhalb des mittleren Meerwasserspiegels auf 40 parallelen, senkrecht stehenden Großbohrpfählen von 1,80 m ⌀, Bei 22 m Wassertiefe ist die Hauptschiffahrtsöffnung 300 m weit. Anders als bei der Maracaibo-Brücke in Venezuela oder bei der Verladebrücke El Aaiun in Spanisch-Marokko, bei welchen Spannbeton-Großrohrpfähle (von 1,35 bzw. 2,50 m ⌀) als Fertigpfähle in Bohrungen eingestellt und verpreßt wurden, handelt es sich hier um die Verwendung von Großbohrpfählen. Die Bohrlöcher für die Pfähle (2,20 m ⌀, 30—50 m tief) werden im Drehbohrverfahren mit Saugförderung hergestellt, wobei das Lufthebebohrverfahren angewendet wird. Zur termingerechten Bewältigung der Arbeiten werden 3 Hubinseln eingesetzt, auf welchen jeweils 2 Bohranlagen verschieblich angeordnet sind.

Brückenpfeiler auf hohen Pfahlrosten mit parallel stehenden senkrechten Pfählen sind naturgemäß gegen Seitenstoß empfindlicher als z.B. massive Pfeiler. Sie werden deshalb vorwiegend in solchen klimatischen Verhältnissen bevorzugt, die einen Eisschub ausschließen. Da es trotz der großen lichten Weite der Brückenöffnungen immer wieder vorkommt, daß Schiffe vom Kurs abeilen und zu Havarien mit den Pfeilern führen, sind für diese Konstruktionen besonders schwere Fenderanlagen vor den Hauptpfeilern der Schiffahrtsöffnungen oftmals unerläßlich.

Ein Beispiel aus jüngster Zeit (1971) für die Anwendung einer Caisson-Gründung liefert der Bau der Straßenbrücke über die Eider bei Tönning. Die Baustelle befand sich im Deichvorland im Sandwatt und war dem Einfluß der Tide voll ausgesetzt. Die mittleren Klappenpfeiler und andere wurden im Druckluftverfahren abgesenkt. Wegen der Unzugänglichkeit und Exponiertheit der Baustelle waren die Stahlbeton-Caissons auf großen Schwimmprahmen auf einem Bauhof in Borgstedt am Nord-Ostsee-Kanal vorgefertigt worden. Auf einem Seetransport von über 100 Seemeilen wurden sie in die Eidermündung geschleppt und dort von einer zuvor in Position gebrachten Hubinsel übernommen und abgesetzt. Sie wurden von der Hubinsel so lange gehalten und geführt, bis die durch Kolkungen sich um 4 m vertiefende Sohle erreicht war und der Kasten unter Druckluft soweit abgesenkt worden war, daß er einen festen Stand hatte (Abb. 32 und 33).

Leider reicht die verfügbare Zeit nicht aus, um auch die Untersee-Tunnel und die verschiedenartigen Projekte für Untersee-Brücken anzusprechen.

5. Schaffung künstlicher Inseln im Küstenvorfeld und in der offenen See

Zu den besonderen neuzeitlichen seebautechnischen Aufgaben gehört auch die Errichtung künstlicher Inseln. Je nach ihrer Zweckbestimmung liegen sie entweder im Küstenvorfeld — bei uns also z.B. im Wattenmeer — oder in der freien See, d.h., im flachen oder im tiefen Wasser, wobei für die südliche und mittlere Nordsee, speziell auch für die Deutsche Bucht, mit Tiefen von etwa 20 bis 30 m unter SKN zu rechnen ist.

Wenn man von Sinn und Zweck solcher künstlichen Inseln ausgeht, wird man unterscheiden müssen:

5.1 Bauinseln

Das sind Inselanschüttungen vorwiegend im Küstenvorfeld, im Wattenmeer, mit sturmflutsicheren Ringdeichen für die Errichtung von Bauwerken aller Art im Trockenen, erforderlichenfalls unter Grundwasserabsenkung, die nach Errichtung des Bauwerkes wieder beseitigt werden.

Abb. 32 u. 33. Eiderbrücke Tönning. Absenken der Caissons für die Pfeilergründung mit einer Hubinsel.

Bekannt vor allem die Bauinseln im Zuge der Verwirklichung des holländischen Deltaplanes, z. B. für die Errichtung des Haringvliet und bei uns die Bauinsel für das am 20. 3. 1973 eingeweihte Eidersperrwerk (Abb. 34) sowie das z. Z. im Bau befindliche Sperrwerk an der Stör.

Solche Bauinseln sind also Mittel zum Zweck, nämlich zu ermöglichen, daß große Tiefbauwerke über Jahre hinweg und ohne wesentliche Beeinträchtigungen aus der ozeanischen Umgebung mit der größtmöglichen Sicherheit, auch im Hinblick auf feste Termine, durchgeführt werden können. Sie stellen für sich selbst zwar ebenfalls bedeutende Seebauaufgaben dar, die aber im wesentlichen nach den Grundsätzen der unter Ziffer 1 behandelten Seedeiche errichtet werden können.

5.2 Inseln für die Errichtung von Vorhäfen, für die Ansiedlung umweltfeindlicher Industrien, Kernkraftwerke, Flughäfen u. a.

Das deutsche Projekt Neuwerk-Scharhörn als Vorhafen Hamburgs mit bedeutenden Industrieansiedlungsflächen und einem Tiefwasserhafen für 20 m unter SKN kann ich als bekannt voraussetzen.

Es gibt aber außerdem heute schon ernsthafte Projektstudien, die sich mit der Schaffung von künstlichen Inseln in Größen bis zu 1500 ha in der Nordsee befassen. Hier sei auf das Sea Island Projekt der Bos Kalis Westminster Dredging Group verwiesen, das eine solche Insel vor der holländischen Küste bei etwa 20—30 m Wassertiefe vorsieht mit dem Ziel, umweltfeindliche Industrien, Kernkraftwerke, Meerwasserentsalzungs-Anlagen, Müllverwertungsstätten u. a. aufzunehmen (Abb. 35). Solche Pläne sind heute keine Utopien mehr und mit den Mitteln der modernen Seebautechnik ohne weiteres zu bewältigen, wobei natürlich sehr leistungsstarke Geräteeinheiten für die Bodengewinnung, Antransport und Verteilung erforderlich sind. Die zu verklappenden und zu verspülenden Sande müssen allerdings vorwiegend mittelsandig sein, um Unterwasserböschungen in den Neigungen 1:50 bis 1:25 einhalten zu können.

Problem Nummer 1 wird also die Beschaffung dieser großen Massen ausgewählten Bodens sein. Hier wird ebenfalls wieder die Erschließung tiefliegender diluvialer Sande im Vordergrund stehen.

Für die Inselsicherung kann hierbei auf die bekannten Küstenschutzbauwerke zurückgegriffen werden, wenn man es nicht vorzieht, zumindest auf der am wenigsten gefährdeten Seite (Leeküste) die Unterwasser-Sandböschung ungeschützt stehenzulassen. Auf der dem Wellenangriff besonders ausgesetzten Seite werden dagegen schwere Verteidigungsbauwerke errichtet werden müssen. Allerdings besteht heute vielerorts eine große Neigung, auch auf der Luvseite keine schweren Befestigungen vorzunehmen, sondern lediglich ein Sanddepot vorzuspülen, das im Laufe der Zeit durch die See abgetragen werden kann, um später wieder nachgespült zu werden.

Abb. 34. Bauinsel für das Eidersperrwerk im Entstehen.

Es ist verständlich, daß die qm-Kosten solcher künstlich angeschütteten Inseln mit wachsender Flächengröße fallen, wie aus dem Bild deutlich zu ersehen ist, das gleichzeitig auch den Einfluß der Wassertiefe wiedergibt (Abb. 36).

Es gibt auch Projektstudien schwedischer, französischer und italienischer Unternehmen für große Stahlbeton-Inseln, die als Plattformen für Funk- und Fernsehstationen, für Kernkraftwerke, für die Förderung, Zwischenlagerung und den Umschlag von Öl und Erdgas sowie als Ausgangspunkt von Pipelines u.a. verwendet werden sollen. Hierüber wird bei den Offshore-Einrichtungen zu sprechen sein.

5.3 Übergangsinseln

Eine Spezialaufgabe für künstliche Inseln in der tiefen See haben die **Übergangsinseln** von Überseebrücken zu Unterwassertunneln. Meines Wissens gibt es hierfür erst eine Ausführung, nämlich beim Bau der Chesapeake-Bay-Brücke und -Tunnel an der Ostküste der USA im Jahr 1962/63 (Abb. 37). Der aus Brücken, Dämmen und zwei Tunneln bestehende Verkehrsstrang verläuft in einer Länge von über 30 km quer durch die Mündung des stürmischen Chesapeake Bay an der Grenze zum Atlantik. Vier künstliche Inseln, jeweils 440 m lang und 70 m breit, schaffen den Übergang zwischen Brücken und zwei Tunneln, die die beiden großen Schiffahrtswege unterfahren. Man will damit den größten amerikanischen Marinehafen an der Ostküste des Landes, Norfolk, von einer Blockade durch zerstörte oder havarierte Brücken freihalten. Wie richtig diese Entscheidung war, zeigen die wiederholten Havarien der Schiffahrt mit der bestehenden Brücke, die m.W.

Abb. 35. Sea Island Projekt der Bos Kalis W.D.G.

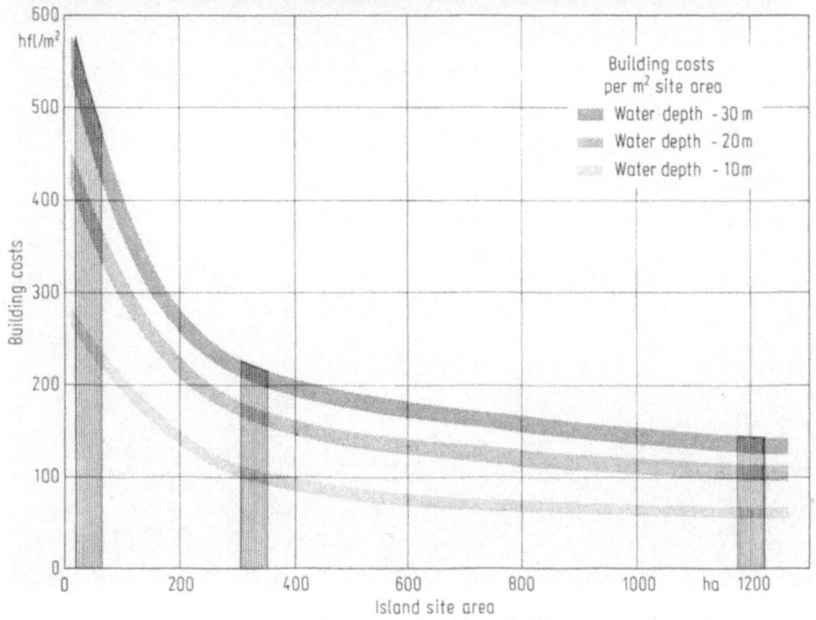

Abb. 36. Baukosten für das Sea Island Projekt der Bos Kalis W.D.G.

bereits zum 6. Mal eingetreten sind. Die künstlichen Inseln wurden durch eine Sandaufspülung zwischen Schüttsteindämmen geschaffen, wobei die Sicherung der Böschungen durch 20-t-Steine geschah. Dieses Bauwerk bietet gleichzeitig ein gutes Beispiel für Überseebrücken und Unterwassertunnel.

5.4 Künstliche Inseln für Tiefwasserhäfen

Als letzte Gruppe möchte ich künstliche Inseln zur Schaffung von Hafenanlagen an Tiefwasserrinnen in der offenen See für die Zwecke der Großschiffahrt ansprechen.

Häfen, die nach allen Seiten gegen Wind und Wetter Schutz bieten, bezeichnet man oft auch als Atollhäfen oder künstliche Atolle in Anlehnung an die ringförmigen Koralleninseln der Südsee. Im Hinblick auf die Abfertigung auch der größten projektierten Schiffseinheiten, der Massengutfrachter bis zu 1 Mio tdw, werden Wassertiefen bis über 38 m unter SKN benötigt. Bekannt ist die Diskussion über einen Tiefwasserhafen südöstlich von Helgoland am Ende einer 30 m-Rinne, die um Schottland herum bis in die Deutsche Bucht hineinführt.

Darüber, wie diese sogenannten Tiefwasserhäfen einmal wirklich aussehen und welche Konstruktionsprinzipien und Ausführungsverfahren zur Anwendung kommen werden, gibt es heute schon bestimmte Vorstellungen, die sowohl von festen als auch von schwimmenden Lösungen ausgehen. Bei allen diesbezüglichen Fragen werden Wassertiefe, Beschaffenheit der Meeressohle und des Untergrundes sowie die See- und Wetterbedingungen für die Auswahl maßgebend sein. Im Falle festgegründeter, massiver Bauwerke werden vorwiegend große vorgefertigte Einheiten,

Abb. 37. Brücken-Tunnel Chesapeake Bay, Flugzeugträger Forestal.

z. B. Stahlbetonkasten, die eingeschwommen und auf der vorbereiteten Meeressohle abgesetzt werden, in Betracht kommen. Vergleichbare Beispiele liefert der Bau von Seemolen.

Ein ganz kleines Beispiel für einen solchen Hafen, der durch abgesenkte Schwimmkasten gebildet wird, liefert der Lotsenhafen für den Bereich der Kieler Förde, der in Verbindung mit dem Neubau des Leuchtturmes Kiel geschaffen worden ist (Abb. 38). Auf Grund von Modellversuchen bei der Berliner Versuchsanstalt für Wasser- und Schiffsbau ist das Turmfundament winkelförmig mit 50 m Schenkellänge ausgebildet worden und hat somit die Form eines kleinen Inselhafens, der gegen die Hauptwellenrichtung von Nordosten geschützt liegt.

6. Offshore-Einrichtungen

Als letzte Gruppe der seebautechnischen Aufgaben hatte ich die Offshore-Einrichtungen zur Erschließung der Reichtümer des Meeres und seines Untergrundes genannt. Es geht dabei um die Erschließung und Ausbeutung der Lagerstätten für Rohstoffe aller Art, z.Z. besonders von Erdöl und Erdgas, auch die Sand- und Kiesgewinnung. Im Ostseeraum hat man solches seit eh und je praktiziert; ich erinnere nur an das Fischen von Ostsee-Findlingen zu Uferschutzmaßnahmen.

Die Offshore-Maßnahmen sind nicht nur auf den verhältnismäßig flachen Festlandsockel und die Küstenmeere beschränkt, sondern erstrecken sich ebenso auf das tiefe Meer. In den letzten Jahren ist die Nordsee zu einem der interessanten Gebiete für die Gewinnung von Erdöl und Erdgas geworden. Abbildung 39 zeigt die derzeit erbohrten Erdöl- und Erdgas-Vorkommen mit den bekannten Förderanlagen EKOFISK (Norwegen), FORTIES und BRENT (England), dem derzeit nördlichsten Feld. Das Bild zeigt auch die international festgelegten Bereichsgrenzen für die Anliegerstaaten der Nordsee, wobei der sehr bescheidene Anteil der BRD besonders ins Auge fällt.

Wer sich in solchen Seegebieten einrichten will, muß zunächst einmal die maritime Umwelt genau kennen. Und hier beginnen schon die ersten Schwierigkeiten. Selbst über so einfach erscheinende Fragen wie z.B. Wellenhöhe besteht allenthalben große Unsicherheit. Beobachtungen vom Schiff aus sind meist irreführend. Der vom Feuerschiff P 8 (am Elbe-Humber-Weg) beobachteten größten Wellenhöhe mit 9,50 m wird von den Wissenschaftlern auf Grund theoretischer Überlegungen eine Jahrhundertwelle von 15 m zugeordnet. Beim Ekofisk-Feld wurde eine höchste Welle von 18,60 m gemessen. Extrapoliert auf die Jahrhundertwelle ergeben sich hier 28,30 m. Für das Brent-Feld im Norden wurde die 50-Jahreswelle mit 30 m Wellenhöhe errechnet und den Bemessungen zugrunde gelegt. Das sind Werte, die für die Nordsee bislang unvorstellbar waren. Allerdings gilt die Nordsee als eines der rauhesten Seegebiete der Welt, was sich dahingehend auswirkt, daß Offshore-Einrichtungen, die für die Nordsee bestimmt sind, das Vielfache derjenigen kosten, die z.B. in der Mexikanischen Bucht zum gleichen Zweck und bei gleicher Wassertiefe eingesetzt werden. In jedem Falle ist es falsch, Verfahren und Daten, die in einem Seegebiet gewonnen werden, kritiklos auf die Verhältnisse beim anderen zu übertragen. Außerdem ist in

Abb. 38. Lotsenhafen LT Kiel.

einer marinen Umgebung der größte Teil der auf ein Bauwerk einwirkenden Belastungen von periodisch schwingender Natur. Schwingungen im Bauwerk können nicht nur durch die Wellenbewegungen und den Windeinfluß entstehen, sondern auch durch die Ablösung von Wirbeln und das Auf- und Absteigen der Wasseroberfläche am Bauwerk während eines Wellendurchganges. Fragen der Sicherheit gegen Ermüdungsbruch stehen mit im Vordergrund. Wer es heute unternimmt, solche Bauwerke zu entwerfen und zu berechnen, wird feststellen müssen, daß es auf viele Fragen keine exakten Antworten gibt. So ist es kein Wunder, daß heute noch das Offshore-Bauen mehr als Kunst gilt denn als Wissenschaft. Erfahrung ist hier alles. Die Ozeanographen, die Küsten- und die Meeresforschung stehen jedenfalls noch vor großen Aufgaben, die am besten durch Feldbeobachtungen gelöst werden können. Dazu werden aber feste Träger zur Aufnahme der Meßgeräte geschaffen werden müssen.

Hier zeichnen sich zwei interessante Vorhaben des Bundesministeriums für Forschung und Technologie ab,

einmal die Einrichtung einer rd. 560 m langen Meßbrücke vor der Insel Sylt quer durch die Brandungszonen der Westküste nördlich von Rantum

und der Bau einer Forschungsplattform in der Nordsee etwa 40 sm nordwestlich von Helgoland bei etwa 30 m Wassertiefe.

Die Lage der beiden Vorhaben ist im Bild ebenfalls angegeben. Schon diese relativ kleinen Bauaufgaben sind ausführungstechnisch schwierig und riskant.

Der Entwurf und Bau von Bohrinseln und Produktionsplattformen, die je nach Wassertiefe entweder feststehend oder schwimmend ausgeführt werden, ist bisher eine Domäne weniger, hauptsächlich US-Amerikanischer Ingenieurbüros und einiger ausländischer Werften. Die deutsche Werftindustrie hat neuerdings in bescheidenem Maße den Anschluß gefunden (Abb. 40).

Für dieses und die kommenden Jahre wird ein besonderer Auftrieb in der Nordsee erwartet. Etwa 46 Bohrinseln (Rig's) sind bereits im Einsatz oder für die Saison 1973/74 zur Lieferung in Auftrag gegeben. Davon sind rd. 75% Halbtaucher, ähnlich der SEDCO 135 F, die für die South Drilling Incorp., Dallas/Texas, bei Blohm & Voss für die Nordsee verstärkt und überholt wurde und im Forties-Feld eingesetzt wird (Abb. 41) oder die Transocean No 3, die bei den Howaldtswerken-Deutsche Werft (HDW) für die Transocean Drilling Company Ltd. gebaut wird und ähnlich konzipiert ist, wie die Transworld Rig 61 (Abb. 42). Eine andere halbtauchende Bohrinsel, die SCP III Mark 2 zeigt Abb. 43. Sie ist z. Z. bei Blohm & Voss durch die Offshore Company, Houston/ Texas in Auftrag gegeben. Es ist ein halbtauchender Katamaran mit Eigenantrieb (2 × 4000 PS, 8 Kn.). Die Schwimmkörper haben einen Durchmesser von 10,67 m (also ebenso groß wie die Schildvortriebsröhren beim Elbtunnel) und sind 115,37 m lang. Das Hauptdeck hat die Abmessungen 82 × 68 m und liegt 42,67 m über der Basis. Tiefgang 21,34 m. Das Gerät soll bei einer Wassertiefe bis zu 300 m eingesetzt werden.

Als Beispiel für eine feststehende Plattform bei einer Wassertiefe von etwa 140 m möge eine der für das Brent-Feld vorgesehenen Rig's dienen. Sie hat eine Gesamthöhe von 225 m. Das 12000 t schwere Jacket steht auf 6 Beinen und nimmt auf dem Meeresboden eine Fläche von 84 × 81 m ein. Die gesamte Plattform einschließlich Ausrüstung und Material wird etwa 40000 t wiegen. Im Frühjahr 1974 soll sie von Schottland über 350 sm zum Brent-Gebiet gebracht, dort aufgestellt und verankert werden.

Einen Größenvergleich zeigt Abb. 44; eine Bohr- und Produktionsplattform für das BP-Forties-Feld, in die Princes Street von Edinburgh übertragen.

Interessante Bauaufgaben ergeben sich für den Bauingenieur mit der Schaffung von feststehenden Speichertanks für Rohöl an den Gewinnungsstellen. Ein solcher Speichertank ist Teil eines vollständig autonomen Systems, das die gesamte Förderung, Zwischenlagerung sowie die Umschlagseinrichtungen für Öltanker umfaßt und gegebenenfalls auch als Ausgangsbasis für Pipelines dient.

Stellvertretend für viele Gedanken und Konstruktionsvorschläge möchte ich ein Bauwerk vorführen, das über die Planung längst hinaus ist und sich zur Zeit in der Fertigung befindet. Es handelt sich um einen riesigen, 90 m hohen Ölbehälter in Spannbeton, der für das Ekofisk-Feld bestimmt ist (Abb. 46 und 47). Die neun Innenbehälter mit einem Fassungsvermögen von zusammen 160000 m³ sind durch eine wellenbrechende perforierte Umfassungswand auf einer Grundfläche von etwa 92 × 92 m geschützt. Der Sockel des Bauwerks ist in einer künstlichen Dockbaugrube, der aufgehende Teil wird schwimmend über einer 70 m tiefen Meeresstelle im Fjord von Hillevag in Gleitschalung errichtet. Dabei sinkt das Bauwerk bis auf 60 m Tiefgang. Nach Fertigstellung wird dieser große Schwimmkasten etwa 320 km weit zum Ekofisk-Feld geschleppt und dort auf dem etwa 70 m tiefen Meeresboden abgesenkt. Interessant ist die Wellenbrecherwand, für die etwa 8000 bis 9000 vorgefertigte Lochelemente verwendet wurden. Sie gestatten dem bei

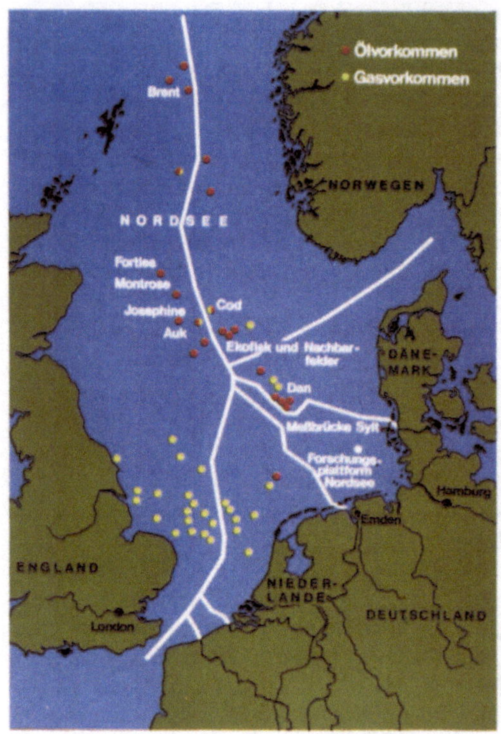

Abb. 39. Erdöl- und Erdgasvorkommen in der Nordsee.

Abb. 40. Bohrinsel „Transocean I“.

Abb. 41. Halbtaucher „Sedco 135 F“ (1972).

Abb. 42. Halbtaucher „Transworld Rig 61“.

Abb. 43. Halbtaucher „SCP III Mark 2“.

Abb. 44. Bohr- und Produktionsplattform für das Forties-Feld.

Abb. 45. Jacket einer Produktionsplattform und Schwimmtanks darunter (Modell).

Seegang und Strömung anlaufenden Wasser das Eindringen in den zwischen Wellenbrecherwand und Ölbehälter vorhandenen kreisringförmigen Raum und bewirken dadurch eine Entlastung und Energievernichtung. Solche großflächigen Baukörper setzen eine ebene Meeressohle voraus, was beim Ekofisk-Feld gegeben ist. Auf Grund des bedeutenden Eigengewichtes von Betonkonstruktionen benötigen sie keine zusätzlichen Verankerungen.

Mit den flachen Küsten vor der Deutschen Bucht fehlen uns alle Möglichkeiten, im eigenen Land solche Konstruktionen zu fertigen und auszuschwimmen. Es werden daher andere Lösungen überlegt werden müssen. Eine solche bietet beispielsweise die künstliche Citra-Insel (Abb. 48). Sie wird aus sehr großen Senkkasten aus Spannbeton zusammengesetzt, die schwimmend zum Aufstellungsort gebracht und aufeinander aufgeschichtet werden. Die unteren Senkkasten bleiben mit Wasser gefüllt, während die oberen Senkkasten, die mit einem Stahlbetondeck versehen sind, zur Lagerung des Öls dienen. Die Anlage verursacht keinerlei Verschmutzung, weil das Öl niemals mit dem Seewasser in Berührung kommt. Neben einer bedeutenden Lagerkapazität bietet sie gleichzeitig eine große Deckfläche.

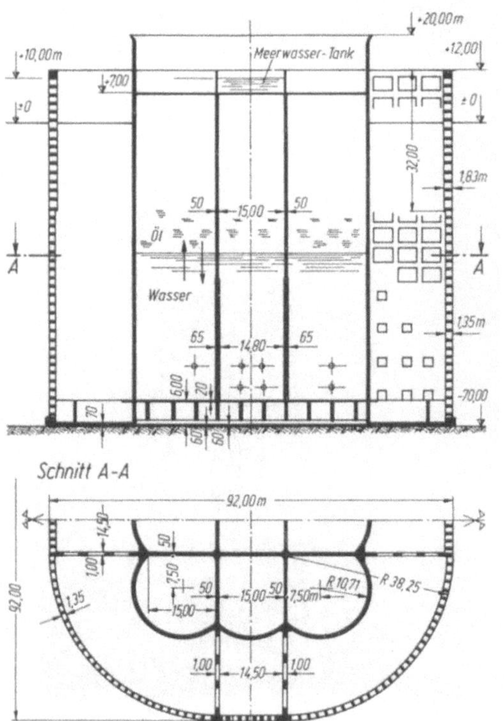

Abb. 46. Künstliche C. G. Doris-Insel.

Abb. 47. Ölbehälter für Ekofisk-Feld (1972/73).

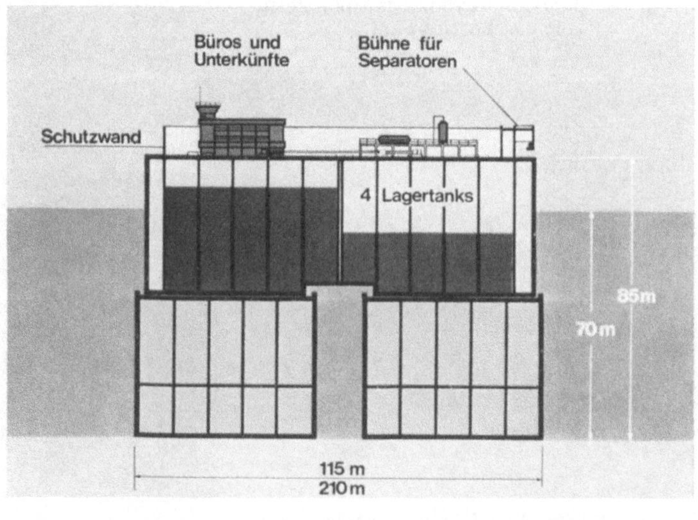

Abb. 48. Künstliche Citra-Insel (Entwurf).

Abb. 49. Großbär Menck & Hambrock, Typ MRBS 7000, mit Führungsgestell, hängend.

Abb. 50. Großbär MRBS 7000, liegend.

Abb. 51. Unterwasser-Bulldozer Komatsu, für 60 m Wassertiefe.

Abb. 52. Unterwasser-Bulldozer Komatsu, im Einsatz auf dem Meeresgrund.

7. Weiterentwicklung von Baugeräten für den Seebau

Wer sich heute und in Zukunft mit Seebau beschäftigt, wird sich an große und immer größere Dimensionen gewöhnen müssen. Das betrifft nicht nur die äußeren Abmessungen der fertigen Bauwerke, sondern ebenso Größe und Gewicht vorgefertigter Einheiten, ja ganzer Baukörper aus Stahl, Stahlbeton oder Spannbeton. Es betrifft ebenso Größe und Leistungsfähigkeit der einzusetzenden Baugeräte, Spezialeinrichtungen und Transportmittel — ich erwähnte beispielsweise Hubinseln und Kranschiffe — und schließlich die Herstellung der Hilfsbauwerke für die Durchführung der eigentlichen Bauaufgabe, als da sind Dockbaugruben, Bauinseln, Liegeplätze, Versorgungseinrichtungen usw.

Die Baumaschinen-Industrie paßt sich den Offshore-Forderungen bereits an, wie z.B. die Firma Menck & Hambrock, die die Typenreihe ihrer Rammbäre inzwischen um 25-t-, 40-t- und 70-t-Bäre erweitert hat. Der Bär MRBS 7000 mit Führungsgestell und Schlagplatte hat z.B. eine Höhe von 18,36 m und eine Breite von 5,15 m bei einem Gesamtgewicht von 262 t (Abb. 49 und 50).

Als nächster Schritt wird es erforderlich sein, den Unterwassereinsatz von Baugeräten weiter zu entwickeln. Es ist nur folgerichtig, wenn die Seebauer nach solchen Geräten Ausschau halten, die sie von den Überwasser-Bedingungen, insbesondere von den Einwirkungen der bewegten See, freimachen. In Deutschland verfügen wir heute erst über Watgeräte bei Wassertiefen bis zu 1,00 m, die durch entsprechende Umbauten auf 2,20 m gebracht werden können. Was aber fehlt, sind Arbeitsgeräte, die unter Wasser auf der Meeressohle, und zwar in der für die kommende Zeit bevorzugten Wassertiefe von 20 — 60 m, operieren können. Das sind Tiefen, die vom Seegang nur noch indirekt berührt werden. Für die Hersteller von Baugeräten gilt es, sich mit einer vollkommen neuen Umgebung vertraut zu machen und auseinanderzusetzen. Einige erfolgreiche Versuche in Amerika und Japan geben zu berechtigten Hoffnungen Anlaß.

So hat die Firma Ocean Science & Engineering zusammen mit Caterpillar den Crawlcutter Mark II, einen bemannten, tauchfähigen Raupenbagger entwickelt, der Sand und Kies vom Meeresboden an die Küste befördert und in Wassertiefen bis zu 30 m sowie ebenso auch in flacher Brandung arbeiten kann. Die japanische Firma Komatsu entwickelte Unterwasser-Bulldozer für maximale Arbeitstiefen bis zu 60 m. Alle Geräte sind neben Planierschild bzw. Klappschaufel mit Heckaufreißer ausgerüstet (Abb. 51). Sie sind alle ferngesteuert. Ihr Bodendruck beträgt nur 0,06 kp/cm². Solche auf der Meeressohle beweglichen Geräte fahren entweder vom Ufer ein oder sie werden vom Schiff oder von einer Hubinsel aus eingesetzt. Schwierig dürfte dabei die genaue Ortung sowie das Navigieren nach Seite und Höhe sein. Auch das Sichtbarmachen des Arbeitsfeldes scheint eines der Hauptprobleme zu sein (Abb. 52). Besondere Vorsicht scheint mir da geboten, wo solche Geräte auf beweglichem und wegen Strömungen kolkgefährdetem Meeresboden arbeiten sollen.

Wenn ich mit meinem Bericht nur ein sehr grobmaschiges Netz habe auswerfen können, so hoffe ich doch, Ihnen einen hinreichenden Eindruck über Umfang und Vielseitigkeit der seebautechnischen Aufgaben, wie sie sich heute stellen, vermittelt zu haben. Vor den richtigen Lösungen stehen immer wieder Probleme, die zu bewältigen sind. Es ist zu begrüßen, daß sich die HTG hierin engagieren will.

Bildernachweis. Bundesverkehrsministerium Bonn (15), Beton- und Monierbau AG (38), Blohm & Voß, Hamburg (41 u. 43), Gemeentewerken Rotterdam (6, 7 u. 27), Philipp Holzmann Aktiengesellschaft, HN Hamburg (2—5, 8—13, 17, 18, 25, 28, 29, 32—34), P. J. Hoogenberk, Den Haag (19—24), Howaldtswerke—Deutsche Werft AG, Hamburg (42 u. 45), Komatsu (51 u. 52), Menck & Hambrock, Hamburg (49 u. 50), W. Schenck, Hamburg (14, 30, 31).

IX. Das Meßwesen in der Küstenforschung

von Oberbaurat Dr.-Ing. **Harald Göhren**, Cuxhaven

Das Messen gehört zu jeder naturwissenschaftlichen und technischen Forschung. Der Begriff „Forschung" schließt in diesen Disziplinen fast selbstverständlich das Beobachten, Messen, Registrieren ein. Fortschritte in der Forschung setzen häufig Fortschritte in der Meßtechnik voraus bzw. werden von ihnen initiiert. In vielen Fällen ist die Meßtechnik so grundlegend wichtig, daß sie sich als Forschungsziel verselbständigt hat und man von einer eigenständigen Forschung zur Technologie „Messen" sprechen kann.

Auch in der Küstenforschung hat das Meßwesen sein besonderes Gewicht und ist maßgebend für die Fortschritte, die hier erreicht worden sind und noch erreicht werden sollen. Es lohnt daher, sich mit diesem Thema einmal zu befassen, zumal dem Meßwesen hier aus zwei Gründen ganz besondere Schwierigkeiten entgegenstehen.

1. Die Küstenforschung im Sinne des Coastal Engineering ist eine relativ kleine und junge Disziplin. Bei uns in Deutschland sind es nur wenige Institutionen und Wissenschaftler, die sich aktiv mit ihr befassen. Der Markt für Meßgeräte ist also klein, und das ist in unserer arbeitsteiligen Produktionsgesellschaft bekanntlich ein schwerer Nachteil. Die Geräteproduktion wird für die Industrie erst interessant, wenn größere Serien abgesetzt werden können. Wir stehen in vielen Fällen vor der Situation, daß wir uns für spezielle meßtechnische Probleme zwar nach dem heutigen technologischen Stand ausgezeichnete und wirkungsvolle Apparate vorstellen können, aber kaum ein Unternehmen finden, das bereit ist, so etwas zu produzieren. In den letzten Jahren zeichnet sich hier allerdings durch die Erschließung des internationalen Marktes und durch arbeitsteilige Produktion der einschlägigen Spezialfirmen eine Verbesserung ab.

2. Die Küste als Forschungsobjekt ist nicht besonders „meßfreundlich". Sicher gibt es noch schwierigere Meßaufgaben als die bei der Küstenforschung anstehenden, aber der Wissenschaftler, der ein wirklich befriedigendes Meßsystem aufbauen will, hat doch vielfach erhebliche Schwierigkeiten zu überwinden, die im wesentlichen durch die rauhen Umweltbedingungen des Küstenraumes hervorgerufen werden.

Da sind Seegang und Brandung, welche „in-situ-Messungen" oft verhindern, während autonome Geräte oder Stationen schwere Gerüste bzw. Verankerungen erfordern, was sich wiederum mit manchem sensiblen Meßverfahren schlecht verträgt. Da sind Korrosion und Bewuchs, welche besondere Werkstoffe erfordern, jedoch auch dann bei Geräten, die länger an festen Stationen eingesetzt werden, häufig in kurzer Frist die Funktion noch beeinträchtigen können. Auch die ständigen Bodenbewegungen und der Eisgang im Winter werfen in Sonderfällen Probleme auf — und nicht zu vergessen sind die Küstenfischer, die schon so manches wertvolle Gerät in ihren Netzen gefunden haben.

Hervorzuheben ist schließlich ein Umstand, der in meßtechnischer Hinsicht von besonderem Gewicht ist. Es ist die Schwierigkeit der Energieversorgung an küstenfernen Stationen. Die Messung mit autonomen Geräten, Geräten also, die selbsttätig messen und registrieren und nur von Zeit zu Zeit kontrolliert werden müssen, erfordert Energie, die an Ort und Stelle im allgemeinen nicht zur Verfügung steht. Dazu müssen entweder Kabel verlegt werden, Batterien oder Uhrwerke installiert oder eigene Energieerzeuger eingesetzt werden, wobei moderne Konzeptionen bis zur Brennstoffzelle gehen. Die Frage der Energieversorgung hat bei meßtechnischen Konzeptionen im Rahmen der Küstenforschung häufig die Priorität, auch vom Aufwand her gesehen.

Es können hier nicht bis ins einzelne die in der Küstenforschung angewendeten Meßgeräte und Meßtechniken erläutert werden, sondern es soll versucht werden, herauszuarbeiten, wie sich das Meßwesen in seinen Grundzügen entwickelt hat, wo wir heute stehen und wie die Entwicklung weitergehen sollte.

Eine Forschung im Sinne des Coastal Engineering hat sich bei uns erst nach der Jahrhundertwende entwickelt, wenn man von einigen Einzelleistungen früherer Jahrzehnte einmal absieht. Sie ist in dieser Zeit ganz offensichtlich durch Probleme der Fahrwasservertiefungen in den Tideflußmündungen und des Küsten- und Inselschutzes ausgelöst und gefördert worden. In dieser „Pionierzeit" entstanden mehrere Schwerpunkte, und zwar der erste um 1910 in Wilhelmshaven; er hatte einen etwas militärischen Hintergrund. Im Zusammenhang mit Fahrwasserausbauten und -sicherungen für den Marinestützpunkt Wilhelmshaven wurden verschiedene Untersuchungen unter der Leitung von Marineoberbaurat W. Krüger durchgeführt. Aus seinen umfangreichen Messungen, die später unter W. Lüders fortgesetzt worden sind, sei hier nur das wohl bekannteste Beispiel genannt, die Schwimmermessungen zwischen Jade- und Elbemündung. Krüger ließ westlich der

Jade Schwimmer aussetzen und über Wochen hinweg durch Marinefahrzeuge verfolgen. Diese an sich einfachen, aber in der wissenschaftlichen Aussagekraft außerordentlich bedeutungsvollen Messungen sind im In- und Ausland weit bekannt und viel diskutiert worden.

Im folgenden Jahrzehnt wurden mehrere erfolgreiche Meßprogramme durchgeführt, die ganz offenkundig Impulse durch die Arbeiten Krügers erhalten haben. Vor allem sind zu nennen:

Messungen von Meereskundlern in den Küstengewässern zwischen Ems und Sylt — es waren Forscher wie F. Wendicke, H. Thorade, A. Schumacher, deren wissenschaftliche Arbeiten auf diesem Gebiet auch heute noch Bestand haben. Die Verbindung zu Krüger geht schon daraus hervor, daß ihre Ankerstationen — gemessen wurden Strömungen, Salzgehalt und Wassertemperatur — zum Teil mit kleinen Marinefahrzeugen durchgeführt wurden.

Ein zweiter Schwerpunkt dieser Zeit lag in der Außenweser — wieder im Zusammenhang mit Fahrwasserproblemen. Mit großartigem Einsatz hat dort L. Plate vor 1920 das Weserästuar erforscht. Zu erwähnen sind besonders seine Strommessungen, die leider viel zu wenig bekannt geworden sind, weil sie nicht veröffentlicht wurden. An über 100 Stationen hat Plate von 1915 bis 1920 Strömungsmessungen über volle Tiden durchgeführt und damit wohl den ersten detaillierten Gezeitenstromatlas an unserer Nordseeküste geschaffen.

Für die dreißiger Jahre schließlich — bis zum Ausbruch des 2. Weltkrieges — sind einmal die Forschungen in der Außenelbe unter W. Hensen zu nennen — wieder ausgelöst durch Fahrwasserprobleme — und die von M. Lorenzen ins Leben gerufene Westküstenforschung in Schleswig-Holstein. Das umfassende Meß- und Untersuchungsprogramm an der schleswig-holsteinischen Küste, das erstmals die Küstenforschung auf breite und langfristig konzipierte Basis stellte, ist auch insofern hervorzuheben, als hier naturwissenschaftliche Disziplinen — insbesondere Biologie und Geologie — und ingenieurmäßige Forschung unter einer gemeinsamen Zielsetzung zusammengefaßt wurden.

Diese erste Epoche der Küstenforschung ist aus der Sicht des „Meßwesens" durch folgendes charakterisiert:

1. Ziel der Messungen war vor allem eine Erfassung der hydrodynamischen Kräfte — besonders der Gezeitenströmungen — der durch sie hervorgerufenen Sandbewegung und der damit zusammenhängenden morphologischen Veränderungen.

2. Meßgeräte und Meßmethoden waren sowohl aus der Ozeanographie als auch aus der Hydrometrie des Binnenlandes entliehen und zum Teil den besonderen Verhältnissen im Küstenraum angepaßt. Sie waren — aus der heutigen Sicht — zum Teil einfach bis primitiv und regten dementsprechend den Erfindungsgeist der Forscher jener Zeit an. Es sind einige bahnbrechende Methoden und Meßgeräte entwickelt worden.

3. Sieht man einmal von den schon im vorigen Jahrhundert entwickelten Gezeitenpegeln ab, so zeichnet sich die Meßtechnik der Vorkriegszeit dadurch aus, daß fast ausschließlich sogenannte „in-situ-Messungen" durchgeführt wurden, also Messungen im Gewässer, von Schiffen, Meßflößen oder Plattformen aus. Um zu kategorisieren, seien die Geräte dieser Epoche als „erste Generation" bezeichnet.

Die „in-situ-Messung" hat zwei entscheidende Nachteile:

1. Sie ist aufwendig. Man stelle sich ein seetüchtiges Schiff mit 10 bis 20 Mann Besatzung vor, das 14 Stunden vor Anker liegt, mit An- und Abfahrt also 16 bis 20 Stunden unterwegs ist, und als Ergebnis einer Strömungsmessung Daten sammelt, welche leicht auf einer Schreibmaschinenseite Platz finden.

2. Sie ist wetterabhängig. „In-situ-Messungen" vor der Küste sind zumeist Schönwettermessungen, und es scheint uns heute, daß der Wissensstand über die hydrodynamischen und morphologischen Prozesse in unserem Küstenvorfeld lange durch die Schönwettermessungen geprägt worden, das heißt einseitig und unvollständig geblieben ist.

Einen Fortschritt brachte hier erst die Entwicklung autonom arbeitender Geräte. Das sind Meßgeräte, welche selbsttätig messen, die Daten registrieren und speichern und somit nur noch in gewissen Zeitabständen kontrolliert werden müssen. Allerdings war und ist das nur auf Teilgebieten möglich. Es gibt meßtechnische Aufgaben, die nach wie vor nur mit relativ personalaufwendiger Feldarbeit gelöst werden können, und es erscheint zweckmäßig, das „Meßwesen" in diesem Zusammenhang noch nach einem anderen Schema zu kategorisieren. Man kann unterscheiden zwischen der Punktmessung oder Stationsmessung, bei der vor allem die zeitliche Varianz der Meßgröße erfaßt wird, und der flächenhaften Messung, welche die Darstellung der Raumverteilung zum Ziel hat.

Typische Aufgaben für die Stationsmessung sind Wasserstands-, Strömungs- und Seegangsmessungen, typische Flächenmessungen sind z. B. topographische, morphologische und sedimentologische Aufnahmen. In vielen Fällen ist die Erfassung der räumlichen und zeitlichen Verteilung der Vorgänge erforderlich, was zur Kombination beider Systeme führt.

Vom meßtechnischen Standpunkt ist aber wichtig, daß sich flächenhafte Messungen nur bis zu einem gewissen Grade rationalisieren lassen, Stationsmessungen dagegen automatisieren. Es sind dies die oben genannten autonomen Meßgeräte, auf die näher einzugehen ist. Man könnte die Geräte dieser Art als Geräte der „zweiten Generation" bezeichnen und kommt damit gleichzeitig zur zweiten Epoche des Meßwesens in der Küstenforschung. Diese Epoche setzte nach dem II. Weltkrieg ein, und das Meßwesen ist in den vergangenen Jahrzehnten ganz offensichtlich geprägt worden durch das Bemühen, in der Entwicklung autonomer Meßstationen voranzukommen, weil erkannt wurde, daß mit den traditionellen „in-situ-Messungen" einige wichtige Forschungsziele nicht zu erreichen waren.

Einen ganz entscheidenden Durchbruch für die Küstenforschung brachte hier das von Rauschelbach entwickelte Schaufelradstrommeßgerät, das zwar für meereskundliche Arbeiten gebaut war, aber auch im Küstengebiet in gewissen Grenzen eingesetzt werden konnte und sich hier ausgezeichnet bewährt hat. Dieses Gerät ist seit etwa 1950 in zahlreichen Meßprogrammen verwendet worden und hat die Kenntnisse über die komplizierten Strömungsvorgänge an der stark gegliederten Flachküste unserer Nordsee ganz entscheidend verbessert.

Nach dem Vorbild des Schaufelrades sind inzwischen spezielle Dauerstrommeßgeräte für das Watt entwickelt worden. Wir verfügen weiterhin über verschiedene Typen von registrierenden Seegangsmeßgeräten und können dadurch — übrigens erst in jüngster Zeit — eine empfindliche Wissenslücke ausfüllen. Außer den visuellen und sehr fehlerhaften Seegangsbeobachtungen früherer Jahrzehnte auf den Feuerschiffen hatte man bis vor kurzem kaum Material, um das Seegangsgeschehen vor unseren Küsten zu studieren. Auf diesem Gebiet war wirklich der Nachteil der vorhin beschriebenen „Schönwettermessungen" offenkundig.

Wir können heute bereits Dauermeßgeräte zur Kontrolle des Schwebstoff- und Salzgehaltes einsetzen und wir haben schließlich auf dem internationalen Markt für ozeanographische Meßgeräte, der sich mit der weltweiten Intensivierung der Meeresforschung entwickelt hat, Spezialapparaturen zur Verfügung, deren vielfältige Anwendungsmöglichkeiten wir in der Küstenforschung zur Zeit noch gar nicht übersehen können.

Das Meßwesen in der Nachkriegszeit unterscheidet sich von der vorangegangenen Epoche noch in einem weiteren Punkt. Waren es in der schon geschilderten „Pionierzeit" der Küstenforschung vor allem persönliche Einzelleistungen und Initiativen die zu Erfolgen führten, so hat man später außer den gerätemäßigen auch den methodischen und organisatorischen Fragen weit mehr Bedeutung beigemessen und sich insbesondere bemüht, durch bessere Kooperation und systematische Entwicklung Fortschritte zu erreichen. Dies ist vor allem ein Verdienst des 1949 gegründeten Küstenausschusses Nord- und Ostsee. Auf Anregung des Küstenausschusses hat z. B. eine Gruppe von 17 Fachleuten 1951 einen Bilanzbericht Wasserbauliche Hydrometrie erstellt, in dem alle zu der Zeit bekannten Meßverfahren zusammengestellt und kritisch untersucht wurden. Später entstand als ständiger Arbeitskreis des Küstenausschusses die Untergruppe praktisches Meßwesen im Seegebiet, in der sich die in der Küstenforschung tätigen Ingenieure der Wasserbauverwaltungen zur Fortsetzung dieser Arbeit und zum ständigen Informations- und Erfahrungsaustausch trafen. Sowohl der Küstenausschuß, als auch diese Untergruppe, die seit 1967 die Bezeichnung Arbeitskreis Küstenforschung führt, haben sich in diesem Rahmen stets bemüht, den Anschluß an die einschlägigen naturwissenschaftlichen Disziplinen zu halten und aus deren Fortschritten in der Meßtechnik zu profitieren.

Die Zusammenarbeit im Schwerpunktprogramm Sandbewegung der Deutschen Forschungsgemeinschaft, über die an anderer Stelle in diesem Heft berichtet wird, ist ein aktuelles und sichtbares Beispiel dieser Kooperation. Daß in diesem Schwerpunktprogramm, welches zur Zeit noch läuft, in der ersten Phase besonders die Geräte- und Verfahrensentwicklung gefördert worden ist, dokumentiert die Einsicht aller beteiligten Fachleute, welchen Rang das Meßwesen in der Küstenforschung nach wie vor besitzt.

Gegenwärtig — das zeigt der in den Referaten der HTG-Tagung vom 29. 3. 73 gegebene Überblick — gewinnt die Küstenforschung weiter an Bedeutung, wenn auch zum Teil mit anderen Schwerpunkten. Daraus ergibt sich auch für die Technologie „Messen" die Notwendigkeit der Weiterentwicklung. Und wenn man die augenblicklichen Aktivitäten überblickt, so kann man feststellen, daß diese Entwicklung heute schneller und intensiver vonstatten geht als je zuvor.

Wurde oben von den Meßgeräten der 1. und 2. Generation gesprochen, so zeichnet sich bei der Vorausschau auf diese weitere Entwicklung die „dritte Generation" ab. Es sind dies hochmoderne elektronische Geräte, welche Daten in dichter zeitlicher Folge aufnehmen und von landfernen Stationen per Funk oder Kabel zu einer Küstenstation übertragen; dort werden diese auf Magnetband gespeichert und anschließend in den Computer gegeben. Elektronik und Telemetrie sind sicher die beherrschenden Begriffe des Meßwesens in den kommenden Jahren. Schon heute — vor Sylt z.B. — werden Seegangsmessungen so ausgeführt. Messungen anderer physikalischer Parameter auf ähnliche Weise sind möglich und werden zum Teil vorbereitet.

Diese Entwicklung hat nun zwei bedeutende Konsequenzen:

1. Geräte dieser Art sind so kostspielig, die Bedienung und Datenauswertung ist so kompliziert, daß die heute bestehenden Forschungs- und Untersuchungsstellen der Verwaltungen diese Entwicklung nicht in vollem Umfang mitmachen können. Die hochentwickelte Technologie führt zwangsläufig zur Spezialisierung. Die außerordentlich hohen Kosten für entsprechende Untersuchungsprogramme können aus Bau- und Unterhaltungsetats nicht mehr aufgebracht werden, sondern müssen aus den verschiedenen Forschungsförderungseinrichtungen fließen. Die Wasserbauverwaltungen an der Küste, die in der Vergangenheit Pionierarbeit in der Küstenforschung geleistet haben, werden diese Rolle so nicht mehr fortsetzen können. Es ist eine enge Kooperation mit den einschlägigen wissenschaftlichen Instituten erforderlich, und es kann festgestellt werden, daß diese Kooperation stattfindet. Hierbei darf aber die grundlegende Zielsetzung des Coastal Engineering nicht außer acht gelassen werden, die dadurch gekennzeichnet ist, daß die Forschung vor allem als Grundlage für technische Maßnahmen des Küstenschutzes, des Fahrwasserausbaues und — ein zunehmend wichtiger Aspekt — der Erhaltung und Steuerung der Ökologie des Küstenmeeres dienen soll.

2. Die aufgezeigten Fortschritte in der Gerätetechnik gelten nur für Teilgebiete des gesamten Meßwesens. Es gibt Bereiche, in denen sind wir methodisch und gerätetechnisch seit einem halben Jahrhundert kaum einen Schritt weiter gekommen. Hierzu gehört z.B. die unmittelbare Messung der Sandbewegung an der Gewässersohle, die gerade an unseren sandigen Flachküsten von entscheidender Bedeutung ist. Schon unsere Vorgänger haben sich immer wieder bemüht, dieses schwierige meßtechnische Problem zu lösen, und wir müssen heute eingestehen, daß wir trotz des Einsatzes radioaktiver Isotope und fluoreszierender Leitstoffe, trotz Sonargeräten und Vibrocorern die Sandbewegung an der Sohle im Naturversuch noch immer nicht befriedigend messen können.

Eine solche Ungleichgewichtigkeit des Meßwesens birgt die Gefahr einseitiger Prioritäten in den Forschungszielen, der man begegnen muß. Es ist verlockend, sich beim Auftauchen neuer und brillanter Gerätetechniken auf dieses Teilgebiet zu stürzen und dabei die anderen, gleichgewichtigen Aufgaben zu vernachlässigen. Aber gerade die schwierigen, oft unbequemen Aufgaben müssen mitverfolgt werden — wenn es nicht mit hochmodernen Methoden geht, dann eben noch mit konventionellen.

Was damit gemeint ist, sei zum Schluß an einem typischen Beispiel veranschaulicht, das schon oben genannt wurde. Wir verfügen in der Küstenforschung seit rd. 100 Jahren über den Tidepegel, ein Meßgerät, welches die Gezeitenschwingung und Windstauwellen einwandfrei aufzeichnet. Erst seit rd. 10 Jahren sind wir in der Lage, mit erträglichem Aufwand und genügender Genauigkeit den Seegang zu messen. Dieses Ungleichgewicht hat die Arbeit — ja sogar das Denken — in der Küstenforschung bis in die Gegenwart hinein tief geprägt. Es bedurfte unter anderem der Sturmfluten 1953 und 1962 mit ihren schweren Seegangsschäden an den Seedeichen und sonstigen Küstenschutzwerken, um zu erkennen, welche Bedeutung die Seegangsforschung hat. Man kann — um ein Beispiel zu nennen — eine Deichhöhe nicht zuverlässig bemessen, wenn man nicht weiß, welche Wellenhöhen vor dem Deich auftreten. Und das weiß man — leider — heute immer noch nicht bzw. nicht genügend genau.

Wenn hier zum Schluß die Sturmflut vom 16. Februar 1962 erwähnt wurde, so ist das nicht ohne Grund geschehen. Sie hat für kurze Zeit eine breite Öffentlichkeit auf die Probleme der Küste aufmerksam gemacht; aus den Problemen der Küste formulieren sich die Aufgaben der Küstenforschung und aus den Aufgaben der Küstenforschung stellen sich schließlich wieder die Probleme für das Meßwesen. Die Sturmflut 1962 ist bei den meisten inzwischen in Vergessenheit geraten, aber die Verantwortlichen wissen, daß die der Küstenforschung gestellten Aufgaben noch bei weitem nicht erfüllt sind.

Gemeinsame Seehafenverkehrspolitik in der Europäischen Wirtschaftsgemeinschaft?

Ministerialrat a. D. Dr. Gerd Möller, Hamburg

1. Einleitung

Nach dem Abschluß des Vertrages von Rom zur Gründung der Europäischen Wirtschaftsgemeinschaft im März 1957 stellte sich für die Seehäfen der Gemeinschaft die Frage, ob und inwieweit die Vorschriften des Vertrages auch auf sie anzuwenden sind. Dieses Problem wurde damals in langen und eingehenden Besprechungen der am deutschen Seehafenverkehr interessierten Kreise, d. h. der Küstenländer, der Seehafenhandelskammern, des Zentralverbandes der deutschen Seehafenbetriebe usw. mit der Abteilung Seeverkehr des BVM erörtert. In den hier angestellten Untersuchungen wurde festgestellt, daß die Seehäfen als solche an keiner Stelle des Vertrages ausdrücklich genannt sind. In Artikel 84 Abs. 1 des Vertrages wird lediglich gesagt, daß der Titel „Verkehr" des Abkommens für Beförderungen im Eisenbahn-, Straßen- und Binnenschiffsverkehr gilt. In Absatz 2 wird hinzugefügt, der Rat könne einstimmig darüber entscheiden, ob und inwieweit geeignete Vorschriften für die Seeschiffahrt und Luftfahrt zu erlassen seien. Auf Grund dieser Rechtslage sowie der Vorverhandlungen zum Abschluß des Rom-Vertrages, in denen Seehafenfragen nur am Rande erörtert worden waren, wurde von den o.g. Kreisen die Auffassung entwickelt, daß die sogenannte „Seehafenverkehrswirtschaft" (d. h. die Funktionen des Löschens und Beladens von Seeschiffen, des Stauens von Gütern in Seeschiffen, die Aufgaben der Schiffsmakler, der Schiffsagenten, der Seehafenspediteure usw.) gewissermaßen Funktionen der Seeschiffahrt in den Seehäfen darstellen und daher nur im engsten Zusammenhang mit dieser behandelt werden können. Über diese Funktionen, einschließlich der für die Bedienung der Seeschiffe erforderlichen Investitionen sowie der hier erhobenen Gebühren und Dienstleistungsentgelte dürfen daher nach dieser Auffassung — wie bei der Seeschiffahrt — nur Entscheidungen getroffen werden, wenn ein einstimmiger Beschluß der Mitgliedstaaten gemäß Artikel 84 Abs. 2 des EG-Vertrages vorliegt. Der enge Sachzusammenhang zwischen Seeschiffahrt und Seehäfen ergibt sich letzten Endes daraus, daß die Seehäfen gewissermaßen die Bahnhöfe der Seeschiffahrt darstellen und daher die Funktionen der Seehäfen, soweit sie sich auf die Seeschiffahrt beziehen, nur gemeinsam mit dieser behandelt werden können. Diese Ende der 50er und Anfang der 60er Jahre von den deutschen Seehäfen entwickelte Auffassung, die im wesentlichen auch heute noch vertreten wird, lehnt daher die Anwendung von Vorschriften des EG-Vertrages auf die Seehäfen sowie den Erlaß von Entscheidungen nicht grundsätzlich ab, bindet sie aber an die Voraussetzung eines einstimmigen Beschlusses gemäß Artikel 84 Abs. 2 des EG-Vertrages.

Der Vollständigkeit halber sei erwähnt, daß die Rechtsauffassung der EG-Kommission zu diesem Thema eine andere ist. Sie glaubt, daß die allgemeinen Vorschriften des EG-Vertrages über den freien Dienstleistungsverkehr, die Wettbewerbsregeln sowie alle anderen Bestimmungen, soweit sie die Hafentätigkeiten berühren, grundsätzlich für die Unternehmen und Funktionen in den EG-Seehäfen gelten. Auf die sich hier ergebende unterschiedliche Rechtsauffassung soll nicht näher eingegangen werden, da sie den Umfang dieses Artikels sprengen würde. Es sei lediglich darauf verwiesen, daß die Meinungsverschiedenheiten über die Anwendung des EG-Vertrages auf die Seehäfen immerhin dazu geführt haben, daß die EG-Kommission bis zum Jahre 1971 mit den internen Angelegenheiten der Seehäfen, d. h. den Funktionen in den Häfen, die oben als „Seehafenverkehrswirtschaft" bezeichnet worden sind, nach außen hin, d. h. im Rahmen von Entscheidungsvorschlägen oder anderen Schritten, sich nicht befaßt hat.

Das bedeutet nun nicht, daß die EG-Kommission in Angelegenheiten, die für die Seehäfen von wesentlichem Interesse sind, nicht tätig geworden ist. Im Gegenteil sind im Rahmen des Wettbewerbs der drei Binnenverkehrsträger Eisenbahn, Binnenschiffahrt und Straßenverkehr sehr oft Probleme aufgetaucht, die die Wettbewerbslage der einzelnen Seehäfen der Gemeinschaft im Hinterlandverkehr erheblich beeinflussen. Da es sich bei diesen Problemen aber in erster Linie um

Angelegenheiten der Binnenverkehrsträger handelte, war insoweit eine Zuständigkeit der EG-Kommission, auch die Auswirkungen auf die Häfen zu berücksichtigen, durchaus gegeben. Das gleiche gilt für das schwierige Thema der Wettbewerbsverzerrungen im Hinterland der Seehäfen, die sich aus den unterschiedlichen, von den einzelnen Mitgliedstaaten der Gemeinschaft erhobenen steuerlichen Belastungen für den Straßengüterverkehr (Mineralölsteuer, Kraftfahrzeugsteuer) ergeben. Die mangelnde Harmonisierung auf diesem Gebiet enthält wesentliche Wettbewerbsnachteile für die deutsche Seehafengruppe.

1.1

Im Februar 1966 begann das Europäische Parlament, sich mit Seehafenfragen zu befassen. Damals ermächtigte das Parlament seinen Verkehrsausschuß, einen Bericht über eine gemeinsame Seehafenpolitik zu erstatten. Im November 1967 wurde zunächst von dem Ausschuß (Berichterstatter Seifriz) ein Zwischenbericht vorgelegt, der vom Parlament angenommen wurde. Letzteres beauftragte den Verkehrsausschuß, die Untersuchungen fortzusetzen und einen weiteren Bericht vorzulegen.

In seiner Sitzung vom Oktober 1970 beschloß der Verkehrsausschuß, einen zweiten Bericht auszuarbeiten. Als Berichterstatter wurde der deutsche Abgeordnete Seefeld gewählt. Zur Vorbereitung der Arbeit haben verschiedene Mitglieder des Ausschusses mehrere große Seehäfen der Gemeinschaft besucht, um sich an Ort und Stelle über die vorhandenen Probleme zu informieren. Am 10. 9. 1971 hat der Verkehrsausschuß dem Europa-Parlament den Entwurf eines Berichts über die Seehafenpolitik im Rahmen der Gemeinschaft übermittelt (kurz Seefeld-Bericht genannt). Das Europa-Parlament hatte außerdem seinen Wirtschaftsausschuß, seinen Finanz- und Haushaltsausschuß sowie den Ausschuß für Sozialfragen als mitberatende Organe bestellt, die ebenfalls in gesonderten Berichten Stellung nahmen. Aufgrund dieses umfangreichen Materials hat dann das Europa-Parlament in einer Entschließung vom 17. April 1972 Vorschläge für eine gemeinsame Seehafenpolitik im Rahmen der Gemeinschaft unterbreitet.

Da diese Vorschläge, die im wesentlichen dem Entwurf des Verkehrsausschusses folgten, für die Zukunft der Häfen der Gemeinschaft von grundlegender Bedeutung werden können, wäre es zweckmäßig, sie im Wortlaut wiederzugeben. Da letzteres jedoch über den Umfang dieses Artikels hinausgehen würde, sollen im folgenden nur die wesentlichen Gesichtspunkte und diese auch nur in gekürzter Form aufgeführt werden.

Nach Ansicht des Europa-Parlaments soll eine gemeinsame europäische Hafenpolitik verfolgt und diese von folgenden Grundsätzen ausgehen:

1. Das erste Prinzip der Hafenpolitik müsse das Prinzip der Nichtdiskriminierung sein. Die gemeinsame Verkehrspolitik im Binnenland dürfe keine einseitigen Vorteile für einzelne Seehäfen, andererseits die gemeinsame Seehafenpolitik keine Vorteile für bestimmte Gebiete der Gemeinschaft mit sich bringen.

2. Auch in Zukunft müsse Grundlage der Hafenpolitik der Wettbewerb zwischen den europäischen Häfen sein. Es dürfe nicht versucht werden, eine künstliche Arbeitsteilung herbeizuführen. Der Wettbewerb dürfe jedoch nicht mit Hilfe von Subventionen der öffentlichen Hand zu Überkapazitäten in den Häfen führen.

3. Die Häfen müssen ihre gesamten Kosten durch Einnahmen decken. Dies gelte auf längere Sicht auch für die Kosten für Neuinvestitionen.

4. Da in den kommenden Jahrzehnten die Häfen vor der Notwendigkeit laufender Erweiterungen ihrer Kapazität stehen, müsse die Hafenpolitik dazu beitragen, daß die Umschlagskapazitäten der Häfen stets ausreichen und keine Engpässe entstehen.

5. Bezüglich der Finanzierung der laufenden und der Investitions-Ausgaben der Häfen sollte eine Prüfung stattfinden mit dem Ziel, Subventionsmaßnahmen transparent zu machen, womit ihr Abbau vorbereitet werden könne.

6. Für Großinvestitionen, die insbesondere für den Rohöl- und Erztransport in übergroßen Schiffen notwendig werden, sei eine verstärkte Zusammenarbeit der Häfen zweckmäßig mit dem Ziel, durch Kostenvergleich verschiedener Projekte Fehlinvestitionen und Überkapazitäten zu verhindern.

7. Die verschiedenen Regelungen der Mitgliedstaaten bezüglich der Statuten der Hafenverwaltungen brauchten zwar gegenwärtig nicht harmonisiert zu werden. Eine Annäherung könne sich jedoch später als notwendig erweisen.

8. Die Hafengebühren und andere Einnahmen der Seehäfen sollen auf der Kostengrundlage aufgebaut werden, wobei jedoch im Zuge des Wettbewerbs eine gemeinsam durchzuführende begrenzte

Abweichung von der Kostengrundlage möglich sein soll. Auch hierbei ist anzustreben, daß die Eigeneinnahmen der Häfen alle ihre Kosten decken.

9. Es werde sich daher eine langsame Angleichung der Hafengebühren ergeben, vielleicht auch eine gewisse Harmonisierung der Usancen.

10. Die Arbeitsverhältnisse in den Seehäfen seien ein wesentlicher Wettbewerbsfaktor. In der Vergangenheit habe sich der Wettbewerb zwischen den Häfen des öfteren auf dem Rücken der Hafenarbeiter abgespielt. Dies könne durch eine europäische Zusammenarbeit vermieden werden.

11. Es könne ein ständiger Ausschuß aus politisch verantwortlichen Vertretern der einzelnen Seehäfen unter Vorsitz der Kommission geschaffen werden, der Informationen sammelt und dem die Kommission Fragen zur Stellungnahme zuleiten könne.

Diesem ständigen Ausschuß könne als Aufgabe in der 1. Stufe die Information, in einer zweiten die Konsultation und in der dritten schließlich die Koordinierung der Hafenpolitik zugewiesen werden.

12. Subventionen an Hafenindustrien sollten als unzulässig angesehen werden, sofern sie das ausschließliche Ziel haben, den Umschlag der betreffenden Industrien in einen bestimmten Hafen zu ziehen.

13. Im Zuge der Regionalpolitik der Gemeinschaft könne die Industrieansiedlung in Häfen zurückgebliebener Gebiete selektiv durch die öffentliche Hand gefördert werden.

14. Bezüglich der Hinterlandverkehre sollte es das wichtigste Ziel der gemeinsamen europäischen Hafenpolitik sein, das Gewirr von Bevorteilungen und Benachteiligungen durch gesetzgeberische Maßnahmen, die wieder durch andere Vor- und Nachteile ausgeglichen werden, zu beseitigen. Hierzu müßten den Binnenverkehrsträgern auf allen Leitungswegen ihre vollen Wegekosten angelastet, die Tarifvorschriften für alle Leitungswege gleichgestaltet und die Steuer- und Sozialvorschriften harmonisiert werden.

15. Der weitere Ausbau der Verkehrswege nach und von den Seehäfen sollte fortgesetzt werden.

16. Der Ministerrat der EG sollte geeignete Vorschriften für die Seeschiffahrt aufgrund von Artikel 84 Abs. 2 des EG-Vertrages erlassen. Hierbei seien diejenigen Aspekte der Seeschiffahrtspolitik einzubeziehen, deren gemeinsame Behandlung für eine abgerundete Seehafenverkehrspolitik unerläßlich sei.

Eine Stellungnahme zu diesen Vorschlägen folgt im Abschnitt 2.

1.2

Die EG-Kommission hat — ohne nach außen hin aktiv zu werden — bereits seit Jahren in internen Überlegungen sich mit den verschiedensten Seehafenfragen befaßt. Besonders hervorzuheben ist ein Vermerk der Kommission vom April 1971 (Buch-Nr. 16/VII/71-D) über die „Möglichkeiten einer Hafenpolitik auf Gemeinschaftsebene". In diesem 37 Schreibmaschinenseiten sowie zahlreiche Anlagen umfassenden Vermerk wird die Entwicklung einer Gesamtpolitik für die EG-Seehäfen vorgeschlagen. Im Rahmen einer derartigen Politik sollten bestimmte Aspekte der Infrastrukturinvestitionen in den Seehäfen und ihrer see- und binnenwärtigen Zufahrtswege, die funktionelle Autonomie der Häfen im Rahmen der Aufgabenverteilung zwischen den zentralen, regionalen und lokalen Behörden sowie die Ansiedlung von Industrien in den Häfen behandelt werden. Die oft allgemein gehaltenen Ausführungen in diesem Vermerk ähneln zum Teil denen im Entschließungsentwurf des Europa-Parlaments. Letzteres hat den Vermerk der EG-Kommission als Material verwertet. Es kann daher davon Abstand genommen werden, seinen Inhalt im einzelnen wiederzugeben und dazu Stellung zu nehmen.

1.3

Bereits zu Beginn des Jahres 1972 zeichnete sich ab, daß die EG-Kommission nunmehr auch nach außen hin den Komplex der Seehafenfragen als Ganzes aufgreifen und sich nicht mehr auf die Auswirkungen beschränken würde, die sich aus der von der Kommission betriebenen Binnenverkehrspolitik auf die Häfen ergeben.

Am 28. Juli 1972 hat die EG-Kommission verschiedene größere Seehäfen der Gemeinschaft, darunter auch Hamburg und Bremen, zu einem eingehenden Gedankenaustausch eingeladen. Dieser sollte nach Meinung der Kommission als ersten Schritt das Hauptziel haben, die bestehenden Probleme der Seehäfen zu umreißen und sie aus einer gemeinsamen Sicht zu untersuchen. Das europäische Parlament habe — so heißt es weiter in dem Schreiben — diese Notwendigkeit ebenfalls in seiner Entschließung vom 17. April 1972 unterstrichen. In einem späteren Schreiben an den bremischen Senator für Häfen, Schiffahrt und Verkehr hat die Kommission ihr Einladungsschreiben ergänzt mit dem Bemerken, alle Häfen hätten in der Sitzung eine gute Gelegenheit, darzulegen, welche Probleme sie in der Gemeinschaft der Sechs, in der erweiterten Gemeinschaft und im Wettbewerb mit den Seehäfen dritter Länder haben. Es komme darauf an, einen möglichst vollständigen Überblick über alle Hafenprobleme zu gewinnen. Eine feste Tagesordnung solle für die Sitzung, die schließlich auf den 21. November 1972 bei der Kommission in Brüssel anberaumt wurde, nicht festgelegt werden.

Bremen hat in einem Schreiben vom 3. Oktober 1972 der Kommission geantwortet, daß es 2 Beamte zu der Tagung entsenden würde, die nur persönlich als Sachverständige und nicht als offizielle Vertreter des bremischen Senats erscheinen würden. Außerdem müsse Bremen an seinem Rechtsstandpunkt festhalten, daß eine Zuständigkeit der Kommission für Fragen der Seehafenpolitik solange nicht gegeben sei, als der Rat nicht einen einstimmigen Beschluß nach Artikel 84 Abs. 2 der römischen Verträge gefaßt habe. In ähnlicher Weise hat Hamburg auf das Einladungsschreiben der Kommission geantwortet.

Besonders hervorgehoben zu werden verdient die Tatsache, daß die Kommission ihre Absicht, die wichtigsten Seehäfen des EG-Bereichs zu einem Hearing einzuladen, weder mit den Mitgliedstaaten vorher abgestimmt, noch diese informiert hat. Vertreter der Mitgliedstaaten waren auch in der Sitzung am 21. November 1972 nicht zugegen.

Nach den inzwischen erhaltenen Informationen hat die Komission in der Sitzung am 21. November 1972, in der die eingeladenen Häfen vertreten waren, die Notwendigkeit betont, in Form eines allgemeinen Gedankenaustausches einen Überblick über die Probleme der Häfen in der erweiterten Gemeinschaft zu gewinnen. Hierbei ginge es besonders um Faktoren, die eine Wettbewerbsverzerrung zwischen den Häfen bewirken, um die industrielle Entwicklung der Hafenregionen sowie die Probleme, die für die Häfen von seiten der Seeschiffahrt entstehen. Zu diesem Zweck solle der Gedankenaustausch fortgesetzt werden.

Der Vorschlag der Kommission, den weiteren Gedankenaustausch künftig in einem kleinen Ausschuß durchzuführen, in den jedes Land nur einen Vertreter entsenden solle, scheiterte an dem Widerspruch der französischen und deutschen Seehäfen sowie des British Transport-Docks Board. Die deutschen Häfen erklärten mit Nachdruck, daß ein Bedürfnis für eine gemeinsame Seehafenpolitik nicht ersichtlich sei. Die in der Entschließung des Europäischen Parlaments vom April 1972 angeführten Gründe für eine solche Politik träfen jedenfalls für die deutschen Hafenplätze nicht zu. Darüber hinaus fehle es gegenwärtig auch an den rechtlichen Voraussetzungen für eine solche Politik.

Im Ergebnis wurde als Kompromißlösung der Empfehlung der Kommission, eine Bestandsaufnahme der Probleme der Häfen durchzuführen, schließlich zugestimmt. Die Häfen werden auf freiwilliger Basis ihre Kontakte untereinander vertiefen. Die Kommission erklärte ihre Absicht, im Frühjahr 1973 den gleichen Teilnehmerkreis zu einem zweiten Treffen einzuladen, den sie, — um sich den notwendigen Überblick zu verschaffen — durch einen Fragebogen an die Häfen vorbereiten werde. Außerdem erklärte sich die Kommission bereit, den Rat der Verkehrsminister der EG über die Verhandlungen zu unterrichten.

Dies geschah in der Ratstagung am 19./20. 12. 1972. Die französische Regierung nahm den Bericht zum Anlaß, die Kommission bei ihren Aktivitäten auf dem Gebiet der Seehafenpolitik auf die Beachtung des Artikels 84 Abs. 2 des EG-Vertrages hinzuweisen, während die deutsche Seite beanstandete, daß die Kommission die Häfen ohne Beteiligung oder auch nur Unterrichtung der Regierungen zu einem gemeinsamen Gespräch eingeladen hatte. Sie unterstrich die Notwendigkeit, den Rat vor künftigen Schritten auf dem Gebiet der Seehafenpolitik einzuschalten.

Der von der Kommission in der Sitzung am 21. November 1972 angekündigte Fragebogen ist bei den beteiligten Häfen im Februar 1973 eingetroffen. Auf seinen Inhalt wird weiter unten eingegangen. Ein Termin für die zweite Besprechung zwischen Kommission und Seehäfen ist bis zur Abfassung dieser Zeilen (Juli 1973) nicht bekannt geworden.

1.4

Außer der Generaldirektion „Verkehr" ist neuerdings auch die Generaldirektion „Soziale Angelegenheiten der EG" auf dem Seehafensektor tätig geworden. Sie hat die Sozialpartner der großen Häfen des EG-Bereiches zu getrennten Besprechungen am 21. und 23. März 1973 nach Brüssel gebeten mit dem Ziel, einen paritätischen Ausschuß zwischen Kommission, Gewerkschaften und Arbeitgebern zur Erörterung von Sozialfragen der Seehäfen zu bilden. Der Ausschuß sollte die unterschiedlichen Arbeitsbedingungen in den Häfen untersuchen, um auf diese Weise zu einer freiwilligen Harmonisierung und vielleicht zu einer gemeinsamen Hafenpolitik zu kommen.

Während die Vertreter der Gewerkschaften der Anregung zugestimmt haben, wurden von seiten der Arbeitgeber grundlegende Bedenken geäußert. Die Vertreter der Arbeitgeberverbände wiesen darauf hin, daß sie nicht befugt seien, über soziale Probleme in den Häfen einschließlich der Hafenindustrien zu verhandeln. Die Erörterung der in den Häfen zu verfolgenden Sozialpolitik sei Angelegenheit der Regierungen der beteiligten Mitgliedstaaten, über deren Kopf hinweg nicht verhandelt werden dürfe. Im übrigen fiele die Festlegung der Löhne und sonstiger Arbeitsbedingungen in die Kompetenz der Tarifpartner, in die die Kommission nicht eingreifen dürfe.

1.5

Nach einer Mitteilung der DVZ vom 26. 6. 1973 haben Abgeordnete des Europa-Parlaments bei einem Informationsbesuch in Rotterdam vor kurzem erklärt, das Parlament beabsichtige, demnächst ein Hearing zur Frage der EG-Hafenpolitik zu veranstalten. Hierzu sollen Vertreter aller großen Häfen der Gemeinschaft geladen werden. Zur Begründung für diesen Plan verwiesen die Abgeordneten auf die ablehnende Haltung der deutschen Seehäfen. Von seiten Rotterdams sei bei dieser Gelegenheit — nach Ausführungen der DVZ — erklärt worden, daß man die im Seehafenbericht des Parlaments vorgeschlagenen Maßnahmen unterstütze.

1.6

Die vorstehenden Ausführungen enthalten im wesentlichen eine Wiedergabe der in den letzten $1^1/_2$ Jahrzehnten zum Themenkomplex „EG und Seehäfen" entwickelten Auffassungen sowie der in diesem Zusammenhang eingetretenen Ereignisse. Abgesehen von kurzen Andeutungen über die Haltung einzelner Seehäfen ist von einer kritischen Beleuchtung der Gedanken des Europa-Parlaments Abstand genommen worden. Dasselbe gilt für den von der EG-Kommission den Seehäfen Anfang dieses Jahres zugestellten Fragebogen. In beiden wird eine Fülle z. T. schwierigster Fragen angeschnitten. Im nachfolgenden soll eine kurze kritische Stellungnahme versucht werden. Sie kann sich — um den Rahmen dieses Artikels nicht zu überschreiten — aber nur auf einige wenige Gesichtspunkte beschränken.

2. Der Entschließungsentwurf des Europa-Parlaments

Bei einer ersten Durchsicht gewinnt der mit der Materie im einzelnen nicht vertraute Leser den Eindruck, daß diesen Vorschlägen im großen und ganzen zugestimmt werden könne. Es sind in ihm auch manche gute Gedanken enthalten. Bei einer näheren Prüfung zeigt sich jedoch, daß die zumeist aus dem Binnenland stammenden Abgeordneten des Europa-Parlaments mit der vielfach sehr komplizierten Materie der Seehäfen des EG-Bereiches nicht in den Einzelheiten vertraut sind (auch nicht vertraut sein können), so daß sie vielfach zu Schlußfolgerungen gelangen, die die tatsächlichen Verhältnisse nicht genügend berücksichtigen und die letzten Endes nicht den Interessen der Wirtschaft des gesamten EG-Bereiches entsprechen. Die Begründung für diese allgemeine Bemerkung ergibt sich aus der nachfolgenden kritischen Betrachtung der Einzelvorschläge des Europa-Parlaments:

Dem Vorschlag, das erste Prinzip der Hafenpolitik müsse das der Nichtdiskriminierung sein, kann nur zugestimmt werden. Das gleiche gilt für den 2. Grundsatz, wonach Grundlage der Hafenpolitik der Wettbewerb zwischen den Häfen bleiben müsse. Eine künstliche Arbeitsteilung zwischen den Häfen wird mit Recht abgelehnt.

Bereits hier beginnen jedoch die nicht zutreffenden Vorstellungen der Verfasser des Entschließungsentwurfs, wenn sie zugleich sagen, der Wettbewerb dürfe nicht — insbesondere nicht mit Hilfe von Subventionen der öffentlichen Hand — zu Überkapazitäten in den Häfen führen. Die Behauptung, es bestünden Überkapazitäten in den Häfen, zieht sich wie ein roter Faden nicht nur durch die Vorschläge des Europa-Parlaments, sondern auch durch die des Vermerkes der EG-Kommission vom April 1971. Die gleiche Behauptung ist — unabhängig von EG-Überlegungen — in den letzten Jahren häufiger im Hinterland der Seehäfen aufgestellt worden. Solche Aussagen klingen oftmals sehr populär. Eine andere Frage ist aber, ob sie richtig sind. Jedenfalls hat in den vorangegangenen Jahren in den öffentlichen Diskussionen, insbesondere in den Gremien der EG niemand konkret sagen, geschweige denn nachweisen können, an welcher Stelle in den Seehäfen wesentliche Überinvestitionen erfolgt sind, die bereits im Augenblick der Erstellung objektiv als solche erkennbar waren. (In diesem Zusammenhang ist zu beachten, daß wie in allen Industrien Anlagen in den Seehäfen heute schneller veralten als dies in Zeiten früherer Generationen der Fall war.) Daß die Behauptung betr. Überkapazität nicht auf festen Füßen steht, zeigt sich aus dem

Grundsatz 4 des Europa-Parlaments, die Hafenpolitik müsse dazu beitragen, daß die Umschlagskapazitäten der Häfen stets ausreichen und keine Engpässe entstehen.

Eine Betrachtung der Hafenbaupolitik, insbesondere der beiden großen deutschen Seehäfen Hamburg und Bremen/Bremerhaven während der letzten zwei Jahrzehnte zeigt, daß sie sich bei ihren Investitionen als „vorsichtige Kaufleute" verhalten und Neubauten nur insoweit durchgeführt haben, als diese zur Befriedigung kommender Verkehrsbedürfnisse erforderlich waren. Bei aller vorausschauenden Betrachtung haben sie keine wesentliche Investition durchgeführt, die als überflüssig oder als Überkapazität bezeichnet werden muß. Im großen und ganzen muß festgestellt werden, daß eine in dem einen Hafen unterlassene Investition eine entsprechende Investition in dem anderen Hafen erforderlich gemacht hätte. Auf der anderen Seite haben sich Hamburg und Bremen — soweit es wirtschaftlich erforderlich und vertretbar war — dem Strukturwandel im Seeverkehr angepaßt und entsprechend moderne Umschlagsanlagen geschaffen, so daß beide Häfen heute als hochleistungsfähige und schnelle Universalhäfen bezeichnet werden können. Dabei haben sie sich hinsichtlich der aufzunehmenden Schiffsgrößen jeweils auf eine solche beschränkt, für die sich ein unabweisbares Bedürfnis ergab. Soweit der Verfasser übersehen kann, gilt das für Hamburg und Bremen Gesagte in ähnlicher Weise auch für die großen Seehäfen der Niederlande, Belgiens und Frankreichs. Jedenfalls stehen der auf die Ein- und Ausfuhr angewiesenen Industrie des EG-Bereichs in den Häfen der Bordeaux-Hamburg-Range, in Marseille und in einigen italienischen Hafenplätzen hochleistungsfähige Häfen zur Verfügung, die jederzeit einen schnellen und reibungslosen Umschlag der Ein- und Ausfuhrgüter sicherstellen. Wesentliche Verkehrsengpässe — mit Ausnahme einiger kurzfristiger, die immer im Weltseeverkehr auftreten — sind nicht erkennbar geworden. Bewirkt hat diese hohe Leistungsfähigkeit der europäischen Seehäfen der Wettbewerb untereinander und vor allem ihre Fähigkeit, sich aus eigenem Entschluß jederzeit allen Verkehrsbedürfnissen anpassen zu können, sie selber finanzieren, aber auch dafür die Verantwortung tragen zu müssen. Daß die hohe Leistungsfähigkeit der kontinental-europäischen Seehäfen des bisherigen EG-Bereichs nicht selbstverständlich ist, zeigt ein Vergleich mit zahlreichen Häfen außerhalb dieses Gebietes, insbesondere im Rahmen des weltweiten Verkehrs, wo in vielen Häfen lange Wartezeiten der Seeschiffe und deren langsame Abfertigung an der Tagesordnung sind. Die Ein- und Ausfuhrwirtschaft auch des künftigen EG-Bereichs dürfte alles Interesse daran haben, sich diese hohe Leistungsfähigkeit der eigenen Seehäfen zu sichern, die einerseits einen beschleunigten Güterumschlag gewährleistet, andererseits kostenverursachende Überkapazitäten vermeidet.

Da wesentliche Überkapazitäten in den Häfen nicht vorhanden sind, andererseits Anpassungen an den Sturkturwandel im Verkehr laufend erfolgen, entfällt die wesentliche Voraussetzung für die Bestrebungen der EG zur Einführung einer Seehafenverkehrspolitik.

Bemerkt sei ausdrücklich, daß diese Feststellung sich nur auf Handelshäfen, d. h. auf Hafenanlagen, die Umschlag für Dritte betreiben, bezieht. Anders mag die Lage bei Hafenanlagen sein, die nur dem Umschlag eines bestimmten Unternehmens dienen. Solche Anlagen, die oft außerhalb von Handelshäfen errichtet sind, sind integrierter Bestandteil eines Industrieunternehmens und nur mit diesem zusammen zu betrachten. Hier kann die Frage, ob eine Überkapazität vorliegt, manchmal anders zu beantworten sein. Dies ist dann aber keine Frage der Verkehrs-, sondern der Industriepolitik.

Wenn es im 3. Prinzip heißt, die Häfen müßten ihre gesamten Kosten, insbesondere für Neuinvestitionen durch Einnahmen decken, möchte man auch hier bei erster Betrachtung zustimmen. Für die Suprastruktur (Bau von Kaischuppen, Kränen, Lagerflächen usw.), die in den Seehäfen der Antwerp-Hamburg-Range durchweg von der Privatwirtschaft getragen wird, ist dies selbstverständlich. Es bedarf eingehender Prüfungen, ob dieser Grundsatz auch für die bisher von der öffentlichen Hand getragenen Infrastruktur (Bau von Hafenbecken usw.) gelten kann. Beim Bau von Hafenbecken und Wasserstraßen wäre zu fragen, ob dies nicht ebenso eine öffentliche Aufgabe ist wie der Bau von Straßen. Für den Straßenbau gilt dieser Grundsatz jedenfalls nicht.

Die im 5. Grundsatz aufgestellte Forderung, bezüglich der Finanzierung der laufenden und der Investitionsausgaben der Häfen eine Prüfung stattfinden zu lassen mit dem Ziel, Subventionsmaßnahmen transparent zu machen, womit ihr Abbau vorbereitet werden könne, wäre vielleicht vertretbar, wenn tatsächlich Überkapazitäten vorhanden wären. Wollte man eine solche Prüfung durchführen, wäre zwischen Infra- und Suprastruktur zu unterscheiden, wobei letztere Aufgabe der Privatwirtschaft ist. Es bleibt unklar, auf Grund welcher Rechtslage die Privatwirtschaft gezwungen werden kann, ihre internen Unterlagen offen zu legen.

Bei dem Vorschlag zu 6, für Großinvestitionen, insbesondere für den Rohöl- und Erztransport in übergroßen Schiffen eine verstärkte Zusammenarbeit der Häfen einzuführen mit dem Ziel, durch Kostenvergleiche verschiedener Projekte Fehlinvestitionen und Überkapazitäten zu verhindern, stellt sich die Frage, ob nicht in der Praxis vielfach ähnlich verfahren wird. Verwiesen sei nur auf die laufenden Fühlungnahmen, die seit langem zwischen den Seehäfen der Bordeaux-Hamburg-Range und deren Handelskammern stattfinden. Daß z. B. die deutschen Seehäfen vorsichtig finanzieren, zeigt sich daran, daß kein deutscher Hafen nach Verhandlungen in der Tiefwasserhäfen-Kommission sich bereitgefunden hat, entsprechend den Wünschen der Seeschiffahrt an der deutschen Küste eine neue Erzumschlagsanlage für Schiffe von über 100000 tdw zu bauen. Zu diesem Entschluß gelangten die deutschen Seehäfen nach eingehender Prüfung der Wirtschaftlichkeit einer solchen Anlage.

Im übrigen ist es auch eine offene Frage, ob wirklich auf dem Gebiet der Rohöl- und Erzumschlagsanlagen Überkapazitäten vorhanden sind oder drohen. Das müßte erst einmal geprüft werden.

Die in Ziffer 7 angedeutete Absicht, zu einem späteren Zeitpunkt ggf. die Statuten der Hafenverwaltungen zu harmonisieren, dürfte sich in der Praxis kaum durchführen lassen. Hierzu ist festzustellen, daß im Rahmen der Antwerp-Hamburg-Range die Statuten ähnlich sind. Die Umschlagsanlagen — jedenfalls die Suprastruktur — werden hier von der Privatwirtschaft gebaut, finanziert und betrieben, während die Infrastruktur von der öffentlichen Hand (seien es die Gemeinden oder die Länder) getragen wird. Bei der zentralistischen Verwaltung Frankreichs, in die die Seehäfen eingebettet sind, und bei den völlig anderen Verhältnissen Englands, das die verschiedensten Strukturen kennt, dürfte eine Vereinheitlichung der Statuten der Hafenverwaltungen auf unüberwindliche Schwierigkeiten stoßen. Es ist auch kein zwingender Grund erkennbar, weshalb hier eine Vereinheitlichung erfolgen soll.

Auch die Ausführungen zu Ziffer 8 über den Aufbau der Hafengebühren und anderer Hafenentgelte auf der Kostengrundlage berücksichtigen nicht genügend die tatsächlichen Verhältnisse in den Seehäfen. Die überwiegende Anzahl der Entgelte fällt bei den Privatbetrieben an, die von den Kosten ausgehen müssen, wenn sie existieren wollen. Es bleiben daher allenfalls für eine solche Regelung die öffentlich-rechtlichen Abgaben, insbesondere für Seeschiffe, wobei zu beachten ist, daß in jedem Land die öffentlich-rechtlichen Abgaben für einen bestimmten Sektor nicht für sich allein, sondern nur im Gesamtkomplex aller öffentlich-rechtlichen Abgaben behandelt werden können.

Zu der in Ziffer 9 geäußerten Hoffnung, es werde sich eine langsame Angleichung der Hafengebühren ergeben, ist zu bemerken, daß diese Hoffnung sich kaum erfüllen dürfte. In den letzten Jahrzehnten ist eine Angleichung von Hafenentgelten zwischen Seehäfen oft versucht, aber nie erreicht worden. Als Ursache ist darauf zu verweisen, daß die Dienstleistungen in den einzelnen Seehäfen nach Art und Umfang unterschiedlich sind. Als Beispiel sei angeführt, daß in Rotterdam seit jeher der Umschlag im wesentlichen zwischen See- und Rheinschiff, in Bremen und Hamburg dagegen überwiegend vom Seeschiff über Kai in Eisenbahn oder LKW erfolgt. Dementsprechend müssen auch die Entgelte unterschiedlich sein. Als Erfahrungstatsache ist festzuhalten, daß die Dienstleistungen in den einzelnen Seehäfen oft unterschiedliche Inhalte haben und daher auch die Preise unterschiedlich sein müssen.

Die Behauptung in Ziffer 10, in der Vergangenheit habe sich der Wettbewerb zwischen den Häfen des öfteren auf dem Rücken der Hafenarbeiter abgespielt, trifft nicht zu. Dem Verfasser ist kein Fall bekannt geworden, in dem so etwas behauptet wurde.

Dem unter Ziffer 11 vom Europa-Parlament unterbreiteten Vorschlag, unter Vorsitz der Kommission einen Ständigen Ausschuß aus politisch verantwortlichen Vertretern der einzelnen Seehäfen zu schaffen, der schließlich eine Koordinierung der Hafenpolitik durchführen könne, müssen grundsätzliche Bedenken entgegengestellt werden. Bereits oben ist dargelegt, daß die wesentliche Motivierung, nämlich das Vorhandensein von Überkapazitäten und die nicht genügende Anpassung an den Strukturwandel, entfällt. Eine Koordinierung der Hafenpolitik, die nach den obigen Ausführungen die Investitionen, die Hafenentgelte und die Organisation der Hafenverwaltung umfassen soll, muß zwangsläufig zu einem bis in Einzelheiten gehenden Dirigismus führen, vor dem nur gewarnt werden kann. Die heute vorhandene und sich als segensreich erwiesene Fähigkeit zahlreicher europäischer Seehäfen, sich sofort aus eigener Kraft und Verantwortung dem Strukturwandel im Seeverkehr anpassen zu können, würde beseitigt. Der Durchführung eines jeden wesentlichen Bauvorhabens in einem der Seehäfen würde zwangsläufig ein langwieriges Konsultations- und Genehmigungsverfahren vorangehen. Jahre würden oft vergehen, bis ein wichtiges Objekt durchgeführt werden kann. Den Nachteil hätten in erster Linie nicht die Seehafenstädte und die von ihnen wirtschaftlich abhängigen Regionen, sondern die vom Im- und Export abhängigen Wirtschaftsbereiche des EG-Bereiches. Auf weite Sicht gesehen würde die Wettbewerbsfähigkeit der europäischen Wirtschaft auf dem Weltmarkt geschwächt werden.

Die Vorschläge in den Ziffern 12 und 13 betreffen die Seehäfen als Standorte für Industrieansiedlungen. Wie bereits oben angedeutet, fällt die Ansiedlung von Industrien auch in Seehäfen nicht in die Verkehrs-, sondern in die Industriepolitik. Die Regelungen für die Industrieansiedlungen in den Seehäfen müssen im wesentlichen identisch sein mit denen im angrenzenden Raum, da sich andernfalls Wettbewerbsverzerrungen ergeben, abgesehen davon, daß es schwierig sein dürfte, räumlich die Hafengebiete vom Umland abzugrenzen.

Der Vorschlag in Ziffer 14, die Wettbewerbsverzerrungen im Hinterlandverkehr der Seehäfen zu beseitigen, entspricht alten Forderungen der deutschen Häfen. Die Anregung, die Tarifvorschriften für alle Leitungswege gleich zu gestalten, bedarf jedoch eingehender Prüfung. Da die Kosten- und Wettbewerbslage auf den einzelnen Leitungswegen unterschiedlich sind, kann u. U. die Aufstellung eines solchen Grundsatzes eine neue Wettbewerbsverzerrung bedeuten.

Der in Ziffer 15 angeregte weitere Ausbau der Verkehrswege nach und von den Seehäfen dürfte nach Abschluß der z. Z. in Ausführung begriffenen Arbeiten auf absehbare Zeit im wesentlichen erfüllt sein.

Der in Ziffer 16 geforderte Erlaß von Vorschriften für die Seeschiffahrt aufgrund des Artikels 84 Abs. 2 ist eine Frage, die in erster Linie im Rahmen der Seeschiffahrtspolitik zu entscheiden ist.

Zusammenfassend ist festzustellen, daß sowohl die Vorschläge im Entschließungsvorschlag des Europa-Parlaments als auch die Ausführungen im EG-Vermerk vom April 1971 nicht überzeugen. Der EG ist entgegenzuhalten, daß man nicht alles durch Vorschriften regeln soll, was man regeln kann, sondern nur das, was man regeln muß. Den Auffassungen der Seehäfen Bremen und Hamburg, daß ein Bedürfnis für den Erlaß von Vorschriften in dem von der EG geplanten Umfang nicht zu erkennen ist, ist zuzustimmen. Den Bedürfnissen der gesamten Außenwirtschaft des EG-Gebietes wird besser gedient, wenn man den Ausbau und die Verwaltung der Seehäfen in der bisherigen Weise der Initiative und Verantwortung der Hafenverwaltungen überläßt, als daß man einen zwangsläufig komplizierten, alle Bereiche des Hafenwesens umfassenden Dirigismus schafft, der jede Eigeninitiative lähmen muß.

3. Fragebogen der EG-Kommission

Der im Februar dieses Jahres von der EG-Kommission den Häfen zugestellte Fragebogen hat folgenden Wortlaut:

A. Wettbewerbsbedingungen im Zu- und Ablaufverkehr der Häfen:

1. im Landverkehr, Binnenschiffahrt eingeschlossen,
2. im Seeverkehr.

B. Gemeinsame Politik hinsichtlich der Entwicklung der Häfen und der Hafenregionen:

1. Aspekte der Regionalpolitik und der Raumordnung,
2. Aspekte der Industriepolitik,
3. Aspekte der Handelspolitik, einschließlich der Probleme der Flaggendiskriminierung,
4. Aspekte der Umweltpolitik (Maßnahmen gegen Verschmutzung usw.),
5. Aspekte der Energiepolitik.

C. Soziale Probleme:

1. Harmonisierung der Arbeitsbedingungen in den Häfen,
2. Harmonisierung der Sicherheitsmaßnahmen.

D. Hilfen und Unterstützungen, die für private Unternehmen in den Häfen oder Hafenregionen gewährt werden:

1. an Privatunternehmen, deren Tätigkeit hafengebunden ist,
2. an Industrien, die sich im Hafen oder der Hafenregion niedergelassen haben.

E. Information, Konsultation, Koordination:

1. Informations- oder Konsultationsverfahren über bestimmte Aspekte der Hafenpolitik,
2. Harmonisierung der Hafenstatistiken,
3. einheitlicher Kontenrahmen für die Hafenverwaltung.

Dieser Fragebogen ist ein typisches Beispiel für die unklaren Vorstellungen, die gegenwärtig bei der EG-Kommission zu dem Thema Seehafenpolitik bestehen.

Zu den Verkehrsfragen, für die die Generaldirektion Verkehr zuständig ist, gehören lediglich die unter Ziffer A und D 1 aufgeführten Themen, allenfalls die unter E bezeichneten. Die unter B genannten Aspekte der Regional-, Industrie-, Handels-, Energie- und Umweltpolitik sind keine Verkehrsfragen. Sie gehören nicht zur Zuständigkeit der Gruppe „Verkehr" der EG-Kommission. Sie sind auch nicht Angelegenheiten der Häfen, sondern der Regierungen der Mitgliedsländer. (In der BRD z. T. der Regierungen der Länder.) Über diese Dinge kann daher die EG-Kommission nicht mit den Häfen verhandeln. Daß die unter C aufgeführten sozialen Probleme den Wettbewerb zwischen den Seehäfen nicht wesentlich beeinflussen, ist oben bereits angedeutet. Für die unter D vorgeschlagene Koordination gelten die bereits oben angedeuteten Bedenken.

4. Schluß

Nicht nur die unmittelbar betroffenen Seehäfen selber, sondern auch die Regierungen der Mitgliedstaaten der EG haben daher allen Anlaß, sich eingehend mit der gesamten Problematik einer europäischen Seehafenpolitik zu befassen. Bevor irgendwelche weiteren Initiativen seitens der EG eingeleitet werden, sollte zunächst eingehend geprüft werden, ob wirklich ein Bedürfnis zum Erlaß einheitlicher Vorschriften für den Seehafenbereich der EG besteht und welche Nachteile sich ergeben, wenn das bisherige System der Selbstverantwortung der Seehäfen aufgegeben würde.

Planung von Container-Umschlagsanlagen und deren Betrieb

Von Dr. **Günther Boldt**, Bremen, Bremerhaven

Einige Jahre Erfahrung in Planung und Betrieb von Container-Umschlagsanlagen sind Veranlassung genug, für einige Augenblicke die Routine zu unterbrechen und Rückschau zu halten mit dem Ziel zu prüfen, ob alle wesentlichen Entscheidungen bei der Planung von Container-Umschlagsanlagen und deren Betrieb sachlich richtig getroffen wurden.

Hierzu soll die Zeit der Entscheidungsfindung, d.h. die Zeit um 1965/66 und die damals gegebene Situation, kurz in Erinnerung zurückgerufen werden.

Ausgelöst durch die Entscheidung einer amerikanischen — bis dahin in heimatlichen Gewässern operierenden — Reederei wurden die Häfen Rotterdam und Bremen in den Verkehr mit Vollcontainerschiffen einbezogen. Mehr durch Zufall als durch Planung in bezug auf den Containerverkehr konnten beide Häfen ursprünglich für andere Zwecke vorgesehene Freiflächen für den Containerverkehr anbieten.

In der Zeit danach folgten die Reaktionen anderer Reedereien hierauf mit der Konsequenz, ebenfalls mit Voll- oder Semi-Containerschiffen zu arbeiten. In nur sehr kurzer Reaktionszeit agierten große europäische Reedereien in anderen Fahrtgebieten als im Verkehr mit der USA/Ostküste — nämlich Australien und Fernost/Südostasien — mit Containerschiffen weitaus größeren Typs als dem, mit dem der Containerverkehr 1966 eröffnet wurde.

Man muß bei der Betrachtung der heutigen Containerterminals in Nordwest-Europa sich ferner in Erinnerung rufen, daß es für die Entwicklung von Großterminals für den Containerverkehr keine Vorbilder oder Diskussionspartner gab, deren Erfahrung voll übertragbar gewesen wären.

Die amerikanischen Häfen an der Ost- und Westküste des amerikanischen Kontinents besaßen technisch und organisatorisch hervorragend ausgerüstete Container-Umschlagsanlagen, die jedoch spezifisch auf die Belange der beiden dominierenden Container-Reedereien der USA ausgerichtet waren, nämlich von Sea-Land Service Inc. und Matson Navigation Co. Beide Reedereien hatten eigene Philosophien entwickelt, sowohl hinsichtlich der Container-Normen als auch der Verteilung der Container im Hinterland sowie daraus sich ergebend auch hinsichtlich des Container-Umschlagsystems in den Häfen. Beide Reedereien verteilten ihre Container im Hinterland per Straße, die Bahn spielte eine untergeordnete, wenn nicht sogar eine absolut unwesentliche Rolle. Während Sea-Land den kostspieligen, aber hafenoperationell idealen Weg beschritt — für jeden Container ein Chassis bereitzuhalten — minimierte Matson den Chassispark und operierte im Hafen mit dem logistisch komplizierten Van-Carrier System: Container werden im Hafen in langen Reihen 2fach hochgestapelt und nach dem Umschlagsvorgang für den Binnentransport auf die ständig umlaufenden Chassis verladen. Sowohl die Endstation Hawaii — Containerterminal war Honolulu — als auch die Westküste der USA warfen in diesem System keine schwerwiegenden Probleme auf, da die Struktur der Kundschaft eine sequenzielle Verladeweise zuließ, also zufallsorientierte Zugriffe zu den Containern für das Schiffsoperation und für den Verladebetrieb nicht eine unbedingte Forderung darstellten. Ferner entwickelten beide Reedereien eigene Informationssysteme, die auf die betrieblichen Umschlagssysteme abgestimmt waren, die weitaus einfachere Verkehrswirtschaft miterfaßten und die auf andere Reedereien keine Rücksicht zu nehmen brauchten, da die Terminals nur von Schiffen der eigenen Linie angelaufen wurden. Außerdem legten die Reedereien die Ablauf- und Informationsprioritäten intern selbst fest und eliminierten Schwierigkeiten externer Prioritätskonflikte.

Europäische Seehäfen lernten demzufolge einen hohen Technisierungsgrad kennen und fanden eine Umschlagslogistik vor, die nicht ohne weiteres auf die hiesigen Verhältnisse übertragbar war, da sich die europäischen Prämissen anders stellten. Außerdem war die europäische Zukunftsentwicklung im Hinblick auf Containerverkehr nicht überschaubar und damit die Anforderungsprofilien an große Containerterminals nicht klar und eindeutig umrissen. Die europäischen Bahnen kamen erst mit erheblicher Verzögerung in das Containergeschäft. Vieles deutete bereits damals auf Alround-Terminals hin, die Containerverkehre unterschiedlichster Entwicklungsstufen und Ladungsstruktur bezüglich der Aufteilung zwischen Pier/Pier — und durchlaufendem Verkehr

Abb. 1. Vogelperspektive auf dem Container-Terminal Bremerhaven: Total integrierter Common User's Berth mit der Stromkaje für Containerschiffe der 3. Generation an der offenen Wesermündung, im eingeschleusten Nordhafenbereich für Containerschiffe sämtlicher Größen, vor allem aber für Feeder-Schiffe und für kombinierte Ro-Ro/Containerschiffe.

Abb. 2. Diese Lash-Mutterschiffe der Lykes werden inzwischen an der Stromkaje im Container-Terminal abgefertigt. Anstelle der 3. Lage Barges im oberen Deck tragen sie in Containerschächten zusätzlich zu den 2 darunterliegenden Lagen Barges so viele Container, wie ein Containerschiff mittlerer Größe.

aufnehmen mußten. Semi-Containerschiffe trugen neben konventioneller Ladung so viele Container wie die ersten Vollcontainerschiffe. Anzeichen deuteten darauf hin, daß kombinierte Ro-Ro-Containerschiffe entwickelt werden sollten. Feeder-Schiffe begannen eine bedeutende Rolle zu spielen und die Abfertigungsprogramme der Terminals zu komplizieren. Man sprach später dann auch von Lash-Schiffen, die neben Barges auch Container trügen und somit der Abfertigung an Containerumschlagsanlagen bedürften. Mit dem Erscheinen von Ro-Ro/Containerschiffen, die mit seitlich ausfahrbaren Rampen arbeiteten, war die Vielzahl der Anforderungen an einen Container-Terminal derart komplex, daß man von einer Multipurpose-Anlage nicht weit entfernt war. Dazu gesellte sich in Europa die vielschichtige kaufmännische Infrastruktur, bestehend aus Reedereien, Agenten, Schiffsmaklern, Seehafenspediteuren, Binnenspediteuren, Tallyfirmen, Terminaloperator, Lkw und Bahn, deren Aktivitäten vor allem im Bereich der Information nicht nur nicht integriert, sondern eher isoliert und eigenständig abgewickelt wurden, den Blick starr auf eigene Belange gerichtet und eher geneigt, jahrzehntelange Intransparenz zu erhalten.

Damit sind wir bei der Globalbeschreibung der Anforderungen an einen Common-users/Container-Terminal angelangt, der danach trachtet, durch möglichst hohe Auslastung wirtschaftlich zu arbeiten, dabei aber Gefahr läuft, zu einem „Gemischtwarenladen" umfunktioniert zu werden mit allen damit verbundenen Nachteilen.

Aus dieser Beschreibung lassen sich empirisch alle jene Teilanforderungen ablesen und ordnen, die bei der Neuplanung von Terminals und deren Betrieb zugrunde liegen und deren Kompatibilität es sorgfältig zu prüfen gilt.

Der erste Denksatz bei der Planung eines Container-Terminals befaßt sich automatisch mit der Projektion der umzuschlagenden Mengen an Containern und ist daher marketing-orientiert. Wir werden später sehen, daß ohnehin die meisten Probleme des Betriebes in der Technik und der Informatik marketing-orientiert sind, da das Marketing-Konzept der Unternehmung den ausführenden Funktionen vorgelagert ist und ausführende Funktionen immer nur einen Teil des Marketing darstellen und das Marketing-Ziel realisieren.

Die Planung der in der Zukunft umzuschlagenden Mengen stößt sofort auf den Knappheitsfaktor „verfügbare und erstellbare Aufstellfläche". Dies führt gleichzeitig zur Planung der Alternativen, wie hoch Container abgestellt werden sollen. Der Spielraum an Alternativen reicht von dem Aufstellen der Container auf Chassis bis zur 6- oder 9fach hohen Stapelung. Die technische und wirtschaftliche Betrachtung der Alternativen findet schnell ihre Grenze im exogen Bereich auch dann, wenn sich aufgrund der Wirtschaftlichkeitsrechnung eine Alternative als die optimale herausrechnet.

Ein Faktor aus dem terminal-externen Bereich ist die grundlegende Entscheidung eines Kunden, also eines Reeders, darüber, die Container im Umschlagsprozeß auf reedereieigenen, straßengängigen oder hafengebundenen Chassis zu befördern und zwischenzulagern. Er tut dies aus der Überlegung, daß auf Chassis stehende Container zwar teurer als bei anderen Alternativen, dafür aber permanent zugriffsfähig für die Schiffsstauung und für die Verladung ins Binnenland bereitstehen. Der Reeder konkurriert mit dieser Entscheidung im Software-Bereich gegenüber anderen Reedern und schafft für die Planung der Terminaloperator eindeutige Prämissen.

Mit dieser Entscheidung des Reeders liegen Platzbedarf, die Struktur von Park- und Verkehrsflächen des Terminaloperators fest. Hiermit ist auch das Betriebssystem — nämlich der Transport per Zugmaschine — bestimmt. Ziemlich klar ist mit dieser Entscheidung auch jener Bereich der Logistik determiniert, der als Informationssystem definiert wird.

Der Planer hat in diesem Stadium der Planung zu berücksichtigen, wie das zukünftige Verhältnis der Straßen- und Bahneingänge und -ausgänge aussehen wird. Danach bemißt sich die Beantwortung der Frage, ob eine Eisenbahnverladeanlage im oder außerhalb des Terminals errichtet werden muß. Fällt die Entscheidung zugunsten einer solchen Anlage innerhalb des Terminals, so folgt die Überlegung nach ihrer besten, örtlichen Plazierung und ihres Betriebes. Die Alternativen der örtlichen Anordnung reichen von der parallelen bis zur senkrechten Anordnung zur Kaje mit Plazierung von Terminalmitte bis Peripherie des Terminals. Die Lösung dieser Unterprobleme hängt von den individuellen Gegebenheiten des Terminals ab. Das Betriebssystem eines solchen Verladekomplexes rangiert vom Vancarrier-Einsatz bis zu vollautomatisierten Portalkränen, die die Gleiszone überspannen.

Die Frage der Kompatibilität der technischen Lösungen allein dieser Probleme eines Untersystems wird sehr komplex, wenn weitere Reeder sich entschieden haben, überwiegend ohne Chassis zu arbeiten und dem Terminaloperator den Transport und die Lagerung der Container auf dem Terminal überlassen. Diese Entscheidnng war als die dominierende Determinante für europäische Container-Terminals zu erwarten, da aus verkehrsinfrastrukturellen Gründen sich der Zulauf und Ablauf der Container bewegend auf der Schiene anbot. Technisch gesehen reichte die Skala der

Lösungsmöglichkeiten vom Einsatz hafeneigener Chassis für die Lagerung mit anschließendem Umschlag auf Bahnwaggons über das Vancarrier-System, das bis zu 3fach hoch zu stapeln in der Lage ist, bis zum Portalkran im Lagerbereich, der die höchste Quadratmeterauslastung des Terminals bietet, bei einer 6—9fach hohen Stapelung, aber als Parallelerscheinung die geringste Flexibilität im Arbeitsablauf bietet, wenn die zum System gehörige Information unvollkommen ist.

Es wird hieran deutlich, daß bislang technische Probleme noch nicht zur Debatte oder Entscheidung anstanden, sondern ausschließlich Intermodal-Aspekte. Fragen der betrieblichen Kompatibilität der Abläufe dominieren und engen die Freiheitsgrade technischer Alternativen stark ein. Die Operations-Abteilungen sind bestrebt, unvorhergesehene Unvollkommenheiten durch ein möglichst flexibles, aber damit zwangsläufig auch kostspieliges Betriebssystem zu kompensieren. Dabei handeln sie bei der Entscheidungsvorbereitung durchaus marketing-orientiert, da letztlich die betriebliche Leistung hinsichtlich Qualität, Tempo, Flexibilität über die Beschäftigung durch Kunden entscheidet.

Abb. 3. Beim Einsatz von 5 Containerbrücken auf einem Containerschiff mit einer Gesamtstundenleistung von 120 Containern muß die Operationsplanung so betrieben werden, daß die eingesetzten 20—25 Lkw's störungsfrei ihre Kreisläufe fahren. Dieses setzt vor allem einen hohen Grad an Perfektion der Information über die Lade/Löschsequenz des Schiffes voraus.

Der wohl wesentlichste Unvollkommenheitsfaktor bei diesen planerischen Überlegungen ist die Information. Mangelnde Information im Intermodal-System wird kompensiert durch technisch/organisatorische Flexibilität des Bereichs Operation eines Container-Terminals. Mangelnde Informationen, also Software, im intermodalen Verkehrsgeschehen wird substituiert durch Vorhaltung technisch aufwendiger Betriebssysteme, also Hardware.

Der Terminal konkurriert durch seine Leistung „über alles", d.h. unter Einbeziehung der Informationen Dritter, auf deren Qualität und Quantität er direkt keinen Einfluß hat. Mängel in diesem Bereich gleicht er aus.

Die Erfahrung der letzten Jahre im Containerverkehr lassen sehr wenig Hoffnung darüber aufkommen, daß die derzeitige Informationsmisere sich schnell und entscheidend bessern wird. Im Gegenteil, Appelle, Aufklärungskampagnen, interdisziplinäre Gespräche mit allen Beteiligten, permanente Hinweise auf Schwachstellen, angebotene, aber nicht genutzte EDV-Anlagen lassen die Folgerung zu, daß Uneinsichtigkeit in diszipliniertes Transportkettenverhalten, mangelnde Ko-Operationsbereitschaft und — last but not least — falsch verstandene Eigeninteressen weiterhin bestehen bleiben. Der Terminalplaner ist gut beraten, soviel Informationsbestandteile an sich zu ziehen wie möglich, um bei seiner Leistungserstellung autonom zu bleiben.

Eines der vielschichtigsten Probleme besteht in der Entscheidung darüber, ob für den Pier/Pier-Verkehr, also für zu beladende und zu entladende Container, überdachte Flächen zu schaffen und wo sie anzuordnen sind. Die Praxis weist hier mehrere Wege. Es gibt Terminals, die die Packhallen aufgrund der gewünschten Wegeminimierung beim Zwischentransport der Container im Terminal selbst anordnen. Andere Terminals haben sich entschieden, die Pack-Fazilitäten außerhalb der Terminals anzuordnen, um eine klare Funktionsgliederung der Abläufe zu erhalten, allerdings zu erhöhten Transportkosten. Eine eindeutige Antwort auf die Frage nach der optimalen Lösung läßt sich nicht geben, da Umfang und Art der zu packenden Ladung und Container unterschiedliche Anforderungen stellen.

Bei der Erfassung der Alternativen hat der Planer eines Terminals bei der Gestaltung der Zukunft zu prüfen, ob er ein Hafen unter vielen sein wird, insoweit, wie die Reihenfolge des Anlaufens durch die Schiffe sich ergibt, oder ob er erster oder letzter Hafen oder eine Mischung aus beidem sein wird. Hiervon hängt wesentlich der Grad an Integration der Information über Ladungs- und Schiffsbewegungen mit Vorhäfen ab, die die Transparenz des kurzfristig auf den Terminal-Operator zukommenden Operationsprogrammes bietet. Es ist dabei durchaus von wesentlicher Bedeutung, ob ein Terminal seine Stauprogramme einen Tag vor Schiffsankunft zu erstellen hat oder ob ihm ein wesentlich längerer Zeitraum zur Verfügung steht, wobei sich noch verschiedene, schiffbezogene Staukriterien hinzufügen.

Die Spannbreite der gefundenen Lösungen in den nordwest-europäischen Container-Terminals in bezug auf die angeschnittenen Probleme läßt erkennen, wie unterschiedliche Prämissen es zu berücksichtigen galt. Der Planer eines an irgendeinem Platz der Welt zu erstellenden Container-Terminals stößt in Nordwesteuropa auf eine Fundgrube an Modelldenken und an Erfahrungen allein im betrieblich-organisatorischen und informatorischen Bereich. Die Skala der angeschnittenen Probleme konnte sich hier nur auf betriebliche Grundfragen beschränken. Der Techniker, der Nautiker, der Strom- und Hafenbauer finden Erfahrungsschätze, die ein Mehrfaches dessen darstellen, was im operationellem Bereich zu finden ist.

Betriebliche Aufgaben, Gestaltung und Bemessung der Gleisanlagen in Seehäfen

Von o. Prof. Dr.-Ing. **Hermann Nebelung**, Oberingenieur Dipl.-Ing. **Hubert Mathar** und Bundesbahnrat Dipl.-Ing. **Hellmuth Meyer**

1. Allgemeines

Von jeher gilt als wichtigste Aufgabe eines Seehafens — der Nahtstelle zwischen dem See- und dem Landverkehr —, die Seeschiffe schnellstmöglich abzufertigen, um die Umlaufzeiten dieser in der Anschaffung und im Betrieb kostspieligen Transportmittel gering zu halten, sie also bestmöglich auszunutzen.

Der Strukturwandel im Weltseeverkehr nach dem zweiten Weltkrieg, nicht zuletzt gekennzeichnet durch das Anwachsen der Schiffsgrößen und der Anzahl von Spezialschiffen, bedingt

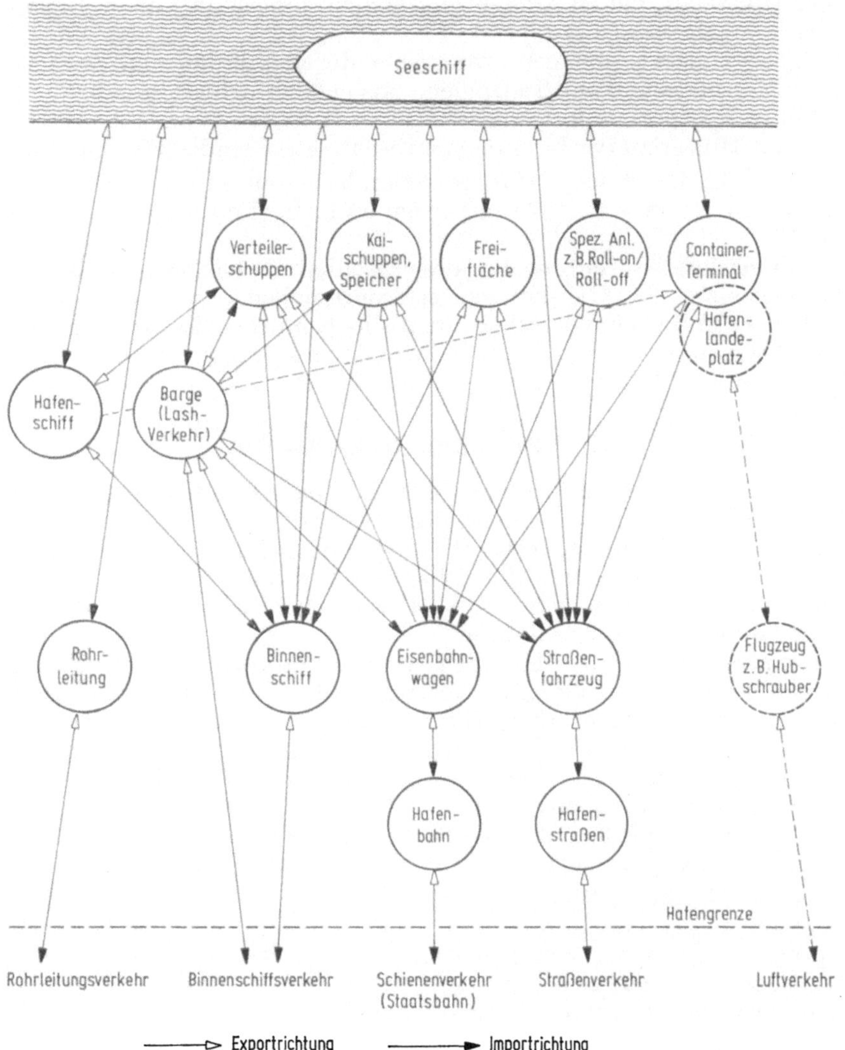

Abb. 1 Verkehrsbeziehungen zwischen Seeschiff und Binnenverkehrsmitteln in einem Seehafen.

einerseits immer kürzere Lade- und Löschzeiten in den Seehäfen mittels moderner Umschlagtechniken; die vielfältigen Verkehrsrelationen in einem Seehafen zwischen den Seeschiffen und den Binnenlandverkehrsmitteln (vgl. Abb. 1, [1, 2]) werfen andererseits umfangreiche bauliche, hafenbetriebliche und verkehrliche Probleme auf, deren Lösung hohen finanziellen Aufwand erfordert. Nur durch gut aufeinander abgestimmte Rationalisierungsmaßnahmen in allen Bereichen der Hafenwirtschaft läßt sich eine Minderung der laufenden Betriebskosten erzielen. Hierbei ist von besonderer Bedeutung ein gutes Zusammenspiel im Umschlag zwischen dem Seeschiff und den verschiedenen Transportmitteln des Hinterlandes, die im Hafen i. a. zu hohen Investitionen für die Infrastruktur führen. Das gilt im besonderen Maße für die Eisenbahn.

Gestaltung und Größe der Gleisanlagen eines Seehafenbahnhofs haben den Anforderungen zu genügen, die die Eigenheiten und der Umfang des Schiffsverkehrs in einem Seehafen dem Eisenbahnbetrieb stellen; denn im Hafen ist das Schiff „das Maß aller Dinge". Eine Reihe veränderlicher Faktoren, die auch wesentlichen Einfluß auf die Bemessung der Eisenbahnanlagen haben, bestimmen den Arbeitsablauf in einem Seehafen.

Hierunter fallen u. a. [1, 2, 3]:

— Fahrplanabweichungen der Schiffe, beeinflußt durch Witterung (Sturm, Nebel, Eis u. a.) und Verzögerungen in anderen Häfen,
— Größe des Schiffsgefäßes, die zu großen Gutmengen innerhalb kurzer Fristen für Laden und Löschen führt,
— Diskontinuität der Umschlagmengen, verursacht durch Ballung von Schiffsankünften, unterschiedliche Schiffsgrößen und -auslastungen, saisonale Einflüsse u. a.,
— Schiffsbauarten (z. B. Spezialschiffe),
— Art und Güte der Hinterlandverbindungen (Eisenbahn, Straße, Binnenwasserstraße).

Die Eisenbahn hat sich im Hafen auf diese Besonderheiten einzustellen. Sie hat die Diskontinuität des Schiffsverkehrs in einen planmäßigen und rhythmischen Eisenbahnverkehr umzuwandeln.

Die für die reibungslose Durchführung des Eisenbahnbetriebes erforderliche zweckmäßige Gestaltung und Bemessung der Gleisanlagen erfordert neben dem Wissen um die auftretenden eisenbahnbetrieblichen Aufgaben vor allem auch die Kenntnis des künftig auf der Schiene zu bewältigenden Verkehrsaufkommens. Deshalb wird im folgenden zunächst kurz auf dieses Problem eingegangen.

2. Verkehrsaufkommen

Die Entwicklung des für die Bemessung der Eisenbahnanlagen maßgebenden Verkehrsaufkommens sollte für einen bestimmten Zeitpunkt oder über eine gewisse Zeitspanne möglichst objektiviert und — bei den hohen Investitionsaufwendungen für Verkehrsanlagen — auch langfristig vorausgeschätzt werden. Einen Anhaltspunkt für den Zeitraum, für den die Prognose gelten soll, bietet etwa die halbe technisch-wirtschaftliche Lebensdauer der Gleisanlagen. Das ist eine Zeitspanne von mindestens 10 Jahren.

An die Ermittlung des Verkehrsaufkommens und insbesondere der zu erwartenden Verkehrsspitzen sollte deshalb mit großer Sorgfalt herangegangen werden, damit die Gleisanlagen des Hafenbahnhofs auch auf lange Sicht allen Anforderungen des Hafen- und des Eisenbahnbetriebes gerecht werden können. Ein betrieblicher Engpaß, hervorgerufen durch unzureichend dimensionierte Gleisanlagen, würde den gesamten Betriebsfluß im Hafen empfindlich beeinflussen und u. a. Wartezeiten und Kosten erhöhen.

Die langfristige Projektion des Eisenbahnverkehrs im Hafen kann mit Hilfe bestimmter Schätzmethoden, z. B. einer Trend- oder einer Funktional-Schätzung [4, 5] entweder

— synthetisch als sog. Globalschätzung,
bei der das gesamte Verkehrsaufkommen (z. B. im Vergleich zur Entwicklung des realen Bruttosozialproduktes oder des Energieverbrauchs [4]) geschätzt und dann anschließend auf die einzelnen Verkehrsträger, z. B. entsprechend einem in der Vergangenheit beobachteten Trend, verteilt wird, relativ einfach ermittelt werden

oder

— analytisch als sog. Detailschätzung,
bei der der künftige Eisenbahnverkehr gesondert aus der Entwicklung einzelner, für ihn repräsentativer Transportgüter oder aus der Entwicklung der diese Güter erzeugenden bzw. sie verbrauchenden Wirtschaftszweige abgeschätzt wird.

Zweckmäßigerweise sollten beide Methoden verwendet werden, um die Ergebnisse dann kontrollieren zu können.

Als weitere Methode der Abschätzung des mutmaßlich zu erwartenden Eisenbahnverkehrs kommt das Aufstellen eines sog. „Verkehrserzeugungsmodelles“ infrage. Mit Hilfe eines solchen Verkehrserzeugungsmodelles wird versucht, den in einem abgegrenzten Gebiet entstehenden bzw. endenden Verkehr durch ein mathematisches System der verkehrsauslösenden Ursachen auf einer umfassenden Datenbasis mit Hilfe von Methoden der mathematischen Statistik und der Wahrscheinlichkeitslehre zu erklären. Das Modell muß logisch und ökonomisch sinnvoll, aber auch praktikabel — also nicht allzu detailliert — sein.

Wenn auch der Hafenumschlag an den Kais jahres- und tageszeitlich großen Schwankungen unterworfen sein kann, so führt doch die gegenwärtige Tendenz zur indirekten Umschlagsform mit der ausgleichenden Wirkung des Zwischenlagers zu einer gewissen Kontinuität der Umschlagsmengen für die Eisenbahn, die für die Bemessung der Anlagen die Verwendung von Durchschnittswerten des Verkehrsaufkommens erlaubt.

Zum Beispiel wurde für die Abschätzung des für das Hamburger Hafenerweiterungsgebietes westlich des Köhlbrand zu erwartenden Eisenbahnverkehrs ein einfaches Verkehrserzeugungsmodell aufgestellt [6], das als Bemessungsgrundlage folgende Durchschnittswerte lieferte:

— für den See-Stückgutverkehr (Export und Import)
  0,0883 beladene Wagen/d · lfd m Kai,

— für den Verkehr in einem Hafenindustriegebiet (Empfang und Versand)
  1,040 beladene Wagen/d · ha Industriefläche.

Zur Berücksichtigung des Leerwagenanteils war dabei zusätzlich ein Faktor von 1,6 ermittelt worden.

Der Grundsatz, gewisse Hafenanlagen wie z. B. Schiffsliegeplätze, Umschlaganlagen, Stapelflächen usw. für Spitzenverkehre zu dimensionieren, gilt jedoch grundsätzlich auch für die Gleisanlagen des Hafens. Verkehrsspitzen werden hierbei überschläglich durch Zuschläge — sog. „Spitzenfaktoren“ — zu den Durchschnittswerten des Verkehrsaufkommens berücksichtigt. Um den Investitionsaufwand in vertretbaren Grenzen zu halten, ist dabei aber nicht die absolute Verkehrsspitze zugrundezulegen, sondern ein längerfristig auftretender Spitzenverkehr, z. B. die größte an fünf aufeinanderfolgenden Tagen eines Jahres beobachtete mittlere Verkehrsbelastung (sog. „5-Tage-Spitze“).

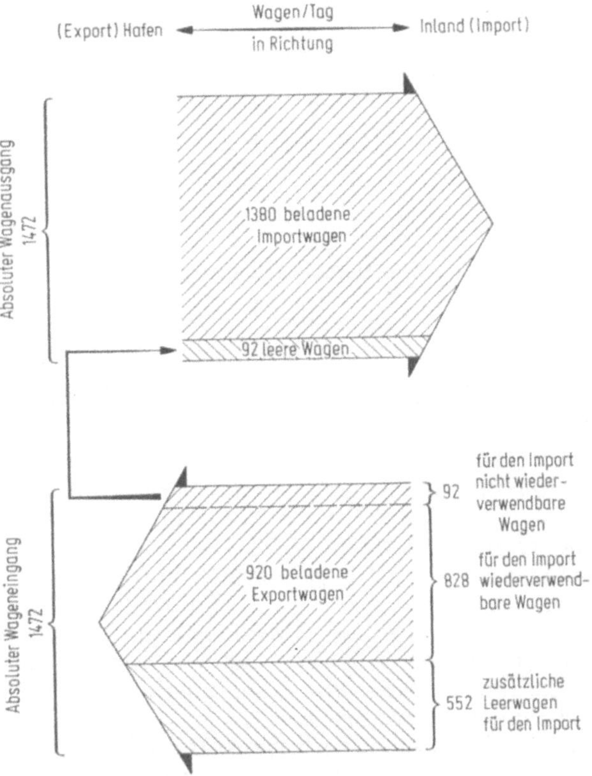

Abb. 2. Beispiel für die Darstellung des Verkehrsaufkommens eines See-Hafenbahnhofs.

Für das erwähnte Hafenerweiterungsgebiet [6] wurden folgende Zuschläge ermittelt:

Tabelle 1. *Spitzenfaktoren für die Bemessung*

	Jahresmittel	5-Tage-Spitze	abs. Spitze
Haupthafenbahnhof	1,0	1,22...1,25	1,33
Hafenbezirksbahnhof			
mit Stückgut	1,0	1,50	
mit Massengut	1,0	1,75...2,00	2,50

Abschließend soll anhand von Abb. 2 ein Beispiel für die Darstellung von Verkehrsströmen gebracht werden, die der Bemessung eines Hafenbahnhofs zugrundezulegen sind [1].

3. Prinzipielle Gestaltung von See-Hafenbahnhöfen

Die verkehrliche Erschließung eines Seehafengebietes durch Eisenbahnanlagen hat W. Cauer bereits eingehend behandelt [7]: Jeder für den Hafen bestimmte Wagen durchläuft drei Stationen bis zur Ladestelle (= Kaigleis):

— den Staatsbahnrangierbahnhof,
— den Haupthafenbahnhof und
— den Bezirksbahnhof.

Die Wagen werden aus den Inlandzügen im Rangierbahnhof der Staatsbahn ausgesondert, in Überführungszügen zum Haupthafenbahnhof gebracht, dort nach Bezirken geordnet, nach den Bezirksbahnhöfen überführt, hier nach den zugehörigen Kais und Ladestellen feingeordnet und zugestellt (Abb. 3). Ähnliches gilt sinngemäß für die entgegengesetzte Betriebsrichtung.

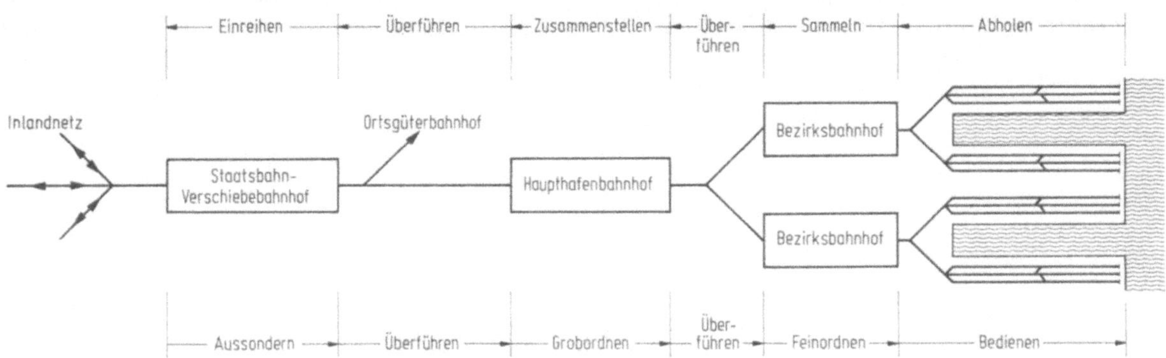

Abb. 3. See-Hafenbahnhof nach W. Cauer.

Um den Bau- und Betriebsaufwand zu vermindern, der durch die geschilderte dreimalige Ordnung der Wagen verursacht wird, hat O. Blum vorgeschlagen, den Haupthafenbahnhof mit dem Verschiebebahnhof der Staatsbahn zu vereinigen und so einen Ablauf und eine Überführung einzusparen [8].

In diesen Vereinigten (Haupt-) Hafen- und Rangierbahnhof wird nach Zugbildungen, nach Zusatzanlagen und bereits nach Hafenbezirken und ggf. auch nach Gruppen innerhalb der Bezirke vorgeordnet. Die Feinordnung nach Ladestellen erfolgt in den dann großzügig auszustattenden Bezirksbahnhöfen (Abb. 4).

Die Wagen von den Ladegleisen werden grundsätzlich ungeordnet, d. h. „bunt" an den Haupthafenbahnhof zurückgegeben.

Da dieses System mit dem Beibehalten der Bezirksbahnhöfe genügend betriebliche Freiheiten und „Puffer"-Möglichkeiten in der Kaibedienung bietet, empfiehlt sich seine Anwendung, sofern die Lage des „Vereinigten (Haupt-) Hafen- und Rangierbahnhofs" auch die erwünschte enge Verflechtung mit den Bezirksbahnhöfen gewährleistet.

Bau- und Betriebsaufwand der drei Cauer'schen Ordnungssysteme lassen sich jedoch nach W. Müller auch durch Zusammenfassen von Haupthafenbahnhof und Bezirksbahnhöfen verringern [9]: Im Rangierbahnhof der Staatsbahn werden die für den Hafen bestimmten Wagen aus

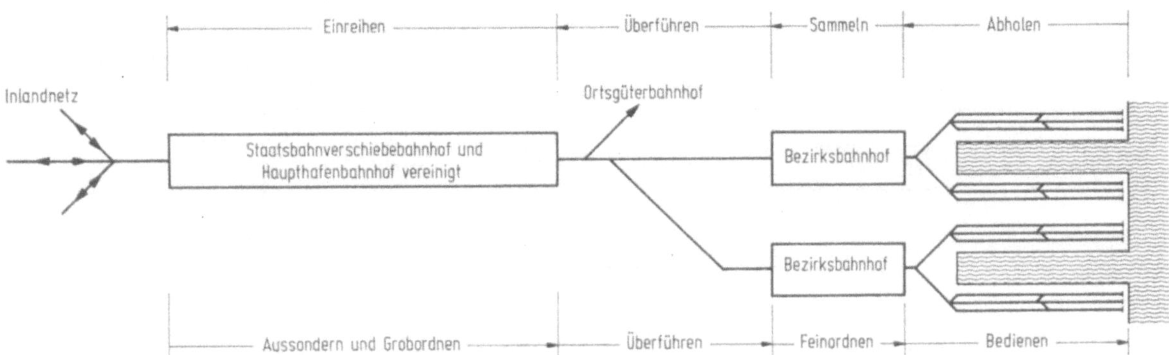

Abb. 4. See-Hafenbahnhof nach O. Blum.

den Inlandzügen ausgesondert und nach diesem Vereinigten Haupthafen- und Bezirksbahnhof überführt. Hier werden die Wagen sowohl nach Bezirken als auch nach Ladestellen geordnet. In Abb. 5 ist diese Lösung dargestellt.

Der Vorschlag ist hauptsächlich für beschränkte örtliche Verhältnisse geeignet. Wenn hingegen an den Kais kurzfristig Feinrangieren verlangt wird, würden bei dieser Anordnung ständig lange Rangierwege ins Hauptsystem erforderlich. Die Anordnung von dann sinnvollen besonderen

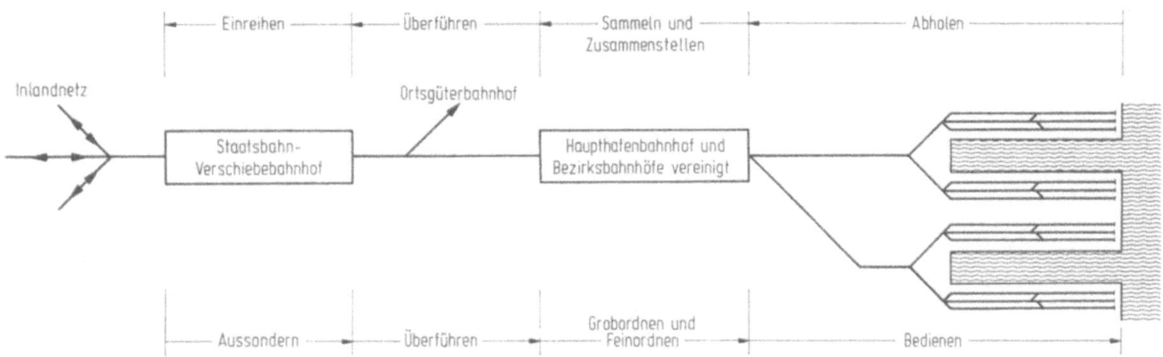

Abb. 5. See-Hafenbahnhof nach W. Müller.

kleinen Ordnungsanlagen in Nähe der Kaigleise führte letztlich wieder zur Ausbildung selbständiger Bezirksbahnhöfe. Zudem könnte auch der Wagenaustausch zwischen den einzelnen Hafenbezirken nur über den Haupthafenbahnhof erfolgen, was bei den ggf. langen Wegen und dem oft lebhaften Umstellverkehr — z. B. im Hamburger Hafen ca. 35% [6] — unerwünscht wäre.

Zusammenfassend ist festzustellen, daß ein besonderer, erweiterungsfähiger, „elastischer" Haupthafenbahnhof den Rangier- und Sammelaufgaben des Hafens am ehesten gerecht wird.

4. Eisenbahnbetriebliche Aufgaben und Gleisanlagen im See-Hafenbahnhof

Die eisenbahnbetriebliche Aufgabe eines Hafenbahn-Systems ist im wesentlichen, die mit der Staatsbahn eingehenden Wagen zu den von den Umschlagbetrieben bestimmten Ladestellen an Kaischuppen, Schiffsliegeplätzen oder Industrieanschlüssen zu überführen und in der Gegenrichtung die Wagen wieder der Staatsbahn zuzuführen.

Zur Übersicht über alle in einem Seehafen anfallenden eisenbahnbetrieblichen Aufgaben sollte zunächst ein sog. „Betriebsprogramm" erarbeitet werden, aus dem Art, Anzahl und zweckmäßige Anordnung der Gleisanlagen im Hafen abgeleitet werden können. Als Beispiel sind in Abb. 6 Betriebsprogramme der Eisenbahn in einem Seehafen für Import („Bahnausgang") und Export („Bahneingang") dargestellt [1, 6]. Wie die Betriebsprogramme zeigen, ist die bereits von Cauer empfohlene Aufteilung der gesamten Rangierarbeit auf mehrere Rangiersysteme anzustreben. Die aus den Betriebsprogrammen abgeleiteten Rangiersysteme und Gleisanlagen zeigt Abb. 7 [1, 2].

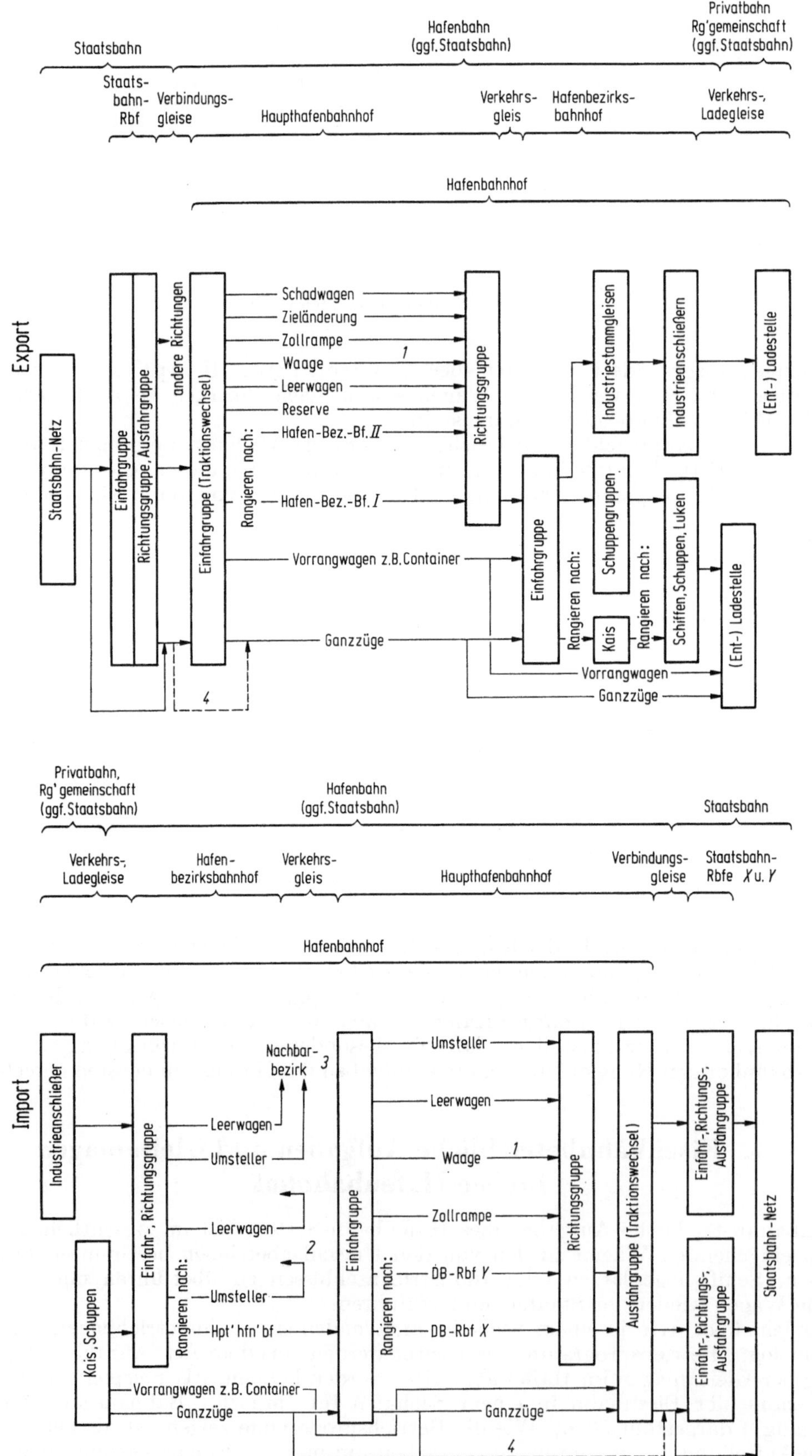

Erläuterungen: *1* Entfällt bei Gleiswaage im Bergleis *2* Wagen bleiben im Bezirk *3* Soweit ein Verbindungsgleis zwischen den Bezirken besteht *4* Kein Traktionswechsel, keine Zollbehandlung usw. erforderlich

Abb. 6. Betriebsprogramm für einen See-Hafenbahnhof.

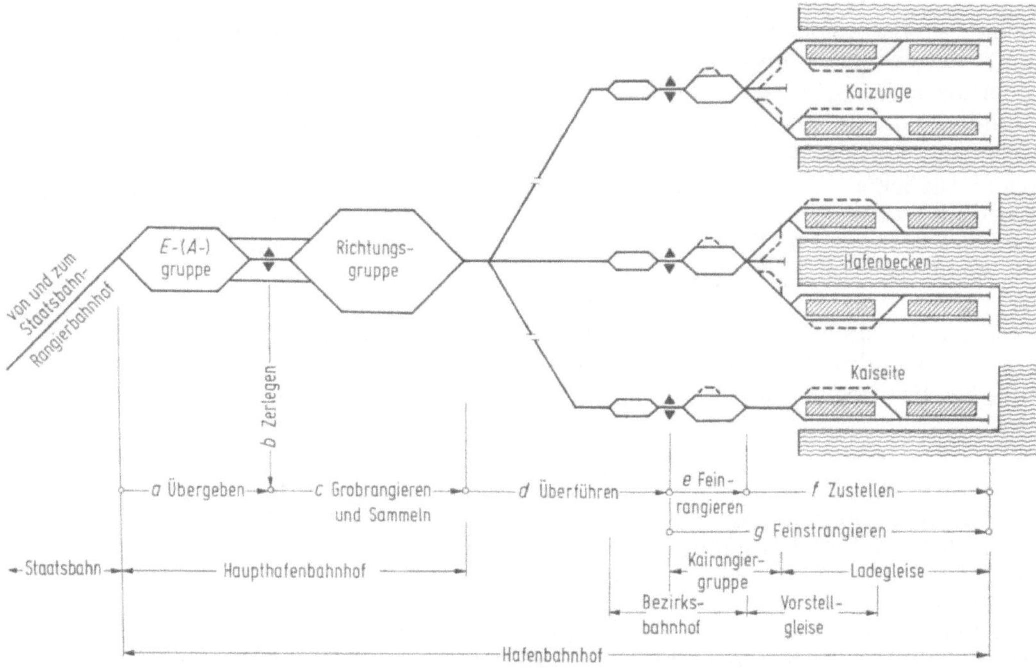

Abb. 7. Gleisanlagen eines See-Hafenbahnhofs.

4.1 Export-Richtung

Zunächst wird für die Aufnahme der in der Export-Richtung von der Staatsbahn angebrachten Züge ein Hauptsystem, der sog. „Haupthafenbahnhof", mit einer Einfahrgruppe benötigt (Abb. 6, 7). Führt die Staatsbahn im Hafengebiet nicht den Eisenbahnbetrieb durch, dann werden die Züge hier von der Staatsbahn an die Hafenbahn übergeben. Ist das Staatsbahnnetz elektrifiziert, findet in der Einfahrgruppe ein Traktionswechsel statt, da der Rangierbetrieb im Hafen mit Diesellokomotiven durchgeführt wird. Soweit die Wagenzüge nicht als sog. „Ganzzüge" unzerlegt weitergeführt werden, sind sie für die Zerlegung vorzubereiten.

Um die Züge nach den verschiedenen Hafenteilen und Anschlußbetrieben zu zerlegen, ist eine Ablaufanlage erforderlich, an die sich ein Ordnungssystem anschließt, in welches die Wagen, nach den verschiedenen Hafenteilen sortiert, ablaufen.

Über die Regelbehandlung der Export-Wagen hinaus können im Haupthafenbahnhof u. a. noch folgende Sonderbehandlungen anfallen:

— Vorrangwagen (z. B. Container), die als Spitzengruppe herangeführt worden sind, werden unter Umfahrung des Ablaufsystems sofort zum betreffenden Bezirk gebracht,
— Wagen, deren Ladestelle (Schiffsliegeplatz) noch nicht feststeht, werden zunächst ausgesondert („Reserve") und nach Eingang endgültiger Informationen nachgeführt,
— Wagen müssen auf Verlangen des Kunden gewogen werden[1], das kann entweder in einem besonderen Wägegleis oder auf einer im Ablaufbereich eingebauten automatischen Gleiswaage erfolgen,
— einzelne Wagen müssen im Eingang an die Zollrampe,
— Wagen, die entsprechend Empfängeranweisung zu einem neuen Ziel außerhalb des Hafenteiles sollen, müssen nach ausgehenden Zügen umgestellt werden,
— Schadwagen müssen, sofern sie nicht bis zur Entladestelle laufen dürfen, umgeladen werden.

Die für die einzelnen Hafenteile bestimmten Wagengruppen werden aus wirtschaftlichen Gründen in der Richtungsgruppe des Haupthafenbahnhofs zu Abteilungen zusammengefaßt und anschließend als Rangierfahrten in die einzelnen „Hafenbezirke" überführt. Dort müssen sie nach Kaigleisen, Schuppen und Industriestammgleisen geordnet werden. Diese Feinordnung der Wagengruppen genügt jedoch den Ansprüchen des Hafenumschlages noch nicht, vielmehr ist zusätzlich

[1] a) Auf Verlangen des Kunden zur erneuten Bestimmung des Gewichtes (Transportschwund bzw. keine Gewichtsangabe, wenn der Versandbahnhof ohne Waage war).
b) Bestimmung des augenblicklichen Leerwagengewichtes (Einfluß von Verschmutzung u. ä.).

eine erhebliche ,,Feinstrangierung" [2] nach Schuppenteilen, Schiffen und Luken erforderlich, u. U. sind auch kurzfristige Dispositionsänderungen der Kaibetriebe zu berücksichtigen.

Für die genannten Rangieraufgaben sind in den Kaibezirken besondere Ordnungssysteme, sog. ,,Bezirksbahnhöfe" vorzusehen, da die Fülle der speziellen Rangierwünsche im Haupthafenbahnhof nicht berücksichtigt werden kann.

Bei geringem täglichen Aufkommen können die Wagen im Bezirksbahnhof nach dem Stoßverfahren geordnet werden. Im allgemeinen wird jedoch die Zerlegung mit Hilfe eines kleinen Ablaufberges vorzuziehen sein. Die Grenze für die Anwendung beider Verfahren liegt bei einer Wagenzahl von 150 bis 200 Wagen/d und ca. 5 Gruppen.

In der Regel werden die Kais dreimal täglich unter Ausnutzung der Arbeitspausen bei Schichtwechsel bedient, u. U. sind auch Zwischenbedienungen nach Anforderung der Hafenlademeister erforderlich. Zu den Ladestellen werden die Wagen von der Lok gedrückt, während sie von den Ladestellen in den Bezirksbahnhof gezogen werden.

4.2 Import-Richtung

In der Import-Richtung müssen die aus den einzelnen Bezirken in Abteilungen angebrachten Wagen im Haupthafenbahnhof gesammelt, zu Zügen zusammengestellt und in das Netz der Staatsbahn überführt werden.

Im einzelnen muß das System des Hafenbahnhofs folgende Vorgänge ermöglichen (Abb. 6): Die von den Ladestellen kommenden Wagengruppen müssen im Bezirksbahnhof vorübergehend abgestellt werden können, falls sie nicht sofort weiter behandelt werden. Aus wirtschaftlichen Gründen (u. a. kürzere Rangierwege und um den Haupthafenbahnhof nicht zu überlasten, sollte dabei im Bezirksbahnhof eine Zerlegung nach folgenden Gruppen möglich sein:

— Wagen, die zum Haupthafenbahnhof überführt werden müssen, um dort sortiert zu werden,
— teilentladene Wagen, die zu anderen Ladestellen (Kais, Schuppen usw.) desselben Bezirks gehen (sog. ,,Umsteller"),
— ,,Umsteller", die zu Nachbarbezirken beordert werden, zu denen eine direkte Gleisverbindung besteht,
— Leerwagen, die zur Wiederbeladung im selben Bezirk verwendet werden und, wenn kein Leerwagenausgleich innerhalb eines Bezirks möglich ist:
— Leerwagen, die zur Wiederverwendung nach Nachbarbezirken zu überführen sind, falls dorthin direkte Gleisverbindungen bestehen.

Für den Haupthafenbahnhof bestimmte Wagen werden in Abteilungen überführt und dort über die Ablaufanlage zerlegt. Hierbei sind sie z. B. zu ordnen nach:

— Wagen, die ins Netz der Staatsbahn gehen. Dabei ist ggf. bereits eine Ordnung nach verschiedenen Knotenbahnhöfen der Staatsbahn vorzunehmen.
— Wagen, die ins Netz der Staatsbahn gehen, jedoch vorab zur Zollrampe im Ausgang (Import) oder
— vorab gewogen werden müssen[2]. Bei einer automatischen Waage am Ablaufberg entfällt diese Ordnungsaufgabe.
— Leerwagen, die sofort wieder und Leerwagen, die erst später verwendet werden und daher — u. U. nach Gattungen getrennt — in eine Abstellgruppe laufen.
— Teilentladene Wagen, die in andere Hafenbezirke beordert werden (,,Umsteller", s. o.), soweit keine Direktverbindung zwischen den Bezirksbahnhöfen besteht.

4.3 Ganzzugverkehr

Wenn bei bestimmten Transporten, z. B. im Massengut- oder Containerverkehr Leerwagen, oder beladene Wagen in geschlossenen Zügen, in sog. ,,Ganzzügen (Gag)", ab- oder zugeführt werden, muß von den vorstehend geschilderten Betriebsvorgängen abgewichen werden. Ganzzüge, die unter Umfahrung des Ablaufberges unzerlegt zu den Kais fahren oder von dort kommen, werden in bestimmten Gleisen der Einfahrgruppe oder in einer besonderen Ganzzuggruppe aufgenommen, in der ggf. auch die Möglichkeit des Traktionswechsels bestehen muß (sog. ,,Umspanngruppe"). Die gemeinsame Anordnung der Einfahr- und ,,Ganzzuggleise" ist hinsichtlich der gegenseitigen Vertretbarkeit der Gleise bei Verkehrsspitzen zweckmäßiger als eine getrennte Anordnung.

---

[2] a) Stichproben auf Verlangen der Bahn.
b) Auf Verlangen des Kunden zur Kontrolle der Gewichtsangabe der Schiffsladung (Schwund beim Verladen).

4.4 Abstellanlagen

Bei ungünstigen Witterungsverhältnissen (z. B. Sturm, Nebel, Eisgang) können sich durch Verspätungen der vorgesehenen Schiffsankünfte größere Mengen von Wagen aufstauen. Hierfür sind als „Puffer" besondere Abstellgleise zweckmäßig, die entweder zentral an einer Stelle des Hafens angeordnet oder auf die einzelnen Bezirksbahnhöfe verteilt werden. Das Auftreten solcher Verkehrsspitzen könnte den Gedanken nahelegen, für die entsprechende Abstellanlage ein eigenes Ablaufsystem zu schaffen, um je nach Abruf Wagen aus den Abstellgleisen aussondern zu können. Von einer solchen aufwendigen Investition, die nur kurze Zeit im Jahre genutzt würde, sollte jedoch aus wirtschaftlichen Erwägungen abgesehen und stattdessen zu verkehrslenkenden Maßnahmen übergegangen werden. Hierzu gehören die Steuerung des Wagenabrufes in den Staatsbahnrangierbahnhöfen und im äußersten Falle die Steuerung der Wagengestellung bei den Versandstellen je nach den zu erwartenden Schiffsankünften.

5. Allgemeines zur Bemessung von Gleisgruppen im See-Hafenbahnhof

Gleisgruppen dienen, wie im Abschnitt 4 näher erläutert, der vorübergehenden Aufnahme von Zügen, Wagengruppen oder auch einzelner Wagen, die u. a.
— betriebs- oder verkehrstechnisch zu behandeln sind (z. B. vor einem Ablauf),
— auf eine Behandlung warten („Pufferfunktionen")
— oder längerfristig abzustellen sind.

Gleisgruppen können also allgemein als Speicher aufgefaßt werden, dem Züge bzw. Wagengruppen zufließen, die ihn nach einer bestimmten Aufenthaltszeit wieder verlassen. Zufluß und Belegung unterliegen dabei im allgemeinen gewissen Gesetzmäßigkeiten. Aufgrund dieser Gesetzmäßigkeiten lassen sich die Aufgaben der Gleisgruppenbemessung durch verschiedene Verfahren lösen.

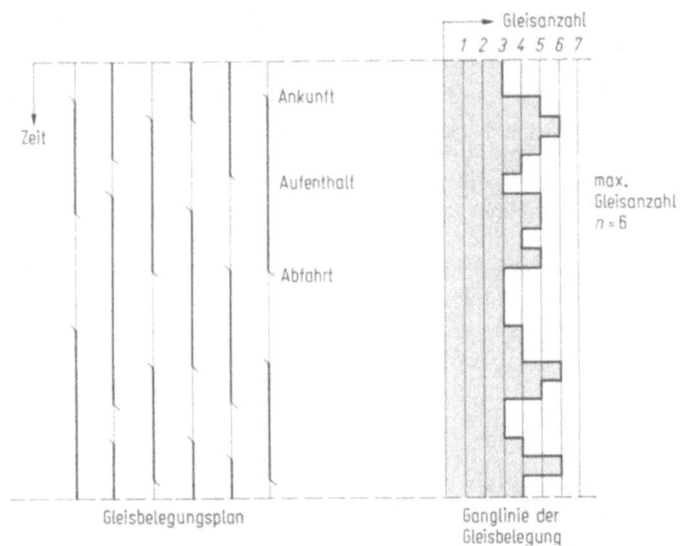

Abb. 8. Gleisbelegungsplan und Ganglinie der Gleisbelegung.

Bei der sog. „konstruktiven" oder „synthetischen" Bemessungsmethode ist der aus einzelnen Betriebsvorgängen zusammengesetzte Betriebsplan — z. B. der Fahrplan — das der Bemessung des Wagenspeichers zugrundeliegende Gesetz. Diese Bemessungsmethode wird daher auch „fahrplangebundene Bemessung" genannt [10]. Aus den Zeitangaben des Fahrplanes läßt sich ein Gleisbelegungsplan aufstellen, aus dem die der größten gleichzeitigen Gleisbelegung entsprechende Gleisanzahl hervorgeht (Abb. 8). Gemäß Abb. 9 ergibt sich aus der aus dem Fahrplan abgeleiteten Summenkurve der Zugankünfte sowie aus dem hier z. B. linear angenommenen Abflußgesetz der Züge die erforderliche Anzahl der Gleise.

Die fahrplangebundene Bemessung hat den Nachteil, daß sie nur für einen einzigen, nämlich den der Untersuchung zugrundegelegten Fall gültig ist, der aber nicht unbedingt repräsentativ für alle Möglichkeiten des Betriebsgeschehens sein muß. Bei Fahrplanverschiebungen, bei Verspätungen oder dgl. kann z. B. eine andere Gleisanzahl erforderlich werden, deren Größe sich nicht ohne weiteres vorhersagen läßt.

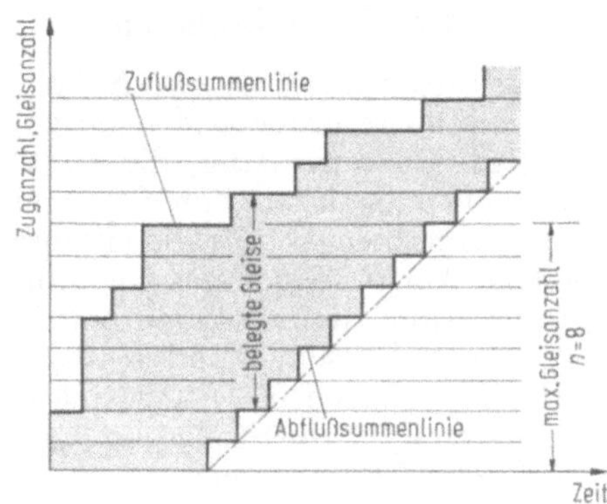

Abb. 9. Zufluß- und Abflußsummenlinie der Gleisbelegung.

Dieser Nachteil der fahrplangebundenen Methode kann dadurch beseitigt werden, daß die Bemessung nicht anhand des planmäßigen, sondern anhand des wahrscheinlich zu erwartenden Betriebsablaufes erfolgt. Das hierfür entwickelte „stochastische" Bemessungsverfahren verwendet zur Beschreibung der Gesetze des Betriebsgeschehens Methoden der mathematischen Statistik und der Wahrscheinlichkeitslehre. Beispielsweise können für die mutmaßliche Verteilung der Zugankünfte oder für die innerhalb eines bestimmten Zeitraumes zu erwartende Anzahl von Zügen Aussagen aufgrund von mathematischen Modellen gemacht werden. Sicherheit oder Irrtumswahrscheinlichkeit, mit denen diese Aussagen behaftet sind, lassen sich dabei abschätzen.

Der Betriebsablauf kann zufällig, unterzufällig oder überzufällig sein. Unterzufällig werden Ereignisfolgen bezeichnet, deren Verlauf eine Tendenz zur Gleichmäßigkeit zeigt: im Grenzfall wäre dies ein Fahrplan mit starrem Takt. Überzufällig ist ein Betriebsablauf, bei dem sich nach längeren Pausen die einzelnen Ereignisse stark ballen.

Wenn auch hinsichtlich dieser Gesetzmäßigkeiten speziell für den Eisenbahnbetrieb in Seehäfen noch keine Untersuchungen vorliegen, so kann doch bei Planungen — zumindest näherungsweise — ein zufälliges Geschehen, wie auch im allgemeinen Bahnverkehr [11], vorausgesetzt werden.

Ist der formale Aufbau der Wahrscheinlichkeitsfunktionen für das Betriebsgeschehen einfach, so können die in der Rechnung auftretenden Integrationen auch formal gelöst werden. Bei komplizierteren Zusammenhängen werden numerische Integrationen notwendig.

Beispielsweise ist als gute Näherung für die zufällige Verteilung von N Ereignissen über einen Zeitraum Z die Abklingungsfunktion e^{-x} nachgewiesen worden [11, 12]. Die Wahrscheinlichkeit $w(z)$ dafür, daß eine Folgezeit die Dauer von z Zeiteinheiten hat, beträgt dann

$$w(z) = \frac{1}{z_m} \cdot e^{-z/z_m},$$

wobei der Mittelwert aller Folgezeiten

$$z_m = Z/N \quad \text{ist.}$$

Für N Ereignisse hat dann die Häufigkeit h bzw. die Anzahl der Fälle in der jeweiligen Klasse z von der Klassenbreite dz die Größe

$$h = N \cdot w(z) \cdot dz = N \cdot \frac{1}{z_m} \cdot e^{-z/z_m} \cdot dz .$$

Mit den Abkürzungen

$$a = z/z_m \text{ und } da = dz/z_m$$

läßt sich diese Häufigkeit vereinfachen zu

$$h = N \cdot e^{-a} \cdot da .$$

Die zugehörige Verteil-Funktion für die Fälle, die in allen Klassen $\geqq z$ bzw. $\geqq a$ liegen, lautet

$$\sum_a^\infty h = \int_a^\infty N \cdot e^{-a} \cdot da = N \cdot e^{-a}.$$

Diese negative Exponential- bzw. Abklingungsfunktion kann z. B. als Modell für die Verteilung von Zeitlücken einander folgender Wagengruppen verwendet werden. Die wahrscheinlichkeitsmathematische Methode der „Faltung“ [12] liefert die Wahrscheinlichkeitsfunktion der Summe der Folgezeiten z bzw. a, z. B. für 2 Folgezeiten

$$f(a) = a \cdot e^{-a},$$

für 3 Folgezeiten

$$f(a) = \frac{a^2}{2} \cdot e^{-a}.$$

Die Fortsetzung dieses Faltungsverfahrens liefert als Wahrscheinlichkeitsfunktion für $n = m + 1$ Folgezeiten die Poisson-Funktion vom Grade m [12]

$$f(a) = \frac{a^m}{m!} \cdot e^{-a}.$$

Die Funktion gibt an, in welchen Zeitspannen z bzw. $a = z/z_m$ jeweils $n = m + 1$ Folgezeiten wahrscheinlich zu erwarten sind. Damit ist ein Zusammenhang zwischen der Wahrscheinlichkeit des Eintreffens von $n = m + 1$ Zügen und dem mutmaßlichen Zeitraum (z. B. der Belegungszeit einer Gleisgruppe durch Züge) gefunden, in dem diese $n = m + 1$ Züge eintreffen, für die entsprechend $n = m + 1$ Gleise vorzuhalten wären. Denn die Integration der Poisson-Funktion, beispielsweise über a,

$$F(a) = \int_0^a \frac{a^m}{m!} \cdot e^{-a} \cdot da$$

gibt die Grenzwerte für den Zeitraum a an, bis zu denen innerhalb von a wahrscheinlich

$$S = 100 - \sigma = (1 - F(a)) \cdot 100 \ [\%]$$

aller Fälle N erwartet werden können. Der Ausdruck σ [%] beschreibt hier die Wahrscheinlichkeit für das Auftreten der Fälle $(\sigma \cdot N)/100$ — einer sog. „Warteschlange“ —, die die Zeitraumsgrenze überschreiten, also z. B. vor der Gleisgruppe von der Größe $n = m + 1$ warten müssen. Deswegen wird σ auch als „Überlastungswahrscheinlichkeit“ bezeichnet, während der Wert $S = 100 - \sigma$ [%] „statistische Sicherheit“ heißt.

Die Funktion

$$a = g\,(m + 1, \sigma)$$

mit dem Zeitraum $a = z/z_m$ sowie den beiden Parametern der wahrscheinlichen Summe von Zugfolgezeiten bzw. von Zügen $(m + 1)$ und der Überlastungswahrscheinlichkeit σ [%] kann dann als Bemessungsgrundlage für die Gleisanzahl von Gleisgruppen tabellarisch oder graphisch ausgewertet werden [1,13]. In Abb. 10 ist diese Kurve beispielsweise für $\sigma = 5\%$ ausgewertet; für diese Überlastungswahrscheinlichkeit und für z. B. $a = 4{,}50$ läßt sich als Gleisanzahl $n = m + 1 = $ ca. 9 Gleise ermitteln.

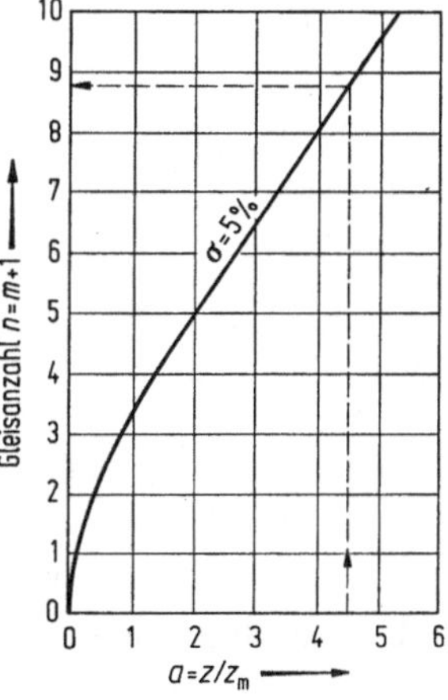

Abb. 10. Wahrscheinliche Gleisanzahl einer Gleisgruppe nach [13].

Wenn die formale Erfassung des Betriebsgeschehens etwa bei einer nicht mehr nachweisbaren Zufälligkeit der Ereignisse oder bei zahlreichen variablen Parametern Schwierigkeiten bereitet und die betrieblichen Situationen stark wechseln, läßt sich die stochastische Bemessungsmethode nicht mehr anwenden. In diesen Fällen kann die erforderliche Größe von Gleisgruppen auf experimentellem Wege ermittelt werden durch Simulation des Betriebsgeschehens mit Hilfe elektronischer Rechenautomaten. Die eisenbahnbetrieblichen Vorgänge werden hierbei durch Algorithmen beschrieben und der jeweilige Betriebszustand durch ein System wechselnder Zahlengrößen eingegeben. Der Mindestumfang der zu simulierenden Variationen, die „Stichprobe" aus dem Betriebsgeschehen, die etwa in der Größenordnung von 10000 Fällen liegt, ist von der gewünschten Aussagekraft der Ergebnisse — der „statistischen Sicherheit" — abhängig [10].

Abbildung 11 zeigt z. B. ein Flußdiagramm für die Simulation von Zugankünften zur Ermittlung der Überlastungswahrscheinlichkeiten [10].

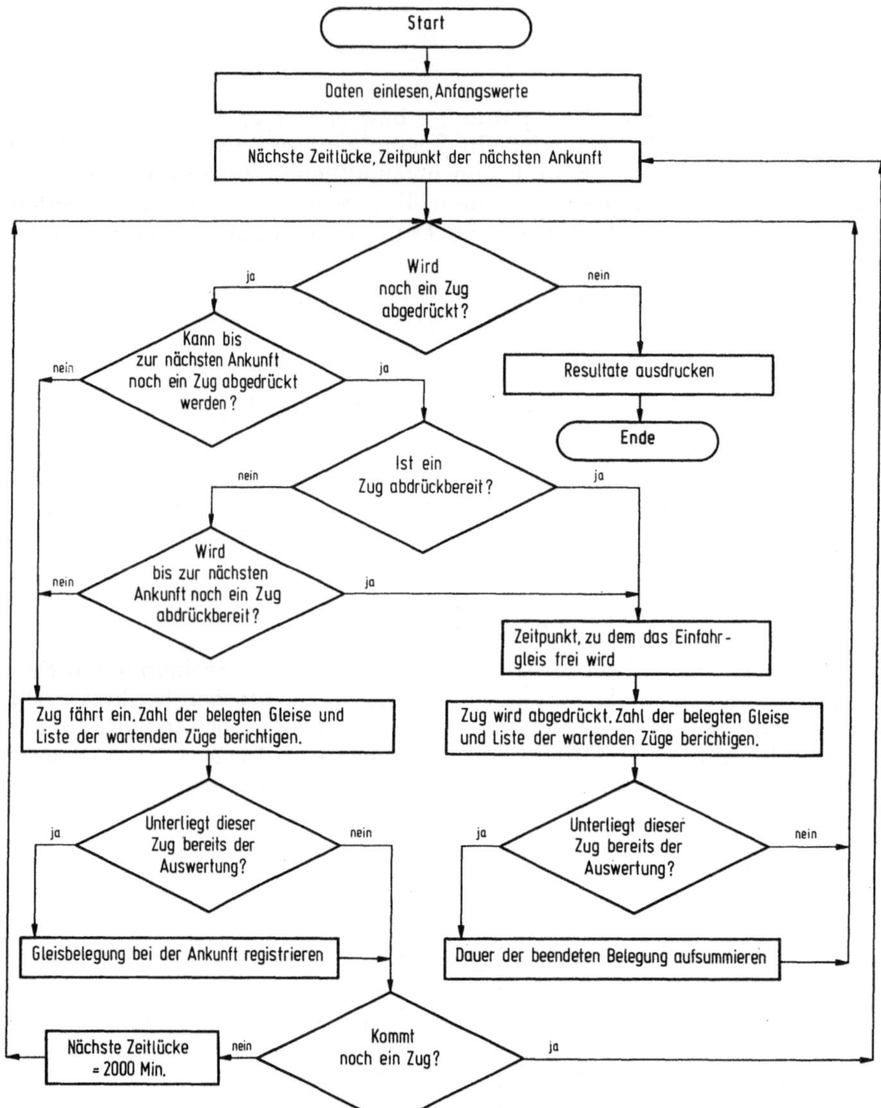

Abb. 11. Flußdiagramm zur Ermittlung der Überlastungswahrscheinlichkeiten durch Simulation der Zugankünfte nach [10].

6. Bemessung der Elemente des See-Hafenbahnhofs

6.1 Haupthafenbahnhof

6.1.1 Gestaltung

Wie in Abschnitt 4 ausgeführt, erstrecken sich die Aufgaben des Haupthafenbahnhofs vornehmlich auf Rangierarbeiten für den Hafenumschlag, dagegen weniger auf Umstellarbeiten für das Schienennetz, wie sie in Rangierbahnhöfen des Binnenlandes anfallen. Mit den angeschlossenen kaiseitigen Gleissystemen entspricht der Haupthafenbahnhof einem übergroßen Ortsgüterbahnhof in Kopfform. Als Herz des Hafeneisenbahnbetriebssystems reagiert er besonders empfindlich auf etwa auftretende Überlastungen, da er meist nur einseitig an das Eisenbahnnetz angeschlossen ist, während in der anderen Richtung „Stumpfgleise" liegen, die nur so viele Wagen aufnehmen können, wie der Bahnhof nach der Be- oder Entladung auch wieder abnimmt.

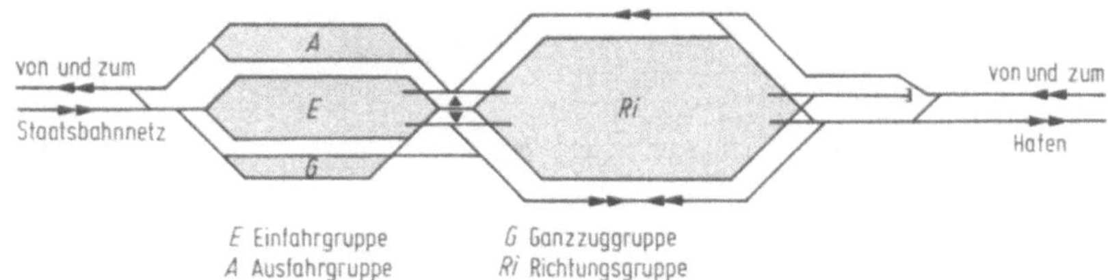

Abb. 12. Gleisplan eines einseitigen Haupthafenbahnhofs.

Ein Haupthafenbahnhof sollte als einseitiges Rangiersystem ausgebildet werden (vgl. Abb. 12). Denn da die im Hafen entladenen Güterwagen in der Regel auch dort wieder beladen werden, weist der Haupthafenbahnhof einen starken, von den Kais kommenden und dorthin wieder zurückgehenden Verkehr auf, der bei einer zweiseitigen Ausbildung des Bahnhofs (vgl. Abb. 13) den sog. „Eckverkehr" auslösen würde. Dieser Eckkverkehr beträgt z. B. im Hamburger Hafen etwa 35% [6].

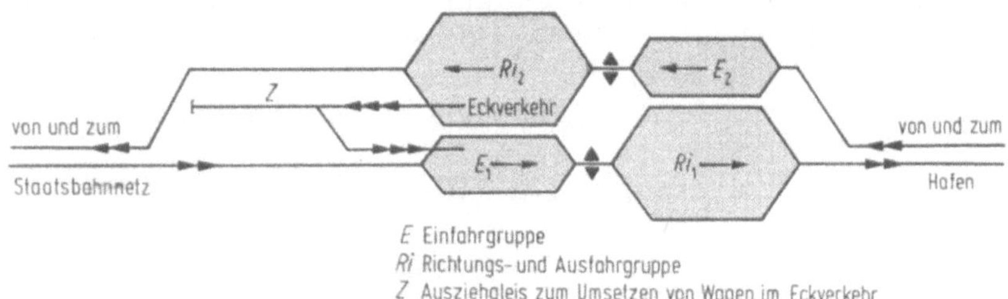

Abb. 13. Gleisplan eines zweiseitigen Haupthafenbahnhofs.

Da beim Bau neuer Hafenbecken erhebliche Erdmassen gewonnen werden, könnte der Haupthafenbahnhof anstelle eines „Flachbahnhofes" mit Ablaufberg auch als „Gefällebahnhof" ausgebildet werden, bei dem die Wagen mittels Schwerkraft aus den Einfahrgleisen in die Ordnungssysteme ablaufen. Die Erdmassen werden jedoch — sofern sie überhaupt brauchbar sind und nicht nur aus Schlick bestehen — im allgemeinen zum Aufspülen neuer Hafenteile oder zur Flutsicherung der vorhandenen Hafenbezirke verbraucht. Im übrigen läßt der hohe Personalaufwand, den das Bremsen und Festhalten der Wagen erfordert, die Ausbildung des Haupthafenbahnhofs als Gefällebahnhof meist nicht ratsam erscheinen. Im Einzelfalle müssen eingehende Wirtschaftlichkeitsuntersuchungen angestellt werden.

6.1.2 Bemessung der Gleisanlagen

a) Einfahrgruppe. Der Einfahrgruppe laufen die Übergabezüge von der Staatsbahn unregelmäßig in mehr oder weniger starken Bündeln zu. Bei einer einseitigen Anlage müssen außerdem — als Gegeneinfahrten — auch die direkt von den Kaianlagen und die aus den Bezirksbahnhöfen zurückkehrenden Rangierabteilungen aufgenommen werden. Diese Wagengruppen werden in der Einfahrgruppe für den Ablaufvorgang vorbereitet. Die Zeit, während eine dieser Wagengruppen ein Einfahrgleis belegt, setzt sich zusammen aus

— der Mindestbelegungszeit t_b, in der ein Gleis für die Einfahrt, für die zoll-, betriebs- und verkehrstechnische Eingangsbehandlung sowie das Abdrücken der Wagen über den Berg belegt wird, und
— der Wartezeit t_w, die die Wagengruppe noch zusätzlich in der Einfahrgruppe verbringen muß, bis sie zum Abdrücken an der Reihe ist.

Entsprechend den Überlegungen in Abschnitt 5 wird beispielsweise bei dem stochastischen Bemessungsverfahren, das im allgemeinen anwendbar sein wird, die erforderliche Gleisanzahl durch diese beiden Zeitanteile sowie durch die zulässige Überlastungswahrscheinlichkeit bestimmt. Dabei kann näherungsweise angenommen werden, daß vom ersten Zug eines Zugbündels ab immer ein Vorrat an abdrückbereiten Zügen vorhanden ist.

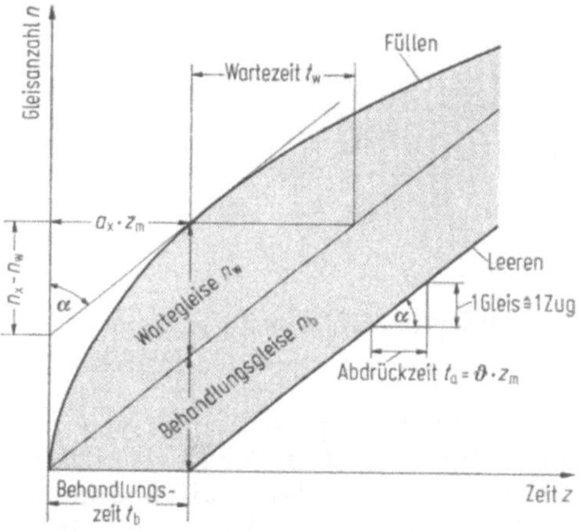

Abb. 14. Füllkurve und Entleerungsgerade einer Einfahrgleisgruppe nach [13].

Wie Abb. 14 zeigt, in dem die stochastische Füllkurve und die nach der Mindestbehandlungszeit t_b einsetzende, dem Ablaufvorgang entsprechende Entleerungsgerade dargestellt sind, setzt sich die Anzahl der Einfahrgleise zusammen aus [13]

— den Behandlungsgleisen, deren Menge n_b abhängig ist von der Behandlungsdauer t_b und dem Zeitaufwand t_a für das Abdrücken

$$n_b = t_b / t_a \quad \text{[Gleise]}$$

und

— den Wartegleisen, deren Anzahl n_w durch den Quotienten

$$\vartheta = \frac{\text{Abdrückzeit}}{\text{mittl. Zugfolgezeit}} = \frac{t_a}{z_m} \quad [—]$$

bestimmt wird. Für eine bestimmte Überlastungswahrscheinlichkeit σ folgt aus der in Abschnitt 5 beschriebenen Bemessungsfunktion

$$a = g\,(n = m + 1, \sigma)$$

und den Angaben in Abb. 14, daß der Faktor ϑ nach folgender Gleichung berechnet werden kann:

$$\vartheta = a_x / (n_x - n_w).$$

Durch Umformen ergibt sich die Anzahl der Wartegleise zu

$$n = n_x - a_x / \vartheta \quad \text{[Gleise]}.$$

Die Bemessungsfunktion der Einfahrgleisanzahl kann für die Parameter ϑ und σ tabellarisch oder graphisch ausgewertet werden [13, 1].

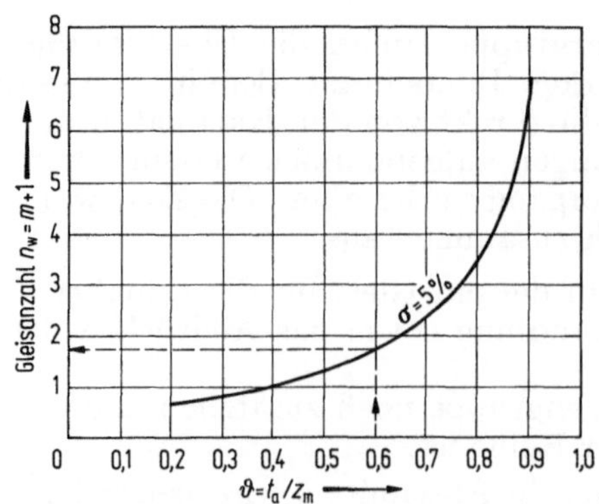

Abb. 15. Wahrscheinliche Wartegleisanzahl einer Einfahrgleisgruppe nach [13].

Beispielsweise beträgt mit $\sigma = 5\%$ und $\vartheta = 0{,}6$ die erforderliche Anzahl der Wartegleise nach Abb. 15

$$n_w \approx 2 \text{ Gleise.}$$

Wie aus Abb. 15 weiter ersichtlich, konvergiert die Kurve $n_w = f(\vartheta)$ für $\vartheta \to 1{,}0$ gegen Unendlich; das Verfahren liefert mithin für große ϑ-Werte keine brauchbaren Ergebnisse mehr. Daher ist es zweckmäßig, bei $\vartheta > 0{,}85$ zur experimentellen Bemessung überzugehen und die Gleisbelegung der Einfahrgruppe auf einer elektronischen Rechenanlage zu simulieren (vgl. Abb. 11) [10].

b) Ablaufsystem. *Aufgaben und Systemelemente.* Das Ablaufsystem dient dem Zerlegen der Züge mit Hilfe der Schwerkraft. Hierzu gehören

- der Ablaufkopf mit der Zusammenfassung der Einfahrgleise in ein oder zwei Berggleise,
- die Ablauframpe, auf der die entkuppelten Wagen oder Wagengruppen durch die Schwerkraft beschleunigt werden und
- die Verteilzone, in der die Wagen oder Wagengruppen über die Verteilweichen in die einzelnen Richtungsgleise laufen.

Zur Durchführung eines rationellen und leistungsfähigen Ablaufs werden moderne Ablaufsysteme mit automatischen Ablaufstellwerken, Tal- und Richtungsgleisbremsen, ggf. auch mit selbsttätigen Weiterführungseinrichtungen ausgerüstet.

Höhe des Ablaufberges. Für die Berechnung der erforderlichen Höhe des Ablaufberges ist der widerstandsreichste Laufweg maßgebend, auf dem ein Schlechtläufer bei ungünstigem Wetter ohne Halt in ein Richtungsgleis gelangt. Unter Berücksichtigung der beim Wagenablauf auftretenden Lauf-, Krümmungs- und Weichenwiderstände beträgt die Höhe H des Auflaufberges:

$$H = (l_0 \cdot w_0 + \Sigma l_k \cdot w_k + \Sigma l_w \cdot w_w) \,/\, 1000 \quad [\text{m}].$$

In dieser Formel bedeuten:

l_0 = Strecke, die der Wagen im widerstandsreichsten Laufweg vom oberen Neigungswinkel der Steilrampe über das Grenzzeichen der letzten Verteilweiche hinaus bis zu einem Punkt innerhalb des Richtungsgleises läuft [m].
w_0 = Laufwiderstand (Rollwiderstand + Luftwiderstand) des Schlechtläufers bei dem für die Berechnung maßgebenden Wetter [‰].
l_k = Länge eines Gleis- oder Weichenbogens [m].
w_k = Krümmungswiderstand [‰].
l_w = Länge einer Weiche [m].
w_w = Weichenwiderstand [‰].

Da Ablaufberge in Hafenbahnhöfen in der Nähe der See und bei der offenen Bebauung des Hafenareals dem Wind (Luftwiderstand) stärker ausgesetzt sind als im Binnenland, ist in der angegebenen Bemessungsformel ein entsprechend hoher Laufwiderstand anzusetzen [1].

In der Regel sollte nur ein Berggleis (Zerlegegleis) angeordnet werden, weil zwei Gleise die Anzahl der Weichen und damit den Anrückweg, die Verteilzone und die Höhe des Ablaufberges vergrößern. Außerdem wären einzelne Richtungsgleise doppelt vorzuhalten, um die die Leistungsfähigkeit der Ablaufanlage mindernden Doppelabläufe zu vermeiden.

In Hafenbahnhöfen treffen häufiger als im Binnenland Wagen ein, die nicht über den Berg ablaufen dürfen oder sollen (Lademaßüberschreitungen, stoßempfindliche Ladungen, Ganzzüge usw.). Deshalb sind möglichst auf jeder Seite je ein Bergumfahrungsgleis vorzusehen (vgl. Abb. 12).

Leistungsfähigkeit. Die tägliche Leistungsfähigkeit L_a des Ablaufberges hängt von der mittleren Abdrückgeschwindigkeit und von der für das Abdrücken nutzbaren Gesamtzeit je Tag ab. Danach beträgt

$$L_a = \frac{v_0 \cdot 60}{l_{\text{üp}}} \cdot (T - T_v) \; [\text{Wagen/d}] \quad \text{bzw.}$$

$$L_a = \frac{v_0 \cdot 60 \cdot T}{l_{\text{üp}} + 60 \cdot v_0 \cdot \Sigma t_i} \; [\text{Wagen/Tag}].$$

Hierin bedeuten:

v_0 = Abdrückgeschwindigkeit [m/s]. Durch eine ablaufdynamische Untersuchung ist nachzuweisen, daß der angenommene Wert tatsächlich erreicht wird.

T = 1440 min = 24 h = 1 d,

$l_{üp}$ = mittlere Wagenlänge über Puffer [m],

T_v = Summe aller Verlustzeiten am Tag [min/d],

Σt_i = Summe aller Verlustzeiten je Zerlegeeinheit [min/Zerlegeeinheit].

Unter Berücksichtigung einer 24-stündigen Arbeitszeit im Hafenbahnhof beträgt die stündliche Leistungsfähigkeit des Ablaufberges

$$L_{ah} = \frac{L_a}{24} \text{ [Wagen/h]}.$$

Die für das Zerlegen einer Wagengruppe erforderliche Verarbeitungszeit ergibt sich dann zu

$$t_a = \frac{1440 \cdot w_z}{L_a} \text{ [min/Zerlegeeinheit]}.$$

Hierin bedeutet:

w_z = Wagen je Zerlegeeinheit.

Die Leistungsfähigkeit des Ablaufsystems läßt sich durch Senken der Verlustzeiten steigern. Durch Einbau automatischer Weiterführungseinrichtungen in den Richtungsgleisen ist beispielsweise ein Leistungsgewinn von ca. 25 bis 30% zu erzielen, da dann das zeitraubende Beidrücken der in den Richtungsgleisen „auf Lücke“ gelaufenen Wagen entfällt. Werden 2 Abdrücklokomotiven eingesetzt, dann entfallen in der Leistungsberechnung die sog. „Umfahrzeiten“, die die Abdrücklokomotiven jeweils benötigen, um vom Berggipfel hinter die nächste abdrückbereite Zerlegeeinheit zu fahren. In diesem Falle steigt die Leistungsfähigkeit um ca. 20 bis 30%.

Bei modern ausgestatteten Ablaufanlagen kann die Leistungsfähigkeit ca. 6000 bis 7000 Wagen/d betragen [14].

c) Richtungsgruppe. *Aufgaben.* In der Richtungsgruppe werden die Wagen aus den Zerlegeeinheiten (Züge und Rangierabteilungen) nach den Richtungen

— Hafen (Eingangsrichtungsgruppe) und
— Staatsbahnnetz (Ausgangsrichtungsgruppe) sowie nach
— Leerwagen, „unbestimmter Reserve“ u. ä.

gesammelt.

In den Gleisen der Ausgangsrichtungsgruppe können über das Sammeln hinaus auch Züge für das Staatsbahnnetz direkt fertiggestellt werden und aus diesen anfahren. Bei elektrischer Traktion im Staatsbahnnetz sind die Spitzen dieser Gleise dann mit Fahrleitungen zu überspannen.

Am hafenseitigen Ende der Richtungsgruppe wird zweckmäßig ein Ausziehgleis angeordnet, das dem Zusammenstellen der für die Hafenbezirke bestimmten Wagengruppen dient (vgl. Abb. 12).

Bemessung. Die Gleisanzahl der Eingangsrichtungsgruppe für Wagen in Richtung Hafen ist abhängig von

— der Anzahl und der Leistungsfähigkeit der nachgeordneten Bezirksbahnhöfe (mindestens ein Gleis je Bezirksbahnhof),
— dem Wagenaufkommen,
— der Stärke der zu bildenden Rangierabteilungen zu den Bezirksbahnhöfen,
— dem Umstand, ob der Haupthafenbahnhof selbst Aufgaben eines Bezirksbahnhofs wahrzunehmen hat, sowie ggf. von
— den örtlichen Verhältnissen zwischen dem Haupthafenbahnhof und den Bezirksbahnhöfen.

Hat der Haupthafenbahnhof gleichzeitig Aufgaben eines Bezirksbahnhofes wahrzunehmen, so sind — entsprechend der für die Bedienung der Kai- und Schuppenanlagen erforderlichen Feinsortierung — zusätzliche Gleise erforderlich.

In der Ausgangsrichtungsgruppe ist die Gleisanzahl für Wagen in Richtung Staatsbahnnetz abhängig von

— dem Wagenaufkommen,
— den Sortieraufgaben (z. B. bunte Übergabe an den Staatsbahnrangierbahnhof oder Gruppenbildung) und
— ggf. der verkehrlichen, betrieblichen, wagentechnischen Ausgangsbehandlung und der Zollbehandlung, wenn aus diesen Gleisen ausgefahren werden soll.

Im Interesse einer schnellen Beförderung des Gutes und zur Beschleunigung des Wagenumlaufes werden starke Wagengruppen zu zielreinen Zügen nach Bahnhöfen im Binnenland mit hohem Wagenaufkommen bereits im Haupthafenbahnhof gebildet. Andernfalls müßten sie sonst im nahegelegenen Staatsbahn-Rangierbahnhof gebildet werden, was zu mehrstündigen zusätzlichen Aufenthaltszeiten führen würde.

Neben den vorgenannten beiden Gleisgruppen sind in der Richtungsgruppe noch Sondergleise vorzuhalten [1] für z. B.

— Sendungen mit Lademaßüberschreitungen,
— Schadwagen,
— die vom Zoll beanstandeten Wagen, sowie
— länger stehende Wagen. Dazu gehören z. B. Leerwagen und Wagen der sog. „unbestimmten Reserve", d. h. Wagen, bei denen zur Zeit ihres Eintreffens im Haupthafenbahnhof die Verwendungsstelle (Hafenbecken, Schiffsliegeplatz u. a.) noch nicht bekannt ist.

Die gesamte Gleisanzahl n_{ri} der Richtungsgruppe kann in Abhängigkeit von der Anzahl und den Aufenthaltszeiten der Wagen wie folgt berechnet werden [1, 15]:

$$n_{ro} = \frac{w_{ro}}{w_{rm}}\left(1 + \frac{p}{100}\right) + n_{so} \qquad \text{[Gleise]}.$$

In dieser Formel bedeuten:

w_{ro} = Grundbestand an Wagen in der Richtungsgruppe. Den Grundbestand bilden die Wagen w, die sich zur gleichen Zeit in der Richtungsgruppe aufhalten sollen, sowie ein Teil der Wagen w_b, die während der Bildezeit der Rangierabteilungen bzw. Züge in die Ein- und Ausgangsrichtungsgruppe nachlaufen werden [Wagen].
w_{rm} = mittlere Wagenanzahl einer einzelnen Zielgruppe innerhalb eines Ausgangszuges bzw. einer Rangierabteilung in Richtung Staatsbahn oder Hafen [Wagen/Gleis].
p = Zuschlag für Störungen, Verkehrsspitzen, Leerwagen u. ä. [%].
n_{so} = Bedarf an Sondergleisen, wie z. B. für Lademaßüberschreitungen, Schadwagen u. ä. [Gleise].

Aus den einzelnen Behandlungs- und Belegungszeiten der Wagen in der Richtungsgruppe errechnet sich der Grundbestand w_{ro} an Wagen wie folgt

$$w_{ro} = w + w_b \cdot \frac{t_r}{n_s \cdot t_a} \qquad \text{[Wagen] mit}$$

$$w_b = \frac{t_b}{t_a} \cdot w_z \qquad \text{[Wagen]}.$$

Hierin bedeuten:

w = Wagen, die sich zur gleichen Zeit in der Richtungsgruppe aufhalten [Wagen],
w_b = Wagen, die während der Bildung der Züge bzw. der Rangierabteilungen nachlaufen [Wagen],
w_z = Wagen je Zerlegeeinheit [Wagen],
t_a = Verarbeitungszeit am Ablaufberg [min/Zerlegeeinheit] (vgl. Abschnitt 6.1.2.),
t_b = Zeit für die Bildung eines Zuges bzw. einer Rangierabteilung [min/Zug],
t_r = Aufenthaltszeit eines Wagens in der Richtungsgruppe [min/Wagen],
n_s = mittlere Anzahl der Richtungsgleise, auf die sich die Wagen eines Ablaufes verteilen [Gleise/Zerlegeeinheit].

Wird bei fehlender besonderer Ausfahrgruppe aus den Richtungsgleisen direkt in das Netz der Staatsbahn ausgefahren, dann ist die Anzahl der Richtungsgleise um eine entsprechende Gleisanzahl zu erhöhen (vgl. folgenden Abschnitt d).

d) Ausfahrgruppe. *Aufgabe.* In Haupthafenbahnhöfen mit hoher Leistung ist eine besondere Ausfahrgruppe vorzusehen. In dieser werden die für das Staatsbahnnetz bestimmten Züge zur zolltechnischen, betrieblichen, verkehrlichen und wagentechnischen Ausgangsbehandlung bereitgestellt, nachdem sie aus den Richtungsgleisen vorgezogen wurden. Entsprechend den Besonderheiten eines Haupthafenbahnhofs gegenüber einem Rangierbahnhof des Binnenlandes sollten diese Ausfahrgleise neben der Einfahrgruppe liegen (vgl. Abb. 12).

Die Gleisanzahl der Ausfahrgruppe kann experimentell durch Simulation mit Hilfe eines elektronischen Rechenautomaten oder — bei Voraussetzung und Nachweis von zufälligem Zufluß aus der

Ausgangsrichtungsgruppe und zufällig verteilter Abfuhr ins Staatsbahnnetz — auf stochastischem Wege ermittelt werden. In diesem Fall kann die Gleisanzahl $n = m + 1$ durch Auswertung der in Abschnitt 5 erläuterten Bemessungsfunktion

$$a = g\,(m + 1, \sigma)$$

errechnet werden, wenn für die Überlastungswahrscheinlichkeit, die Behandlungszeit in der Ausfahrgruppe sowie für die mittlere Zugfolgezeit der ausfahrenden Züge bestimmte Werte vorgegeben werden (vgl. Abb. 10) [1, 13].

e) Ganzzuggruppe. *Aufgabe.* Ganzzüge („Gag") für Massengut, Transcontainer, Bananen, Rohre u. ä. erfordern in der Regel eine besondere Ganzzuggruppe. In dieser Gruppe werden die zwischen bestimmten Hafenteilen und Bahnhöfen im Binnenland verkehrenden Eingruppenzüge in der Eingangsrichtung (Exportrichtung) und in der Ausgangsrichtung (Importrichtung) zollamtlich abgefertigt. Hier wird auch der u. U. erforderliche Traktionswechsel vorgenommen („Umspanngruppe"). Diese Züge belasten dann nicht die übrigen Anlagen.

Bemessung. Die Bemessung der Ganzzuggruppe kann wie die im Abschnitt 6.1.2, d) beschriebene Bemessung der Ausfahrgruppe ebenfalls unter Auswertung der im Abschnitt 5 erläuterten Bemessungsfunktion

$$a = g\,(m + 1, \sigma)$$

erfolgen [1, 13].

6.2 Bezirksbahnhof

Von der Leistungsfähigkeit der Bezirksbahnhöfe hängt im wesentlichen ab, ob ein Seehafen — selbst bei guten Eisenbahnverbindungen zum Hinterland — hinsichtlich der Bedienung durch die Eisenbahn auch ein „schneller" Hafen ist. Lage, Gestaltung und Kapazität der Bezirksbahnhöfe wirken sich in erster Linie auf den Kaibetrieb und damit unmittelbar auf die Liegezeit der Seeschiffe aus. Nach Art und Umfang der umgeschlagenen Güter werden unterschieden

— Bezirksbahnhöfe für den Stückgutverkehr und
— Bezirksbahnhöfe für den Massengutverkehr.

6.2.1 Aufgaben

Die Bezirksbahnhöfe haben im wesentlichen Aufgaben des Fein- und Feinstrangierens sowie des Sammelns von Wagen für den Direktumschlag zwischen Schiff und Schiene. Auch kommt ihnen eine gewisse „Pufferfunktion" zu.

Unter Feinrangieren wird das Ordnen der Wagen nach Ladestellen (z. B. Schuppen, Schiffsliegeplätze, Speicher) verstanden.

Mit Feinstrangieren wird allgemein das Nachordnen der im Bezirksbahnhof feinrangierten Wagen bezeichnet. Im einzelnen können u. a. folgende Aufgaben damit verbunden sein [1, 2]:

— Bereitstellen der Wagen am Kai in bestimmter Reihung,
— Bereitstellung der Wagen am Kai an bestimmten Stellen,
  und zwar an Schiffsluken, Schuppentoren, Rampenplätzen, Freiladeplätzen und sonstigen Stellen.
— Wiedereinordnen sog. „angeladener" Wagen (teilent- oder/und teilbeladene Wagen) und der bei Schichtende überhaupt noch nicht behandelten leeren und beladenen Wagen an die entsprechende Ladestelle.
  Diese Wagen, deren Anteil bis zu 25% der an einer Kaiseite gestellten Wagen betragen kann, erschweren die Rangierarbeit erheblich, da sie zunächst abgezogen und zur folgenden Schicht wieder am Kai abgestellt werden müssen.
— Wiedereinordnen sog. „Umsetzer",
  das sind Wagen, die nach Bereitstellung innerhalb derselben Ladestelle und Schicht nur von einer zur anderen Schuppenseite oder von einem in ein anderes Gleis rangiert werden müssen. Im Gegensatz dazu werden die sog. „Umsteller" in den Bezirksbahnhof abgezogen und können i. a. erst zur übernächsten Schicht einer anderen Ladestelle des gleichen Bezirks oder eines anderen Hafenbezirks wieder zugestellt werden.

6.2.2 Lage und Gestaltung

Lage und Gestaltung eines Bezirksbahnhofes richten sich ganz allgemein nach den Funktionen des ihm zugeordneten Hafenbereiches. Die Zuordnung dieses Bereiches hängt im wesentlichen von den örtlichen Gegebenheiten ab. Grundsätzlich sollte der Bezirksbahnhof, dem Fluß der Arbeitsrichtung entsprechend, „vor Kopf" des ihm zugehörigen Bereiches liegen, und so nahe wie möglich an diesen herangeschoben werden [7, 16]. Die seitliche Anordnung würde einen zusätzlichen Rangieraufwand („Sägebewegungen") verursachen.

Aus Gründen der plankreuzungsfreien Führung zwischen Straßen- und Schienenverkehr empfiehlt sich die Zuordnung eines Hafenbeckens zu einem Bezirksbahnhof (Abb. 16a).

Werden zwei Kaiseiten zu einem einheitlichen Terminal vereinigt, der einer einheitlichen Betriebsführung unterstellt wird, dann sollte dieser Terminal einem Bezirksbahnhof zugeordnet werden, um den Umstellverkehr von Wagen über den Haupthafenbahnhof zu vermeiden (Abb. 16b).

Die Lösung der Zuordnung nur einer Kaiseite zu einem Bezirksbahnhof sollte dann gewählt werden, wenn auf dieser ein hohes Verkehrsaufkommen anfällt und der damit verbundene Rangieraufwand diese Lösung rechtfertigen würde (Abb. 16c).

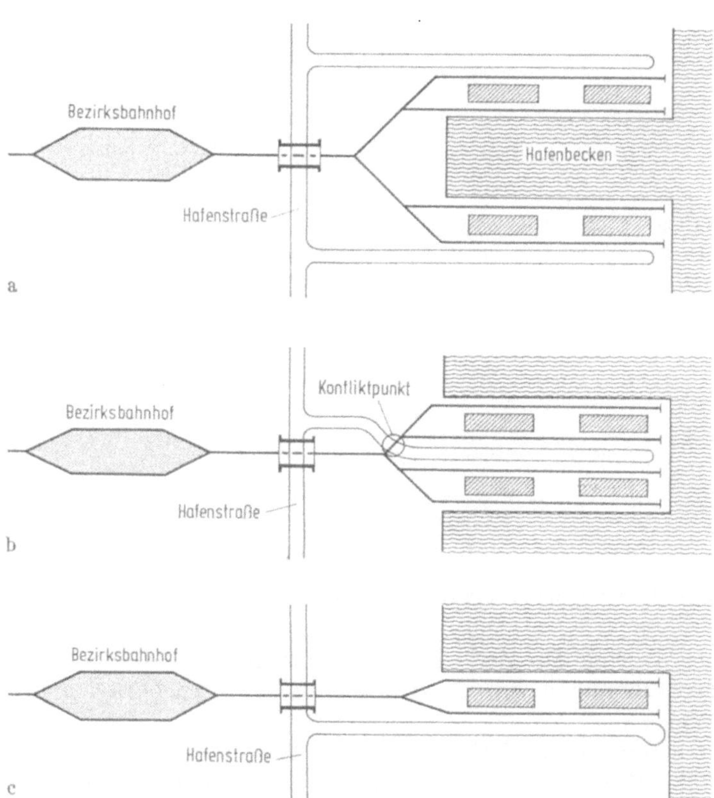

Abb. 16. Zuordnung von Hafenbereichen zu Bezirksbahnhöfen.

Um den Rangierbetrieb im Hafen nicht zu sehr aufzuteilen und damit zu verteuern, sollte die Zahl der Bezirksbahnhöfe möglichst eingeschränkt, die einzelnen Bezirksbahnhöfe aber hinsichtlich ihrer Ausgestaltung und ihres Umfanges besonders großzügig ausgeführt werden. Je nach örtlichen Verhältnissen können Bezirksbahnhöfe, wie in Abb. 17 dargestellt,

— als einfache Mehrzweck-Gleisgruppe, die im allgemeinen um einen kleinen Ablaufberg mit angeschlossenen kurzen, aber ausreichenden Ordnungsgleisen erweitert werden sollte, oder als
— Rangierbahnhofsystem mit besonderer Einfahr-, Richtungs- und Ausfahrgleisgruppe

ausgebildet werden [16].

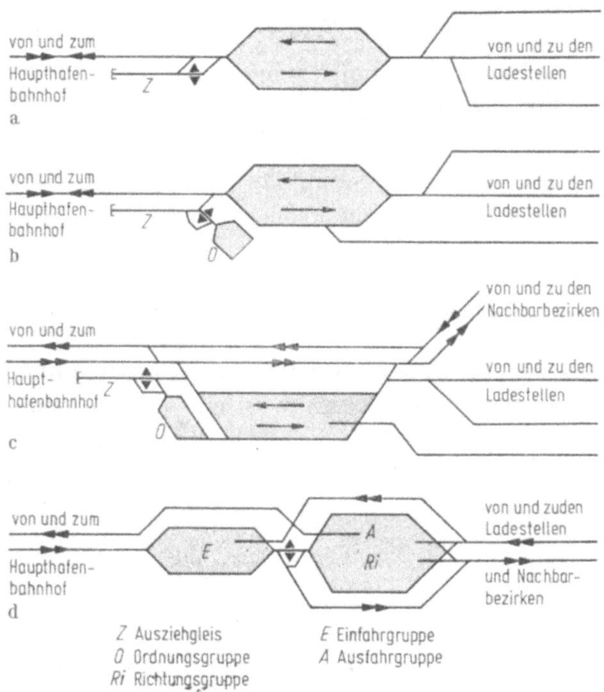

Abb. 17. Beispiele für Stückgut-Bezirksbahnhöfe.

Zur Verminderung des Rangieraufwandes kann die Ordnungsgruppe auch im sog. ,,Fischgrätensystem" angelegt werden, wobei die einzelnen Wagen in sog. ,,Taschengleise" ablaufen und anschließend geordnet zur Rangierabteilung zusammengedrückt werden (Abb. 18).

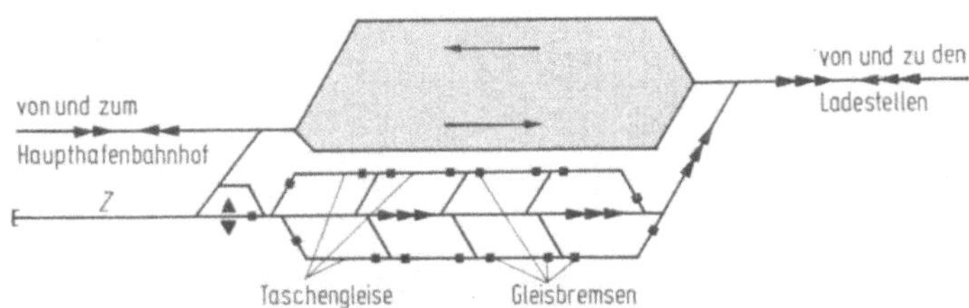

Abb. 18. Ordnungsgruppe eines Bezirksbahnhofs als Fischgrätsystem.

Die Anordnung einer solchen zur Zeit noch wenig erprobten Anlage setzt jedoch eingehende Wirtschaftlichkeitsuntersuchungen voraus. Hierbei sind u. a. zu berücksichtigen

— der Aufwand an Weichen,
— der Aufwand für das Bremsen und Festhalten der Wagen in den einzelnen ,,Taschen",
— der Aufwand an ggf. erforderlichen automatischen Weiterführungseinrichtungen und
— die u. U. wechselnde Größe der einzelnen Wagengruppen, die über die einmal festgelegte Länge der ,,Taschen" hinausgehen kann.

Fehlt eine zum Fein- und Feinstrangieren der Wagen erforderliche Ordnungsgruppe im Bezirksbahnhof, dann können die Wagen in den Spitzen der Mehrzweck-Gleisgruppe geordnet werden (vgl. Abb. 17a).

6.2.3 Bemessung

Faktoren, die die Bemessung der Gleisanlagen eines Hafenbezirksbahnhofs beeinflussen, sind u. a. [1, 2]

— Wagenaufkommen,
— Wagenaufenthaltszeiten,
— Anzahl und Länge der land- und wasserseitigen Ladegleise,
— Art und Umfang der geforderten Rangieraufgaben,

— Anzahl und Größe der Schiffsliegeplätze,
— Anzahl, Größe, Art und Nutzung der Schuppen,
— Anzahl und Größe der Freiflächen zwischen den Schuppen,
— Anzahl der durch Weichenverbindungen geschaffenen Ladegleisabschnitte,
— Art und Leistungsfähigkeit des Umschlagbetriebs sowie Art der Güter.

Größere Bezirksbahnhöfe mit besonderer Einfahr-, Richtungs- und Ausfahrgleisgruppe können entsprechend den in den Abschnitten 6.1.2, a), c) und d) beschriebenen Bemessungsverfahren dimensioniert werden.

Bei der Bemessung von Bezirksbahnhöfen für den Stückgutverkehr, die als „Mehrzweck-Gleisgruppe" ausgebildet sind, sollte unterschieden werden nach

— Ein- und Ausfahrgleisen,
— Richtungsgleisen für die Wagen, die sofort mit den Wagen an den Ladestellen auszutauschen sind, und
— Aufstellgleisen für beladene und leere Wagen, die nicht sofort den Ladestellen zugestellt werden.

Das Fassungsvermögen der Ein-, Ausfahr- und Richtungsgleise sollte mindestens dem Fassungsvermögen der angeschlossenen Ladegleise entsprechen [3]. Wenn die Wagen im Bezirksbahnhof nach dem sog. „klassischen Ordnungsverfahren" rangiert werden — also zuerst nach Richtungen (z. B. land- und wasserseitige Kaigleise) und dann nacheinander jede Richtung einzeln nach Stationen (z. B. Schiffe, Schuppen, Luken, Tore) sortiert wird —, sollte die Anzahl der eigentlichen Richtungsgleise der Anzahl der für eine Schicht zu bildenden „Kaizüge" (Richtungen) entsprechen.

Bei einer Ordnung der Wagen nach dem für Hafenbezirksbahnhöfe zu empfehlenden sog. „Simultanverfahren" [2], bei dem zunächst nach den einzelnen Stationen und dann erst nach Richtungen sortiert wird — alle Kaizüge also gleichzeitig gebildet werden —, hängt die erforderliche Anzahl der Richtungsgleise von der Anzahl der in einer Schicht insgesamt zu bildenden Gruppen und Richtungen ab. Die erforderliche Mindestgleisanzahl beträgt für die Ordnung nach Gruppen

$$n_g \geqq \frac{\Sigma g}{n_r} \quad \text{[Gleise] und}$$

für die Ordnung nach Richtungen

$$n_r \geqq \Sigma r \quad \text{[Gleise].}$$

Hierin bedeuten:

Σg = Summe der Gruppenanzahl aller Kaizüge je Schicht (Größtwert),
Σr = Summe aller Kaizüge je Schicht (Größtwert).

Die Aufstellgleisgruppe sollte ein Fassungsvermögen w_a besitzen, das sich unter Verwendung der Angaben in [2] nach folgender Formel berechnen läßt

$$w_a = \left(\frac{a_{imp} + \alpha \cdot a_{exp}}{100}\right) \cdot \left(B - 1 + \frac{1}{n}\right) \cdot w_d \quad \text{[Wagen]}$$

mit $a_{imp} + a_{exp} = 100$.

Hierin bedeuten:

a_{imp} = Anteil der leeren Import-Wagen, die im Bezirksbahnhof abzustellen sind [%],
a_{exp} = Anteil der Export-Wagen [%],
α = Faktor für den Anteil der sog. „bestimmten Reserve", die ebenfalls im Bezirksbahnhof abzustellen ist [—],
n = Anzahl der Schichten/d,
w_d = Umschlagleistung der Ladestellen im Export und Import [Wagen/d],

$$B = \frac{w_d + w_{res}}{w_d} = \text{Basiswert [—],}$$

w_{res} = beladene Wagen der „bestimmten" und der „unbestimmten Reserve".

Mit dem Ausdruck „bestimmte Reserve" werden Wagen bezeichnet, für die das Schiff noch nicht eingetroffen ist, der Liegeplatz aber bereits feststeht und die im Bezirksbahnhof vorübergehend zu speichern sind, während zur „unbestimmten Reserve" die Wagen gehören, deren Verwendungsstellen (Hafenbecken, Schiffsliegeplatz u. a.) zur Zeit ihres Eintreffens im Haupthafenbahnhof noch nicht bekannt sind und die zweckmäßigerweise auch dort gespeichert werden.

Bezirksbahnhöfe, die für den Massengutverkehr bestimmt sind, erfordern für die Aufnahme der nicht weiter zu zerlegenden Ganzzüge lediglich Ein- und Ausfahrgleise. Diese sollten überschläglich mindestens die Anzahl der an einem Tag im Ein- und Ausgang umzuschlagenden Wagen aufnehmen können [3]. In Abb. 19 sind zwei Beispiele für die Ausführung solcher Massengutbahnhöfe dargestellt [1].

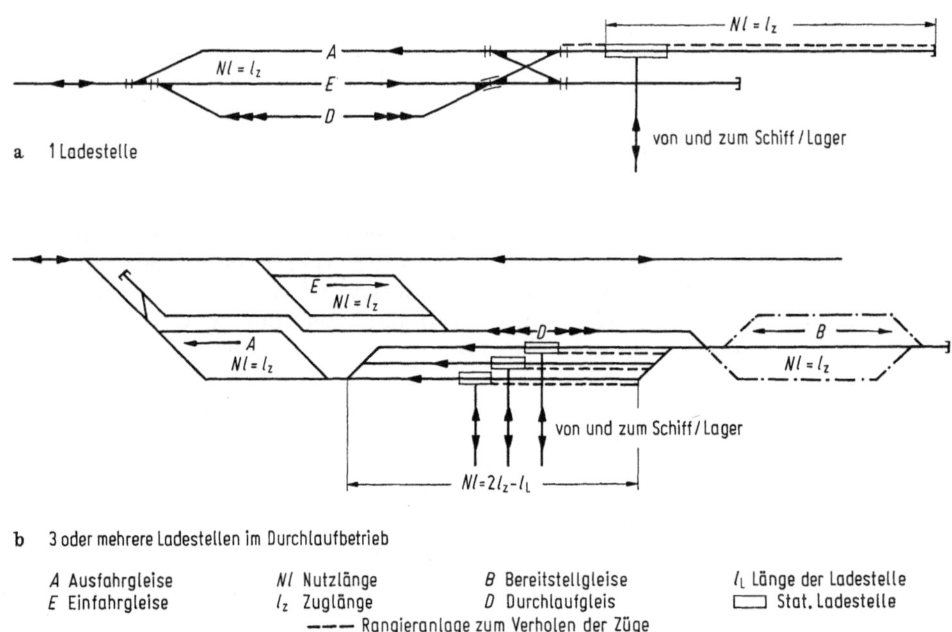

Abb. 19. Beispiele für Massengut-Bezirksbahnhöfe.

Bei überwiegendem Industriegutanteil kann das Mindest-Fassungsvermögen der Ein- und Ausfahrgleise u. U. auf den Anteil der Frühbedienung reduziert werden, der etwa mit 50% des täglichen Wagenaufkommens angesetzt werden kann [6].

Im allgemeinen sollte jedoch versucht werden, auch die Bemessung der Gleisgruppen von Bezirksbahnhöfen auf stochastische Zusammenhänge zurückzuführen. Hierzu kann die in Abschnitt 5 beschriebene Bemessungsfunktion

$$a = g\,(m + 1, \sigma)$$

herangezogen werden [1, 13].

6.3 Kairangiergruppe

6.3.1 Aufgabe und Anordnung

Wenn es sich als zweckmäßig erweisen sollte, die in Abschnitt 6.2 genannten Arbeiten des Feinstrangierens nicht im Bezirksbahnhof auszuführen, weil dieser überlastet ist oder zu weit von den Ladestellen entfernt liegt, können für diese Rangierarbeiten besondere Gleise — die sog. ,,Kairangiergruppe“ — vorgesehen werden [2]. Dann läßt sich auch die stets anzustrebende Trennung von Umschlaggeschäft und Feinstrangieren in den Ladegleisen erreichen.

Da das Feinstrangieren in der Regel nur beim Direktumschlag, d. h. an der Wasserseite verlangt wird, genügt im allgemeinen eine Kairangiergruppe je Kai.

Die Kairangiergruppe sollte grundsätzlich in unmittelbarer Nähe der Ladegleise angeordnet werden, um die Verlustzeiten für Zwischenfahrten bei Durchführung der Feinstrangierarbeiten, für die nur relativ kurze Schichtwechselzeiten zur Verfügung stehen, möglichst abzukürzen. Zweckmäßig liegt die Kairangiergruppe im Bereich der Kaiwurzel (vgl. Abb. 20). Aus betrieblichen, rechtlichen und unterhaltungstechnischen Gründen ist diese Lage unerläßlich, wenn das Feinstrangieren durch den Umschlagbetrieb und nicht durch die Hafeneisenbahn durchgeführt wird.

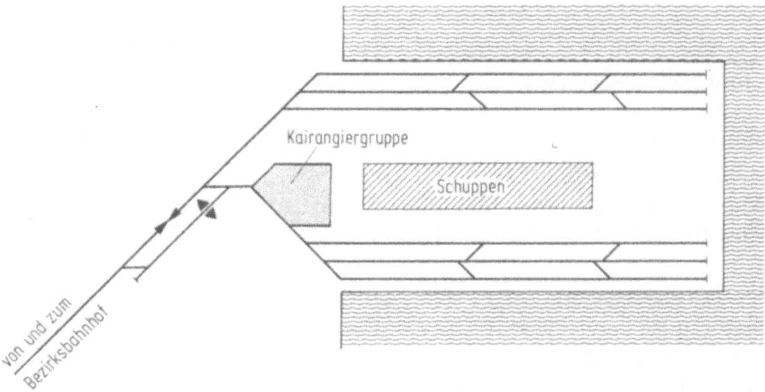

Abb. 20. Beispiel für eine Kairangiergruppe.

Beengte örtliche Verhältnisse lassen eine solche Anordnung jedoch nicht immer zu. Dann sollte die Kairangiergruppe unmittelbar neben den Bezirksbahnhof gelegt und an den Ablaufberg mit angeschlossen werden. Zur Erleichterung der Rangierarbeit kann für die Kairangiergruppe ein zusätzlicher kleiner Ablaufberg vorgesehen werden.

6.3.2 Bemessung

Die Gleisanzahl der Kairangiergruppe ist abhängig von der Anzahl der Wagenuntergruppen, die für einen Ladebereich feinstrangiert werden müssen. I. a. reichen vier bis sechs Gleise aus, wobei die Anordnung mehrerer kurzer Gleise zweckmäßiger als ist das Vorhalten weniger langer Gleise.

Die nutzbaren Längen dieser Gleise haben der durchschnittlichen Länge einer Wagengruppe zu entsprechen. Sie brauchen jedoch nicht größer zu sein, als die Länge eines durch Weichenverbindungen begrenzten Ladegleisabschnittes. Dementsprechend genügen i. a. Gleislängen von 150 bis 200 m.

6.4 Vorstellgruppe

6.4.1 Aufgaben

Vorstellgleise sollten in unmittelbarer Nähe der Ladegleise angeordnet werden (vgl. Abb. 7). Sie können u. a. erforderlich werden [1, 2],

— wenn in einer Schicht ein besonders hoher Direktumschlag an einer Ladestelle anfällt und die „auf Abruf geforderten Wagen" vorübergehend abzustellen sind,
— zur vorübergehenden Aufnahme der „Umsteller",
— zum Abstellen von Zollwagen,
— zum Feinstrangieren für einzelne Hallenbezirke,
— zum vorübergehenden Abstellen eines Kaizuges mit „Abzugsgut", wenn der Haupthafenbahnhof nicht aufnahmefähig ist.

6.4.2 Bemessung

Da die vorgenannten Fälle im allgemeinen nicht gleichzeitig auftreten, genügen bei entsprechenden Weichenverbindungen drei bis vier Vorstellgleise, deren Länge der Länge eines Kaizuges entsprechen sollte.

6.5 Ladegleise

6.5.1 Ladegleise für Stückgut

Aufgaben und Anordnung. Unter „Stückgut" werden in Häfen alle Güter verstanden, die

— i. a. verpackt sind und
— nach dem Stauplan eines Schiffes verstaut werden können.

Die Gleise an der Land- und Wasserseite von Schuppen, Freilade- und Spezialladestellen auf den Kais, in denen die Wagen für den Hafenumschlag bereitzustellen sind, werden als Ladegleise bezeichnet. Dagegen sind diejenigen Kaigleise, die dem Auswechseln der Wagen dienen und deshalb ausschließlich von Rangierloks und Rangierabteilungen befahren werden, als sog. „Verkehrsgleise" von Wagenaufstellungen freizuhalten.

Die Ausrüstung eines Stückgutkais mit Gleisanlagen hinsichtlich
— Lage (land- und/oder wasserseitig),
— Länge und
— Anzahl der Kaigleise sowie
— Anzahl der Weichenverbindungen

ist abhängig vom Umfang des für die Eisenbahn bestimmten Gutaufkommens und von der Art des Umschlags: Direktumschlag oder indirekter Umschlag (d. h. Umschlag über Halle und Freilager).

Die Bedeutung des Direktumschlages in den beiden Richtungen Import und Export entscheidet darüber, ob der Schwerpunkt der Eisenbahnausrüstung eines Stückgutkais auf der Wasser- oder auf der Landseite der Hallen liegt.

Die wasserseitigen Ladegleise dienen neben dem Direktumschlag Eisenbahnwagen/Schiff auch dem indirekten Umschlag der Güter von Eisenbahnwagen in die Halle, während die landseitigen Ladegleise ausschließlich für den indirekten Umschlag bestimmt sind.

Infolge der Zunahme des Indirektumschlages durch das „Vorstauen" wird in jüngster Zeit eine Abkehr von der bisherigen Planung, die Gleise hauptsächlich an der Wasserseite der Hallen anzuordnen, deutlich erkennbar [2]. Während an der Wasserseite im allgemeinen zwei Gleise ausreichen, die wechselseitig je als Lade- oder Verkehrsgleis genutzt werden, sind an der Landseite der Hallen drei Gleise — zwei Lade- und ein Verkehrsgleis — anzuordnen. An der Wasserseite ist erst dann ein weiteres Ladegleis notwendig, wenn insbesondere im Direktumschlag große Leistungen gefordert werden [1, 2].

Um den Lade- und Eisenbahnbetrieb möglichst unabhängig voneinander durchführen zu können, sollten an der Landseite der Hallen zusätzlich ein bis zwei Bereitstellgleise angeordnet werden. Die hier aufgestellten Wagen können dann vom Umschlagbetrieb nach Bedarf mit eigenen Rangiermitteln gegen die Wagen an den Ladestellen ausgetauscht werden, sobald deren Umschlagvorgang abgeschlossen ist.

Die Anordnung und insbesondere die Anzahl der Weichenverbindungen zwischen den Kaigleisen beeinflussen die Rangierarbeiten und die Häufigkeit der Kaibedienung entscheidend. Sie bestimmen eisenbahnbetrieblich zusammen mit der Kairangiergruppe und dem Bezirksbahnhof die „Elastizität" eines Kais. Jede Ladestelle sollte grunsätzlich unabhängig von anderen Ladestellen und ohne Beeinträchtigung des Umschlaggeschäftes anderer Stellen erreichbar sein. Dieser Forderung genügen im allgemeinen die in Abb. 21 dargestellten Weichenverbindungen der Kaigleise.

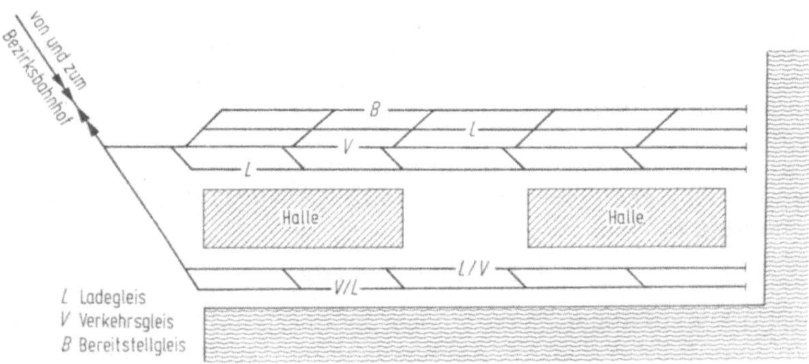

Abb. 21. Beispiel für Kaigleise.

Bemessung. Die Gleisanlagen eines Kais sind so zu bemessen, daß die Wagenaufstellmöglichkeit der Umschlagleistung entspricht.

Folgende Faktoren sind dabei u. a. zu beachten [1, 2]:
— Umzuschlagende Gütermenge auf der Eisenbahn [t/d],
— Wagenauslastung [t/Wagen],
— Wagenlänge (LüP) [m/Wagen],
— Länge der Ladestellen [m].

Die Länge eines Ladegleisabschnittes sollte der Länge des für den Kai charakteristischen Schiffstyps entsprechen, d. h. dem sog. „Regelfrachtschiff des Weltverkehrs" jeweils angepaßt sein. Nach dem Stand von 1971 können dafür 160 bis 180 m zugrunde gelegt werden [2].

Die maximale Ladestellenlänge sollte durch die Anzahl der Güterwagen begrenzt sein, die der Kran, ohne verfahren zu müssen, bei Bedienung der äußersten Ladeluke — am Bug oder Heck des Schiffes — noch erreichen kann.

6.5.2 Ladegleise für Massengut und Container

Aufgaben und Anordnung. Unter dem Begriff „Massengut" sind Rohstoffe oder Erzeugnisse (Trocken- oder Flüssiggut) einzuordnen, die von homogener Struktur sind und in großen Mengen, d. h. in ganzen Schiffsladungen oder in geschlossenen Zügen transportiert werden. Durch den Einsatz von Containern wird der Stückguttransport in einer Weise „konzentriert", so daß hinsichtlich der Eisenbahnanlagen und des Eisenbahnbetriebes auch für ihn die Merkmale des Massengutes zutreffen.

Im Massenguttransport verkehren im allgemeinen Ganzzüge, die den Ladestellen geschlossen zugeführt und von dort auch geschlossen wieder abgeholt werden.

Zwischen den Transportgefäßen Seeschiff und Eisenbahnwagen wird indirekt über im Materialfluß liegende „Puffer" (Freilager-, Aufstellflächen, Speicher, Tanks usw.) umgeschlagen, die ein kontinuierliches Laden oder Entladen der Schiffe und Waggons ermöglichen. Die Eisenbahnwagen werden dabei unter einer stationären Ladestelle durchgeschoben, während im Containerumschlag [17] eine mobile Ladestelle — Ladekran oder Portalstapler — über dem stehenden Wagenzug verfahren wird. Im Bedarfsfall kann auch ein Direktumschlag Seeschiff — Eisenbahnwagen oder umgekehrt durch Umgehen der „Puffer" erfolgen.

Bemessung. Die Anzahl der Ladegleise hängt von der Anzahl der Ladestellen ab, während die nutzbare Länge eines Ladegleises durch die größte Länge eines Wagenzuges bestimmt wird (vgl. Abb. 19) [1].

Hinsichtlich der im Containerverkehr erforderlichen Einrichtungen wird auf die besondere Abhandlung über Containerumschlaganlagen in diesem Jahrbuch verwiesen.

7. Schlußbetrachtung und Zusammenfassung

Die unterschiedliche Größe der „Transportgefäße" Seeschiff und Binnenlandverkehrsmittel erfordert zur Erzielung eines schnellen Umschlags leistungsfähige und gut ausgebaute Hafenverkehrswege. Auf diesen lassen sich die Güterströme des Hafens über eine rationelle Betriebsorganisation reibungslos abwickeln, durch gute Hinterlandverbindungen die Liegezeiten der Seeschiffe verkürzen und so letztlich die Attraktivität des Hafens fördern.

Wegen der wachsenden Bedeutung der Eisenbahn sind die Schienenverkehrswege zweckmäßig zu gestalten und ausreichend zu dimensionieren. Diese Aufgabe setzt die Kenntnis des Verkehrsaufkommens voraus, auf das deshalb in einem besonderen Kapitel eingegangen wurde. Daneben sind genaue Vorstellungen über den Betriebsablauf erforderlich, der die Grundlage für die Gestaltung des gesamten Seehafenbahnhofs bildet. Die Interdependenzen zwischen den eisenbahnbetrieblichen Aufgaben und den einzelnen Gleisanlagen des Hafenbahnhofs wurden anhand eines Betriebsprogramms erläutert, das auf einer Analyse der Eisenbahnaufgaben in Seehäfen aufbaut. Im Anschluß daran wurde die Dimensionierung der Gleisanlagen behandelt: Nach einer Übersicht über die möglichen Verfahren wurden die Methoden zur Bemessung der einzelnen Gleisanlagen erläutert.

Schrifttum

1. Hafenbautechnische Gesellschaft: Empfehlungen des Arbeitsausschusses „Hafenverkehrswege". Aachen: Veröffentlichungen des Verkehrswissenschaftlichen Instituts der RWTH Aachen 15 (1972).
2. Strieck, E.: Bemessung und Gestaltung der Gleisanlagen in Seehäfen. Eisenbahntechn. Rundsch., Sonderh. Rangiertechn. 31 (1971) S. 7/46.
3. Bock, J.: Betriebliche Aufgaben zur Bewältigung des Seehafenumschlages. Die Bundesbahn 33 (1959) 24, S. 1174/1187.
4. Schneider: Erarbeitung von Modellen zur Vorausschätzung der Nachfrage und des Bedarfs im Bereich des Verkehrs. München: Ifo-Institut 1969.
5. Fülling, F.: Eisenbahnverkehrsprognosen — Theorie und Praxis. Schienen der Welt 8 (1971) S. 745/772.
6. Nebelung, H.: Hamburger Hafenerweiterungsgebiet westlich des Köhlbrand. Aachen: Gutachten des Verkehrswissenschaftlichen Instituts der RWTH Aachen, 1967.
7. Cauer, W.: Zur Eisenbahnausrüstung von Häfen. Berlin: Springer, 1921.
8. Blum, O.: Der Vereinigte Hafen- und Rangierbahnhof. Verkehrstechn. Woche 25 (1931) S. 93/95.

9. Müller, W.: Der Vereinigte-Haupthafen- und Rangierbahnhof. Organ für die Fortschritte des Eisenbahnwesens 99 (1944) S. 209/212.
10. Mülhans, E.: Die Bemessung der Gleiszahl in Einfahrgruppen mit Hilfe von Digitalrechnern. Archiv Eisenbahntechn. 22 (1967) S. 1/19.
11. Hochsteiner, O.: Anwendung der Wahrscheinlichkeitslehre auf den Straßen- und Bahnverkehr. Wiss. Zeitschr. Hochsch. f. Verkehrswes. Bd. 6 (1958/59) H. 1, S. 33/57.
12. Potthoff, G.: Nichtschlangentheorie. Dtsch. Eisenbahntechn. 10 (1962) H. 9, S. 388/393.
13. Potthoff, G.: Verkehrsströmungslehre. Bd. 1. Berlin: Transpress, 1962.
14. Graßmann, E.: Die Leistungsgrenze der Rangierbahnhöfe. Eisenbahntechn. Rundsch., Sonderh. Rangiertechn. 17 (1957) S. 24/27.
15. Rosteck, W.: Das Leistungsmaßstabverfahren. Eisenbahntechn. Rundschau, Sonderh. Rangiertechn. 18 (1958) S. 14/36.
16. Blum, O.: Gedanken über Rangierbahnhöfe für große Seehäfen. Ztg. d. Vereins Mitteleurop. Eisenb.-Verw. 84 (1944) S. 145/164.
17. Nebelung, H.; Herrmann, G.: ABC des kombinierten Verkehrs. Aachen: Veröffentlichungen des Verkehrswissenschaftlichen Instituts der RWTH Aachen 11 (1970).

Die Schleusenfüllung unter Berücksichtigung mittlerer und momentaner μ-Beiwerte

Von Dr.-Ing. **Rudolf Muser**, Karlsruhe

Einleitung

Bei der Vielzahl der im Theodor-Rehbock-Flußbaulaboratorium untersuchten Schleusen kam die Frage auf, ob der Umfang der Modelluntersuchungen reduziert werden kann. Sind die Füllzeiten gemessen, so können mit Hilfe des bekannten Schütz- bzw. Torfahrplans die mittleren μ_m-Beiwerte und damit die Füllwassermengenkurven (einschließlich Q_{max} und des Füllvolumens) sowie die Hubkurven berechnet werden. Ein Vergleich dieser Kurven bzw. Werte rechnerisch und experimentell ermittelt, sollte zeigen, ob für die Praxis die rechnerischen Ergebnisse genau genug sind und damit eine Reduzierung des Versuchsaufwandes möglich ist. Am Beispiel der Schleusen Leerstetten (Hilpoltstein) des Main-Donau-Kanals und der geplanten Donauschleuse Geisling (jetzt Pfatter) wurde für Schleusen mit tiefliegendem Drempel und verschiedenen Schützfahrplänen gezeigt, daß die rechnerischen Ergebnisse nur unwesentlich von den experimentellen abweichen.

Die Betrachtung von Schleusenfüllungen unter Berücksichtigung mittlerer μ_m-Beiwerte und momentaner μ_t-Beiwerte (zeitabhängig) soll zeigen, welche Abweichungen sich dabei sowohl für die μ-Beiwerte, und maximale Zuflüsse Q_{max} als auch für die Füllwassermengenkurven ergeben. Vor allem soll sich daraus ergeben, ob des Rechnen mit μ_m-Beiwerten für die Praxis genau genug ist. Der mittlere μ_m-Beiwert wird rechnerisch bei bekannter Füllzeit und bekanntem „Schützfahrplan" ermittelt. Der momentane zeitabhängige μ_t-Beiwert wird bei bekannter Hubkurve, Füllzeit und bekanntem Schützfahrplan punktweise berechnet. Die Grundgleichungen für diese Rechnungen sind im nächsten Abschnitt aufgeschrieben.

Die Betrachtungen beziehen sich auf Labormessungen an Schleusen mit tiefliegendem Drempel. Die Versuche für die Schleusen Leerstetten und Geisling des Europa-Kanals wurden im Auftrag der Rhein-Main-Donau AG im Theodor-Rehbock-Flußbaulaboratorium durchgeführt.

1. Die Grundgleichungen für die Füllung mit tiefliegendem Drempel und die Bedeutung des μ-Beiwertes

Für die Füllung mit tiefliegendem Drempel gilt der allgemeine Fall des Wasserspiegelausgleichs zwischen zwei Behältern durch eine tiefliegende Verbindung mit veränderlicher Öffnung wie in Abb. 1 dargestellt. Das eigentliche Füllsystem der Schleuse liegt zwischen den Querschnitten A und B in Abb. 1.

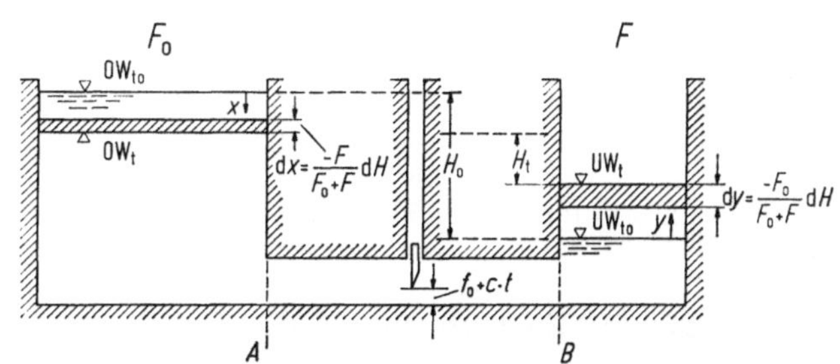

Abb. 1. Schemaskizze für die Füllung mit tiefliegendem Drempel.

Für die Füllwassermenge Q_t kann nach Abb. 1 geschrieben werden:

$$Q_t = \mu \cdot (f_0 + c \cdot t) \cdot \sqrt{2g} \cdot \sqrt{H_t} \tag{1}$$

Der Faktor μ im weiteren als μ-Beiwert bezeichnet gibt in Verbindung mit dem Füllquerschnitt dessen wirksame Fläche an. Unter Berücksichtigung aller Verluste wie: Einlaufverlust, Reibungsverlust, Krümmerverluste, Beschleunigungs- und Verzögerungsverluste, Austritts- und Mischverluste wird durch den μ-Beiwert ein wirksamer Querschnitt des Verschlußorgans ausgedrückt.

Die Druckhöhe H_t zur Zeit t kann ebenfalls nach Abb. 1 aufgeschrieben werden

$$\sqrt{H_t} = \sqrt{H_0} - \frac{\mu \cdot \sqrt{2g} \cdot (F_0 + F)}{2\,F \cdot F_0} \left(f_0 \cdot t + \frac{c t^2}{2}\right) \tag{2}$$

Geht man davon aus, daß die Fläche F_0 des Oberwassers sehr groß ist im Verhältnis zur Kammerfläche F, d. h. $F_0 \to \infty$, so geht Gl. (2) über in

$$\sqrt{H_t} = \sqrt{H_0} - \frac{\mu \cdot \sqrt{2g}}{2F} \left(f_0 \cdot t + \frac{c t^2}{2}\right) \tag{3}$$

In den Gln. (1) und (2) bzw. (3) sind die Grundgleichungen für die Schleusenfüllungen mit tiefliegendem Drempel gegeben.

Bei tiefliegendem Drempel kann die gesamte Füllzeit T geschlossen dargestellt werden, bei bekannter Betätigung der Verschlußorgane. Das bedeutet, daß damit auch ein rechnerischer mittlerer μ_m-Beiwert ermittelt werden kann.

2. Der rechnerische mittlere μ_m-Beiwert bei tiefliegendem Drempel

Sind außer der Kammerfläche, der Hubhöhe und dem Füllquerschnitt der Fahrplan der Verschlußorgane und die Füllzeit bekannt, so kann damit ein mittlerer μ_m-Beiwert berechnet werden. Mit diesem μ_m-Beiwert können dann mit den Gln. (3) und (1) die Hubkurve und die Füllwassermengenkurve schrittweise ermittelt werden. In den folgenden Beispielen werden die Schütze am Ende des Füllvorganges geschlossen. Das Schließen der Schütze noch vor dem Wasserspiegelausgleich kann jedoch in der Berechnung berücksichtigt werden.

2.1 Linearer nicht unterbrochener Schützhub

Hierbei erfolgt die Füllung der Kammer normalerweise in 2 Phasen, kann aber als Grenzfall auch in nur 1 Phase erfolgen, wenn die Schützöffnungszeit gleich der Füllzeit wird. Für den allgemeinen Fall gilt der Schützfahrplan nach Abb. 2.

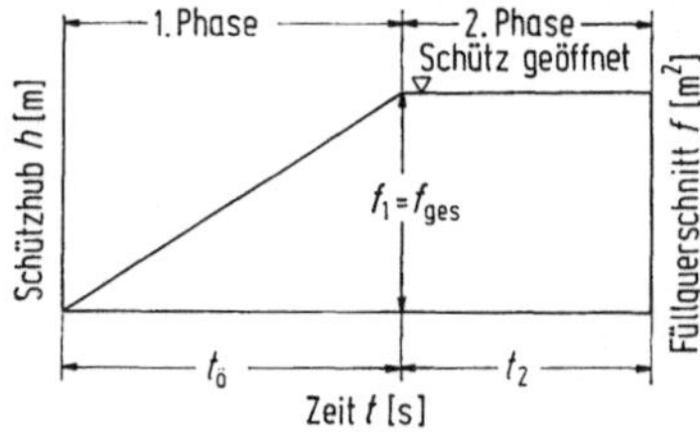

Abb. 2. Schützfahrplan für linearen nicht unterbrochenen Schützhub.

Nach Abb. 2 ergeben sich folgende Gleichungen für die Druckhöhe am Ende der einzelnen Phasen nach Gl. (3).

1. Phase: Füllquerschnitt nimmt zu

Für $t = t_ö$ wird $\sqrt{H_t} = \sqrt{H_1}$ und

$$\sqrt{H_1} = \sqrt{H_0} - \frac{\mu_m \cdot \sqrt{2g} \cdot f_{ges}}{4F} \cdot t_ö \tag{4}$$

2. Phase: Füllquerschnitt bleibt konstant

Für $t = t_2$ wird $\sqrt{H_t} = 0$; $\sqrt{H_0} = \sqrt{H_1}$ und

$$\sqrt{H_1} = \frac{\mu_m \cdot \sqrt{2g} \cdot f_{ges}}{2F} \cdot t_2 \tag{5}$$

Mit der Füllzeit $T = t_ö + t_2$ oder $t_2 = T - t_ö$ ergibt sich durch Substitution von t_2 in Gl. (5) und Gleichsetzen mit Gl. (4) die Füllzeit T zu

$$T = \frac{2 \cdot F \cdot \sqrt{H_0}}{\mu_m \cdot \sqrt{2g} \cdot f_{ges}} + \frac{t_ö}{2} \tag{6}$$

Gl. (6) kann nach μ_m aufgelöst werden

$$\mu_m = \frac{2 \cdot F \cdot \sqrt{H_0}}{\sqrt{2g} \cdot f_{ges} \left(T - \frac{t_ö}{2}\right)} \tag{7}$$

2.2 Linearer unterbrochener Schützhub

Bei unterbrochenem Schützhub erfolgt die Füllung der Kammer allgemein in vier Phasen, davon sind 2 Phasen mit veränderlichem Füllquerschnitt und 2 Phasen mit konstantem Füllquerschnitt anzusetzen. Die Hubunterbrechung wählt man dann, wenn die Füllwassermenge Q (m^3/s) begrenzt ist, die Füllzeit aber möglichst kurz sein soll. Allgemein ergibt sich der Schützfahrplan nach Abb. 3.

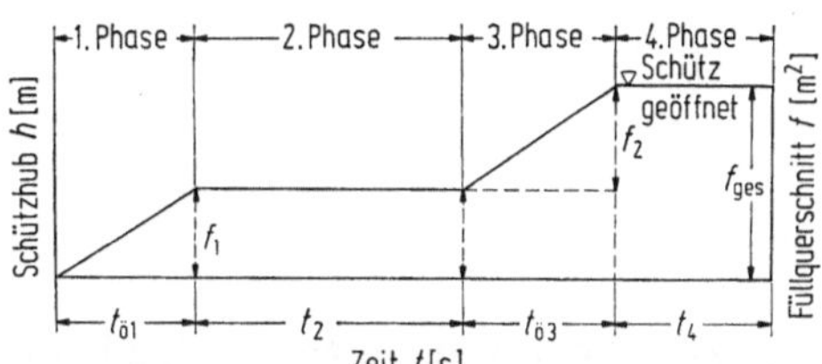

Abb. 3. Schützfahrplan für linearen unterbrochenen Schützhub.

Nach Abb. 3 ergeben sich folgende Gleichungen für die Druckhöhen am Ende der einzelnen Phasen nach Gl. (3).

1. Phase: Füllquerschnitt nimmt zu

Für $t = t_{ö1}$ wird $\sqrt{H_t} = \sqrt{H_1}$ und

$$\sqrt{H_1} = \sqrt{H_0} - \frac{\mu_m \cdot \sqrt{2g}}{2F} \cdot \frac{f_1 \cdot t_{ö1}}{2} \tag{8}$$

2. Phase: Füllquerschnitt bleibt konstant

Für $t = t_2$ wird $\sqrt{H_t} = \sqrt{H_2}$ und $\sqrt{H_0} = \sqrt{H_1}$

$$\sqrt{H_2} = \sqrt{H_1} - \frac{\mu_m \cdot \sqrt{2g}}{2F} f_1 \cdot t_2 \tag{9}$$

3. Phase: Füllquerschnitt nimmt zu

Für $t = t_{ö3}$ wird $\sqrt{H_t} = \sqrt{H_3}$ und $\sqrt{H_0} = \sqrt{H_2}$

$$\sqrt{H_3} = \sqrt{H_2} - \frac{\mu_m \cdot \sqrt{2g}}{2F} \left(f_1 \cdot t_{ö3} + \frac{f_3 \cdot t_{ö3}}{2}\right) \tag{10}$$

4. Phase: Füllquerschnitt bleibt konstant

Für $t = t_4$ wird $\sqrt{H_t} = 0$ und $\sqrt{H_0} = \sqrt{H_3}$

$$\sqrt{H_3} = \frac{\mu_m \cdot \sqrt{2g}}{2F} f_{ges} \cdot t_4 \qquad f_4 = f_{ges} \tag{11}$$

Mit $T = t_{ö1} + t_2 + t_{ö3} + t_4$ oder

$$t_4 = T - t_{ö1} - t_2 - t_{ö3}$$

ergibt sich durch Substitution von t_4 in Gl. (11) und fortlaufendes Einsetzen der $\sqrt{H}$-Werte von Gl. (11) in Gl. (10) usw. bis Gl. (8)

$$\sqrt{H_0} = \frac{\mu_m \cdot \sqrt{2g}}{2F} \left(\frac{f_1 \cdot t_{ö1}}{2} + f_1 \cdot t_2 + f_1 \cdot t_{ö3} + \frac{f_3 \cdot t_{ö3}}{2} + f_{ges} \cdot T - f_{ges} \cdot t_{ö1} - f_{ges} \cdot t_{ö3} - f_{ges} \cdot t_2 \right) \tag{12}$$

oder

$$T = \frac{2F \cdot \sqrt{H_0}}{\mu_m \cdot \sqrt{2g} \cdot f_{ges}} + \frac{1}{2f_{ges}} (t_{ö1}(2f_{ges} - f_1) + t_2(2f_{ges} - 2f_1) + t_{ö3}(2f_{ges} - 2f_1 - f_3)) \tag{13}$$

$$\mu_m = \frac{2F \cdot \sqrt{H_0}}{\sqrt{2g} \cdot f_{ges} \left(T - \frac{1}{2f_{ges}} (t_{ö1}(2f_{ges} - f_1) + t_2(2f_{ges} - 2f_1) + t_{ö3}(2f_{ges} - 2f_1 - f_3)) \right)} \tag{14}$$

mit $f_1 + f_3 = f_{ges} \rightarrow f_3 = f_{ges} - f_1$

wird $t_{ö3}(2f_{ges} - 2f_1 - f_3) = t_{ö3}(f_{ges} - f_1)$

also

$$\mu_m = \frac{2F \cdot \sqrt{H_0}}{\sqrt{2g} \cdot f_{ges} \left(T - \frac{1}{2f_{ges}} (t_{ö1}(2f_{ges} - f_1) + t_2(2f_{ges} - 2f_1) + t_{ö3}(f_{ges} - f_1)) \right)} \tag{15}$$

2.3 Der beschleunigte Schützhub

Möchte man bei einer begrenzten Füllwassermenge Q (m³/s) noch kleinere Füllzeiten als beim unterbrochenen Schützhub erzielen, so wird man die Verschlußorgane wie folgt fahren.

Zunächst werden die Verschlüsse möglichst schnell hochgefahren, bis Q_{max} erreicht ist. Dann wird mit einer kleineren sich stetig vergrößernden Schützhubgeschwindigkeit so hochgefahren, daß bis zur völligen Schützquerschnittsfreigabe Q_{max} erhalten bleibt. Diese Phase wird als beschleunigter Schützhub bezeichnet. In der darauffolgenden und letzten Phase erfolgt die Ausspiegelung bei geöffnetem Schütz. Gliedert man die Phase des beschleunigten Schützhubs in einzelne Teilphasen mit linearem Schützhub, so daß $Q_{max} \approx$ konstant gilt, kann auch hier die Füllzeit und damit der μ_m-Beiwert geschlossen dargestellt werden. Es ergibt sich damit der Schützfahrplan in allgemeiner Form nach Abb. 4.

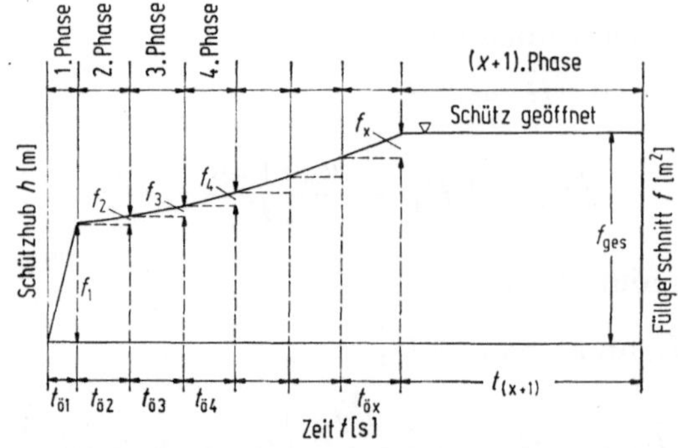

Abb. 4. Schützfahrplan für beschleunigten Schützhub.

Nach Abb. 4 ergeben sich folgende Gleichungen für die Druckhöhen am Ende der einzelnen Phasen nach Gl. (3).

1. Phase: Füllquerschnitt nimmt zu

Für $t = t_{\delta 1}$ wird $\sqrt{H_t} = \sqrt{H_1}$ und

$$\sqrt{H_1} = \sqrt{H_0} - \frac{\mu_m \cdot \sqrt{2g}}{2F} \frac{f_1 \cdot t_{\delta 1}}{2} \tag{16}$$

2. Phase: Füllquerschnitt nimmt zu

Für $t = t_{\delta 2}$ wird $\sqrt{H_t} = \sqrt{H_2}$ und $\sqrt{H_0} = \sqrt{H_1}$

$$\sqrt{H_2} = \sqrt{H_1} - \frac{\mu_m \cdot \sqrt{2g}}{2F} \left(f_1 \cdot t_{\delta 2} + \frac{f_2 \cdot t_{\delta 2}}{2}\right) \tag{17}$$

3. Phase: Füllquerschnitt nimmt zu

Für $t = t_{\delta 3}$ wird $\sqrt{H_t} = \sqrt{H_3}$ und $\sqrt{H_0} = \sqrt{H_2}$

$$\sqrt{H_3} = \sqrt{H_2} - \frac{\mu_m \cdot \sqrt{2g}}{2F} \left((f_1 + f_2) \cdot t_{\delta 3} + \frac{f_3 \cdot t_{\delta 3}}{2}\right) \tag{18}$$

x. Phase: Füllquerschnitt nimmt zu

Für $t = t_{\delta x}$ wird $\sqrt{H_t} = \sqrt{H_x}$ und $\sqrt{H_0} = \sqrt{H_{(x-1)}}$

$$\sqrt{H_x} = \sqrt{H_{(x-1)}} - \frac{\mu_m \cdot \sqrt{2g}}{2F} \left((f_1 + f_2 + f_3 + \ldots f_{(x-1)})\, t_{\delta x} + \frac{f_x \cdot t_{\delta x}}{2}\right) \tag{19}$$

(x + 1). Phase: Füllquerschnitt ist konstant

Für $t = t_{(x+1)}$ und $\sqrt{H_t} = 0$ und $\sqrt{H_0} = \sqrt{H_x}$

$$\sqrt{H_x} = \frac{\mu_m \cdot \sqrt{2g}}{2F} f_{ges} \cdot t_{(x+1)} \qquad f_{ges} = f_{(x-1)} \tag{20}$$

Mit $T = t_{\delta 1} + t_{\delta 2} + t_{\delta 3} + \ldots + t_{\delta x} + t_{(x+1)}$ oder

$$t_{(x+1)} = T - t_{\delta 1} - t_{\delta 2} - t_{\delta 3} \ldots - t_{\delta x}$$

ergibt sich durch Substitution von $t_{(x+1)}$ in Gl. (20) und fortlaufendes Einsetzen der $\sqrt{H}$-Werte von Gl. (20) in Gl. (19) usw. bis Gl. (16)

$$\sqrt{H_0} = \frac{\mu_m \cdot \sqrt{2g}}{2F} \left(\frac{f_1 \cdot t_{\delta 1}}{2} + f_1 \cdot t_{\delta 2} + \frac{f_2 \cdot t_{\delta 2}}{2} + (f_1 + f_2) \cdot t_{\delta 3} + \frac{f_3 \cdot t_{\delta 3}}{2} + \ldots + \right.$$
$$\left. + (f_1 + f_2 + f_3 + \ldots + f_{(x+1)})\, t_{\delta x} + \frac{f_x \cdot t_{\delta x}}{2} + f_{ges} (T - t_{\delta 1} + t_{\delta 2} - t_{\delta 3} - \ldots - t_{\delta x})\right) \tag{21}$$

oder mit $f_x = f_{ges} - f_1 - f_2 - f_3 \ldots - f_{(x-1)}$

$$T = \frac{2 \cdot F \cdot \sqrt{H_0}}{\mu_m \cdot \sqrt{2g} \cdot f_{ges}} + \frac{1}{2 f_{ges}} \Big(t_{\delta 1} (2 f_{ges} - f_1) + t_{\delta 2} (2 f_{ges} - 2 f_1 - f_2) +$$
$$+ t_{\delta 3} (2 f_{ges} - 2 (f_1 + f_2) - f_3) + \ldots + t_{\delta x} (f_{ges} - \sum_{i=1}^{i=x} f_i)\Big) \tag{22}$$

$$\mu_m = \frac{2F \cdot \sqrt{H_0}}{\sqrt{2g} \cdot f_{ges} \left(T - \frac{1}{2 f_{ges}} \Big(t_{\delta 1} (2 f_{ges} - f_1) + t_{\delta 2} (2 f_{ges} - 2 f_1 - f_2) + t_{\delta 3} (2 f_{ges} - 2 (f_1 + f_2) - f_3) + \ldots + t_{\delta x} \left(f_{ges} - \sum_{i=1}^{i=x} f_i\right)\Big)\right)} \tag{23}$$

Die Gln. (22) und (23) können für jede beliebige schrittweise Bedienung der Verschlüsse benutzt werden. Voraussetzung ist, daß in den einzelnen Zeitschritten die Schützhubgeschwindigkeit linear ist. Mit einem geschätzten μ_m-Beiwert kann die Füllzeit T nach Gl. (22) ermittelt werden, oder bei bekannter Füllzeit T und bekannten Zeitschritten t der μ_m-Beiwert nach Gl. (23) berechnet werden.

3. Der zeitabhängige μ_t-Beiwert bei tiefliegendem Drempel

Geht man davon aus, daß die Hubkurve des Kammerwasserspiegels an einem wasserbaulichen Versuchsmodell aufgenommen werden kann, so ist es nach Gl. (3) möglich, den μ_t-Beiwert in Abhängigkeit der Zeit t punktweise zu ermitteln nach

$$\mu_t = \frac{2F}{\sqrt{2g}} \frac{(\sqrt{H_0} - \sqrt{H_t})}{\left(f_0 \cdot t + \frac{ct^2}{2}\right)} \tag{24}$$

Auf der rechten Seite der Gl. (24) sind alle Größen bis auf H_t bekannt, H_t kann aus der Hubkurve abgelesen werden. Gl. (24) muß auf die einzelnen Füllphasen abgestimmt werden. Dabei wird zwischen veränderlichem Füllquerschnitt und konstantem Füllquerschnitt unterschieden. $\sqrt{H_0}$ muß in der nächsten Phase durch $\sqrt{H_1}$ usw. ersetzt werden.

4. Drei ausgewählte verschiedene Füllsysteme werden als Beispiele betrachtet

Dabei werden folgende Einzelheiten näher untersucht

— Ermittlung der μ_m-Beiwerte nach den Gln. (7); (15) oder (23)
— Ermittlung der μ_t-Beiwerte nach Gl. (24)
— Vergleich der μ_m-Beiwerte und der μ_{gem}-Beiwerte nach

$$\mu_{gem} = \frac{\Sigma \mu_t \, \Delta t}{T}$$

— Vergleich der Füllwassermengenkurven aus μ_m-Beiwerten und μ_t-Beiwerten.

Es wurden Beispiele gewählt für die Hubkurven aus Modellversuchen vorliegen.

4.1 Füllung durch das Tor

Das hierfür ausgewählte Füllsystem ist ein aus Versuchen hervorgegangenes System der geplanten Einzelschleuse Geisling an der Donau (kommt nicht zur Ausführung).

Kennwerte der Schleuse:

H_0 = 7,30 m Hubhöhe
F = 6050 m² Kammerfläche
B = 24 m Kammerbreite = Breite der Füllöffnung
L = 230 m Kammernutzlänge

Das Füllsystem ist in Abb. 5 dargestellt.

Die Füllung erfolgt durch Anheben des unteren Teiles des zweiteiligen Hubsenktores. Für zwei Torhubhöhen $h = 0{,}5$ m und 1,0 m werden für Torhubgeschwindigkeiten $c_T = 1{,}5625$; 3,125 und 6,25 mm/s die rechnerischen μ_m-Beiwerte, die zeitabhängigen μ_t-Beiwerte und die sich daraus ergebenden gemittelten μ_{gem}-Beiwerte nach $\mu_{gem} = \frac{\Sigma \mu_t \cdot \Delta t}{T}$ ermittelt. Es wurden hierfür im Versuch die Füllzeiten T gemessen und die Torfahrpläne und die dazugehörigen Hubkurven aufgeschrieben. Die Meßsonde zur Aufnahme der Hubkurven war in Kammermitte angeordnet.

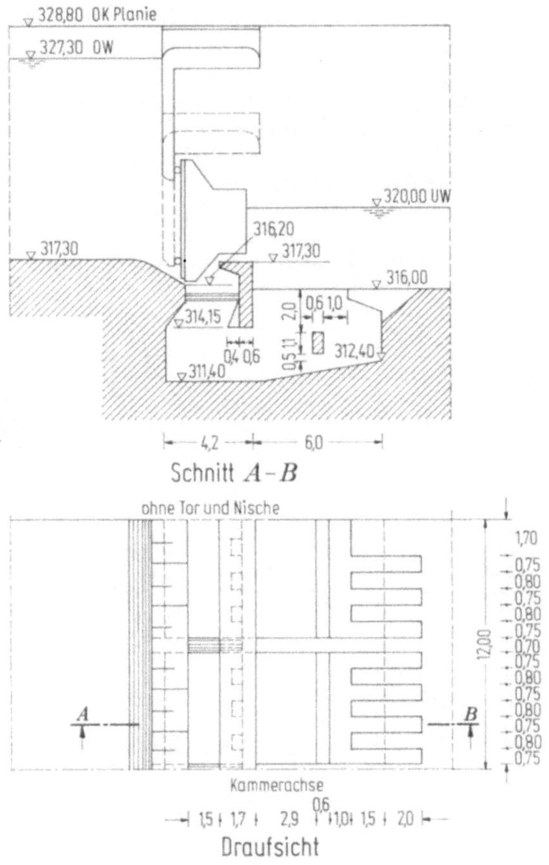

Abb. 5. Füllsystem für ein zweiteiliges Hubsenktor.

4.1.1 Die rechnerischen mittleren μ_m-Beiwerte

Die Torhubgeschwindigkeiten sind konstant, der Hub wird nicht unterbrochen. Die μ_m-Beiwerte werden nach Gl. (7) ermittelt und sind in Tabelle 1 zusammengestellt.

Tabelle 1. μ_m-*Beiwerte nach Gl. (7)*

h (m)	c_T(mm/s) c(m²/s)	T (s)	t_δ (s)	f_{ges} (m²)	μ_m (l)
1,0	1,5625 0,0375	860	640	24	0,572
1,0	3,125 0,075	720	320	24	0,549
1,0	6,25 0,15	660	160	24	0,53
0,5	1,5625 0,0375	1240	320	12	0,57
0,5	3,125 0,075	1160	160	12	0,57
0,5	6,25 0,15	1120	80	12	0,57

4.1.2 Die zeitabhängigen μ_t-Beiwerte und deren Mittelwerte nach $\mu_{gem} = \frac{\Sigma \mu_t \cdot \Delta t}{T}$

Nach Gl. (24) werden aus den in den Abb. 6 und 7 aufgezeichneten Hubkurven (Übertragungen von den Originalschrieben) punktweise in Intervallen $\Delta t = 20$ (s) die μ_t-Werte ermittelt. Die μ_t-Verteilungen sind den entsprechenden Hubkurven zugeordnet und sind in Abb. 6 für den Torhub $h = 1{,}0$ m und in Abb. 7 für den Torhub $h = 0{,}5$ m eingezeichnet. Vergleicht man nun die rechnerischen mittleren μ_m-Beiwerte nach Gl. (7) aus Tabelle 1 mit den gemittelten μ_{gem}-Beiwerten nach $\mu_{gem} = \frac{\Sigma \mu_t \cdot \Delta t}{T}$ aus den Abb. 6 und 7, so ergeben sich folgende Abweichungen nach Tabelle 2.

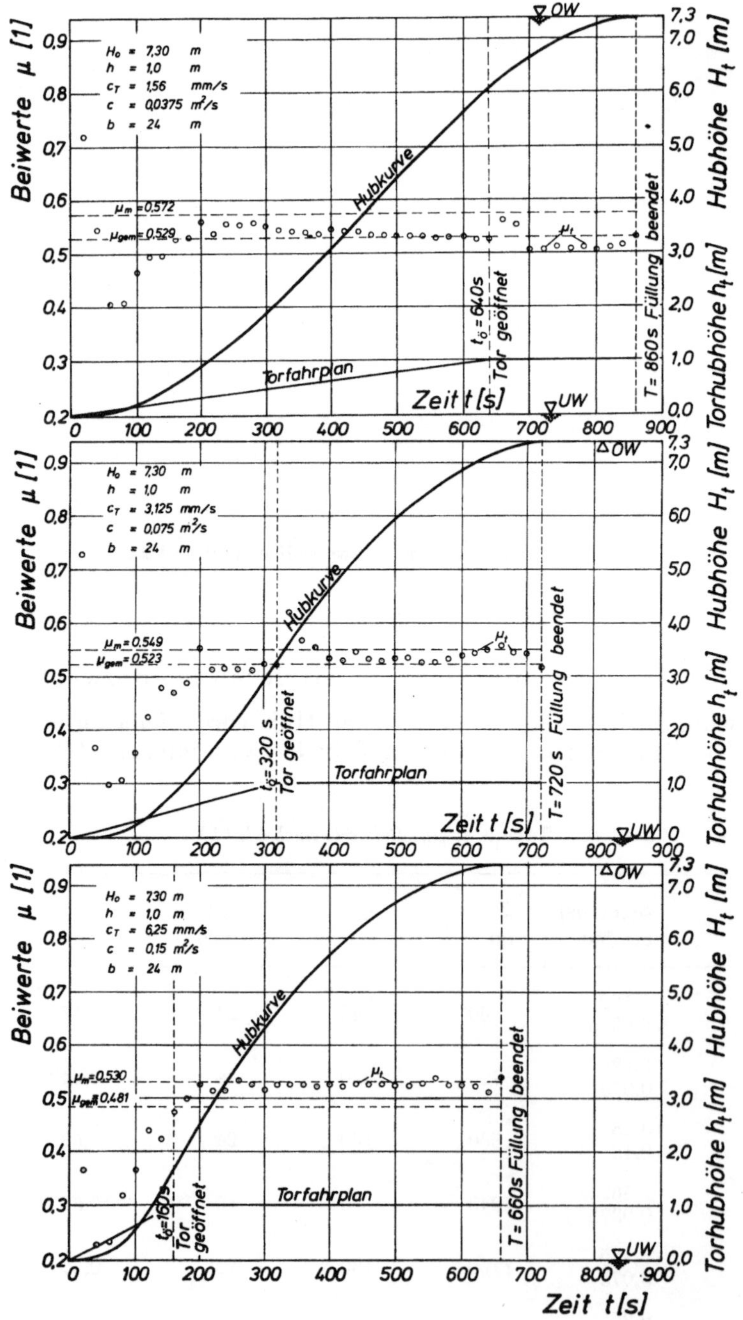

Abb. 6. Torfüllung: Torhub $h = 1{,}0$ m; Hubkurven aus Modellversuch, μ_m nach Gl. (7), μ_t nach Gl. (24) $\mu_{gem} = \frac{\Sigma \mu_t \cdot \Delta t}{T}$.

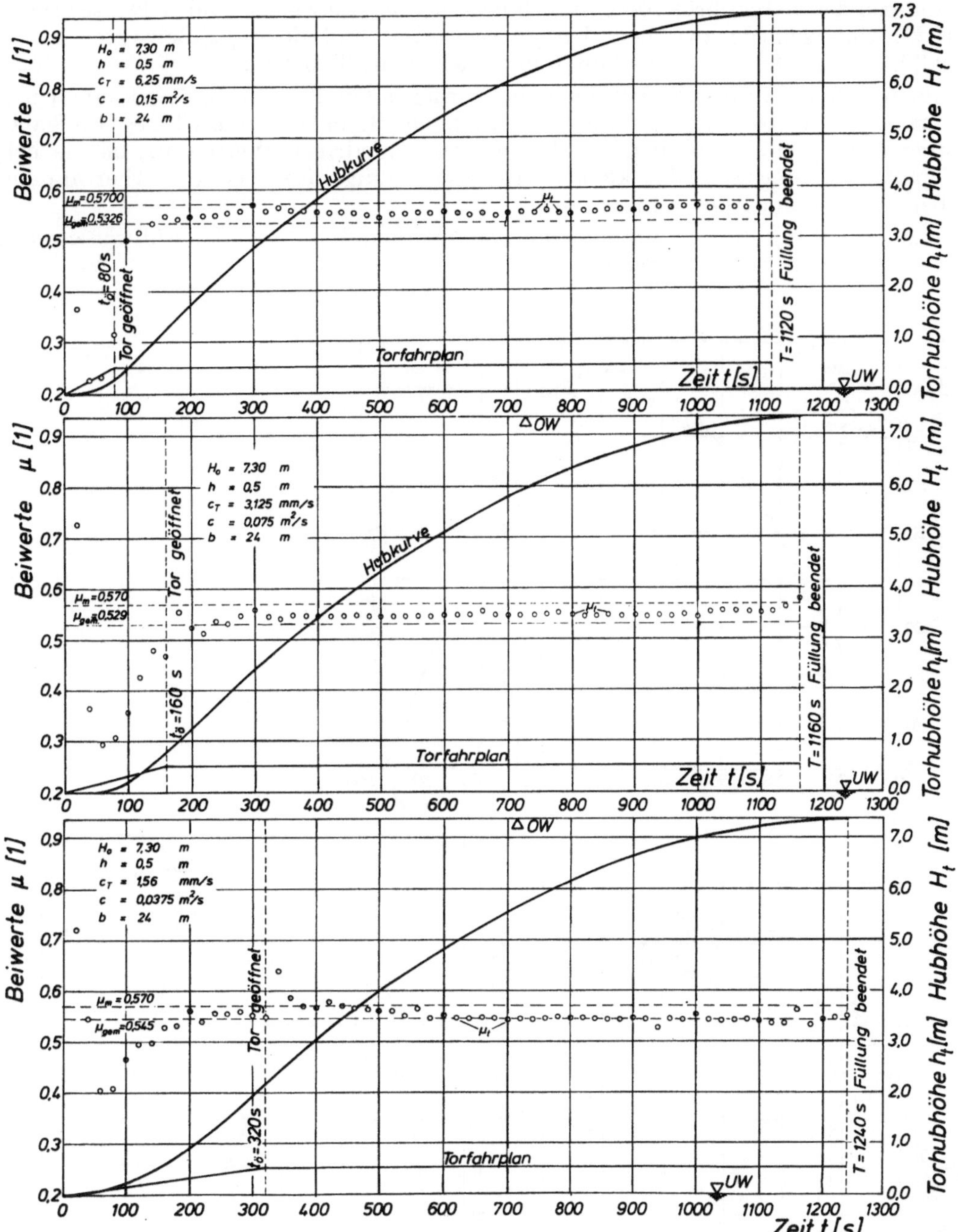

Abb. 7. Torfüllung, Torhub $h = 0{,}5$ m, vergl. Abb. 6.

Tabelle 2. *Vergleich der* μ_m- *und* μ_{gem}-*Beiwerte*

h (m)	c_T (mm/s)	μ_m (l)	μ_{gem} (l)	$((\mu_m - \mu_{gem})/\mu_m) \cdot 100$ (%)
1,0	1,5625	0,572	0,529	−7,5
1,0	3,125	0,549	0,523	−4,7
1,0	6,25	0,53	0,481	−9,3
0,5	1,5625	0,57	0,545	−4,4
0,5	3,125	0,57	0,529	−7,2
0,5	6,25	0,57	0,5326	−6,5

Die Abweichungen der μ_t-Beiwerte von den rechnerischen μ_m-Beiwerten sind teilweise erheblich, jedoch liegen die Unterschiede zwischen den μ_m-Beiwerten und den μ_{gem}-Beiwerten zwischen $-4{,}4$ und $-9{,}3\%$, vergleiche hierzu die Abb. 6 und 7 sowie die Tabelle 2.

Aus den Abb. 6 und 7 ist für die Torfüllung im vorliegenden Fall (Abb. 5) wie auch im allgemeinen ein typischer Verlauf der μ_t-Beiwerte zu erkennen. Beim Öffnen des Tores (Freigabe des Füllspaltes) steigen die μ_t-Beiwerte ausgehend von relativ niedrigen Werten an, bis sie bei geöffnetem Füllspalt beziehungsweise bei kleinen Hubgeschwindigkeiten bereits vorher annähernd konstant bleiben bis ans Ende des Füllvorganges.

Die eigentliche Bedeutung dieser Untersuchung kommt dem Vergleich der Füllwassermengenkurven und der maximalen Füllwassermengen Q_{max} zu.

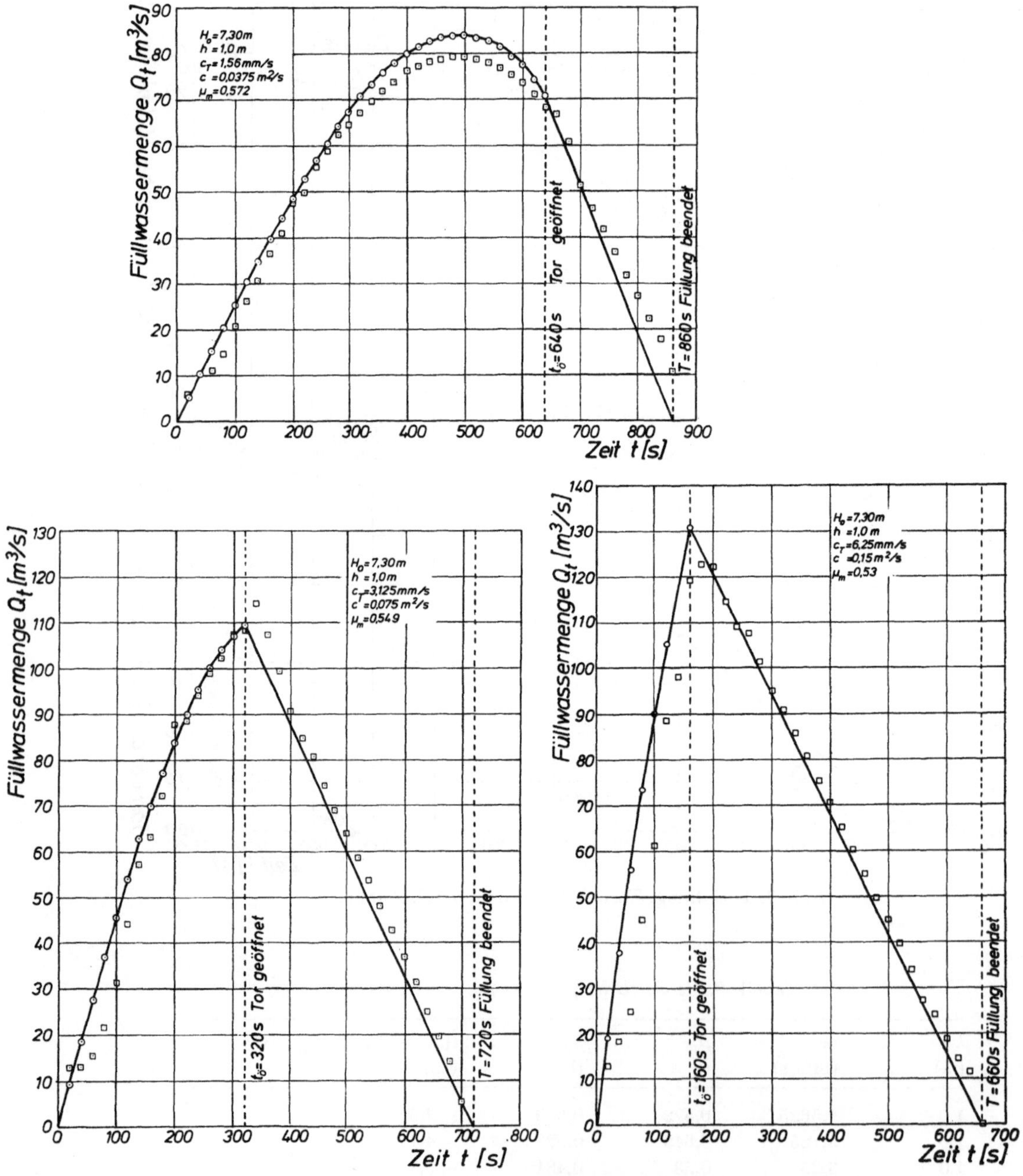

Abb. 8. Torfüllung, Torhub $h = 1{,}0$ m. Füllwassermengenkurven nach Gl. (1).

○—○ mit $\mu_m : Q_t = \mu_m(f_0 + c\cdot t)\cdot\sqrt{2g}\cdot\sqrt{H_t}$; $\sqrt{H_t}$ aus Gl. (3)

□ □ mit $\mu_t : Q_t = \mu_t(f_0 + c\cdot t)\cdot\sqrt{2g}\cdot\sqrt{H_t}$; $\sqrt{H_t}$ und μ_t aus Abb. 6.

4.1.3 Vergleich der Füllwassermengenkurven und der maximalen Füllwassermengen Q_{max}

Es werden die Füllwassermengenkurven verglichen, die mit den μ_m-Beiwerten nach Tabelle 1 und den Gln. (3) und (1), sowie mit den μ_t-Beiwerten und den Hubkurven aus den Abb. 6 und 7 und Gl. (1) berechnet sind. Diese Füllwassermengenkurven sind in Abb. 8 für den Torhub $h = 1{,}0$ m und in Abb. 9 für den Torhub $h = 0{,}5$ m aufgezeichnet. In Tabelle 3 sind die Wasservolumina für eine Kammerfüllung auf den Sollwert $V_{Kammer} = L \cdot B \cdot H_0 = F \cdot H_0$ (m³) bezogen. Dabei zeigt sich, daß sowohl das Volumen aus der Füllwassermengenkurve nach μ_m als auch nach μ_t Abweichungen vom Sollwert zeigt. Jedoch bewegen sich die Abweichungen nur zwischen + 2,4 und − 4,9% des Sollwertes.

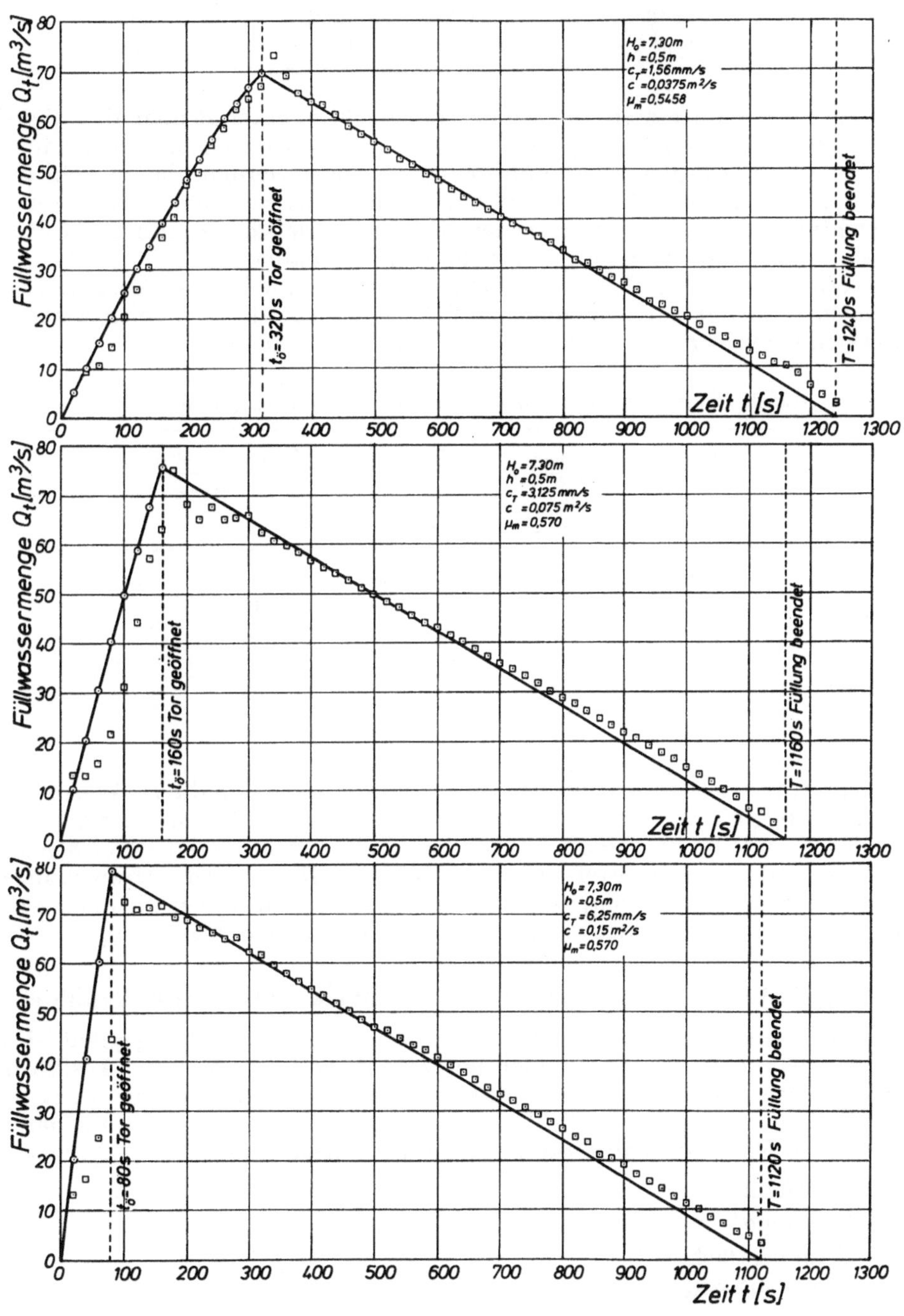

Abb. 9. Torfüllung, Torhub $h = 0{,}5$ m. Füllwassermengenkurven nach Gl. (1)

□ □ mit $\mu_m : Q_t = \mu_m(f_0 + c \cdot t)\sqrt{2g} \cdot \sqrt{H_t}$; $\sqrt{H_t}$ aus Gl. (3)

○—○ mit $\mu_t : Q_t = \mu_t(f_0 + c \cdot t)\sqrt{2g} \cdot \sqrt{H_t}$; $\sqrt{H_t}$ und μ_t aus Abb. 7.

Tabelle 3. *Vergleich der Kammerfüllungen V aus μ_m und μ_t*

h (m)	c_T (mm/s)	$V_s = F \cdot H_0$ = Sollwert = 100% (m³)	$V_{\mu_m} = \int_0^T Q_{\mu_m}\, dt$ (m³)	$V_{\mu_t} = \int_0^T Q_{\mu_t}\, dt$ (m³)	$\frac{V_s - V_{\mu_m}}{V_s} \cdot 100$ (%)	$\frac{V_s - V_{\mu_t}}{V_s} \cdot 100$ (%)
1,0	1,5625	44 165	45 220	43 800	+2,39	−0,83
1,0	3,125	44 165	42 000	42 440	−4,9	−3,91
1,0	6,25	44 165	43 800	43 200	−0,83	−2,18
0,5	1,5625	44 165	43 880	43 820	−0,65	−0,78
0,5	3,125	44 165	43 800	42 320	−0,83	−4,18
0,5	6,25	44 165	43 600	42 900	−1,28	−2,86

Vergleicht man die beiden letzten Spalten der Tabelle 3, so erkennt man, daß die Abweichungen vom Sollwert V_s für die Volumina V_{μ_m} und V_{μ_t} der Füllwassermengenkurven nach μ_m und μ_t in derselben Größenordnung liegen. Das kann dadurch erklärt werden, daß sowohl das Messen der Füllzeit T als auch das Aufschreiben der Hubkurven mit gewissen Fehlern behaftet ist. Außerdem ist zu berücksichtigen, daß das Auswerten der Meßergebnisse sehr empfindliche Rechenvorgänge erfordert, so daß auch hieraus ein gewisser Fehler unvermeidbar ist.

Die Füllwassermengenkurven der Abb. 8 und 9 gestatten auch einen Vergleich der maximalen Füllwassermengen ermittelt nach μ_m und μ_t. Tabelle 4 zeigt die Vergleichswerte und die prozentualen Abweichungen von Q_{max} nach μ_t bezogen auf Q_{max} nach μ_m.

Tabelle 4. *Vergleich der maximalen Füllwassermengen Q_{max} nach μ_m und μ_t*

h (m)	c_T (mm/s)	Q_{max} nach μ_m (m³/s)	Q_{max} nach μ_t (m³/s)	$\frac{Q_{max\,\mu_m} - Q_{max\,\mu_t}}{Q_{max\,\mu_m}} \cdot 100$ (%)
1,0	1,5625	83,81	79,11	−5,61
1,0	3,125	109,35	114,18	+4,41
1,0	6,25	131,27	122,94	−6,34
0,5	1,5625	69,73	73,88	+5,94
0,5	3,125	75,8	75,0	−1,05
0,5	6,25	78,83	72,42	−8,13

Bei der Auswertung der Hubkurven hat sich herausgestellt, daß die H_t-Werte zur Berechnung der μ_t-Beiwerte zu Beginn und am Ende der Füllung sowie im Bereich der Q_{max}-Werte äußerst schwierig abzulesen sind. Es ist daher verständlich, daß eben in diesen Bereichen Abweichungen der Füllwassermengenkurven ermittelt nach μ_m und μ_t auftreten. Die Abweichungen der maximalen Füllwassermengen Q_{max} nach μ_t von Q_{max} nach μ_m sind auf diesen Umstand zurückzuführen. Trotzdem sind diese prozentualen Abweichungen nach Tabelle 4 relativ gering.

4.2 Füllung durch Längskanäle mit horizontalen Stichkanälen

Das hier beschriebene Füllsystem wurde als eine Variante für die geplante Doppelschleuse Geisling am wasserbaulichen Versuchsmodell untersucht (kommt nicht zur Ausführung). Abb. 10 zeigt einen Schnitt durch den Längskanal und die Stichkanäle. Am Oberhaupt ist in den Längskanälen je ein Füllschütz eingebaut. Die Entnahme des Füllwassers erfolgt aus dem Oberen Vorhafen durch seitliche Entnahmebauwerke in Höhe der Vorhafensohle.

Kennwerte der Schleuse:

H_0 = 7,30 m Hubhöhe
F = 6050 m² Kammerfläche
B = 24 m Kammerbreite
L = 230 m Kammernutzlänge
b = 2,5 m Breite eines Füllschützes
f_{ges} = 18 m² Füllquerschnitt beider Füllschütze.

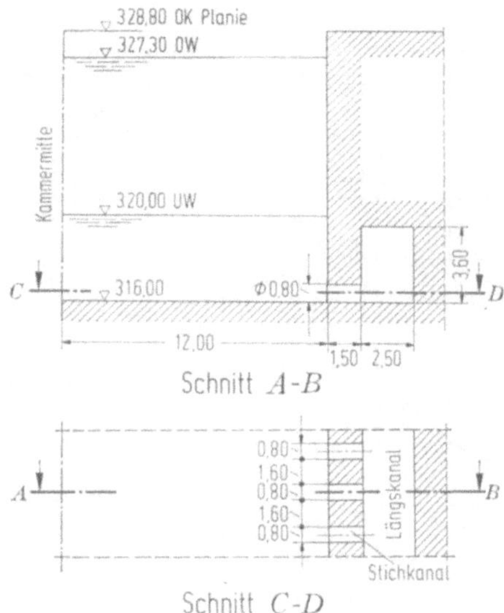

Abb. 10. Füllsystem mit Längskanälen und horizontalen Stichkanälen.

Durch Öffnen der Füllschütze gelangt das Füllwasser in die Längskanäle und wird durch die Stichkanäle auf die gesamte Kammerlänge verteilt. Für drei Schützhubgeschwindigkeiten $c = 5$; 10 und 20 mm/s werden die rechnerischen μ_m-Beiwerte, die zeitabhängigen μ_t-Beiwerte und daraus die μ_{gem}-Beiwerte ermittelt. Es wurden auch hierfür am Versuchsmodell die Füllzeiten T gemessen und die Hubkurven und Schützfahrpläne aufgeschrieben. Die Meßsonde war auch hier in Kammermitte angebracht.

4.2.1 Die rechnerischen mittleren μ_m-Beiwerte

Die Schützhubgeschwindigkeiten sind konstant, der Hub wird nicht unterbrochen. Die μ_m-Beiwerte werden nach Gl. (7) berechnet und sind in Tabelle 5 zusammengestellt.

Tabelle 5. *μ_m-Beiwerte für Füllung durch Längskanäle nach Gl. (7)*

c_s (mm/s) c (m²/s)	T (s)	t_δ (s)	f_{ges} (m²)	μ_m (1)
5 0,025	864	720	18	0,812
10 0,05	700	360	18	0,787
20 0,10	615	180	18	0,779

4.2.2 Die zeitabhängigen μ_t-Beiwerte und deren Mittelwerte nach

$$\mu_{gem} = \frac{\Sigma \mu_t \cdot \Delta t}{T}$$

Die μ_t-Beiwerte werden nach Gl. (24) und aus den Hubkurven nach Abb. 11 punktweise in Intervallen von $\Delta t = 20$ s ermittelt. Die μ_t-Verteilungen sind ebenfalls in Abb. 11 den Hubkurven zugeordnet.

Die Abweichungen der gemittelten μ_{gem}-Beiwerte nach $\mu_{gem} = \dfrac{\Sigma \mu_t \cdot \Delta t}{T}$ aus Abb. 11 von den rechnerischen μ_m-Beiwerten nach Gl. (7) sind in Tabelle 6 zusammengestellt.

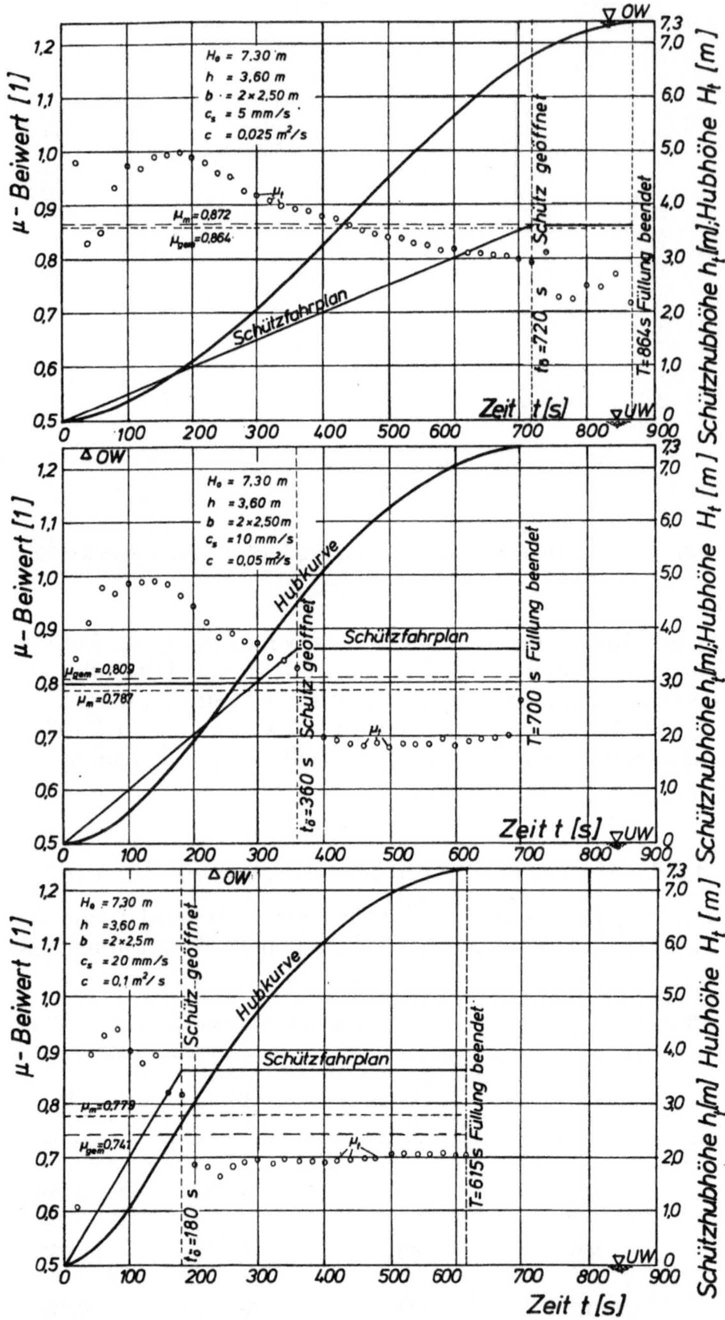

Abb. 11. Füllung durch Längskanäle, Hubkurven aus Modellversuchen, μ_m nach Gl. (7); μ_t nach Gl. (24) $\mu_{gem} = \frac{\Sigma \mu_t \cdot \Delta t}{T}$.

Tabelle 6. *Vergleich der μ_m- und μ_{gem}-Beiwerte*

c_s (mm/s)	μ_m (l)	μ_{gem} (l)	$\frac{\mu_m \cdot \mu_{gem}}{\mu_m} \cdot 100$ (%)
5	0,812	0,856	+4,74
10	0,787	0,777	−1,4
20	0,779	0,79	+1,2

Auch hier sind die Abweichungen der μ_t-Beiwerte von den rechnerischen μ_m-Beiwerten teilweise erheblich (Abb. 11), jedoch sind die Unterschiede zwischen μ_m- und μ_{gem}-Beiwerten nur bei etwa $-1{,}4$ bis $+4{,}74$ % (Tabelle 6).

Aus Abb. 11 ist auch bei der Füllung durch Längskanäle mit horizontalen Stichkanälen ein typischer Verlauf der μ_t-Beiwerte zu erkennen. Beim Öffnen der Schütze fallen die μ_t-Beiwerte ausgehend von relativ hohen Werten ab bis sie bei geöffnetem Schütz sich einem etwa konstanten Wert nähern. Bei kleinen Schützhubgeschwindigkeiten ist dieser Übergang entsprechend der Öffnungszeit der Schütze langgezogen.

4.2.3 Vergleich der Füllwassermengenkurven und der maximalen Füllwassermengen Q_{max}

Abb. 12 zeigt die Füllwassermengenkurven für die drei gewählten Schützhubgeschwindigkeiten $c_s = 5$; 10 und 20 mm/s ermittelt aus den μ_m-Beiwerten nach Tabelle 5 und den μ_t-Beiwerten

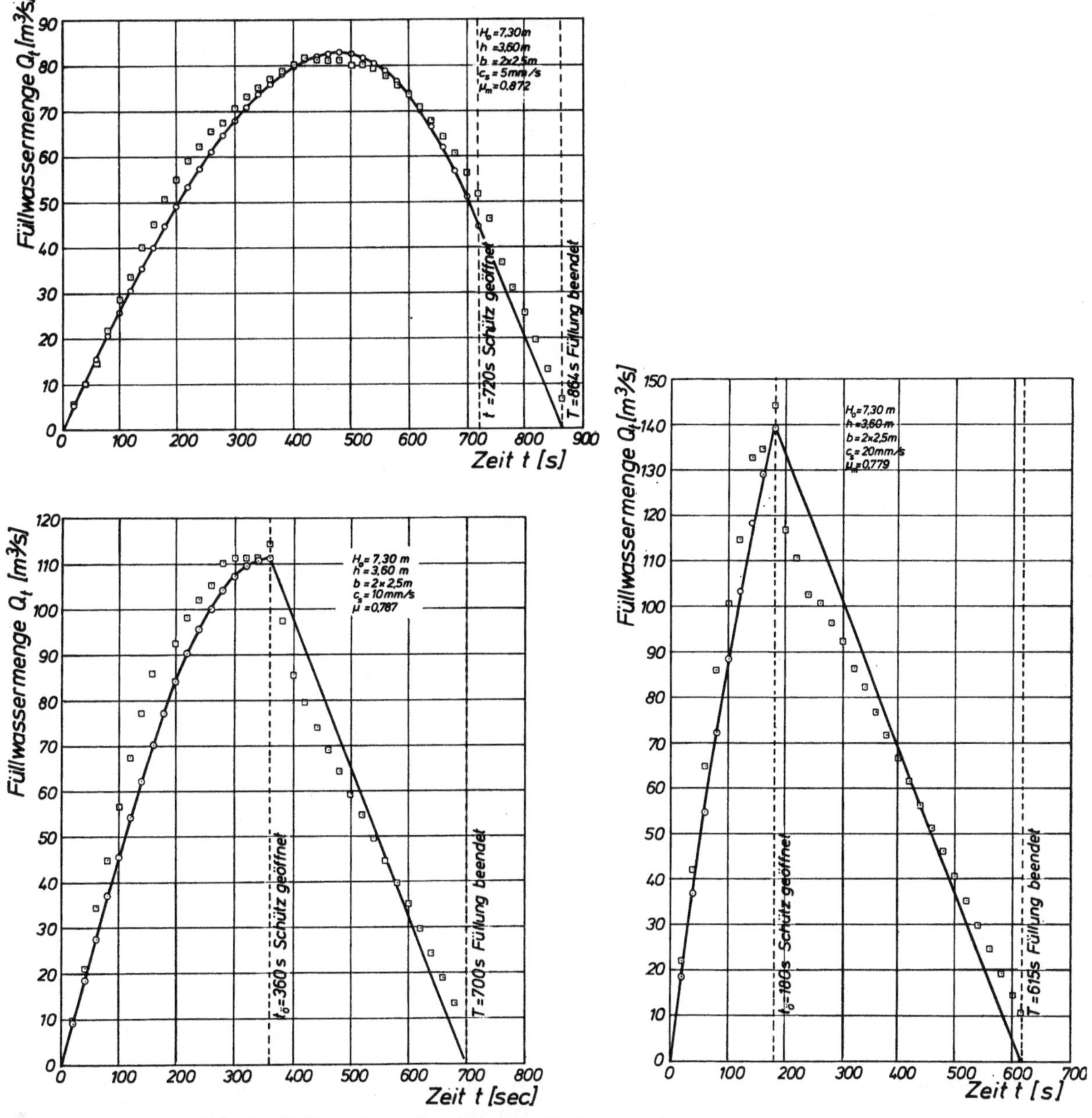

Abb. 12. Füllung durch Längskanäle. Füllwassermengenkurven nach Gl. (1).

□ □ mit μ_m : $Q_t = \mu_m(f_0 + c\cdot t)\cdot\sqrt{2g}\cdot\sqrt{H_t}$; $\sqrt{H_t}$ aus Gl. (3)

○—○ mit μ_t : $Q_t = \mu_t(f_0 + c\cdot t)\cdot\sqrt{2g}\cdot\sqrt{H_t}$; $\sqrt{H_t}$ und μ_t aus Abb. 11.

nach Abb. 11. In Tabelle 7 sind die Wasservolumina für eine Kammerfüllung auf den Sollwert $V_{Kammer} = L \cdot B \cdot H_0 = F \cdot H_0$ (m³) bezogen. Abweichungen vom Sollwert wurden für beide Füllwassermengenkurven (ermittelt mit μ_m und μ_t) festgestellt. Dabei halten sich auch hier die Abweichungen mit -1 bis $+5{,}69\%$ in annehmbaren Grenzen.

Die Füllwassermengenkurven nach Abb. 12 ermöglichen auch einen Vergleich der maximalen Füllwassermengen, die nach μ_m und μ_t ermittelt wurden. Tabelle 8 zeigt die Vergleichswerte und die prozentualen Abweichungen von Q_{max} nach μ_t bezogen auf Q_{max} nach μ_m.

Tabelle 7. *Vergleich der Kammerfüllung V aus μ_m und μ_t*

c_s	$V_s = F \cdot H_0$ = Sollwert = 100%	$V_{\mu_m} = \int_0^T Q_{\mu_m} \cdot dt$	$V_{\mu_t} = \int_0^T Q_{\mu_t} \cdot dt$	$\frac{V_s - V_{\mu_m}}{V_s} \cdot 100$	$\frac{V_s - V_{\mu_t}}{V_s} \cdot 100$
(mm/s)	(m³)	(m³)	(m³)	(%)	(%)
5	44 165	44 720	46 680	+1,26	+5,69
10	44 165	43 700	45 300	−1,05	+2,57
20	44 165	43 600	44 500	−1,28	+0,7

Tabelle 8. *Vergleich der maximalen Füllwassermengen Q_{max} nach μ_m und μ_t*

c_s	Q_{max} nach μ_m	Q_{max} nach μ_t	$\frac{Q_{max\,\mu_m} - Q_{max\,\mu_t}}{Q_{max\,\mu_m}} \cdot 100$
(mm/s)	(m³/s)	(m³/s)	(%)
5	82,82	81,36	−1,75
10	110,97	114,95	+3,59
20	139,11	144,1	+3,58

Die prozentualen Abweichungen der Füllwassermengen Q_{max} nach μ_t von Q_{max} nach μ_m sind mit $-1{,}75$ bis $+3{,}6\%$ in den Grenzen der Meß- und Rechengenauigkeit.

4.3 Füllung durch Grundlaufsystem mit vertikalen Stichkanälen

Das untersuchte Grundlaufsystem ist das für die geplante Sparschleuse Leerstetten verbesserte Füllsystem der Sparschleusen des Main-Donau-Verbindungskanals.

Kennwerte der Sparschleuse mit 3 Sparbecken:

$H_0 =$ 25 m Gesamthubhöhe
$F =$ 2400 m² Kammerfläche
$B =$ 12 m Kammerbreite
$L =$ 200 m Kammerlänge
$b =$ 2 m Breite eines Füllschützes
$f_{ges} =$ 13 m² Füllquerschnitt beider Füllschütze

Die betrachteten Füllungen oder Teilfüllungen erfolgen aus dem OW über Einlauftrompeten, Längskanäle und Fallschächte in das Grundlaufsystem nach Abb. 13. Das Grundlaufsystem ist in Einzelheiten in Abb. 14 dargestellt.

Die Ermittlung der μ_m-, μ_t- und μ_{gem}-Beiwerte erfolgt auch hier über gemessene Füllzeiten T und den entsprechenden Schützfahrplänen und Hubkurven. Die Meßsonde für die Hubkurve war hier am Oberhaupt angebracht.

Bei allen Füllungen aus dem OH wird die maximale Entnahmewassermenge $Q_{max} = 70$ m³/s nicht oder nur unwesentlich überschritten. Für die vier hier untersuchten Betriebsfälle sind in

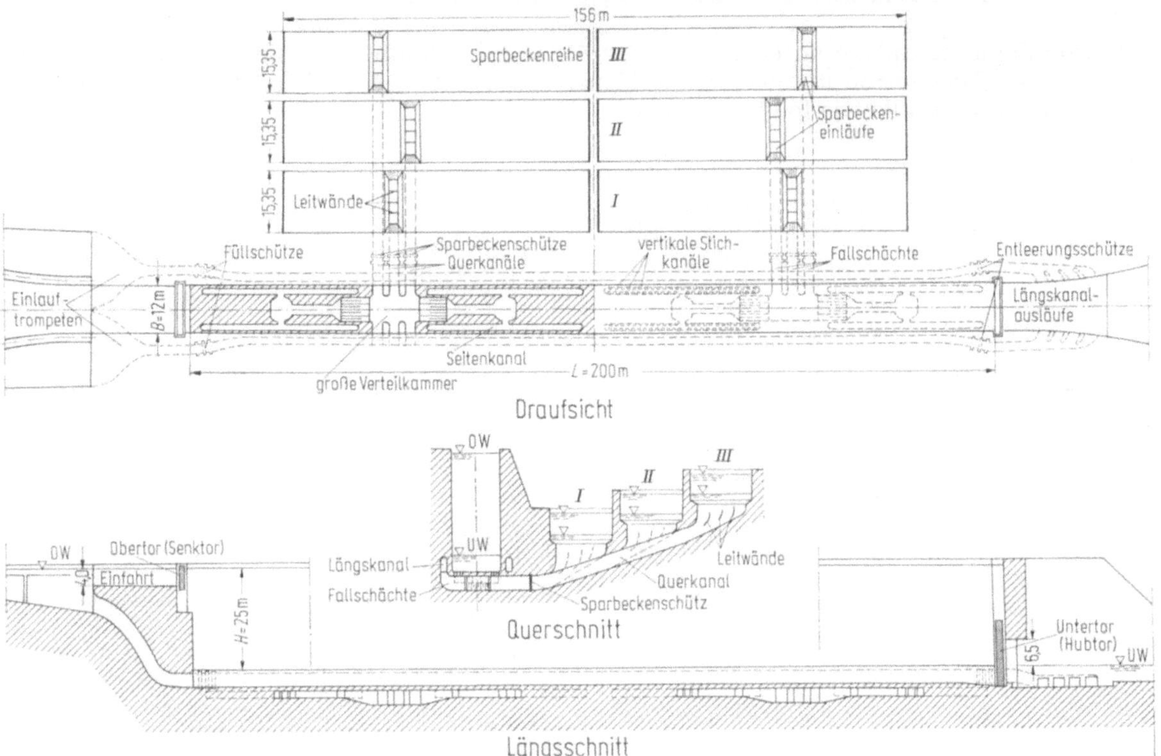

Abb. 13. Sparschleuse Leerstetten des Main-Donau-Verbindungs-Kanals. Draufsicht und Schnitte.

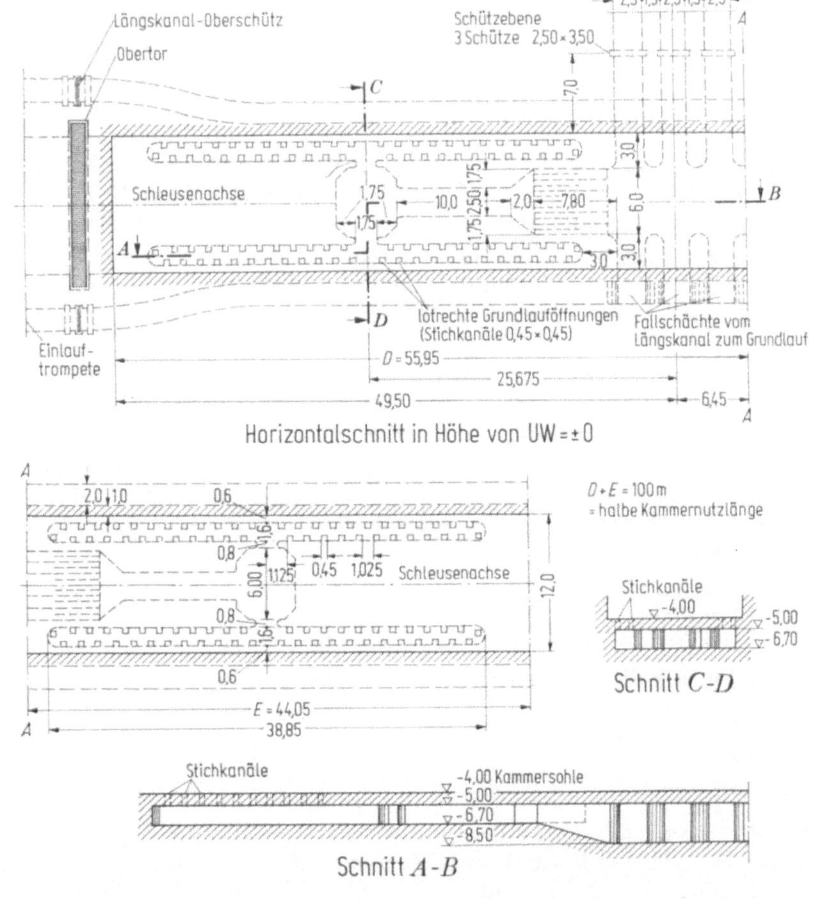

Abb. 14. Sparschleuse Leerstetten. Einzelheiten des Grundlaufsystems.

Abb. 15, die Schützfahrpläne unter Angabe der Anfangsdruckhöhe H_0 aufgezeichnet. Da es sich bei der Schleuse Leerstetten um eine Sparschleuse mit 3 Sparbecken handelt, kommen die vier ausgewählten Betriebsfälle wie folgt zustande:

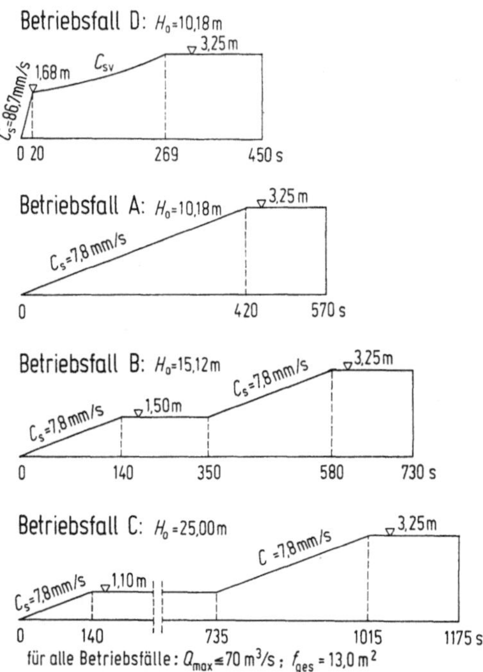

Abb. 15. Schützfahrpläne der 4 untersuchten Betriebsfälle der Schleuse Leerstetten für Teil- oder Gesamtfüllungen aus dem OW.

Betriebsfall A: Restfüllung aus dem OW, wenn die Vorfüllung durch die 3 Sparbecken erfolgt ist. Die Anfangsdruckhöhe für die Restfüllung beträgt $H_0 = 10{,}18$ m. Die Schützhubgeschwindigkeit ist mit $c_s = 7{,}8$ mm/s konstant und wird nicht unterbrochen.

Betriebsfall B: Restfüllung aus dem OW, wenn die Vorfüllung nur durch die 2 unteren Sparbecken erfolgt ist. Die Anfangsdruckhöhe für die Restfüllung beträgt dann $H_0 = 15{,}12$ m. Die Schützhubgeschwindigkeit ist mit $c_s = 7{,}8$ mm/s konstant, jedoch wird der Schützhub unterbrochen.

Betriebsfall C: Die gesamte Füllung erfolgt aus dem OW, alle Sparbecken fallen aus. Die Anfangsdruckhöhe für die Füllung beträgt $H_0 = 25$ m. Die Schützhubgeschwindigkeit ist mit $c_s = 7{,}8$ mm/s konstant, jedoch wird auch hier der Schützhub unterbrochen.

Betriebsfall D: Restfüllung aus dem OW, wenn die Vorfüllung durch die 3 Sparbecken erfolgt ist. Der Schützhub ist so gesteuert, daß $Q_{\max} = 70$ m³/s möglichst schnell erreicht ist und so lange wie möglich in die Kammer fließt. Damit kann gegenüber Betriebsfall A die Füllzeit um 2 min verkürzt werden.

4.3.1 Die rechnerischen μ_m-Beiwerte

Die μ_m-Beiwerte werden für die Betriebsfälle A bis D nach folgenden Gleichungen ermittelt.

Betriebsfall A: Gl. (7)
Betriebsfall B: Gl. (15)
Betriebsfall C: Gl. (15)
Betriebsfall D: Gl. (23)

Für den Betriebsfall D wird der Bereich des beschleunigten Schützhubs in einzelne Abschnitte mit jeweils konstanter Schützhubgeschwindigkeit nach Abb. 16 aufgeteilt, wie auch im Versuch gefahren.

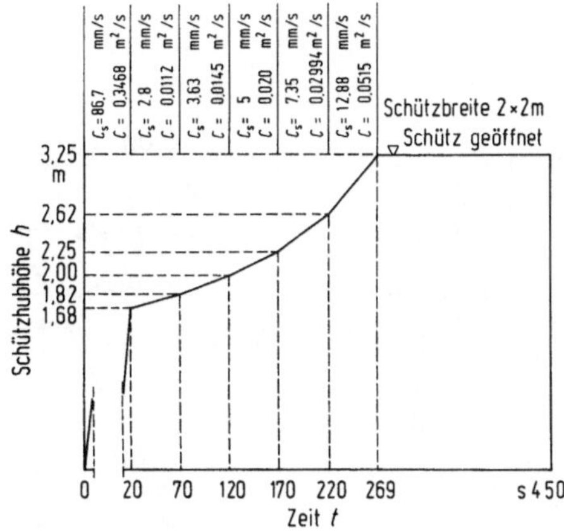

Abb. 16. Beschleunigter Schützhub durch Abschnitte konstanter Schützhubgeschwindigkeit ersetzt.

Die μ_m-Beiwerte für die Betriebsfälle A bis D sind in Tabelle 9 zusammengestellt.

Tabelle 9. *μ_m-Beiwerte für Füllung durch Grundläufe nach Gln. (7); (15); (23)*

Betriebs-fall	Anfangs-druckhöhe H_0 (m)	Füllzeit T (s)	μ_m (1)
A	10,18	570	0,755
B	15,12	730	0,745
C	25,0	1175	0,742
D	10,18	450	0,745

4.3.2 Die zeitabhängigen μ_t-Beiwerte und deren Mittelwerte nach

$$\mu_{gem} = \frac{\Sigma \mu_t \cdot \Delta t}{T}$$

Aus den Hubkurven nach den Abb. 17 und 18 und Gl. (24) wurden die μ_t-Beiwerte ermittelt und sind in diesen Bildern für Intervalle von $\Delta t = 20$ s eingezeichnet.

Tabelle 10 zeigt den Vergleich der μ_m-Beiwerte mit den μ_{gem}-Beiwerten, vergleiche auch die Abb. 17 und 18.

Tabelle 10. *Vergleich der μ_m und μ_{gem}-Beiwerte*

Betriebs-fall	μ_m (1)	μ_{gem} (1)	$\frac{\mu_m - \mu_{gem}}{\mu_m} \cdot 100$ (%)
A	0,755	0,744	−1,46
B	0,745	0,724	−2,8
C	0,742	0,722	−2,7
D	0,745	0,716	−3,9

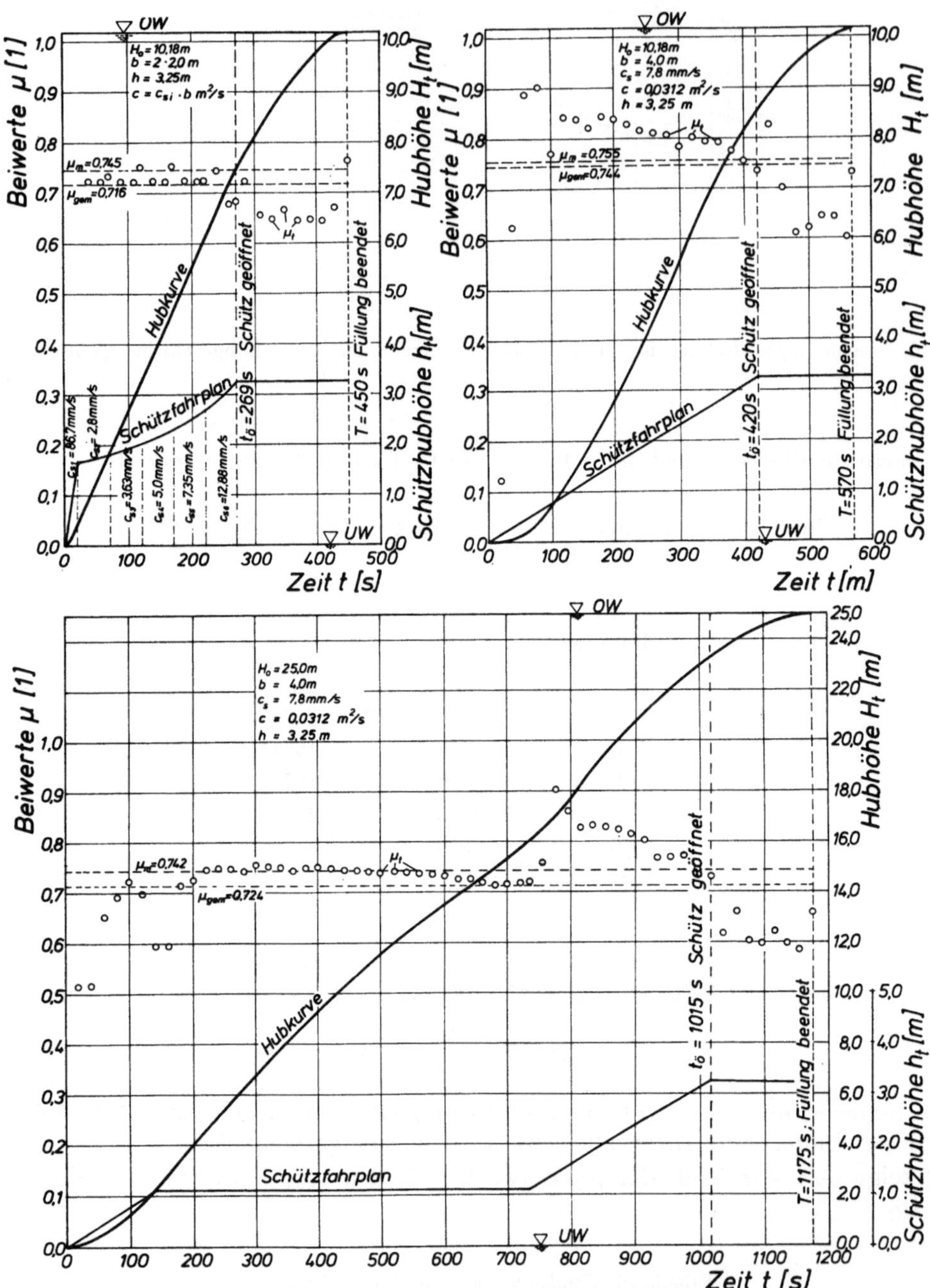

Abb. 17. Füllung durch Grundlaufsystem, Schleuse Leerstetten, Hubkurven aus Modellversuchen, μ_m nach Gl. (7); (15) und (23); μ_t nach Gl. (24); $\mu_{gem} = \frac{\Sigma \mu_t \cdot \Delta t}{T}$.

Sieht man von einigen wenigen μ_t-Beiwerten mit großen Abweichungen vom μ_m-Beiwert auf den Abb. 17 und 18 ab, so gruppieren sich die μ_t-Beiwerte wesentlich besser um die μ_m-Beiwerte als bei der Füllung mit Längskanälen. Dies zeigt sich auch in den geringen Abweichungen der μ_{gem}-Beiwerte von den μ_m-Beiwerten nach Tabelle 10 mit —1,5 bis —4%. Auch hier kann aus Abb. 17 deutlich der annähernd gleichbleibende μ_t-Beiwert für Schütz in Ruhestellung (hier Hubunterbrechung) erkannt werden.

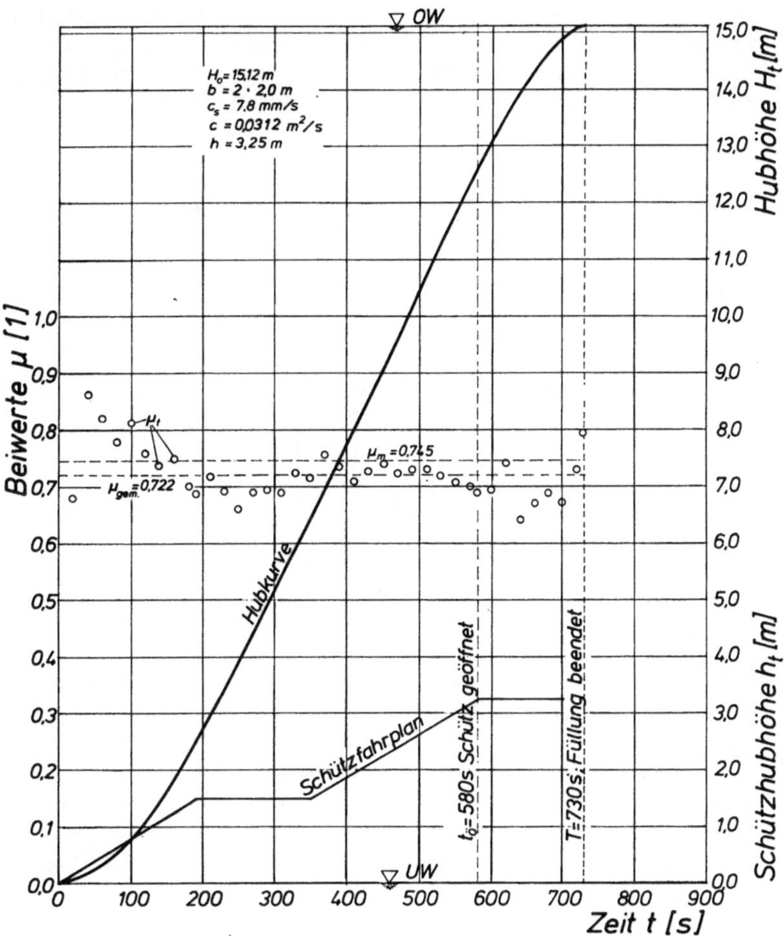

Abb. 18. Füllung durch Grundlaufsystem, Schleuse Leerstetten, μ_m aus Gl. (15) sonst wie Abb. 17.

4.3.3 Vergleich der Füllwassermengenkurven und der maximalen Füllwassermengen Q_{max}

Die Füllwassermengenkurven für die vier gewählten Betriebsfälle A; B; C und D sind nach μ_m und μ_t in Abb. 19 aufgezeichnet. In Tabelle 11 sind die Wasservolumina für die Teil- oder Gesamtfüllungen der Kammer auf die jeweiligen Sollwerte $V_{Kammer} = L \cdot B \cdot H_0 = F \cdot H_0$ (m³) bezogen. Abweichungen vom Sollwert wurden für beide Füllwassermengenkurven nach μ_m und μ_t festgestellt. Die Abweichungen bewegen sich zwischen -3 und $+5{,}7\%$.

Tabelle 11. *Vergleich der Kammerfüllungen V aus μ_m und μ_t*

Betriebsfall	$V_s = F \cdot H_0$ = Sollwert = 100% (m³)	$V_{\mu_m} = \int_0^T Q_{\mu_m} \cdot dt$ (m³)	$V_{\mu_t} = \int_0^T Q_{\mu_t} \cdot dt$ (m³)	$\frac{V_s - V_{\mu_m}}{V_s} \cdot 100$ (%)	$\frac{V_s - V_{\mu_t}}{V_s} \cdot 100$ (%)
A	24 436	24 400	25 172	−0,16	+5,73
B	36 288	35 200	37 680	−2,98	+3,85
C	60 000	58 200	60 100	−3	+0,17
D	24 436	24 472	24 440	+0,15	+0,16

Auch für die Füllung mit Grundlaufsystem geht aus Tabelle 10 hervor, daß für die 4 gewählten Betriebsfälle mit verschiedenen Hubhöhen H_0 und verschiedenen Schützfahrplänen die Abweichungen vom Sollwert der Kammerfüllung V_s für V_{μ_m} und V_{μ_t} mit maximal -3 bis $+5{,}7\%$ in derselben Größenordnung liegen wie für die beiden anderen Beispiele.

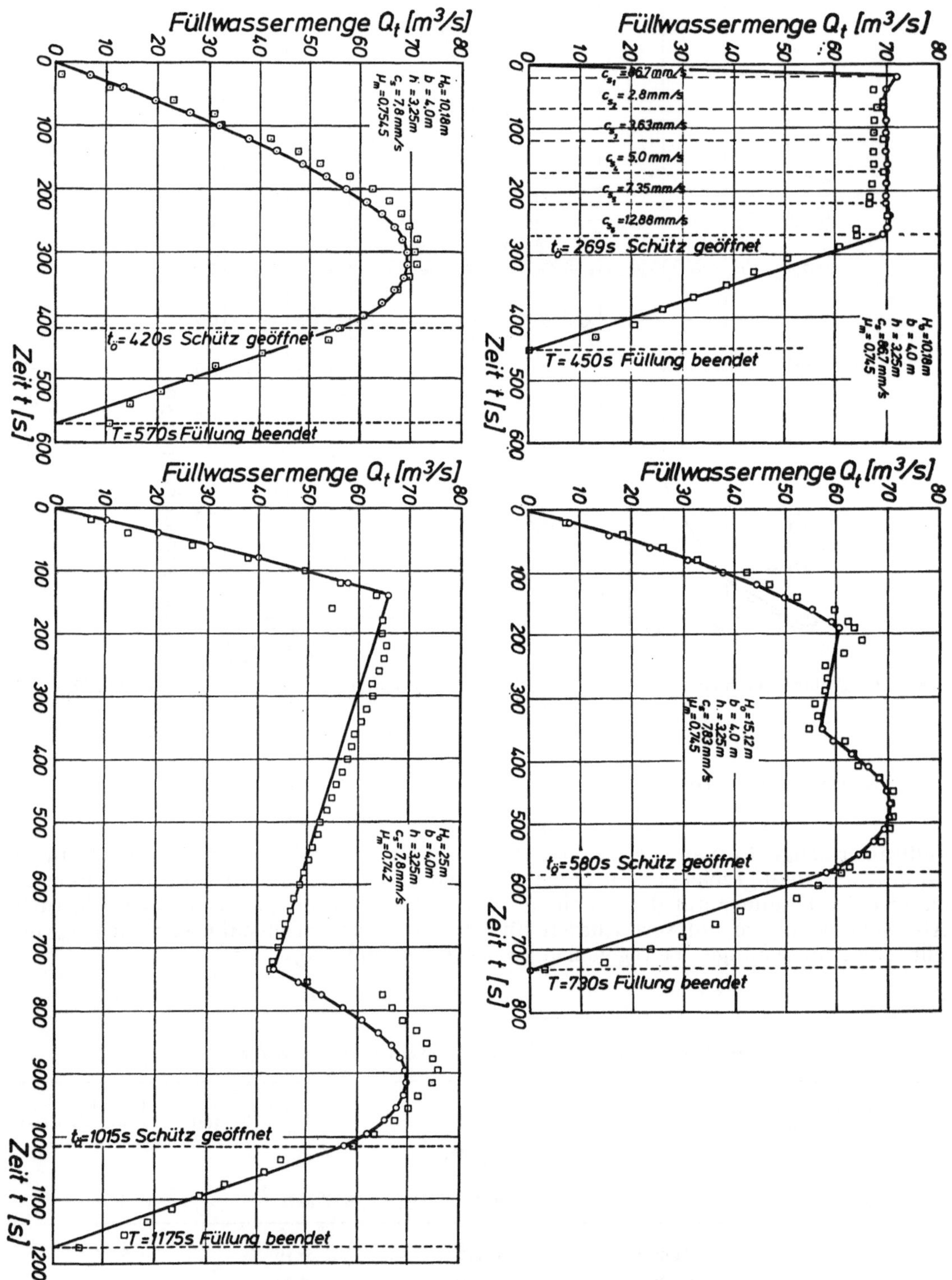

Abb. 19. Füllung durch Grundlaufsystem, Schleuse Leerstetten.

□ □ mit $\mu_m : Q_t = \mu_m (f_0 + c \cdot t) \sqrt{2g} \cdot \sqrt{H_t}\,; \sqrt{H_t}$ aus Gl. (3)

○—○ mit $\mu_t : Q_t = \mu_t (f_0 + c \cdot t) \sqrt{2g} \cdot \sqrt{H_t}\,; \sqrt{H_t}$ und μ_t aus den Abb. 17 und 18.

Der Vergleich der maximalen Füllwassermengen Q_{max} nach μ_m und μ_t aus Abb. 19 ist in Tabelle 12 zusammengestellt, jedoch treten bei den Betriebsfällen B, C und D mehrere Q_{max}-Werte auf.

Tabelle 12. *Vergleich der maximalen Füllwassermengen Q_{max} nach μ_m und μ_t*

Betriebsfall		Q_{max} nach μ_m (m³/s)	Q_{max} nach μ_t (m³/s)	$\frac{Q_{max\,\mu_m} - Q_{max\,\mu_t}}{Q_{max\,\mu_m}}$ (%)	Bemerkungen zu Schützhub
A		69,35	71,23	+2,7	linear
B	1. Phase	60,94	63,5	+4,19	linear,
	3. Phase	70,28	71,18	+1,28	unterbrochen
C	1. Phase	65,79	65,44	−0,52	linear,
	3. Phase	69,78	75,18	+7,74	unterbrochen
D	1. Phase	71,99	—*	—	
	2. Phase	69,88	69,68	−0,29	Intervallweise
	3. Phase	70	69,86	−0,20	linear,
	4. Phase	70,14	69,89	−0,36	angepaßt an
	5. Phase	70,32	67,71	−3,85	beschleunigten
	6. Phase	70,86	70,21	−0,94	Hub für
					$Q_{max} = 70 =$ konst.

* kann aus der Hubkurve nicht eindeutig ermittelt werden.

Die prozentualen Abweichungen der maximalen Füllwassermengen Q_{max} nach μ_t von den Werten Q_{max} nach μ_m sind auch für die Füllung durch das Grundlaufsystem mit maximal −3,8 bis +7,7% gering.

5. Ergebnisse

Für die drei gewählten Füllsysteme (Torfüllung, Längskanalfüllung und Grundlauffüllung) wurde auf den Abb. 6, 7, 11, 17 und 18 jeweils ein typischer Verlauf der μ_t-Beiwerte festgestellt, wobei sich diese für Längskanal- und Grundlauffüllung ähneln. Unabhängig vom Füllsystem wurde festgestellt, daß $\mu_t =$ konstant wenn sich die Verschlüsse in Zwischen- oder Endlagen in Ruhe befinden.

Es wurden die rechnerischen μ_m-Beiwerte nach den Gln. (7); (15) und (23) mit den μ_t-Beiwerten nach Gl. (24) und den gemittelten μ_{gem}-Beiwerten nach $\mu_{gem} = \frac{\Sigma \mu_t \cdot \Delta t}{T}$ für die drei Füllsysteme verglichen. Bezogen auf die μ_m-Beiwerte ergaben sich für die μ_{gem}-Beiwerte unabhängig vom Füllsystem Abweichungen von −7,5 bis +4,75% (Tabellen 2, 6 und 10). Nur in einem Einzelfall wurde eine Abweichung von −9,3% ermittelt. Der eigentliche Grund für die vorliegenden Betrachtungen ist festzustellen, ob in der Praxis die Füllwassermengenkurven mit ausreichender Genauigkeit durch die rechnerischen μ_m-Beiwerte ermittelt werden können. Daher wurden die Füllwassermengenkurven mit den μ_m- und μ_t-Beiwerten ermittelt und in den Abb. 8, 9, 12 und 19 aufgezeichnet. Für beide Füllwassermengenkurven werden das Füllwasser für eine Kammerfüllung $V = \int_0^T Q_t \cdot dt$ (m³) und die maximale Füllwassermenge Q_{max} (m³/s) verglichen.

Bezogen auf den Sollwert des Füllwassers $V_s = F \cdot H_0$ wurden unabhängig vom Füllsystem maximale Abweichungen für $V_{\mu_m} = \int_0^T Q_{\mu_m} \cdot dt$ von −4,9 bis + 2,4% und für $V_{\mu_t} = \int_0^T Q_{\mu_t} \cdot dt$ von −4,2 bis +5,73% ermittelt (Tabellen 3, 7 und 11). Vergleicht man die Q_{max}-Werte nach μ_t in Bezug auf Q_{max} nach μ_m, so ergeben sich wieder unabhängig vom Füllsystem maximale Abweichungen von −8,13 bis +7,74% (Tabellen 4, 8 und 12).

Aus den Abb. 8, 9, 12 und 19 geht hervor, daß zu Beginn und am Ende des Füllvorganges die Abweichungen der Q_t-Werte wesentlich größer sein können als für die Q_{max}-Werte. Die Erklärung hierfür liegt in der Empfindlichkeit der Auswertung bezüglich des Anfangspunktes der gemessenen Hubkurven und in den nicht auszuschließenden Meß- und Auswertfehlern. Da für jede untersuchte Füllung nur eine gemessene Hubkurve zur Verfügung stand, sind die erzielten Ergebnisse sehr zufriedenstellend.

Aus den Untersuchungen geht hervor, daß für die Praxis die Füllwassermengenkurven einschließlich der Q_{max}-Werte und die Hubkurven mit den Gln. (1) und (3) nach μ_m aus den Gln. (7), (15) und (23) ermittelt werden können, wenn die Füllzeit T und der Fahrplan der Verschlüsse bekannt sind.

Bezeichnungen

B	Breite der Schleusenkammer	(m)	c_T	Torhubgeschwindigkeit	(mm/s)
F	Wasseroberfläche in der Kammer	(m^2)	c	Füllquerschnittsfreigabe in der Zeit	(m^2/s)
F_0	Wasseroberfläche des Oberwassers	(m^2)	f_0	Füllquerschnitt zu Beginn des Füllvorganges	(m^2)
H_0	Druckhöhe zu Beginn des Füllvorganges	(m)	f_t	Füllquerschnitt zur Zeit t	(m^2)
H_t	Druckhöhe zur Zeit t	(m)	$f_{1/2}$	Füllquerschnitt am Ende der 1., 2. Phase	(m^2)
T	Füllzeit für die Kammer	(s)	f_{ges}	Füllquerschnitt bei völlig geöffneten Verschlüssen	(m^2)
Q_{max}	maximale Füllwassermenge	(m^3/s)	h	Höhe oder Öffnungshöhe des Füllorgans	(m)
Q_{μ_m}	Füllwassermenge nach μ_m berechnet	(m^3/s)	$t; t_2$	Zeit; erster Abschnitt Schütz steht still (2. Phase)	(s)
Q_{μ_t}	Füllwassermenge nach μ_t berechnet	(m^3/s)	$t_\delta; t_{\delta 1}$	Schützöffnungszeit; erster Abschnitt der Schützöffnung (1. Phase)	(s)
V_s	Sollwert des Füllwasservolumens $= F \cdot H_0$	(m^3)	μ_m	mittlerer Beiwert für Füllung	(l)
V_{μ_m}	Füllwasservolumen nach $\int_0^T Q_{\mu_m} \cdot dt$	(m^3)	μ_t	Beiwert zur Zeit t	(l)
V_{μ_t}	Füllwasservolumen nach $\int_0^T Q_{\mu_t} \cdot dt$	(m^3)	μ_{gem}	gemittelter Beiwert nach $\frac{\Sigma \mu_t \cdot \Delta t}{T}$	(s)
b	Breite des Füllorgans	(m)			
c_s	Schützhubgeschwindigkeit	(mm/s)			

Schrifttum

1. Theodor-Rehbock-Flußbaulaboratorium: Bericht über Modellversuche. Sparschleuse Leerstetten. Oktober, 1969, unveröffentlicht.
2. Theodor-Rehbock-Flußbaulaboratorium: Bericht über Modellversuche. Doppelschleuse Geisling. Das Füll- und Entleerungssystem und die Trennmauervorköpfe in den Vorhäfen. Juni 1972, unveröffentlicht.
3. Theodor-Rehbock-Flußbaulaboratorium: Bericht über Modellversuche. Einzelschleuse Geisling. Das Füllsystem im Oberhaupt. November 1972, unveröffentlicht.
4. Mosonyi, E.; Muser, R.: Die Sparschleusen des Main-Donau-Verbindungskanals von Bamberg bis Kelheim. Hansa September 1972.
5. Muser, R.: Die Sparschleuse Leerstetten im Main-Donau-Verbindungskanal. Zeitschrift für Binnenschiffahrt und Wasserstraßen, Heft 12, 1972.

Register

I. Verfasser- und Namenverzeichnis

II. Orts- und Gewässerverzeichnis

III. Sachverzeichnis